工业控制机与计算技术应用装置常用标准选编

中国标准出版社　编

中国标准出版社

北　京

图书在版编目（CIP）数据

工业控制机与计算技术应用装置常用标准选编/中国
标准出版社编. —北京:中国标准出版社,2020.9
ISBN 978-7-5066-9730-9

Ⅰ.①工…　Ⅱ.①中…　Ⅲ.①工业控制计算机—国
家标准—汇编—中国②计算技术—装置—国家标准—汇
编—中国　Ⅳ.①TP3-65

中国版本图书馆 CIP 数据核字(2020)第 140037 号

中国标准出版社出版发行
北京市朝阳区和平里西街甲 2 号(100029)
北京市西城区三里河北街 16 号(100045)

网址 www.spc.net.cn
总编室:(010)68533533　发行中心:(010)51780238
读者服务部:(010)68523946
中国标准出版社秦皇岛印刷厂印刷
各地新华书店经销

*

开本 880×1230　1/16　印张 36.25　字数 1 089 千字
2020 年 9 月第一版　2020 年 9 月第一次印刷

*

定价 298.00 元

出 版 说 明

随着现代工业和科学技术的发展,工业控制机与计算技术应用装置在工业生产自动化控制中的重要性也越发突出,成为工业生产自动化控制技术的代表。

近年来,我国有关部门也在不断地制定和修订相关方面的国家标准,为工业自动化过程中各有关部门的科研技术人员提供系统、完整的具有实用价值的技术资料。

为了满足工业过程测量控制和自动化领域的管理人员对标准的需求,促进相关标准的贯彻和实施,我们对现行有关的国家标准进行了收集整理,组织出版了《工业控制机与计算技术应用装置常用标准选编》。

本汇编收录了截至 2020 年 6 月底发布实施的现行有效的国家标准 28 项。

本汇编不仅适用于工业控制机与计算机技术的从业人员,还能为从事有关工业过程测量和控制的专业领域人员提供良好的借鉴与参考。

编 者
2020 年 6 月

目　　录

ICS 25.040.40
N 18

中华人民共和国国家标准

GB/T 17614.1—2015/IEC 60770-1:2010
代替 GB/T 17614.1—2008

工业过程控制系统用变送器
第1部分：性能评定方法

Transmitters for use in industrial-process control systems—
Part 1：Methods for performance evaluation

（IEC 60770-1:2010，IDT）

2015-02-04 发布　　　　　　　　　　　　　　2015-08-01 实施

中华人民共和国国家质量监督检验检疫总局
中国国家标准化管理委员会　　发布

1

前　言

GB/T 17614《工业过程控制系统用变送器》分为以下三个部分：

——第1部分：性能评定方法；

——第2部分：检查和例行试验方法；

——第3部分：智能变送器的评定方法。

本部分是 GB/T 17614 的第1部分。

本部分按照 GB/T 1.1——2009 和 GB/T 20000.2—2009 给出的规则起草。

本部分代替 GB/T 17614.1—2008《工业过程控制系统用变送器　第1部分：性能评定方法》，本部分与 GB/T 17614.1—2008 相比的主要技术变化如下：

——增加了对智能变送器的评定内容（见第1章和 A.1.3）；

——简化了术语和定义部分（见第3章，2008 版的第3章）；

——供源条件中增加了气源条件（见4.2，2008 版的4.1）；

——增加了安装位置试验的具体规定（见表1,2008 版的表1）；

——管线静压影响试验中增加了特殊试验要求（见表1,2008 版的表1）；

——仪表模型中增加了如果外围系统存在时模型情况（见图 A.1 注）。

本部分使用翻译法等同采用 IEC 60770-1:2010《工业过程控制系统用变送器　第1部分：性能评定方法》（英文版）。

与本部分中规范性引用的国际文件有一致性对应关系的我国文件如下：

——GB/T 777—2008　工业自动化仪表用模拟气动信号（IEC 60382:1991,IDT）；

——GB/T 2423.1—2008　电工电子产品环境试验　第2部分：试验方法　试验 A：低温（IEC 60068-2-1:2007,IDT）；

——GB/T 2423.2—2008　电工电子产品环境试验　第2部分：试验方法　试验 B：高温（IEC 60068-2-2:2007,IDT）；

——GB/T 2423.7—1995　电工电子产品环境试验　第二部分：试验方法　试验 Ec 和导则：倾跌与翻倒（主要用于设备型样品）（idt IEC 60068-2-31:1982）；

——GB/T 2900.77—2008　电工术语　电工电子测量和仪器仪表　第1部分：测量的通用术语[IEC 60050(300-311):2001,IDT]；

——GB/T 2900.79—2008　电工术语　电工电子测量和仪器仪表　第3部分：电测量仪器仪表的类型[IEC 60050(300-313):2001,IDT]；

——GB/T 2900.89-2012　电工术语　电工电子测量和仪器仪表　第2部分：电测量的通用术语[IEC 60050(300-312):2001,IDT]；

——GB/T 2900.90-2012　电工术语　电工电子测量和仪器仪表　第4部分：各类仪表的特殊术语[IEC 60050(300-314):2001,IDT]；

——GB/T 3369.1—2008　过程控制系统用模拟信号　第1部分：直流电流信号（IEC 60381-1:1982,IDT）；

——GB 4208—2008　外壳防护等级（IP 代码）（IEC 60529:2001,IDT）；

——GB 4793.1—2007　测量、控制和试验室用电气设备的安全要求　第1部分：通用要求（IEC 61010-1:2001,IDT）；

——GB/T 16511—1996　电气和电子测量设备随机文件（idt IEC 61187:1993）；

——GB/T 16842—2008　外壳对人和设备的防护　检验用试具（IEC 61032:1997,IDT）；

——GB/T 17614.3—2013　工业过程控制系统用变送器　第3部分:智能变送器的评定方法（IEC 60770-3:2006,IDT）；

——GB/T 17626.2—2006　电磁兼容　试验和测量技术　静电放电抗扰度试验（IEC 61000-4-2:2001,IDT）；

——GB/T 17626.3—2006　电磁兼容　试验和测量技术　射频电磁场辐射抗扰度试验（IEC 61000-4-3:2002,IDT）；

——GB/T 17626.4—2008　电磁兼容　试验和测量技术　电快速瞬变脉冲群抗扰度试验（IEC 61000-4-4:2004,IDT）；

——GB/T 17626.5—2008　电磁兼容　试验和测量技术　浪涌（冲击）抗扰度试验（IEC 61000-4-5:2005,IDT）；

——GB/T 17626.6—2008　电磁兼容　试验和测量技术　射频场感应的传导骚扰抗扰度（IEC 61000-4-6:2006,IDT）；

——GB/T 17626.8—2006　电磁兼容　试验和测量技术　工频磁场抗扰度试验（IEC 61000-4-8:2001,IDT）；

——GB/T 17626.10—1998　电磁兼容　试验和测量技术　阻尼振荡磁场抗扰度试验（idt IEC 61000-4-10:1993）；

——GB/T 17626.11—2008　电磁兼容　试验和测量技术　电压暂降、短时中断和电压变化的抗扰度试验（IEC 61000-4-11:2004,IDT）；

——GB/T 17626.12—1998　电磁兼容　试验和测量技术　振荡波抗扰度试验（idt IEC 61000-4-12:1995）；

——GB/T 17626.16—2007　电磁兼容　试验和测量技术 0 Hz～150 kHz 共模传导骚扰抗扰度试验（IEC 61000-4-16:2002,IDT）；

——GB/T 18271.1—2000　过程测量和控制装置　通用性能评定方法和程序　第1部分:总则（idt IEC 61298-1:1995）；

——GB/T 18271.2—2000　过程测量和控制装置　通用性能评定方法和程序　第2部分:参比条件下的试验（idt IEC 61298-2:1995）；

——GB/T 18271.3—2000　过程测量和控制装置　通用性能评定方法和程序　第3部分:影响量影响的试验（idt IEC 61298-3:1998）；

——GB/T 18271.4—2000　过程测量和控制装置　通用性能评定方法和程序　第4部分:评定报告的内容（idt IEC 61298-4:1995）。

本部分做了下列编辑性修改:

a)　删除了 IEC 60770-1:2010 的前言；

b)　用小数点"."代替作小数点的逗号","；

c)　修改了原文中明显错误的地方,如表3"耗气量"中的"参比条件为 0 ℃、101.3 kPa"改为了"参比条件为 20 ℃、101.3 kPa"。

本部分由中国机械工业联合会提出。

本部分由全国工业过程测量和控制标准化技术委员会(SAC/TC 124)归口。

本部分起草单位:北京远东仪表有限公司、西南大学、重庆市伟岸测器制造股份有限公司、厦门安东电子有限公司、北京金立石仪表科技有限公司、北京瑞普三元仪表有限公司、福建顺昌虹润精密仪器有限公司、北京自动化技术研究院、中环天仪股份有限公司、上海自动化仪表股份有限公司、重庆电力高等专科学校、南京优倍电气有限公司、天津市亿环自动化仪表技术有限公司、安徽蓝润自动化仪表有限公司、福州福光百特自动化设备有限公司、重庆宇通系统软件有限公司、开封仪表有限公司、中山市中大自动化有限公司、江苏杰克仪表有限公司、河南汉威电子股份有限公司、北京维盛新仪科技有限公司、杭州盘古自动化系统有限公司、厦门宇电自动化科技有限公司、安徽自动化仪表有限公司、福建上润精密仪器有限公司、西安邮电大学。

本部分主要起草人：王悦、周雪莲、唐田、肖国专、宫晓东、李振中、李振钧、陈志扬、赵力行、杨彬、倪敏、张波、董健、刘忠海、陈万林、李安徽、刘孝清、杜会章、周松明、闵沛、李志刚、朱爱松、郭豪杰、周宇、邬岳平、戈剑、李彩琴、赵富兰、牟天科、张建成、杨颂华。

本部分所代替标准的历次版本发布情况为：
——GB 4729—1984；
——GB/T 17614.1—1998、GB/T 17614.1—2008。

工业过程控制系统用变送器
第1部分:性能评定方法

1 范围

GB/T 17614 的本部分适用于具有符合 IEC 60381-1 或 IEC 60382 的标准化模拟电流输出信号或标准化气压输出信号的变送器。本部分所述试验也适用于具有其他输出信号的变送器(前提是预先对其差异进行考虑)。

对于智能变送器的评定见 IEC 60770-3。

对于某些使用集成传感器部件的变送器(如化学分析仪、流量计等),可能需要参考其他国家标准规范。

本部分旨在为气或电输出信号变送器的性能评定规定统一的试验方法。

本部分所规定的评定方法旨在供制造厂确定其产品的性能以及用户或独立的试验机构验证制造厂的产品性能规范之用。

本部分所描述的试验条件,如环境温度范围和供源等,都是通常在使用中可遇到的具有代表性的条件。因此,在制造厂没有规定其他值时,应采用本部分所规定的值。

本部分规定的试验不一定充分满足那些特别为特殊环境或安全相关应用设计的变送器。相反地,限定的系列试验可能适用于为运行在某限定条件设计的变送器。

当无需按本部分进行全面评定时,则可按本部分的有关规定进行所需要的试验,并报告试验结果。

2 规范性引用文件

下列文件对于本文件的应用是必不可少的。凡是注日期的引用文件,仅注日期的版本适用于本文件。凡是不注日期的引用文件,其最新版本(包括所有的修改单)适用于本文件。

IEC 60050-300:2001 国际电工术语 电工电子测量和仪器仪表 第 311 部分:与测量相关的通用术语 第 312 部分:与电子测量相关的通用术语 第 313 部分:电子测量仪器类型 第 314 部分:仪器类型的特性术语(International Electrotechnical Vocabulary—Electrical and electronic measurements and measuring instruments—Part 311:General terms relating to measurements—Part 312:General terms relating to electrical measurements—Part 313:Types of electrical measuring instruments—Part 314:Specific terms according to the type of instrument)

IEC 60068-2-1:2007 环境试验 第 2-1 部分:试验方法 试验 A:低温(Environmental testing—Part 2-1:Tests—Test A:Cold)

IEC 60068-2-2:1974 环境试验 第 2-2 部分:试验方法 试验 B:高温(Environmental testing—Part 2-2:Tests—Test B:Dry heat)

IEC 60068-2-31:2008 环境试验 第 2-32 部分:试验方法 试验 Ec:倾跌与翻倒(主要用于设备型样品)(Environmental testing—Part 2-31:Tests—Test Ec:Rough handling shocks, primarily for equipment-type specimens)

IEC 60381-1:1982 过程控制系统用模拟信号 第 1 部分:直流电流信号(Analogue signals for process control systems—Part 1:Direct current signals)

IEC 60382:1991 工业自动化仪表用模拟气动信号(Analogue pneumatic signal for process control systems)

IEC 60529:2001　外壳防护等级（IP代码）[Degrees of protection provided by enclosures（IP Code）]

IEC 60770-3:2006　工业过程控制系统用变送器　第3部分:智能变送器的评定方法 （Transmitters for use in industrial-process control systems—Part 3:Methods for performance evaluation of intelligent transmitters）

IEC 61000-4-2:2008　电磁兼容（EMC）　第4-2部分:试验和测量技术　静电放电抗扰度试验 [Electromagnetic compatibility（EMC）—Part 4-2:Testing and measurement techniques—Electrostatic discharge immunity test]

IEC 61000-4-3:2008　电磁兼容（EMC）　第4-3部分:试验和测量技术　射频电磁场辐射抗扰度 试验[Electromagnetic compatibility（EMC）—Part 4-3:Testing and measurement techniques— Radiated, radio-freque-ncy, electromagnetic field immunity test]

IEC 61000-4-4:2004　电磁兼容（EMC）　第4-4部分:试验和测量技术　电快速瞬变脉冲群抗扰 度试验[Electromagnetic compatibility（EMC）—Part 4-4:Testing and measurement techniques—Electrical fast transient/burst immunity test]

IEC 61000-4-5:2005　电磁兼容（EMC）　第4-5部分:试验和测量技术　浪涌（冲击）抗扰度试验 [Electromagnetic compatibility（EMC）—Part 4-5:Testing and measurement techniques—Surge immunity test]

IEC 61000-4-6:2008　电磁兼容（EMC）　第4-6部分:试验和测量技术　射频场感应的传导骚扰 抗扰度[Electromagnetic compatibility（EMC）—Part 4-6:Testing and measurement techniques—Immunity to conducted disturbances, induced by radio-frequency fields]

IEC 61000-4-8:2009　电磁兼容（EMC）　第4-8部分:试验和测量技术　工频磁场抗扰度试验 [Electromagnetic compatibility（EMC）—Part 4-8:Testing and measurement techniques—Power frequency magnetic field immunity test]

IEC 61000-4-10:2001　电磁兼容（EMC）　第4-10部分:试验和测量技术　阻尼振荡磁场抗扰度 试验[Electromagnetic compatibility（EMC）—Part 4-10:Testing and measurement techniques— Damped oscillatory magnetic field immunity test]

IEC 61000-4-11:2004　电磁兼容（EMC）　第4-11部分:试验和测量技术　电压暂降、短时中断和 电压变化的抗扰度试验[Electromagnetic compatibility（EMC）—Part 4-11:Testing and measurement techniques—Voltage dips, short interruptions and voltage variations immunity tests]

IEC 61000-4-12:2006　电磁兼容（EMC）　第4-12部分:试验和测量技术　振荡波抗扰度试验 [Electromagnetic compatibility（EMC）—Part 4-12:Testing and measurement techniques—Ring wave immunity test]

IEC 61000-4-16:2002　电磁兼容（EMC）　第4-16部分:试验和测量技术 0 Hz~150 kHz共模传 导骚扰抗扰度试验[Electromagnetic compatibility（EMC）—Part 4-16:Testing and measurement techniques—Test for immunity to conducted, common mode disturbances in the frequency range 0 Hz to 150 kHz]

IEC 61010-1:2001　测量、控制和试验室用电气设备的安全要求　第1部分:通用要求（Safety requirements for electrical equipment for measurement, control, and laboratory use—Part 1:General requirements）

IEC 61032:1997　外壳对人和设备的防护　检验用试具（Protection of persons and equipment by enclosures—Probes for verification）

IEC 61298-1:2008　过程测量和控制装置　通用性能评定方法和程序　第1部分:总则（Process

measurement and control devices—General methods and procedures for evaluating performance—Part 1:General considerations)

IEC 61298-2:2008 过程测量和控制装置 通用性能评定方法和程序 第 2 部分:参比条件下的试验(Process measurement and control devices—General methods and procedures for evaluating performance—Part 2:Tests under reference conditions)

IEC 61298-3:2008 过程测量和控制装置 通用性能评定方法和程序 第 3 部分:影响量影响的试验(Process measurement and control devices—General methods and procedures for evaluating performance—Part 3:Tests for the effects of influence quantities)

IEC 61298-4:2008 过程测量和控制装置 通用性能评定方法和程序 第 4 部分:评定报告的内容(Process measurement and control devices—General methods and procedures for evaluating performance—Part 4:Evaluation report content)

3 术语与定义

IEC 60050-300 和 IEC 61298-1 界定的术语和定义适用于本文件。

4 一般试验条件

4.1 概述

为了本部分的使用,应用 IEC 61298-1 规定的一般试验条件(如环境试验条件、供源条件、负载条件、安装位置、外界振动、外部机械制约、工作条件和设定值的恒定、输入变量的质量、变送器的交付等),同时附加下列信息。

注:评测机构和制造厂之间宜保持密切联系。在决定试验程序时,宜注意该仪表的制造厂的规范,并宜征求制造厂对试验程序和试验结果的意见。评测机构出具的任何报告都应包含制造厂对试验结果的意见。

4.2 供源条件

对两线制变送器,一般供电电压为 24 V DC;对于气动变送器,标准压力源为 140 kPa。

供源条件的允差要求见 IEC 61298-1,但不适用于自带电源(如电池供电)的变送器。用电池供电的设备,供源条件的允差应与制造厂协商一致。

4.3 负载条件

应使用与制造厂协商一致的负载条件。对于电动变送器,通常使用 250 Ω 的负载。对于气动变送器,如果没有特别指定,负载测试应使用 4 mm 内直径、8 m 长、具有 20 cm³ 容量的刚性管。应注意确保气动变送器连接头的密封性。

4.4 输入信号的质量

对于使用集成传感器的变送器的评定,应该准确规定保持输入信号(物理/化学)的条件和要求。(例如,对于流量变送器,流过检测装置的液体应符合制造厂的规定,液体的温度应保持在制造厂规定温度的±2 ℃范围内,以确保液体的密度和黏度值。)

5 变送器性能的分析和分类

为了确定评定过程中使用的试验程序和试验值,应考虑变送器的功能和物理结构。

有关指导事项,可参见附录 A。

6 通用试验程序和有关事项

为便于本部分的应用,将使用 IEC 61298-1 中规定的通用试验程序和有关事项(例如,识别和检查、试验准备、测量系统的不确定度、溯源性、轻敲、调整器的设定、预调、试验顺序、每一组测量的中断和持续时间、试验期间的异常情况和故障、试验的重新开始、输入/输出变量的关系、误差评估、计量符号和单位等)。待检装置由制造厂校准,试验时无需重新校准。应在可能的最低和最高量程处进行附加试验,其他试验点应均匀分布在整个量程范围内。

7 试验程序和试验报告

表 1、表 2、表 3 中列出的试验适于工业过程变送器。应进行每一项该做的试验并记录结果。报告中试验结果以输出量程的百分数表示。试验过程中的异常事件,包括缺陷和故障,应列入报告。

试验程序和有关事项在 IEC 61298-2 和 IEC 61298-3 中有详细描述。

表 1 所有类型变送器的试验

名称	试验方法及报告内容说明	参阅条文	备注
与精度有关的因素			
● 交付前所做的校核		IEC 61298-2	
● 不精确度和测量误差	在全范围内进行 3~5 次上下行程移动,每个行程至少按照接近 20% 间隔测量 6 个点,计算误差并绘制误差曲线。	IEC 61298-2	1,2
● 非线性		IEC 61298-2	
● 不一致性		IEC 61298-2	
● 回差		IEC 61298-2	
● 不重复性		IEC 61298-2	3
● 死区	在 10%、50%、90% 输出上改变输入,直至得到可察觉输出变化。将输入的最大变化量以输入量程的百分数列入报告	IEC 61298-2	
● 频率响应	施加峰-峰值为输入量程 20%、频率为使动态增益从 1 变化到 0.1 的相应频率的输入信号。 绘制相应频率的曲线: ——对应于零频率增益的增益曲线; ——输出与输入之间的相位滞后曲线。	IEC 61298-2	4
● 阶跃响应	输入使输出变化相当于输出量程 90% 和 10% 的阶跃信号。 记录阶跃响应时间以及输出到达并保持偏离最终稳态值在输出量程的 1% 内的时间(建立时间)。	IEC 61298-2	
● 始动漂移	电源接通后的连续 4 h 之内监视输出。	IEC 61298-2	
● 长期漂移	加载 90% 量程的输入,连续 30 天监视输出	IEC 61298-2	5

表 1（续）

名称	试验方法及报告内容说明	参阅条文	备注
影响量的影响 ● 环境温度	在规定的温度范围内循环 2～3 次。	IEC 61298-3	6
● 湿度	温度 40 ℃，相对湿度 93%。	IEC 61298-3	
● 振动（正弦）	寻找初始谐振，超过 60 个扫描周期的耐久性适应，寻找最终谐振。	IEC 61298-3	
● 冲击	按 IEC 60068-2-31 进行"跌落与倾倒"程序。	IEC 61298-3	
● 安装位置	两个平面上倾斜±10°。	IEC 61298-3	7
● 过范围	过范围 1 min，回复到正常范围下限值 5 min 后测量。对于差压变送器，要在两输入端分别进行管道压力试验。	IEC 61298-3	
● 过程流体的温度	在 10%、90%输入量程处测量稳态变化。	IEC 61298-3	只有影响明显时才做此试验
● 过程流体流经变送器的流量（除流量变送器外）	在 10%、90%输入量程处测量稳态变化	IEC 61298-3	只对切实可行的进行，如正常运行情况下，过程流体流过变送器部件
影响量的影响 ● 管线静压影响	如果适用，在 10%、90%输入量程处测量静压以 25%的增量升高时的输出变化。对于不适用的情况，至少应在差压输入为 0 时，静压以 25%的增量升高时的输出变化。	IEC 61298-3	仅用于差压变送器
● 清洗气体流经变送器的流量	清洗气体的流量为规定最大流量的 0%、50%和 100%时，测量 10%、90%输出时的变化。	IEC 61298-3	
● 加速工作寿命	峰-峰值等于量程一半，经 100 000 个测量循环，测量试验前后范围下限值、量程和回差。如果预知有磨损和老化，试验期间可能需要做附加测量	IEC 61298-3	

1 对于带模拟量输出的变送器，包括智能选件，可在本地或者通过远程设备（如计算机、手持操作终端）调整零点和量程。这些变送器可能装有"自校准"装置，在这种情况下就不需要精确的测试设备来进行零点和量程调整。对于这类变送器，一些制造商也规定了自校准后的不精确度。这种不精确度不同于用标准测量设备校准的仪表的不精确度。我们可把它看作是一种新的评价功能。

2 对于试验，除非对特殊类型的变送器另有规定，测量循环至少 3 次，最好 5 次，试验点 6 个（输入量程的 0%、20%、40%、60%、80%、100%）或者 11 个（输入量程的 0%、10%、20%、30%、40%、50%、60%、70%、80%、90%、100%）。对于输入与输出是非线性关系的变送器（例如平方关系），试验点应选使输出为输出量程的上述描述的百分点。

3 除已知死区不明显外，应按下列程序在量程的 10%、50%和 90%上进行测量：
   a) 设定第一个试验点的输入（例如 10%）；
   b) 记录输入值；
   c) 缓慢地增加输入，直至观察到一个可察觉的输出变化；
   d) 记录输入值，并在相反的方向上按 IEC 61298-2 的规定重复操作。
   输入信号变化的增量［上述 d）与 b）的输入值之差］就是死区。
   重复 c）和 d），缓慢地增加输入，直至观察到一个可觉察的输出变化并记录输入值；应观察并记录全范围移动的至少 3 个循环、最好 5 个循环的增加值，3 个试验点应分别接近量程的 10%、50%和 90%。
   重复以上步骤，3 个试验点（接近量程的 10%、50%和 90%）应从量程的 90%开始减少。

表 1（续）

名称	试验方法及报告内容说明	参阅条文	备注
4	如果在变送器输入上施加正弦信号不易实现,(如流量、集成装配了传感器的变送器等)应不做此试验。 对于气动变送器,除非另有规定,使用的测试负载应由内径 4 mm、长 8 m 的刚性管道,后接一个 20 cm³ 的容器组成。使用更小的负载必须考虑全带宽的能力。		
5	如果切实可行的话,应当每天测试数据,并对数据进行处理,以确定一条最好的拟合直线,检查是否存在一个方向的漂移或随机漂移。		
6	关于温度试验程序的详细资料请参阅 IEC 60068-2-1 和 IEC 60068-2-2。		
7	对于压力变送器,按照具有±180°主压力方向的两个正交平面上的标准安装位置进行试验,或按照制造厂规定的角度范围的安装位置进行试验。		

表 2 电动变送器附加试验

名称	试验方法及报告内容说明	参阅条文	备注
用电输入的输入电阻	在输入端,对直流输入信号呈现的电阻,用 Ω 表示	IEC 61298-2	1
绝缘电阻	对地绝缘电阻或每个输入回路间绝缘电阻,除另有约定外,试验电压 500 V DC、历时 30 s,用 MΩ 表示	IEC 61298-2	
绝缘强度	规定的试验电压有效值(主频)不应导致击穿或飞弧	IEC 61298-2	
电功耗	在制造厂规定的最高电压和最低频率下测量的负载(用 W 和 VA 表示)	IEC 61298-2	
输出纹波	峰-峰值和主频率分量	IEC 61298-2	
输出负载	按制造厂规定将负载电阻从最小值改变到最大值	IEC 61298-3	2
电源阻抗	将输入线路电阻从制造厂规定的最小值改变到最大值		3
电源电压和频率变化	交流电压和频率变化的 9 组测量; 对于使用直流电源的变送器,需要 3 组测量; 对于两线制变送器(环形供电)所测量的最低电压要使输出电流保持在 20 mA	IEC 61298-3	4
电源电压低降	在公称电源电压的 75% 上持续 5 s,记录输出信号的影响和持续时间。也可研究持续 100 ms 电压下降的情况	IEC 61298-3	4
电源电压短时中断	交流电源应在交越点上中断 1、5、10 和 25 个周期。直流电源应中断 5 ms、20 ms、100 ms、200 ms 和 500 ms。记录正峰值和负峰值以及达到稳态所需时间	IEC 61298-3	4,5
电源电压反向保护		IEC 61298-3	
共模干扰	对于端子对地绝缘的变送器,在绝缘端子上叠加主电源频率的 250 V 有效值交流信号; 然后将正和负 50 V 直流电压叠加在绝缘端子上	IEC 61298-3	6
串模干扰	主电源频率的 1 V 或小于 1 V 的电压,在输出量程的 10% 和 90% 上测量	IEC 61298-3	
接地	仅对端子对地绝缘的变送器,记录输出的瞬时值和变化量	IEC 61298-3	
电快速瞬变脉冲群	试验电压为规定值,或峰值为 2 kV	IEC 61298-3	7

表 2（续）

名称	试验方法及报告内容说明	参阅条文	备注
浪涌抗扰度	试验电压由产品标准规定或者用户规定。一般使用电压最大值为 2 kV 峰值(不对称)和 1 kV 峰值(对称)	IEC 61298-3	8
阻尼振荡波	试验电压为规定值或 1 MHz、0.5 kV 峰值		9
传导正弦波射频干扰	试验电压为规定值或 10 V 有效值,频率为 0.15 MHz~80 MHz		10
静电放电	试验电压为规定值或 6 kV(接触)、8 kV(空气)	IEC 61298-3	11
工频磁场	持续:100 A/m(除非允许更高的磁场),在输出量程的 10% 和 90% 上进行。 短时:暴露在 400 A/m 磁场中 1 s,在输出量程的 50% 上进行	IEC 61298-3	12
阻尼振荡磁场	磁场值为规定值或 30 A/m、频率为 0.1 MHz 和 1.0 MHz 时		13
射频电磁场	磁场值为规定值或 10 V/m、频率从 80 MHz~1 GMHz 时	IEC 61298-3	14
输入开路和短路	中断每个输入连接,然后接在一起短路。记录输出从开路和短路状态恢复到稳态所经时间	IEC 61298-3	
输出开路和短路	中断每个输出连接,然后接在一起短路。记录输出从开路和短路状态恢复到稳态所经时间	IEC 61298-3	

1 对电动变送器进行试验。

2 如果没有规定值,电流输出负载应逐渐从短路到开路变化,电压输出负载应逐渐从开路到短路变化。

3 对于输入信号是电压的变送器,应测量输入线路中的电阻从制造厂规定的最小值变化到最大值时所引起的输出变化。该电阻应平均分配在每条线路上(输入端)。

4 参考 IEC 61000-4-11。

5 对于带模拟量输出的智能变送器,电源电压中断对输出的影响取决于变送器电源中断循环中的那些点。

6 也参考 IEC 61000-4-16。

7 也参考 IEC 61000-4-4。

8 也参考 IEC 61000-4-5。

9 应根据 IEC 61000-4-12 要求做此项试验,试验电压由制造厂规定或使用频率为 1 MHz、峰值为 0.5 kV(共模)的电压;此项试验还应在 0.1 MHz 上重复上述试验;
变送器输入的大小应使输出达到量程的 50%;
阻尼振荡波由 IEC 61000-4-12 中所定义的耦合网络产生;
试验期间,应记录由于脉冲干扰而导致输出的变化以及给变送器造成的损坏。

10 应根据 IEC 61000-4-6 的要求来做此项试验,试验电压由制造厂规定或使用频率从 0.15 MHz~80 MHz、峰值为 10 V 有效值的未调制电压;
变送器输入的大小应使输出达到量程的 50%;
传导正弦射频干扰由 IEC 61000-4-6 中所定义的耦合和解耦网络产生;
试验期间,应记录由于射频干扰而导致输出的变化以及给变送器造成的损坏。

11 也参考 IEC 61000-4-2。

12 也参考 IEC 61000-4-8。

13 变送器应暴露在振荡频率为 0.1 MHz 和 1.0 MHz、幅值为 30 A/m 的阻尼振荡或制造厂规定的磁场中。磁场对准变送器的主要轴向;
此试验应在输入量程的 10% 和 90% 上进行。输出的变化量应以输出量程的百分数计算和记录。应确定磁场对输出纹波含量的影响;
本试验还应在磁场对准与第一个轴向相互垂直的另外两个轴向上重复进行;
至于更多的考虑,参阅 IEC 61000-4-10。

14 至于更多的考虑,参阅 IEC 61000-4-3。

表 3 气动变送器附加试验

名称	试验方法及报告内容说明	参阅条文	备注
耗气量	记录导致最大耗气量的输入,单位 m³/h(参比条件为 20 ℃、101.3 kPa)	IEC 61298-2	
输出负载	输入设定在量程的 10%、50% 和 90% 时变送器的排出或流入的空气。 见 IEC 61298-2:2008 图 5	IEC 61298-3	
气源压力变化	标称值的 +10% 变化到标称值的 −15%	IEC 61298-3	
气源压力中断	输入为量程的 90% 时气源中断 1 min。记录重新接通气源后的恢复时间	IEC 61298-3	

8 其他考虑事项

8.1 总则

为了检验变送器的一些其他特性,应进行附加试验,例如由密封提供的安全和防护等级。

为了准备试验报告、试验程序所需的通用信息,包含下述几个方面:

- 安装;
- 例行维护和调试;
- 维修和大修。

应根据实际运行要求和制造厂的说明书来进行性能检查,以便能同时对说明书作出评价。

8.2 安全

应检查电动变送器,以确定它的设计对意外电击的防护程度(见 IEC 61010-1)。

8.3 密封防护等级

如果需要的话,应根据 IEC 60529 和 IEC 61032 进行试验。

8.4 文献资料(见 IEC 61187)

制造厂主动提供的以及试验室要求提供的全部有关文件应列出清单。

如果这些文件没有附带用来清楚描述变送器操作的完善图表,或没有完整的元件清单和规范,则应指出其不足。

此外,还应列出表明电动变送器本质安全和隔爆等级的证书。

应给出具体的证书号码和防护等级等信息。

8.5 安装

变送器应根据制造厂的说明书安装和投入使用,同时要考虑在实际中可能遇到的和要求不同程序的各种应用。

制造厂规定的安装方法应列入报告。任何由于此种安装方法所造成的对变送器的使用限制都应予以指出并加以说明。

另外,有关安装的难易程度也应指出并加以说明。

8.6 例行维护和调试

应根据制造厂的说明书进行必要的例行维护和调试操作（作为指南，每年应该至少进行 4 次这种操作）。

任何有关执行这些操作的难易程度都应予以指出，并说明原因。

8.7 修理

通常变送器都能分解成若干组件，制造厂也应详细说明有关这些组件的拆换修理程序，这些组件有的可由用户进一步拆卸，有的则不能进一步拆卸。为了评估修理的方便程度，每次应拆卸一个组件，每一组件都应拆卸到不能再拆开为止，并将任何损坏的或其他需要更换的零件换成新的。

任何有关这些修理的难易程度都应予以指出，并说明原因。

8.8 表面防护处理

应列出制造厂规定的外部零件的表面防护处理完成情况，并附有关评价意见。

8.9 设计特征

应列出所有可能造成使用困难的有关设计或结构方面的情况，并说明原因。同时还要列出可能具有特殊意义的任何特征，例如工作部件的密封等级、备件的互换性和气候防护等。

8.10 可调整参数

报告中应指出厂商列出的重要的变型和选件。

8.11 工具和设备

应列出安装、维护和修理所必须的工具和设备。

9 试验报告和文档

试验完成以后，应根据 IEC 61298-4 准备完整的评定试验报告。

报告发布之后，试验期间与测试有关的所有原始文档应在试验室至少保存两年。

附　录　A
（资料性附录）
仪表性能的分析和分类

A.1　仪表模型

A.1.1　概述

应在仪表的物理结构分析以及与仪表相关的功能设计之后，对仪表进行具体评定。根据仪表性能分析和用户需求，应能产生被评定的传递功能和特性的定义。

图 A.1 列出的一般仪表模型和描述将指导和帮助需考虑的事项。图 A.1 示出了在最大配置方面可辨别的基本模块（组成模块）。

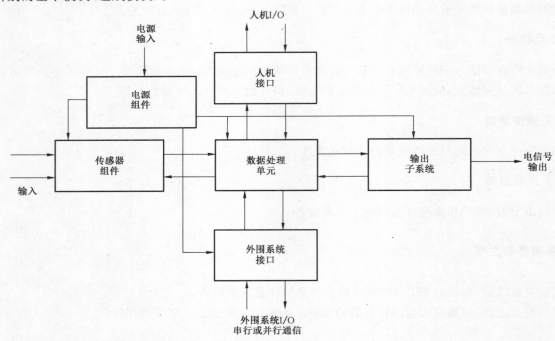

注：如果外部系统存在，见 IEC 60770-3。

图 A.1　仪表模型

A.1.2　传感器组件

传感器部分转换主输入信号和可能供数据处理单元使用的辅助输入电信号。

传感器部分可能与其他模块集成封装在一起。传感器部分也可能远程安装（如密度计、场强计、热电偶变送器的情况）。根据使用的测量原理，传感器部分可能不需要辅助（外部）电源（如热电偶），或可能需要辅助（外部）电源（如应变仪或热电阻温度检出器），或一个特殊特征的电源（如电磁流量计和科里奥利质量流量计）。

由于传感器部分直接与过程介质接触，它可能受介质特性、条件以及安装条件的影响。在评定期间，也应考虑是否有必要提供与过程条件相吻合的环境。

传感器部分可以有不同类型的传感器（如为补偿或诊断用的辅助传感器）。每种传感器只适应相应的测量。

A.1.3 数据处理单元

数据处理单元既可用于模拟或者数字(基于微处理器)信号处理,也可用于既包含模拟信号也包含数字信号的处理。它的主要功能是处理(模/数转换、线性化、图表描述、报警提示等)和控制传感器信号,并给电输出子系统提供需要处理的和/或标准化的信号。此信号不是连续的(在模拟仪表中)就是周期性的(在基于微处理器的仪表中)。此外它也给人机接口和外部系统接口提供这些数据,和/或从这些接口接收数据。

基于微处理器的仪表可能装配有自诊断软件和自动维持完整性的诊断传感器,其应该按照IEC 60770-3评定。

A.1.4 输出子系统

输出子系统提供标准化的模拟电输出信号(mA、V、频率、脉冲串)或供远程处理控制设备使用的二进制(接触器、固态继电器)输出信号。对基于微处理器的仪表,如果需要模拟输出信号,则输出子系统需提供数/模转换器。

A.1.5 人机接口

人机接口提供观察过程变量、处理图像和调整某些参数的方法。在简单的仪表中,它可能只是一个数据显示器或模拟指示器。在较复杂的仪表中,它可能是一个固定式或接入式键盘/显示单元,以便读出和存取。有时它也可能为传递传感器信号和检出传感器故障直接提供调整输出的方法。在这种模型中,跳线器和零点、量程、线性调整电位器也被认为是人机接口的一部分。

A.1.6 外围系统接口

外围系统接口(例如现场总线)提供与数据采集系统、分散控制系统、SCADA系统(监视控制和数据采集系统)或本地读出手动终端进行并行或串行通信的方法。通过这种接口进行的通信可以是双向的。

A.1.7 电源部分

电源部分由不可调的交流供电或由直流供电。它给仪表的各部分提供稳定的可调电源电压和/或电流(AC或DC,或AC、DC都有)。

A.2 仪表分类

图A.1参考的模型可用于描述下列仪表类型和确定其模型。

下列摘要中的"(——)"代表某一测量和处理的物理的、电的或化学的量,如压力、温度、物位、流量、密度、pH值、成分等。

a) (——)变送器　输出为标准化信号的一种测量传感器;

b) (——)表　　　测量物理量的仪表;

c) (——)指示仪　提供物理量直观示值的仪表;

d) (——)开关　　测量传感器,输出是二进制信号(ON/OFF 或 0/1);

e) (——)传感器　接受物理量形式的信号,并按一定的规律将其转换成同种或别种性质的输出变量的装置;

f) (——)检测元件　将某种类型的信号转换成电信号的传感器。

评定的仪表可能不包含模型所示的全部模块(见图 A.1)。例:

——指示仪通常没有(电)输出子系统;其数据处理单元只给人机接口(模拟或数字显示)提供信号;

——许多仪表仍然不带外围系统接口;

——许多热电偶或热电阻温度变送器不带检测元件部分。

评定试验可按适当的表格进行相应的模拟试验。显然在这种情况下,试验与这些仪表规定的过程媒体特性和影响试验的条件无关。

在规定评定试验程序前,应沿着模型的传递方向(见图 A.1)对被评定仪表进行分析。在分析的过程中,也可以决定将单一模块的传递功能作为单独的实体考虑,但这种情况只适用于能独立影响输入信号(可调)且输出信号外部可测的模块。

在许多情况下,数据处理单元和输出子系统是集成在一起的,中间信号不易测得。在这种情况下,就不宜定义和考虑单独的传递功能。

A.3 仪表功能

要考虑的仪表功能实际上是(精确的)传递功能,这种传递功能是如图 A.1 所示框图中的不同块或块的集合的特性或定义的功能。可考虑下列的传递功能:

——从输入到检测元件输出;

——从输入或检测元件输出到电输出(mA、V、触点等);

——从输入或检测元件输出到人机接口输出(显示值);

——从输入或检测元件输出到外部系统接口;

——从人机接口到输出;

——从外部系统到输出和/或到人机接口;

——从人机接口到外部系统接口。

确定输入——检测元件功能是否是线性的、对数的、平方的或其他任何形式的特性也非常重要。同时也必须考虑另一块是线性比特性。热电偶输入方式就是其中一例,检测元件提供的是非线性电压信号,而利用电子电路或软件,再次建立温度与模拟输出信号间的线性关系。

辅助和诊断功能可以用类似的方法处理。

应意识到所定义的需要评定的传递功能的多少与评定所需的时间和花费是成正比的。

A.4 关于测量仪表性能的考虑

在评定期间,关键点应是以精确和可追溯的方式将物理量的绝对值施加到仪表的装置。可能需要大量的装置,同时装置中影响被测设备(DUT)输入信号质量的所有因素应充分可控。这类设备不可能是轻便的,而且某些试验(如振动、环境温度试验)可能是相当昂贵的。应考虑所有这些试验是否必须此类设备。除非是精确测量,试验经常只需稳定的精确可调的信号,对这类需要,可决定此类试验可按简易方法执行。

当不可能进行完整校准曲线测量时,可决定在零输入、和/或 100% 输入或仲裁输入上进行测量。只有当 DUT 的 I/O 特性是线性时,才独自允许减少到零点和 100%(量程)的测量。

对于没有配备检测元件部分的仪表(如热电偶和热电阻温度变送器),根据标准化表格或分等值的电仿真代替检测元件部分。

仪表可能也配备有辅助数字输入电路,以满足某种本质的应用,所以评定时也可以决定考虑这种情况。

应确定设施和测量设备的不确定度。

参 考 文 献

[1]   IEC 60381-2:1978,Analogue signals for process control systems—Part 2:Direct voltage signals

[2]   IEC 61187:1993,Electrical and electronic measuring equipment—Documentation

[3]   IEC 61326-1:2005,Electrical equipment for measurement,control and laboratory use—EMC requirements—Part 1:General requirements

ICS 25.040
N 18

中华人民共和国国家标准

GB/T 17614.2—2015/IEC 60770-2:2010
代替 GB/T 17614.2—2008

工业过程控制系统用变送器
第2部分：检查和例行试验方法

Transmitters for use in industrial-process control systems—
Part 2：Methods for inspection and roution testing

（IEC 60770-2:2010,IDT）

2015-02-04 发布　　　　　　　　　　　　2015-08-01 实施

中华人民共和国国家质量监督检验检疫总局
中国国家标准化管理委员会　发布

前　言

GB/T 17614《工业过程控制系统用变送器》分为以下三个部分：

——第 1 部分：性能评定方法；

——第 2 部分：检查和例行试验方法；

——第 3 部分：智能变送器的评定方法。

本部分为 GB/T 17614 的第 2 部分。

本部分按照 GB/T 1.1—2009 和 GB/T 20000.2—2009 给出的规则起草。

本部分代替 GB/T 17614.2—2008《工业过程控制系统用变送器　第 2 部分：检查和例行试验导则》，本部分与 GB/T 17614.2—2008 相比，主要技术变化如下：

——增加了对智能变送器的检查和例行试验方法内容（见第 1 章）；

——环境条件的温度范围由"15 ℃～35 ℃"变为"15 ℃～25 ℃"（见 5.2.1，2008 版的 5.1.1）。

本部分使用翻译法等同采用 IEC 60770-2:2010《工业过程控制系统用变送器　第 2 部分：检查和例行试验方法》（英文版）。

与本部分中规范性引用的国际文件有一致性对应关系的我国文件如下：

——GB/T 777—2008　工业自动化仪表用模拟气动信号（IEC 60382:1991,IDT）；

——GB/T 2900.77—2008　电工术语　电工电子测量和仪器仪表　第 1 部分：测量的通用术语（IEC 60050(300-311):2001,IDT）；

——GB/T 2900.79—2008　电工术语　电工电子测量和仪器仪表　第 3 部分：电测量仪器仪表的类型（IEC 60050(300-313):2001,IDT）；

——GB/T 2900.89—2012　电工术语　电工电子测量和仪器仪表　第 2 部分：电测量的通用术语（IEC 60050(300-312):2001,IDT）；

——GB/T 2900.90—2012　电工术语　电工电子测量和仪器仪表　第 4 部分：各类仪表的特殊术语（IEC 60050(300-314):2001,IDT）；

——GB/T 3369.1—2008　过程控制系统用模拟信号　第 1 部分：直流电流信号（IEC 60381-1:1982,IDT）；

——GB/T 17614.1—2015　工业过程控制系统用变送器　第 1 部分：性能评定方法（IEC 60770-1:2010,IDT）；

——GB/T 17614.3—2013　工业过程控制系统用变送器　第 3 部分：智能变送器的评定方法（IEC 60770-3:2006,IDT）；

——GB/T 18271.1—2000　过程测量和控制装置　通用性能评定方法和程序　第 1 部分：总则（idt IEC 61298-1:1995）；

——GB/T 18271.2—2000　过程测量和控制装置　通用性能评定方法和程序　第 2 部分：参比条件下的试验（idt IEC 61298-2:1995）；

——GB/T 18271.3—2000　过程测量和控制装置　通用性能评定方法和程序　第 3 部分：影响量影响的试验（idt IEC 61298-3:1998）；

——GB/T 18271.4—2000　过程测量和控制装置　通用性能评定方法和程序　第 4 部分：评定报告的内容（idt IEC 61298-4:1995）。

本部分做了下列编辑性修改：

a)　删除了 IEC 60770-2:2010 的前言；

    b) 用小数点"."代替作小数点的逗号","。

本部分由中国机械工业联合会提出。

本部分由全国工业过程测量和控制标准化技术委员会(SAC/TC 124)归口。

本部分起草单位:北京远东仪表有限公司、深圳市标利科技开发有限公司、北京金立石仪表科技有限公司、西南大学、西安邮电大学、福建顺昌虹润精密仪器有限公司、重庆市伟岸测器制造股份有限公司、北京瑞普三元仪表有限公司、厦门安东电子有限公司、重庆宇通系统软件有限公司、北京自动化技术研究院、上海自动化仪表股份有限公司、中环天仪股份有限公司、重庆电力高等专科学校、南京优倍电气有限公司、天津市亿环自动化仪表技术有限公司、安徽蓝润自动化仪表有限公司、福州福光百特自动化设备有限公司、开封仪表有限公司、中山市中大自动化有限公司、江苏杰克仪表有限公司、河南汉威电子股份有限公司、北京维盛新仪科技有限公司、厦门宇电自动化科技有限公司、杭州盘古自动化系统有限公司、安徽自动化仪表有限公司、福建上润精密仪器有限公司。

本部分主要起草人:王悦、陈汝、宫晓东、黄仁杰、李彩琴、陈志扬、唐田、李振中、李振钧、肖国专、刘孝清、赵力行、倪敏、杨彬、张波、董健、刘忠海、陈万林、李安徽、杜会章、周松明、陈林、牛小民、朱爱松、周宇、郭豪杰、邹岳平、戈剑、赵富兰、牟天科、张颖、祁虔。

本部分所代替标准的历次版本发布情况为:

——GB 4729—1984;

——GB/T 17614.2—1998、GB/T 17614.2—2008。

工业过程控制系统用变送器
第2部分:检查和例行试验方法

1 范围和目的

GB/T 17614 的本部分适用于具有符合 IEC 60381-1 或 IEC 60382 的标准模拟电流输出信号或标准气压输出信号的变送器。其中所述试验的具体方法也可用于具有其他输出信号的变送器。

智能变送器的检查和例行试验方法参见 IEC 60770-3。

对于集成了传感器的各类变送器,可能需要参考其他特殊的 IEC 和 ISO 标准(例如化学分析仪、流量计等)。

本部分旨在为变送器的检查和例行试验,例如验收试验和修理后的试验,提供技术方法。对于全性能试验,模拟变送器和智能变送器应分别采用 IEC 60770-1 和(或)IEC 60770-3。

判定验收合格与否的参数依据应由制造厂和用户协商确定。

按照协商约定的试验不必由专业授权的实验室执行。

2 规范性引用文件

下列文件对于本文件的应用是必不可少的。凡是注日期的引用文件,仅注日期的版本适用于本文件。凡是不注日期的引用文件,其最新版本(包括所有的修改单)适用于本文件。

IEC 60050-300:2001 国际电工术语 电工电子测量和仪器仪表 第 311 部分:与测量相关的通用术语 第 312 部分:与电子测量相关的通用术语 第 313 部分:电子测量仪器类型 第 314 部分:仪器类型的特性术语(International Electrotechnical Vocabulary—Electrical and electronic measurements and measuring instruments—Part 311:General terms relating to measurements—Part 312:General terms relating to electrical measurements—Part 313:Types of electrical measuring instruments—Part 314:Specific terms according to the type of instrument)

IEC 60381-1:1982 过程控制系统用模拟信号 第 1 部分:直流电流信号(Analogue signals for process control systems—Part 1:Direct current signals)

IEC 60382:1991 工业自动化仪表用模拟气动信号(Analogue pneumatic signal for process control systems)

IEC 60410:1973 品质检查抽样计划和程序(Sampling plans and procedures for inspection by attributes)

IEC 60770-1:1999 工业过程控制系统用变送器 第 1 部分:性能评定方法(Transmitters for use in industrial-process control systems—Part 1:Methods for performance evaluation)

IEC 60770-3:2006 工业过程控制系统用变送器 第 3 部分:智能变送器的评定方法(Transmitters for use in industrial-process control systems—Part 3:Methods for performance evaluation of intelligent transmitters)

IEC 61298-1:2008 过程测量和控制装置 通用性能评定方法和程序 第 1 部分:总则(Process measurement and control devices—General methods and procedures for evaluating performance—Part 1:General considerations)

IEC 61298-2:2008 过程测量和控制装置 通用性能评定方法和程序 第 2 部分:参比条件下的

试验(Process measurement and control devices—General methods and procedures for evaluating performance—Part 2:Tests under reference conditions)

IEC 61298-3:2008 过程测量和控制装置 通用性能评定方法和程序 第3部分:影响量影响的试验(Process measurement and control devices—General methods and procedures for evaluating performance—Part 3:Tests for the effects of influence quantities)

IEC 61298-4:2008 过程测量和控制装置 通用性能评定方法和程序 第4部分:评定报告的内容(Process measurement and control devices—General methods and procedures for evaluating performance—Part 4:Evaluation report content)

3 术语和定义

IEC 60050-300 和 IEC 61298 系列标准界定的以及下列术语和定义适用于本文件。

3.1
验收试验 acceptance test
向买方证明装置符合合同规定要求的某些条件而进行的试验。

3.2
变量 variable
其值可变且通常可测出其量或状态。
例如,温度、流量、速度信号等。

3.3
信号 signal
信号是有关一个或多个变量的若干个参数所载信息的物理变量的表现形式。

3.4
范围 range
所研究的量的上、下限所限定的数值区间。

3.5
量程 span
给定范围的上、下限之间的代数差。

3.6
试验程序 test procedure
进行鉴定之前,由制造厂、试验方及买方(用户)共同拟定的有关将要进行的试验及其试验条件的陈述。

3.7
最大测量误差 maximum measured error
每个测量点高于或低于标称值的最大正误差或最大负误差。

3.8
回差 hysteresis
每个测量点高于标称值的和低于标称值的输出读数之间的最大差值。

3.9
阶跃响应 step response
由输入变量的一次阶跃变化引起的变送器的输出变化的时间响应。

3.10
影响量 influence quantity
设备可工作条件下的某一选定环境量。

4 试验的抽样

如果用户和制造厂达成了协议，只进行抽样试验，推荐选择 IEC 60410 提出的抽样方法。抽样时，可由用户选定被测试的变送器。

5 性能试验

5.1 概述

应进行 5.5 和 5.6 中所列试验。在某些情况下，用户可能不需要进行每项试验。试验的顺序应使试验的结果不会受前一个试验的影响。

5.2 试验条件

5.2.1 环境条件

——温度范围　　　　15 ℃～25 ℃
——相对湿度　　　　45%～75%
——大气压力　　　　86 kPa～106 kPa
——电磁场　　　　　如有关，标明其值

试验期间，允许环境温度的最大变化率为 1 ℃/10 min，但不能超过 3 ℃/h。

5.2.2 供源条件

电源：
——电压　　　　　　　　　　　±1%
——频率　　　　　　　　　　　±1%
——谐波失真（交流电源）　　　小于 5%
——纹波含量（直流电源）　　　小于 0.1%

气源：
——压力　　　　　　　　　　　±3%
——供气温度　　　　　　　　　环境温度±2 ℃
——供气湿度　　　　　　　　　露点至少低于设备温度 10 ℃
——油和灰尘的含量　　　　　　油：重量小于 $1×10^{-6}$

　　　　　　　　　　　　　　　灰尘：颗粒不超过 3 μm

5.2.3 负载条件

电动仪表：
——电压输出信号：制造厂规定的最小负载值
——电流输出信号：制造厂规定的最大负载值

气动仪表：
——长 8 m、内径 4 mm 的刚性管道，后接 20 cm³ 的刚性气容

5.3 预处理

预先给变送器供源足够长时间（至少不小于 30 min），以确保变送器工作温度稳定。

5.4 调整

应对用户与制造厂协商确定的范围下限值、量程和阻尼作调整后进行例行试验（验收试验或修理后的试验）。

5.5 参比条件下的试验

5.5.1 测量误差和回差

参比条件下的输入输出特性应在每一个方向上全范围的移动并进行一个循环测量。为此，在全范围内至少应分布五个测量点，其中应包括量程的0%和100%的值或接近量程的0%和100%的值（量程的10%以内）。

注：对非线性输入和输出关系（例如，平方规律）的仪表，选择的试验点宜使输出值均匀分布在输出量程上。

测量程序：

首先，施加一个其值等于范围下限值的输入信号，记录相应的输入和输出信号值。然后缓慢无过冲增大输入信号到第一个测量点。经过足够长时间稳定后，记录相应的输入和输出信号值。

在所有预先确定的测量点上重复以上操作直到输入信号值高于输入量程100%的点。该点测量后，缓慢无过冲减小输入信号，直到低于输入量程的100%，然后依次对所有其他测量点重复以上操作直到低于输入量程0%的点，从而结束测量循环。

各测量点在每个上行程和下行程获得的输出信号值与相应的理想值之差，记录为测量误差。通常此误差以理想输出量程的百分数表示。由此获得的所有误差值应列表表示（示例见表1）和图示（示例见图1）。

表 1 典型测量误差

输出（量程的%）	0	20	40	60	80	100
上行程测量误差/%		0.09	−0.04	−0.23	−0.22	0.10
下行程测量误差/%	−0.06	0.26	0.17	−0.08	−0.13	
最大测量误差/%	−0.06	0.26	0.17	−0.23	−0.22	0.10
回差/%		0.17	0.21	0.15	0.09	

根据表1，可得最大测量误差是0.26%，最大回差是0.21%。将表1中的数据绘制于图1中。

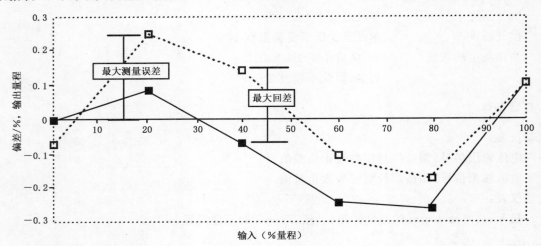

图 1 典型测量误差

24

5.5.2 阶跃响应

输出负载：

电动变送器：按制造厂规定值或参考负载电阻并联一个 0.1 μF 的电容器；

气动变送器：长 8 m、内径 4 mm 的刚性管道，后接 20 cm³ 的刚性气容。

测量程序：

施加相当于输出量程 80% 的两个阶跃，最好是从 10%～90%，然后从 90%～10%；

对每一阶跃应说明输出达到并保持在其稳态值量程的 1% 内所需的时间。若有时滞、上升时间、时间常数和过冲（量程的百分数），应说明其量值。图 2 描绘了这些时间的定义并给出了一个正阶跃输入响应的示例。

注：如果因物理特性或输入变量范围的缘故而难以产生或记录一个精确的输入阶跃，则本试验要求的动态特性宜由用户和制造厂协商确定。在不涉及阶跃响应的地方，可省略该试验。

5.6 影响量的影响

5.6.1 输入信号和输出负载

输入信号：如果变送器的输出能至少低于其范围下限值 2% 和至少高于其范围上限值 2%，则 5.6.2、5.6.3、5.6.4 和 5.6.5 所述的试验可分别在输入信号为量程的 0% 和 100% 的条件下进行。否则应采用约为量程 5% 和 95% 的输入信号较为合适。

输出负载：电动变送器应连接在最大额定输出负载（电流输出）。

5.6.2 供源变化

用户应使用选择的每一输入信号，测量供源发生下列变化（若此值较小，则采用制造厂规定的限值）时的输出的变化，并将输出变化以量程的百分数列入报告：

电压变化：公称交流电压的 ＋10%～－15%，公称直流电压的 ＋20%～－15%（参见 IEC 61298-3）（对两线制变送器，还必须考虑负载）；

气源压力变化量：公称压力的 ＋10%～－15%（见 IEC 61298-3）。

5.6.3 环境温度

用户应在下列每一环境温度下，测量并观察输入信号为 0% 和 100% 时的输出信号的变化，并将结果列入试验报告：

a) 20 ℃（参比）；

b) 制造厂规定的最高工作温度；

c) 20 ℃；

d) 制造厂规定的最低工作温度；

e) 20 ℃。

每一试验温度公差应为 ±2 ℃，环境温度的变化率应小于 1 ℃/min。

在测量影响效应之前，应允许有足够的时间（通常 3 h）使变送器各部分的温度稳定。

输出变化应以输出量程的百分数列入报告。

注：仅在不涉及环境温度影响的地方，可省略该试验。

5.6.4 过范围

在试验前，应测量输入值为 0% 和 100% 时的输出值。然后将输入增大到制造厂规定的最大过范围值，施加过范围 1 min 后，输入应降低到公称范围下限值。再过 5 min，利用与前述相同的输入确定观测到的输出变化。

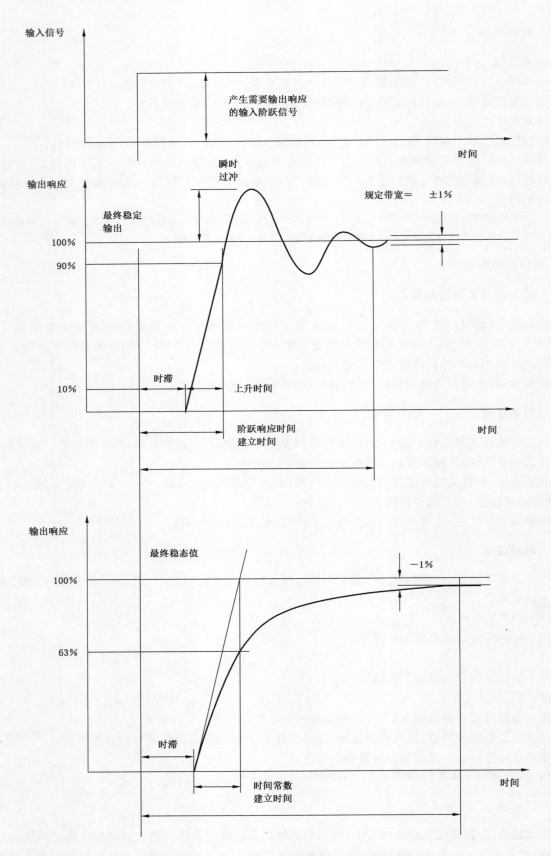

图 2　阶跃输入响应的两个示例

差压变送器应在两个方向上进行过范围试验。试验方法与上述相同,首先是过范围超过范围上限值,然后是过范围低于范围下限值。在每一方向过范围后确定的输出变化应列入试验报告。

输出变化应以输出量程的百分数表示。

5.6.5 静压

本试验应在正常工作时经受过程压力的变送器上进行(即此试验仅适用于差压变送器)。

在试验前,应测量输入值为 0％和 100％时的输出值。将压力从大气压力变化到仪表最大工作压力。对于某些变送器,本试验还要求在低于大气压力的情况下,利用与前述相同的输入确定观测到的输出变化。

注:对于差压变送器,除零差压外,很难以输入测量静压。如果要求必须以输入进行测量,建议由制造厂和用户另行协商。

输出变化应以输出量程的百分数表示。

6 试验报告和文件资料

试验完成之后,应编写一份完整的评价试验报告。试验报告一般应包含下面几部分:
——标题页
- 仪器的名称、类型和编号;
- 制造厂的名称;
- 实验室的名称和地址;
- 评定人员和其第二责任人的姓名和签名;
- 报告的编号和颁发日期。
——前言
- 试验的目的;
- 制造厂的名字和地址;
- 仪表的规格、类型、序列号和生产日期(或最终装配日期);
- 简略描述仪表、传感器的类型和数量、测量范围、记录方法、测量时间间隔、信息量条款数、供源和能源消耗;
- 试验的周期和年份;
- 试验的方法和省略的或变更的试验方法。
——结论和试验结果
- 根据试验结果和其他定性发现,总结出适用性的结论和注意事项;
- 按试验的先后将所有试验结果列入表格。
试验报告颁发后,制造厂应保存试验期间所有有关测量的原始文件至少 2 年。

参 考 文 献

[1]　IEC 60381-2:1978,Analogue signals for process control systems—Part 2:Direct voltage signals

[2]　IEC 61326-1:2005,Electrical equipment for measurement,control and laboratory use—EMC requirements—Part 1:General requirements

ICS 25.040.40
N 18

中华人民共和国国家标准

GB/T 17614.3—2018/IEC 60770-3:2014
代替 GB/T 17614.3—2013

工业过程控制系统用变送器
第 3 部分：智能变送器性能评定方法

Transmitters for use in industrial-process control systems—
Part 3：Methods for performance evaluation of intelligent transmitters

（IEC 60770-3:2014，IDT）

2018-07-13 发布

2019-02-01 实施

国家市场监督管理总局
中国国家标准化管理委员会　发 布

前　言

GB/T 17614《工业过程控制系统用变送器》由以下部分组成：
——第1部分：性能评定方法；
——第2部分：检查和例行试验导则；
——第3部分：智能变送器性能评定方法。
本部分为 GB/T 17614 的第3部分。
本部分按照 GB/T 1.1—2009 给出的规则起草。
本部分代替 GB/T 17614.3—2013《工业过程控制系统用变送器　第3部分：智能变送器性能评定方法》，本部分与 GB/T 17614.3—2013 相比主要技术变化如下：
——增加了"本部分的结构主要遵循了 GB/T 19767 的框架。对于性能试验，还应参考 GB/T 18271 系列标准，该系列标准描述的许多试验对于智能变送器仍然是有效的。推荐进一步阅读 GB/T 18272 系列标准，因为本部分的一些想法是基于该系列标准提出的概念。"（见引言，2013 年版的引言）；
——"方法"中不再有"智能程度"的评价方法；"方法学"中明确了"通信网络"的规定，即"通信网络（见 IEC 61158 系列标准或其他标准）"（见第1章，2013 年版的第1章）；
——修改了规范性引用文件（见第2章，2013 年版的第2章）；
——修改了术语和定义（见第3章，2013 年版的第3章）；
——用"通过接口（有线或无线）传递测量和控制数据，"代替了"通过接口和现场总线（数字通信链路），传递测量和控制数据，"；在"混合式变送器"后增加了"（SMART）"；在"其数字信号是叠加在模拟电流信号上的，"后增加了"并且在电输出子系统处可获取。"（见 4.2.5，2013 年版的4.2.5）；
——在"适合于连接到现场总线"后增加了"（或无线）"（见 4.2.6，2013 年版的 4.2.6）；
——增加了"在无线应用中，需要指定特定的供电（如：电池）。"（见 4.2.7，2013 年版的 4.2.7）；
——增加了"检查变送器硬件或固件的新版本是否与旧版本兼容、是否已充分记录有关更改（制造商声明等）。"（见表1，2013 年版的表1）；
——"现场总线兼容性"改为"现场总线或无线兼容性"，且其右边列增加了"连接到无线网络（指定的标准）；"（见表2，2013 年版的表2）；
——"可组态的重启条件"栏右边列增加了"对于具备过程控制功能的变送器，列出任何可组态的断电后重启条件。"（见表2，2013 年版的表2）；
——"变送器诊断"栏右边列将"现场总线设备可能提供以下信息："改为"现场总线和无线设备可能提供以下信息："（见表6，2013 年版的表6）；
——"报警"栏右边列在"由现场总线连接的主机"后增加了"或无线主机"（见表6，2013 年版的表6）；
——增加了"防止未经授权的访问"栏，并增加了右边栏内容（见表6，2013 年版的表6）；
——"制造商的维护支持"栏的右边列在"制造商提供维护合同吗"后增加了"（或在线支持）"（见表7，2013 年版的表7）；
——增加了"无线兼容性"栏（见表8，2013 年版的表8）；
——"变送器标识"栏增加了"——指明用途"和"——其他安全相关信息"列项（见表9，2013 年版的表9）；
——"应用限制"栏删除了"EMC"（见表9，2013 年版的表9）；

——增加了"电磁兼容性 EMC(IEC 61326 系列)"(见表 9,2013 年版的表 9);

—— "故障率资料"后增加了"(IEC 61508 系列)"(见表 9,2013 年版的表 9);

——"性能规范"栏后增加了一栏"电池寿命规格(对无线变送器)"(见表 9,2013 年版的表 9);

——增加了"文档类型及其提供方式(打印件、在 CD 上、从互联网下载)"(见表 9,2013 年版的表 9);

——删除了"如无此信息或信息不充分时,应在报告的评述和意见栏内陈述。"(见表 4.4,2013 年版的表 4.4);

——增加了"5.3.2.1 总则",其后编号顺延(见 5.3.2.1);

——用"用于危险场所时,变送器应按相关标准的要求获得权威机构的认证。"代替了原来的"用于危险场所时,智能变送器应按 GB 3836 相关部分的要求获得权威机构的认证。"(见表 6.1,2013 年版的表 6.1);

——删除了"注:本附录中给出的可信性试验方法,仅与下列智能变送器(功能)相关:具有自测试功能、和(或)配备冗余部件、和(或)能就其状态与外部系统通信。这些试验对那些用于安全相关应用的智能变送器尤为重要。强烈希望制造商将所述试验方法整合进他们设计过程中。"(见 A.1,2013 年版的 A.1)。

本部分使用翻译法等同采用 IEC 60770-3:2014《工业过程控制系统用变送器 第 3 部分:智能变送器性能评定方法》。

与本部分中规范性引用的国际文件有一致性对应关系的我国文件见附录 NA。

本部分做了下列编辑性修改:

a) 增加了附录 NA(资料性附录)与本部分中规范性引用的国际文件有一致性对应关系的我国文件;

b) "规范性引用文件"中删除了 IEC 61326-1,因已经规范性引用了 IEC 61326(所有部分);

c) 修改了表 2"组态工具"栏右边列中明显错误的分项;

d) 表 16 中补填上了遗漏空"电源电压瞬变";

e) 修改了第 7 章中错误的条款号,即:将 4.2.8 改为 4.3.9;

f) 修改了 A.3 中错误的条款号,即:将 4.2.6 改为 4.3.7。

本部分由中国机械工业联合会提出。

本部分由全国工业过程测量控制和自动化标准化技术委员会(SAC/TC 124)归口。

本部分起草单位:西南大学、深圳市特安电子有限公司、重庆市伟岸测器制造股份有限公司、北京金立石仪表科技有限公司、江苏杰克仪表有限公司、上海立格仪表有限公司、重庆川仪自动化股份有限公司、北京远东仪表有限公司、天津市亿环自动化仪表技术有限公司、安徽天康(集团)股份有限公司、河南汉威电子股份有限公司、西安东风机电股份有限公司、绵阳市维博电子有限责任公司、浙江盾安禾田金属有限公司、重庆横河川仪有限公司、重庆宇通系统软件有限公司、福建顺昌虹润精密仪器有限公司、北京昆仑海岸传感技术有限公司、厦门宇电自动化科技有限公司、杭州盘古自动化系统有限公司、厦门安东电子有限公司、上海模数仪表有限公司、广州南控自动化设备有限公司、西安优控科技发展有限责任公司、太仓市锅炉自动化仪表有限公司、北京康斯特仪表科技股份有限公司、陕西创威科技有限公司、山东福瑞德测控系统有限公司、深圳万讯自控股份有限公司、重庆两江新区市场和质量监管局、上海凡宜科技电子有限公司、上海恩邦自动化仪表有限公司、合肥皖科智能技术有限公司、深圳市尔泰科技有限公司、美科仪器仪表校准技术服务(无锡)有限公司、上海市计量测试技术研究院、广州市熙泰自控设备有限公司、北京京仪仪器仪表研究总院有限公司、山东东润仪表科技股份有限公司、青岛自动化仪表有限公司、杭州振华仪表有限公司、上海盖林自动化科技有限公司、南京优倍电气有限公司、济南市长清计算机应用公司、杭州自动化技术研究院有限公司、中煤科工集团重庆研究院有限公司、重庆理工大学。

本部分主要起草人:周雪莲、刘枫、王毅、唐田、欧文辉、宫晓东、邹凌、陈文弦、聂绍忠、王莉、刘忠海、毛文章、李志刚、惠全民、阮赐元、汪向荣、蓝剑、岳周、张新国、陈志扬、刘伯林、明代都、周宇、沈玉富、肖国专、韩恒超、官荣涛、胡明、张友华、赵士春、吴洪威、李明、谢晓辉、郑维强、陈一兰、王圣斌、张远保、陈锦荣、郑彦哲、陈蓁圆、茅晓晨、万驹、王悦、于兆慧、窦建军、邢伟积、赵俊虎、董健、张洪、卜琰、张建锋、余成波、吕静、何强、黄仁杰。

本部分所代替标准的历次版本发布情况为：

——GB/T 17614.3—2013。

引　言

用于工业过程控制系统的新型变送器现在普遍配备了微处理器,采用了数字信号处理和通信方法、辅助传感元件和人工智能。这使得它们比传统模拟变送器更加复杂,同时赋予它们相当可观的附加值。

智能变送器是一种在运行中采用数字处理和通信技术来执行其功能、保护和传送数据与信息的装置。它可能配备有支持智能变送器主要功能的附加传感元件和功能单元。比如,各种附加的功能单元可以提高准确度和范围度、自诊断能力、报警和状态监视。因此,与准确度相关的性能试验,虽然仍是评定的主要方面之一,但已经不足以显示灵活性、能力和其他与工程、安装、可维护性、可靠性、可操作性相关的特征。

由于智能变送器的复杂性,评定机构和制造商之间宜建立紧密的协作关系。在确立试验程序时,宜关注制造商的产品技术参数,而且宜邀请制造商对试验程序及结果提出意见。在试验机构提出的报告中宜包含制造商对试验结果的意见。

本部分的主体主要致力于构建一种用于智能变送器的设计评审和性能试验必须遵循的方法。很多情况下,智能变送器也具备被整合在数字通信(总线)系统当中,与其他各种设备协同工作的能力。这时可信性、可(互)操作性和实时性能都是重要问题。这些方面的试验很大程度上取决于智能变送器的内部结构和组织、以及总线系统的体系结构和规模。附录 A、附录 B 和附录 C 给出一个非强制性的方法和框架,用于在特定情况下设计可信性、吞吐量试验和功能块试验的特定评定程序。

当不必要或不可能按照本部分进行全性能试验时,那些需要做的试验宜按本部分相关条款进行试验和报告结果。这种情况下,试验报告宜说明它没有包括本部分规定的所有试验。此外,为了给报告阅读者一个清晰的概貌,宜列出省略的项目。

本部分的结构主要遵循了 GB/T 19767 的框架。对于性能试验,可参考 GB/T 18271 系列标准,该系列标准描述的许多试验对于智能变送器仍然是有效的。推荐进一步阅读 GB/T 18272 系列标准,因为本部分制定的某些性能评定方法源于该系列标准提出的相关概念。

工业过程控制系统用变送器
第3部分：智能变送器性能评定方法

1 范围

本部分规定了以下方法和方法学：

- 方法
  - ——有关智能变送器功能的评价方法；
  - ——有关智能变送器操作特性及其静态、动态性能的试验方法。
- 方法学
  - ——有关确定可靠性和探测故障所使用的诊断基本模型的学问；
  - ——有关确定智能变送器在通信网络中通信能力的方法的学问。

这些方法和方法学适用于把一个或多个物理量、化学量或电量转换成通信网络（见 IEC 61158 系列标准或其他标准）用数字信号或转换成模拟电信号（见 IEC 60381 系列标准）的智能变送器。

本部分所列方法和方法学主要用于：

——制造商确定自己产品的性能；

——用户或独立测试试验室验证设备的性能规范。

建议智能变送器的制造商在早期开发阶段就开始应用 GB/T 17614 的本部分。

本部分通过以下方法对智能变送器的设计评审提供指导：

——以结构化的方法制定硬件和软件设计评审检查表；

——在不同环境和运行条件下对其性能、可信性和可操作性进行检验测量的试验方法；

——获得报告数据的方法。

2 规范性引用文件

下列文件对于本文件的应用是必不可少的。凡是注日期的引用文件，仅注日期的版本适用于本文件。凡是不注日期的引用文件，其最新版本（包括所有的修改单）适用于本文件。

GB/T 18271.1—2017 过程测量和控制装置 通用性能评定方法和程序 第1部分：总则（IEC 61298-1：2008，IDT）

GB/T 18271.2—2017 过程测量和控制装置 通用性能评定方法和程序 第2部分：参比条件下的试验（IEC 61298-2：2008，IDT）

GB/T 18271.3—2017 过程测量和控制装置 通用性能评定方法和程序 第3部分：影响量影响的试验（IEC 61298-3：2008，IDT）

IEC 60050（所有部分） 国际电工术语（International Electrotechnical Vocabulary）

IEC 60381（所有部分） 过程控制系统用模拟信号（Analog signals for process control syste ms）

IEC 60529 外壳防护等级（IP 代码）[Degree of protection provided by enclosures (IP Code)]

IEC 60721-3（所有部分） 环境条件分类 第3部分：环境参数和严酷度组的分类（Classification of environmental conditions—Part 3：Classification of groups of environmental parameters and their severities）

IEC 61010-1 测量、控制和实验室用电气设备的安全要求 第1部分：通用要求（Safety requirements for electrical equipment for measurement，control，and laboratory use—Part 1：General requirements)

IEC 61032 外壳对人和设备的防护 检验用试具(Protection of persons and equipment by enclosures—Probes for verification)

IEC 61158(所有部分) 工业通信网络 现场总线规范(Industrial communication networks—Fieldbus specifications)

IEC 61298(所有部分) 过程测量和控制装置 通用性能评定方法和程序(Process measurement and control device—General methods and procedurces for evaluating performance)

IEC 61298-4 过程测量和控制装置 通用性能评定方法和程序 第 4 部分：评定报告的内容(Process measurement and control device—General methods and procedurces for evaluating performance—Part 4：Evaluation report content)

IEC 61326(所有部分) 测量、控制和实验室用的电设备 电磁兼容性要求(Electrical equipment for measurement，control and laboratory use—EMC requirements)

IEC 61499(所有部分) 功能块(Function blocks)

IEC 61508(所有部分) 电气/电子/可编程电子安全相关系统的功能安全(Functional safety of electrical/electronic/programmable electronic safety-related systems)

CISPR 11 工业、科学和医疗设备 射频骚扰特性 限值和测量方法(Industrial，scientific and medical equipment—Radio-frequency disturbance characteristics—Limits and methods of measurement)

3 术语和定义

IEC 60050-300 和 IEC 61298(所有部分)界定的以及下列术语和定义适用于本文件。

3.1

智能变送器 intelligent transmitter

具有与外部系统和操作人员双向通信手段,用于发送测量和状态信息、接收和处理外部命令的变送器。

3.2

单变量变送器 single variable transmitter

测量单一物理量的变送器。

3.3

多变量变送器 multivariable transmitter

测量两个或者两个以上相同或者不同物理量的变送器。

3.4

调整 adjustment

使测量仪表的示值与给定的被测值一致的系列操作。

注 1：使仪表的示值为零,并与被测量的给定零值一致的系列操作称为"调零"。

注 2：许多制造商使用"校准"一词表示零点、量程、线性度或一致性的调整。

3.5

整定 tuning

为获得稳定和理想的测量而调整仪表各项参数的过程。

注：其范围包括反复试验和使用由制造商提供的专有或专利自动程序。

3.6

组态设置　configuring

为某一应用的需求而执行某一特定功能的过程。

3.7

组态能力　configurability

智能变送器所拥有的功能可适应各种应用的广度。

3.8

设定　set-up

组态、校准和整定变送器，以获得最佳测量的过程。

3.9

运行模式　operating mode

为某一变送器选定的工作模式。

4　设计评审

4.1　总则

设计评审指采取结构化方式将被查智能变送器的功能和能力鲜明地展示出来。如引言中所述，智能变送器具有多种设计方式。设计评审是揭示以下细节的必要手段：

——物理结构；

——功能结构。

4.2指导评定者通过划分硬件模块及操作域和环境域的输入、输出来描述智能变送器的物理结构。然后，用4.3的检查表描述功能结构。检查表给出相关主题的一个框架，需要由评定者通过适当的定性和定量的试验来表述。

4.2　变送器分析

4.2.1　总则

变送器可分为两种不同类型：

- **单变量变送器**：被测值(输出)代表由一种传感器测得的单一物理量值。
- **多变量变送器**，这类变送器分为二种：
  - ——一台变送器提供多个被测值(输出)，一个被测值对应一个特定传感器的输入量；
  - ——一台变送器提供由多种传感器对多个量进行测量并由特定算法处理得到的复合被测变量(如：流量积算仪)，机械功率表。在许多场合，用户也可取得单个被测变量。

每种类型的智能变送器都可能配备一些不涉及主要测量过程的独立的辅助传感器和辅助(主要是数字的)输出。

图1给出了最大配置的通用变送器模型，它是用来建立方框图、简明描述被评定变送器的一种工具。它对于性能试验过程中被评定功能的阐述也是很重要的(见第5章)。

从功能上看，变送器是一种信息转换器。数据通过图1给出的不同(外部)域，沿着清晰的数据流路径进出变送器。下列路径(虽然并不一定常驻被评定的具体变送器)需要详细阐述：

- 传感器(过程域)到外部系统(远程数据处理系统)；
- 传感器(过程域)到本地显示(人工域)；
- 传感器(过程域)到外部系统(电输出)；
- 操作员命令经由本地键盘(人工域)到数据处理子系统，从而使上述数据流向外部系统(远程数据处理系统和电输出）；

● 远程命令（来自外部远程数据处理系统）到变送器的数据处理子系统，从而使上述数据流向外部系统（电输出）和本地显示（人工域）。

评定报告应包括框图及说明，对重要细节还可以增加照片或图纸。

智能变送器的主要物理模块、用于连接外部系统的装置和人机界面在4.2.2～4.2.9中解释。

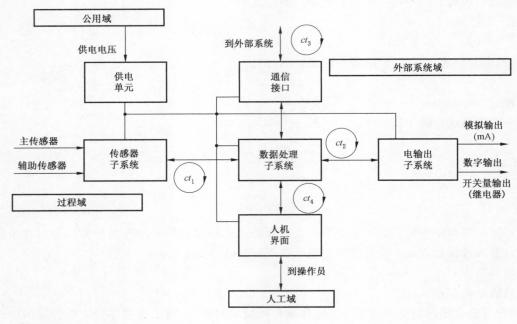

ct——循环时间。

图1　智能变送器的模型

4.2.2　数据处理子系统

数据处理子系统是智能变送器的核心。它的主要功能是为人、通信接口和（或）电输出子系统提供和处理进一步实时应用的测量变量。相当多的变送器只用一个（主）传感器测量一个物理量，但复合物理量，如热量、质量流量和机械功率等需要使用多个传感器。

除主要测量功能外，一个变送器还可以具备许多不同的附加功能。其中，变送器常备的附加功能有：

——组态设置；

——调整和整定；

——自检、诊断、环境条件监测；

——外部过程控制功能；

——趋势记录和数据存储。

部分功能可置于临时或持续连接到通信接口上的外部设备内（如：组态、趋势记录等功能）。

4.2.3　传感器子系统

传感器子系统将被测的物理量或化学量转变成电信号，经调理和数字化后供数据处理单元使用。该子系统也可装备感知二进制信号的电路（如：按外部命令改变测量范围），或装备不同类型的辅助传感器（如：用于补偿、内部诊断和环境条件监测的辅助传感器）。

传感器和传感器子系统可与其他模块整合在一个外壳内。传感器也可位于远端（如：密度计、热电偶变送器）。某些变送器（如：热电偶和热电阻温度计）利用提供标准化电信号的（第三方）传感器。这种情况下，可用合适的信号仿真器代替实际量进行评定。

依据所用的测量原理，传感器可能不需要辅助（外部）电源（如：热电偶），也可能需要辅助电源（如：应变计），还可能需要专用电源（如：电磁流量计和科氏流量计的传感器）。

通常传感器与过程装置安装在一起，许多情况下，它们也能直接接触过程介质。在此条件下，介质的特性、状态和安装条件会对传感器产生不利影响。作为远程单元，传感器也可能承受比其他子系统更严酷的环境条件。此外，在评定时也应考虑是否有必要施加环境和过程的组合条件。

作为设计评审的一部分，应编制所配备传感器类型和测量范围的清单。

4.2.4 人机界面

人机界面是直接与操作员交互和通信的重要工具。它由变送器上读出数据（本地显示）、输入数据和发出请求（本地按钮）的集成功能模块组成。变送器也可以不配备人机界面，通过通信接口、外部系统或手持终端访问内部数据。

应制表列出可以在显示器上显示的测量数据和刷新速率、以及既可以自动也可以按要求提供给操作者的状态数据。此外，应写一个功能、存取设施和数据表达方式的一览表。

4.2.5 通信接口

智能变送器一般都带通信接口。通过通信接口（有线或无线）传递测量和控制数据，也提供了变送器组态数据的存取。还有一些混合式变送器，其数字信号是叠加在模拟电流信号上的，并可从电输出子系统获取。有些变送器可能没有通信接口，这时可通过人机界面实现组态和读取数据。

测量数据可列表传送至主机，其中应包含刷新率，状态数据的总貌也应自动或按要求列入该表中。用于数据存取的路径及其设备的功能以及数据的表达方式也应一一阐明。

4.2.6 电输出子系统

适合于连接到现场总线（或无线）的变送器不一定需要拥有电输出子系统。

电输出子系统主要将由数据处理子系统提供的数字信息转换成一个或多个模拟电信号。它也可以装备一个或多个二进制的（数字）电输出设备，对这类应用，变送器可能需要一个附加供电电源。

应制表列出每个电输出的被测变量，包括模拟信号的类型和范围［如：（4～20）mA 或（1～5）V（d.c.）等］。应编制二进制（数字）输出端口能提供状态数据的一览表。

4.2.7 供电单元

许多变送器仍然需要一个独立的交流或直流主电源。然而当前更多的变送器是"回路供电"的，即将信号传输线或电信号输出线作为电源线。在无线应用中，需要指定特定的供电方式（如：电池）。

4.2.8 外部功能

变送器通过数据通信接口和现场总线与主机设备（个人计算机（PC）或链接服务器等）通信。通过这些设备，变送器的部分功能可以配置在主机设备里。下列功能可适合远程配置：

——（远程）组态工具；

——数据存储（组态、趋势、变送器状态）；

——部分校准和整定步骤。

外部功能（如果存在）应作为变送器的一个组成部分进行处理。

4.2.9 循环时间（ct）

变送器实时运行质量很大程度上依赖于：

——执行测量和向外部传送数据所需要的时间;

——在线诊断测试的循环时间(ct_d)。

缩写 $ct_1 \sim ct_4$ 表示内部数据在不同模块之间传输以及向外部传输的循环时间(刷新时间)。这些循环时间不必相等,可以全部或部分由用户调整。

4.3 审查的内容

4.3.1 总则

可以按表 1~表 7 所述的功能和能力确定检查的内容,检查之前,应先确认变送器正常运行。变送器应无差错、无故障,这可通过本地显示器或通过总线连接的远程设备(手持终端或 PC 或主计算机)来指示。

表 1~表 7 形成确定待评定变送器实现的功能和特性的检查表。评定者应重视右列所述内容。4.3.9 给出了报告格式的一个示例。

4.3.2 功能性

表 1 功能性检查表

功能/能力	评定时需考虑的问题
主要功能	简述测量原理。描述变送器在人机界面、通信接口及电输出子系统可获得的状态信息和测量信息(单一量和复合量)。 描述固件架构(功能块及其组织方式)和应用软件的准则
辅助功能	简述辅助模拟/数字输入/输出功能
向下兼容	新版变送器在软件和硬件方面都宜与老版本兼容。检查变送器硬件或固件的新版本是否与旧版本兼容、是否已充分记录有关更改(制造商声明等)

功能块	列出可用的标准化功能块(按 IEC 61499 系列或 IEC 61804 系列),如果是专用功能块,按以下方面做描述和分类:
	——时间相关功能块(积算器、控制器、定时器、超前/滞后单元);
	——时间无关功能块,分为:
	  ● 计算块(如:传感器线性化、平方根、指数);
	  ● 逻辑块(与、或,等)。
	给出每个功能块的:
	——名称;
	——调整范围(如果用户可调);
	——缺省值(如果适用);
	——无效值的确认和剔除。
	检测功能块特性的细节见附录 C

信号切除	——检查信号切除的有效性。信号切除通常在特性曲线的低端以回避无效或噪声信号,但信号切除也会出现在高端。指出哪个选项是可用的,以及信号切除值是否可由用户组态; ——检查激活和释放之间是否存在死区,是否可由用户调整
滤波器	如果提供滤波器,需指出: ——是模拟的(硬件的)还是数字的(软件的); ——什么类型(1 阶、2 阶)及时间常数是否可调

4.3.3 组态能力

表 2 组态能力检查表

功能/能力	评定时需考虑的问题
现场总线或无线兼容性	检查被试变送器是否适合于: ——连接到符合 IEC 61158 系列的一种现场总线; ——连接到无线网络(指定的标准); ——或单机应用结合临时连接到一个专有现场总线; ——或单机应用。 列出兼容现场总线变送器的版本表
组态工具	检查变送器是否可从以下途径组态: ——变送器的本地控制(人机界面); ——远程的 PC 或主计算机; ——通过临时连接的手持通信单元。 当用这些工具对变送器组态时要注意可能会出现的明显麻烦。这些麻烦可能是: ——由于按键之间距离太近而引起输入错误; ——某些参数的输入无意中改变了原先设定的其他相关参数,导致运行异常; ——处理参数不一致,如:试图改变被保护的参数时没有警告信息
在线(再)组态	检查在控制模式下是否可改变功能和参数。如果可以,输出是否会受到不可接受的影响。 检查是否有禁止在线存取全部或某些参数和功能的安全机制
离线组态	检查是否能在分离的(离线)PC 上建立和存储多台变送器的组态信息。 测量离线组态需要的时间
向 PC 上传/从 PC 下载	检查是否能上传组态。 检查是否能下载离线状态下准备好的组态。 测量在以下情况执行上述动作需要的时间: ——当现场总线系统开车试运行时; ——在(有效)运行的现场总线系统中 (注:这些动作需要的时间会随着系统中现场总线共享者的数量而变化。)
可组态的重启条件	当变送器具备过程控制功能时,也会配备可组态的断电后重启条件。提供的条件可以是: ——返回到最后的值; ——到用户规定值; ——返回手动模式。 对于具备过程控制功能的变送器,列出任何可组态的断电后重启条件
可组态的故障安全条件	列出变送器在检测到内部故障或传感器故障时可被组态的动作

4.3.4 硬件配置

表 3 硬件配置检查表

功能/能力		评定时需考虑的问题
机械结构	铰链/盖	对结构的复杂性、坚固性以及防止破坏的保护措施等项目提出意见。如果有的话，应提及在评定准备过程和试验执行过程中出现的机械问题。 对于内部模块，对硬件的布置/排列和 DIP 开关或软件的编址提出意见
	内部模块	
	支撑	
	突出零件	
	本地控制机构	
	传感器连接	
	电气连接	
	机械连接	
易安装性		装配的步骤会影响校准。检查是否对共轴调整、固定安装、隔热等方面给予足够的注意。 要注意在安装和拆卸智能变送器时可能会出现的明显的难度。 此外，要确定正确安装所需要的时间

4.3.5 调整和整定

注1：许多制造商用术语"校准"来表示调整零点、量程和线性化的过程。这与 IEC 60050-300 中对调整与校准的定义冲突。

注2：不是所有类型的变送器都提供用户可使用的调整和整定工具。

表 4 调整和整定程序检查表

功能/能力	评定时需考虑的问题
调整程序	须考虑的方面有： ——存在多少种可能的调整程序，它们之间的区别是什么（在线、离线的调整和整定或组态，哪一种是推荐的等）； ——校准、调整和整定需要什么外部设备； ——用户需要与变送器交互多少次，什么时候交互； ——是否有部分自动执行的步骤； ——调整、校准和整定数据（操作员姓名、日期、参数等）是否储存在非易失性存储器中； ——范围极限是多少； ——在范围的上限和下限内，零点/量程调整的分辨力是多少； ——线性化是否是程序的一部分； ——测量调整、校准和整定所需要的时间。 记录执行这些程序可能出现的明显的或潜在的难度

表 4（续）

功能/能力	评定时需考虑的问题
整定程序	某些变送器需要自适应和整定到满足过程条件和特性、安装条件和环境条件。简述整定程序。应考虑以下内容： ——某些情况下，整定/自适应时需要设定固定的过程相关参数，尤其是在变送器组态时。通常这种方法的有效性是有限的，尤其在实际过程参数可以大范围变化时； ——整定也可以是一个在真实运行条件下自动执行的过程。如果这样，用户需要与变送器交互作用多少次；由此产生的参数是自动激活、还是用户可忽略/改变并填入不同的值；记录整定过程中智能变送器的输出。这些记录可显示整定程序的局限性； ——调整和整定能整合成一个程序吗； ——测量整定所需要的时间

4.3.6 可操作性

表 5 可操作性检查表

功能/能力	评定时需考虑的问题
访问用的本地控制（工具）	简述以下内容： ——可用的按键（按钮）； ——方便性和对气体、水、灰尘侵入的防护； ——按键的人体工程学布置和使用； ——危险场所用按键的防护和适用性
本地显示	简述可在本地显示器上显示的数据，如： ——行数和每行的字符数； ——给出的控制参数； ——出错信息； ——不移动电器盖时显示器的可读性
外部系统的人机界面	对基于 PC 的软件，描述其不同权限用户组的组织与层次、相关显示及可能有的专用键盘的有效性。 对手持通信器，给出显示器和键盘的布置图
工程和维护人员的设施和工具	基于 PC 的设施，简述工程和维护相关软件的组织与层次及显示模板。 如果可能，列出可用于组态、安装、调整和校准的其他硬件工具（如：开关、电位器等）

表 5（续）

功能/能力	评定时需考虑的问题
过程诊断方面	检查智能变送器除主测量功能外，是否对过程和过程装置的缺陷和故障提供诊断，如： ——气蚀； ——产品污染； ——产品不一致（如液体中夹带气体）； ——产品流阻塞； ——装置过度振动； ——回路完整性和使用来自回路所用变送器和功能块的信息的性能。 ——管道或容器的破裂、磨损、疲劳或腐蚀等。 描述执行的相关测试和报警，如： ——主传感器信号的时域和频域分析； ——指纹识别； ——附加传感器的有效性； ——用于累计运行时间、在某负荷下的时间和循环次数的附加软件工具。检查这些工具是嵌入在变送器中还是在主机上； ——测试是在线自动进行的、还是由操作员发起的； ——测试参数是否可被用户修改； ——诊断报警出现时变送器的动作

4.3.7 可信性

表 6 可信性检查表

功能/能力	评定时需考虑的问题
变送器诊断	描述变送器如何诊断内部故障及保证在故障情况下的运行安全。可能执行的诊断机制： ——闪存故障； ——无空闲时间； ——参比电压故障； ——驱动电流故障； ——关键 NVM（非易失存储器）故障； ——辅助传感器故障（如：内部温度、压力）。 现场总线和无线设备可能提供以下信息： ——I/O 处理器错误； ——输出失效； ——静态参数丢失； ——校准数据读数错误。 检查执行哪种诊断： ——在线（运行中）自动、连续或间断； ——在线（运行中）由用户启动； ——离线（非使用中）。 制造商是否提供检测内部故障的覆盖率？

表 6（续）

功能/能力	评定时需考虑的问题
侦测误操作	变送器和现场总线系统是否侦测由不正确和（或）无意识的操作和（或）维护行为导致的错误和故障，如： ——由跳线器或 DIP 开关（如果配备）导致地址设定不正确； ——电源线、接插件、印刷电路板（如果可能）反接； ——接插件接错位置（如果线的长度允许）； ——接插件未连接导致的开路； ——执行了不完整或不正确的启动过程； ——变送器置于不正确的安全保护等级； ——多台变送器在多点数字通信系统中多次使用相同的工位标记和编号； ——进行机械调整时触碰到邻近零件造成短路
报警	可以分为两类报警： ——过程报警（与上面提到的过程诊断有关）。报警设置可由用户调整。 ——自检报警（与变送器的内部故障有关）。这类报警通常是用户不可更改的。 列出提供的两类报警，指出如何与以下设备通信： ——由现场总线连接的主机或无线主机； ——由继电器输出的硬件连线； ——本地显示单元。 检查报警是自动在线产生、或仅当用户要求时产生、或以其他方式产生
防止未经授权的访问	描述实现的安全方法： ——硬件（写保护开关）； ——软件（密码，访问级别的数量、以及访问的等级和在这些级别的组态能力）； ——访问本地控制和调整/整定设施
可维护性	列出制造商指定的维护级别（部件的更换、整个变送器的更换）。 确定维护所需的时间（包括在车间内替换部件、组态、调整和整定）。 维护需要什么工具？ 列出预防和（或）预测性维护的程序。 是否执行判断变送器性能退化的措施和算法？
可靠性	提供平均故障间隔时间（MTBF）的数值和来源（如果提供）： ——公开数据库（如：MIL HDBK 217 或专有数据库）； ——现场经验（查看数据收集的总量和周期，据此计算 MTBF 数值）。 是否提供或有可供选择的部分/全部冗余
环境应力筛选	制造商是否对产品做了环境应力筛选试验； 如果做了，提供的是下列哪种筛选： ——温度循环； ——仅高温（老化）； ——振动； ——电气及其他

4.3.8 制造商的支持

表 7 制造商的支持检查表

功能/能力	评定时需考虑的问题
培训	列出培训课程及其程度级别和时间长度
制造商的维护支持	——制造商是否提供维护合同（或在线支持）； ——维护的范围是什么； ——提供人员现场维护的担保时间是多久
备件	——指出最小可更换单元； ——指出推荐的库存零部件备件目录/数量； ——变送器停止生产后备件的供应
质保	指出质保的期限和范围

4.3.9 报告

表 8 严格按上述表 1 到表 7 的结构给出报告格式。

表 8 设计评审报告格式

功能/能力	评述和意见
现场总线兼容性	
无线兼容性	
组态工具	
在线再组态	
离线组态	
与 PC 之间上传/下载	
可组态的变送器输出特性	
……	

4.4 文件信息

表 9 概述了制造商应在文件中论述的相关主题。

表 9 有效文件检查表

主题	评述和意见
智能变送器标识： ——外壳上的标签或标牌； ——软件标识； ——规定用途； ——其他安全相关信息。	
操作原理	

表 9（续）

主题	评述和意见
应用限制： ——温度； ——振动； ——湿度； ——电源，等	
电磁兼容性 EMC（IEC 61326 系列） 环境分类（IEC 60721-3 系列） 工作条件（IEC 60654 系列） 外壳防护等级（IEC 60529）	
危险场所应用的认证	
故障率资料（IEC 61508 系列）	
机械结构： ——外形尺寸、安装； ——外壳、接触被测介质的材料和涂层	
外部接线图	
软件描述（版本号）	
安装和连接说明书	
组态说明书	
试运行： ——调整； ——校准； ——整定和初始化	
操作说明书	
自检/故障查找	
维护说明书	
性能指标	
电池寿命指标（对无线变送器）	
备件表	
订货信息	
制造商保障体系文件	
文档类型及其提供方式（纸质文件、CD、互联网下载）	

5 性能试验

5.1 总则

被试变送器的选择由参与评定各方协商确定。确定智能变送器性能试验的指导原则是用户的应用。它是确定变送器的测量功能、特性和工作环境等相关要求的基础。通过对这些要求和选出接受评定实际智能变送器的研究，开发出性能试验所需的试验程序和设备。在早期，还必须从技术和成本上判断试验的可行性。根据被测变送器的数量、工作原理和所述要求，试验可能既困难又昂贵。

5.2 关于变送器的考虑

5.2.1 总则

通过第4章设计评审了解了被评定变送器能力的全貌，包括测量功能和支撑功能，如：组态、本地控制、自测试和自诊断等方面。当变送器具有广泛的功能时，由于成本和时间方面的原因，可能会不提交所列的全部功能做性能试验。可能会同意在影响条件下做部分试验时考查一项或多项功能。某些情况下，当采用标准化的或能准确描述的传感器（如：热电偶和RTD）时，有关各方可以同意用合适的信号仿真器来代替实际的被测物理量。

评定所涉及测量功能是基于数据流通路概念确定的（见4.2）。有关各方需要确定被评定变送器的相关数据流通路和测量范围。表10和表11给出的是列出并确定待评定功能的格式的示例。表10是有关单变量（差压）智能变送器的；表11是有关复合变量（如柴油发动机的轴功率，它是由两个单变量——扭矩和速度决定的）智能变送器的。

5.2.2 单变量变送器示例

表10中前一列测量范围给出了性能试验的测试范围。本例变送器有一个电输出，可以在本地显示器和外部系统进行观察。本地显示器的分辨力低，不应用于与精确度有关的评定中。辅助温度测量值应在本地显示器观察，但不必为此目的将实际温度控制到指定值或用一个准确的温度计做外部测量。

差压变送器有一个电容式压力传感器和一个热电阻类的内部温度传感器。

试验时应将实际物理量（差压）加到输入端。

表 10 单变量变送器功能表

序号	被观察的被测值（输出）		输出类型		数据流路径到			传感器特性		输入端施加的物理量		
	被测变量	测量范围	主	辅	本地显示	外部系统	电输出（4～20）mA	测量原理	测量范围	参量	来源	
											物理量	仿真器
1	差压	（0～5）kPa （0～100）kPa[b]	S[a]			×	×	电容式	（−500～+500）kPa	压力	×	
2	内部温度[c]	（−40～+50）℃		S[a]	×			RTD	（−40～+100）℃	温度	×	

[a] S：单变量。

[b] 在（0～100）kPa范围做一套有限次数的试验，这些试验应明确地显示在5.7和5.8的表中。

[c] 所有试验中都应在本地显示器上监视内部温度，与环境温度的大偏差可指示缺陷。

5.2.3 复合变量变送器示例

表11中前一列测量范围给出了性能试验的测试范围。本变送器没有电输出，可以从本地显示器和外部系统进行观察。辅助温度测量值应在本地显示器观察，但不必为此目的将实际温度控制到指定值

或做外部测量。扭矩和速度输出由施加到传感器子系统的实际物理量进行测试。对于机械功率的测量,可以不用扭矩和速度传感器,用等效于"来源"列所示各种传感器输出信号的电信号进行仿真。

表 11　复合变量变送器功能表

序号	被观察的被测值(输出)						传感器特性			输入端施加的物理量	
	被测变量	测量范围	传感器类型		数据流路径到			测量原理	测量范围	参量	来源	
			主	辅	本地显示	外部系统	电输出				物理量	仿真器
1	机械功率	(100～350)kW	C[a]		×	×		应变计	(10～25)kNm	扭矩		×
								光学编码器	(100～500)r/min	转速		×
2	扭矩	(10～25)kNm	S[b]		×	×		应变计	(10～25)kNm	扭矩	×	
3	转速	(0～500)r/min	S[b]		×	×		光学编码器	(0～500)r/min	转速	×	
4	内部温度	(0～50)℃		S[b]	×			RTD	(0～50)℃	温度		×
[a] C:复合变量。											
[b] S:单变量。											

5.3　关于测量的考虑

5.3.1　总则

性能评定的每次试验应测量被评定变送器的全部特性,即应执行多区间段的测量以充分证明变送器符合自身的规范。然而如此评定可能变得很昂贵,尤其是对复合变量的测量。许多情况下,全性能测量的附加值与成本不成比例。

因此,评定可包括参比条件下的全性能测量和各种简化的测量组合,这取决于施加的影响量(见5.8)和可用的设备。

5.3.2　单变量

5.3.2.1　总则

对于单变量(见表10),步骤在5.3.2.2和5.3.2.3中描述。

5.3.2.2　线性特性

对于线性特性的单变量变送器,输入信号最好以10%步长无过冲地从0%缓慢增大到100%,然后回到0%。步长不应超过20%。每变化一步后,应使变送器达到稳态状态。然后记录每步输入输出信号的对应值。测量循环至少执行3次。上行和下行方向的测量应分别求平均,并应绘制成图。此外,应从测量值计算出最大回差和最大重复性误差,还应说明重复性计算的依据。

有关各方协商的简化测量组合由以下测量组成:

——零点和量程迁移(如果预计影响量会影响线性度,可增加一些中间点),或

——在 0%、10%、50%、90% 或 100% 点的测量。

注:如果零点或 100% 点达不到时,零点和量程迁移可在如 2% 和 98% 处测量。

5.3.2.3 非线性特性

对非线性功能,应选择输入间隔使其充分覆盖规定的特性曲线。除非另有约定,一致性误差应由规定特性曲线与上行程和下行程测量平均误差的总的平均值之间的差确定。应将其绘制成图。此外,应从测量值计算出最大回差和最大重复性误差,还应说明重复性计算的依据。

简化测量组合应经有关各方同意。

5.3.3 复合变量

对复合变量(见表 11),步骤与单变量相同。第一个量变化时,其他量在某相关量值上保持恒定。当其他某一个量的测试电路的固有特性引起可观的回差时,将第一个量保持恒定,改变其他量,重复测量步骤。

简化测量组合应经有关各方同意。

5.4 试验设备

5.4.1 总则

图 2 举例说明了基本试验配置。根据变送器的类型及施加和测量的各种量的变化,信号发生器和数据采集设备可能很复杂。

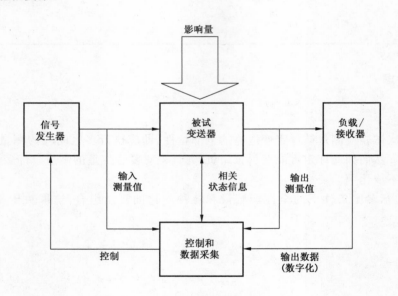

图 2 基本试验配置

5.4.2 信号发生器

施加到变送器的输入应由可溯源到参比标准或参比物质的信号发生器提供。所加信号应平稳、稳定、在测量期间无漂移。如果信号发生器有周期变化,应采用所谓快速启停法在充分长时间周期内积分获得测量平均值。这意味着在测量期间(包括启动和停止)施加给被试变送器的物理量处于要求的稳定、受控状态。这种方法也需要精确的时间测量。

所施加信号的准确度应比被评定变送器规定准确度至少高 4 倍、最好高 10 倍。对提供复合变量的变送器,每个输入都需要有特定的信号发生器。

信号发生器、输入及相关输出信号测量设备的动态特性应优于被试变送器的动态特性。

应注意,信号发生器应配有充分的配件来执行5.8描述的试验。

5.4.3 输出负载/接收器

电流输出应加载最大允许或规定电阻负载。

电压输出应加载最小允许或规定电阻负载。

变送器应按制造商规定的现场总线接口连接到现场总线系统和主计算机。

关于数据流方面,应确定正确测量和工作所必需的基本负荷,此时相关数据可以在变送器与现场总线主设备及其他现场总线设备之间交换。

5.4.4 控制和数据采集

控制和数据采集单元可以是全自动的、也可以是评定者手动和直观操作的系统。用于测量、记录和控制各种信号的设备不应影响所加和所测量信号。注意主计算机可以部分地用于数据采集。

测量设备的总不确定度也应由所采用每台测量仪表的不确定度来计算。

5.5 被试变送器(试验预防措施)

开始试验前,应按制造商说明书要求预先对变送器进行调整、校准和整定(初始化)。

每次试验前,评定者应保证变送器处于无错误和无故障状态,并处于正常运行模式。每次试验前,先进行参比测量和检查,以确定试验中和试验后相关特性的漂移,并观察可能出现的报警信息和变送器故障状态指示。

(开启电源后)应允许有一段制造商规定的预热时间,以稳定变送器和(或)关联试验设备。没有规定时,应至少预热15 min。

用于确定相关性能特性的测量点,其分布应覆盖全范围。其中应包括处于或靠近范围上、下限值的测量点。至少应有6个测量点,多则更好(根据计量精确度等级按要求增加测量点)。测量点的数量和位置应与精确度等级和被评定特性要求相称。输入信号达到每个测量点应无过冲。

在每个观察点,应在设备已经稳定后记录稳态值。

试验时变送器都应合上表盖,按约定的位置安装,并在报告中反映。

应仔细考虑在现场总线系统中对变送器进行的试验。总线系统和主计算机的动态特性不应掩盖变送器的特性。变送器的试验最好在如图B.1所示的单机配置并在基本负荷下进行。

为了避免现场总线任务的干扰,在非现场总线相关应用情况下,不应使用主计算机处理和存储试验数据。

5.6 性能试验用参比条件

环境和运行试验条件的参比值见表12。更详细信息见GB/T 18271.1—2017第6章。

表 12 环境和运行试验参比条件

	参比条件
环境温度[a]	20 ℃ ± 2 ℃ (15~25)℃推荐极限值
相对湿度[a]	65% ± 5% 45%~75%推荐极限值

表 12（续）

	参比条件
大气压力	(86～106)kPa
电磁场	如涉及,要规定数值
电源	——额定电压:±1%; ——额定频率:±1%; ——谐波失真(交流电源):<5%; ——纹波(直流电源):<0.1%
安装位置	变送器的安装位置应与制造商说明书指定的正常安装位置之一一致
振动	变送器的安装应能避免变送器在试验期间受到外界振动的影响
ᵃ 试验应在规定的参比大气条件下进行。作为例外,试验可在推荐的极限值内进行;但决不能超出极限值。当在推荐极限值内的测量不能使人满意时,则应在参比大气条件下重复。	

5.7 参比条件下的试验程序

表 13 参比条件下的试验程序

名称	试验方法和报告内容	引用文件	附加信息
● 精确度 单变量线性 ——线性度误差; ——回差; ——重复性	以 10%～20%的间隔,在上行和下行方向至少测量 3 次。数据(以端基法处理)应绘制成图	GB/T 18271.2—2017, 第 4 章	
● 精确度 单变量非线性 ——一致性误差; ——回差; ——重复性	以预定的间隔,在上行和下行方向至少测量 3 次。数据(按约定处理)应绘制成图		
● 精确度 多变量 ——一致性误差; ——回差; ——重复性	一个量以预定的间隔,在上行和下行方向至少测量 3 次,另一个量保持为常数。数据(按约定处理)应绘制成图		
● 一致性误差 辅助传感器 ——回差; ——重复性	以 10%～20%的间隔,在上行和下行方向至少测量 3 次。 数据应绘制成图	GB/T 18271.2—2017, 第 4 章	当传感器对正常运行非必需时,可跳过本试验
● 二进制输入传感器切换点	确定从逻辑"0"切换到"1"和反向情况的门限值		可选试验

表 13（续）

名称	试验方法和报告内容	引用文件	附加信息
● **功能块**	见附录 C		
● **死区**	在 50％测量（也可选 10％，90％）	GB/T 18271.2—2017，4.2	

死区试验程序：

——缓慢增加一个输入量，直到探测到输出变化，此信号标记为 W_1；

——缓慢减小输入量，直到探测到输出变化，此信号标记为 W_2。

差值（$W_1－W_2$）是死区宽度。应测量 3 次；取最大值作为死区值。对复合被测变量变送器的试验，需对其他输入重复测量。

对用户可调的死区，应在以下点测量：最小值、最大值、要求值或建议的优化运行值（经整定程序获取或按手册规定）

动态响应

——应清晰地报告输入滤波器的有效性和设置（固定的或用户可调的）；

——复合被测变量的动态响应对每个相关的单变量可能会不同。除非另有协议，应确定各分立功能和一个复合变量的动态效应；

——在现场总线中变送器的动态特性可以两种方式评价：

● 主计算机实时记录响应数据并存储以用于分析；

● 另一台具有模拟输出的现场总线变送器接收来自现场总线的被测值。再用外部记录仪记录此输出。

——现场总线配置中的动态试验，受到总线循环周期和总线负荷的严重影响。对循环周期用户可调型，应设置到最小值。而且，应对现场总线系统施加基本负荷

名称	试验方法和报告内容	引用文件	附加信息
● **频率响应**	施加振幅＜5％的正弦信号，频率始于 0.01 Hz，直到使输出衰减到小于 10％的较高频率。报告内容：－3 dB 点（相对增益 0.7）；相位滞后 45°和 90°点；最大相对增益和对应的频率及相位滞后	GB/T 18271.2—2017，5.3	试验频率做到不大于 0.2 倍总线频率为止

对于现场总线变送器，本试验可跳过，或进行本试验以获得现场总线系统的参比数据。试验结果包含了现场总线系统的动态特性

名称	试验方法和报告内容	引用文件	附加信息
● **阶跃响应**	在 10％ ～ 90％；5％ ～ 15％；45％ ～ 55％；85％ ～ 95％区间，相继施加至少 3 次上升和下降阶跃。确定阶跃响应时间、时滞时间、过冲和建立时间（见图 3）。确定每一种阶跃响应时间的平均值，除非相互之间的差＞30％或＞2 s（取较大值）。出现这种情况时，应分别报告最小值和最大值，并报告可能的循环周期限值	GB/T 18271.2—2017，5.4	

对于现场总线变送器，本试验可跳过，或进行本试验以获得现场总线系统的参比数据。试验结果包含了现场总线系统的动态特性。

为了准确测量响应时间（排除现场总线系统动态特性的影响），在信号发生器一侧的转换器（见图 2）应包含一个总线监测器，以确定阶跃作用到达变送器输入端的准确时间。

当信号发生器影响响应时间时，宜按变送器的类型采取某种适当的阶跃。例如施加由 90％～0％的下降阶跃

表 13（续）

名称	试验方法和报告内容	引用文件	附加信息
● 电源要求	确定最大功耗及出现最大功耗的输入和输出条件	GB/T 18271.3—2017，12.1	
对回路供电的模拟(4～20)mA 变送器,测定在 100％输入时端点的电压值。对现场总线供电的变送器,需确定可正常运行的最小电压或电流			

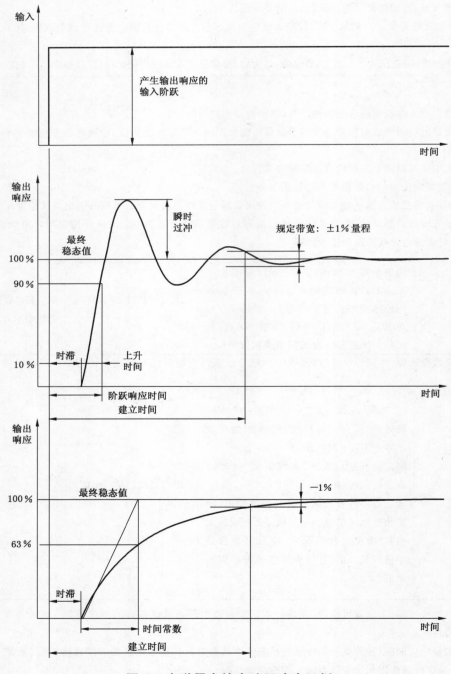

图 3 变送器电输出阶跃响应示例

5.8 确定影响量影响的试验程序

5.8.1 总则

5.8.1.1 概述

在5.8所述的试验中和(或)试验后,将所做的观察和测量结果填入表14~表18。这些表是用于设计变送器评定试验程序的工具。

5.8.1.1~5.8.1.5给出表14~表18的使用指南。

5.8.1.2 准确性栏目

被测变量

确定每个被测变量的相关数据流路径。不论是单变量还是多变量变送器,本栏都分成许多列,其数量与所确定的相关数据流路径数相等。因此在表14所示例中,本栏应分成6列,分别列出本地显示和外部系统中的扭矩、转速和功率。

本栏所用符号有:

Cr——简化特性(线性特性的零点和量程迁移和非线性特性的约定测量点数目);

P——测量点;

Pr——试验中要记录的测量点;

×——按下述解释必须执行的试验或检查。

在Pr类测量中,建议在输入端施加约2%的小幅缓慢三角波信号。这可能会强制变送器进入连续或暂时的"保持"状态。而施加稳定的输入时,评定者观察不到暂时的"保持"状态。另外,施加三角波信号,会使变送器输出反应时间可能的延迟现象显现出来。

辅助功能

应检查辅助模拟功能是否正常运行。确定相关辅助功能的数量并依此分别列出。可以提供下列辅助功能:

——模拟传感器(如用于内部温度测量);

——数字输入 由依次引入的逻辑"0"和逻辑"1"检查运行是否正常;

——数字输出 检查对所加相关激励的正确切换。

中间值/内部值

当变送器配备有读本地和远程数据或读不同数据流路径的中间电测点数据的功能时,也应监控并记录中间值/内部值。

确定被监控的相关中间值的数量并依此分别列出。如果出现故障或错误,这些数据可以指出发生在变送器的哪一部分。可提供的中间值有:

——未经处理的电传感器信号;

——处理前已转换(数字化)的传感器信号(A/D输出)。

5.8.1.3 可信性栏目

硬件损伤

在试验中和(或)试验后,观察变送器是否有机械损伤、故障或性能下降。

通信

通过本地控制检查通信。本项检查包括经本地按钮无阻碍地访问变送器和经本地显示器无干扰地读出数据。

通过现场总线检查通信。本项检查包括经主机和现场总线无阻碍地访问变送器和经主机显示器无干扰地读出数据。

还应检查在人工域和外部系统域因试验引起的通信延迟和暂停。

软件组态

检查软件的组态是否由于施加的试验条件引起数据污染或变化,包括用户可访问数据、功能和循环时间的完整性。

诊断信息

检查诊断显示(本地、PC 或手持终端)、报告诊断信息和由于施加试验条件而可能出现的过程报警。

变送器可能配备多样化的诊断测试,在正常的或有故障的变送器中,这些测试可以自动运行或者由操作者启动。如果变送器没有正常运行,评定者应使用操作员控制的诊断设施检查变送器的运行。

5.8.1.4 稳定性栏目

阶跃响应

从输入端引入从 45％～55％ 再回复的阶跃信号,报告输出达到稳定位置(1％量程之内的最终稳态值)的所有变化时间。如果出现极限循环,报告幅度和周期。

稳定性

检查变送器在 10％、50％ 和 90％ 输入时的(稳态)稳定性。报告明显的不稳定和(或)极限循环。对后一种情况,同时报告幅度和周期。如果出现不稳定或极限循环,执行自动整定程序,并报告相关控制参数的变化和稳定性可能出现的改善。

自动调整/自动整定

执行自动调整和自动整定程序。

对自动调整程序,报告零点和量程可能的变化、线性度、以及执行所需的时间。

对自动整定程序,报告相关控制参数可能的变化,以及执行所需的时间。

由于执行这些程序引起稳定性可能的变化也应报告。

5.8.1.5 测量时间栏目

由于每次试验中和试验后的测量值与观察值并不总是相同的,表中"测量时间"栏分为两种情况:

D——试验之前初始测量值与试验中观察值的迁移测量;

A——试验之前初始测量值与试验之后观察值的迁移测量。

5.8.1.6 试验方法行

在"试验方法"行中提到的试验级别,是从引用文件栏所述标准选出的首选级别。如果超出了规范,就应降低试验级别,除非与制造商明确就本标准中的级别达成一致。

5.8.2 过程域

5.8.2.1 总则

在过程域,变送器的性能会受到过程装置产生的对传感器子系统的扰动以及来自远程传感器和电负载导线的电气扰动的影响。因此这个域分为两个子域:

——传感器扰动;

——导线扰动。

5.8.2.2 传感器扰动

在介质特性、介质条件、安装条件影响中所列参数并非全部,必要时可以扩充。

此外,这些试验的严酷等级需要在起草评定协议时通过考虑评定目的做详细规定。

表 14 传感器扰动的抗扰度试验方法

名称	准确性				可信性				稳定性			引用文件
	测量时间	被测变量	其余辅助I/O	中间值	运行的损害/丧失	软件组态	通信	诊断信息	阶跃响应	稳定性	自动调准/整定	
输入过范围	D	P^a		×	×		×	×				
	A	Cr		×	×	×	×	×				
试验方法	对每个独立传感器施加允许的最大过载信号 1 min，观察智能变送器在过载时的表现。 恢复5 min后，在50％输入下进行测量与观察。 本试验可能损坏被试智能变送器，宜作为最后的试验来执行，可能还需要安全措施											
介质特性的影响	D	Cr	×	×				×	×	×	×	
	A	Cr	×	×				×	×	×	×	
试验参数	基于待测物理量和所用的测量原理，可以考虑以下特性的影响： ——密度； ——电导率； ——磁导率； ——粘度； ——腐蚀性； ——透明度； ——介电常数； ——可压缩性； ——热膨胀； ——物理/化学成分； ——声速											
介质条件的影响	D	Cr	×	×	×		×	×	×	×	×	
	A	Cr	×	×	×	×	×	×	×	×	×	
试验参数	基于待测物理量和所用的测量原理，可以考虑以下条件的影响： ——压力； ——温度； ——介质（固体、液体、气体）； ——两相流（液体/气体或液体/固体）； ——介质污染造成的干扰信号； ——流量（高、低、静止流体）；											
安装条件的影响	D	Cr	×	×	×			×	×	×	×	
	A	Cr	×	×	×		×	×	×	×	×	

表 14（续）

名称	准确性				可信性				稳定性			引用文件
	测量时间	被测变量	其余辅助I/O	中间值	运行的损害/丧失	软件组态	通信	诊断信息	阶跃响应	稳定性	自动调准/整定	
试验参数	——传感器组件的安装位置： 本试验仅适用于由于设计而对传感器组件的安装位置敏感的变送器。有关各方可以商定除了下面提到之外的其它安装位置，包括颠倒的位置。 传感器组件应在两个相互垂直的平面上从商定的参比位置倾斜±10°和±90°。在每个位置应进行相关的测量与观察。 ——流动剖面扰动： 本试验专门用于评定有流体介质通过传感器的流量计和变送器。本试验可包括以下因素导致的干扰：上游阀门、管道几何结构（空间弯曲、T型管接头、弯管、直径突变都有规定的几何结构）、密封填料部分阻塞管道、管道未对准等。 ——流过过程介质的电流； ——传感器组件内或组件上的涂敷层； ——绝热程度； ——管道连接件或配件上的机械应力												
[a] 见 5.8.1.2"被测变量"中的符号												

5.8.2.3 导线扰动

表 15 导线扰动的抗扰度试验方法

名称	准确性				可信性				稳定性			引用文件
	测量时间	被测变量	其余辅助I/O	中间值	运行的损害/丧失	软件组态	通信	诊断信息	阶跃响应	稳定性	自动调准/整定	
接地	D	Cr	×		×		×	×			×	
	A	Cr	×		×		×	×			×	
试验方法	相继将每个电接线端（传感器、输出、现场总线）接地。 小心排除由输入信号源接地产生的影响											
线路阻抗	D	Cr	×		×		×	×			×	
	A	Cr	×		×		×	×			×	
试验方法	在传感器和变送器本体之间引入一个相当于规定类型导线的阻抗。可以商定限制其为电阻性阻抗，而非全电阻/电容/电感的模拟											
断路	D	Pr	×		×		×	×			×	
	A	P	×		×		×	×			×	

表 15（续）

名称	准确性				可信性				稳定性			引用文件
	测量时间	被测变量	其余辅助I/O	中间值	运行的损害/丧失	软件组态	通信	诊断信息	阶跃响应	稳定性	自动调准/整定	
试验方法	应切断每个相关的电连接（传感器、电输出，通信）5 min，观察和报告试验期间运行和测量的变化。断路瞬间，输入应在50%。 在断路时，检查变送器的断路探测和组态作用的有效性											
短路	D	Pr	×		×		×		×			
	A	P	×		×		×	×	×			
试验方法	短路每个相关的电连接（传感器，电输出，通信）5 min，观察试验期间运行和测量的变化。短路前，输入应在50%。如果变送器能组态为某种特定动作，作为短路探测的结果，也应对这些情况进行检查											
共模干扰	D	Cr	×		×		×	×	×			GB/T 18271.3—2017,13.1
	A	Cr	×		×		×		×			
试验方法	本试验仅适用于I/O电路与地隔离的情况。应注意使输入信号发生器不被共模试验信号影响。 除非制造商指定了一个更低的值，在地和相关终端之间叠加一个250 V/50 Hz，可变（360°）相位的信号。试验源应串接一个10 kΩ的电阻。 然后，除非制造商指定了一个更低的值，用一个±50 V（d.c.）或1 000倍输入量程的电压，取较小值，重复该试验											
串模干扰	D	Cr	×		×		×	×	×			GB/T 18271.3—2017,13.2
	A	Cr	×		×		×	×	×			
试验方法	本试验仅适用于具有远程传感器组件的变送器。对输入与输出电路隔离的设备，试验时应将电输出电路接地。 对每一输入电路，施加一50 Hz可变（360°）相位的串模电压，并定在10%和90%输入时使各测量特性出现0.5%迁移的试验电平。然后将试验电压增加到1 V做进一步的测量。 对于电流输入，施加幅度为10%峰—峰值的串模电流信号											
射频传导骚扰	D	Pr		×		×	×		×			IEC 61326-1
	A	Cr	×		×	×	×	×	×			
试验方法	按IEC 61326进行试验。射频信号电平应为3 V，频率范围在（0.15～80）MHz。 试验时输入应为50%并应记录对应输出。 确定骚扰信号频率对运行和测量特性的暂时和永久影响											
电快速瞬变脉冲群	D	Pr		×		×	×		×			IEC 61326-1
	A	Cr	×		×	×	×	×	×			
试验方法	按IEC 61326进行试验。应将1 kV的电快速瞬变脉冲群施加于变送器各子系统之间的相关电缆（I/O，通信）上。 试验时输入应为50%并应记录对应输出。 确定骚扰信号频率对运行和测量特性的暂时和永久影响											

表 15（续）

名称	准确性				可信性				稳定性			引用文件
	测量时间	被测变量	其余辅助I/O	中间值	运行的损害/丧失	软件组态	通信	诊断信息	阶跃响应	稳定性	自动调准/整定	
浪涌	D	Pr			×		×	×			×	IEC 61326-1
	A	Cr	×		×	×	×	×			×	
试验方法	按 IEC 61326 进行试验，在线与地之间施加±1 kV。 试验时输入为 50％，并记录对应输出。 确定骚扰信号频率对对运行和测量特性的暂时和永久影响											

5.8.3 公用域

表 16 电源扰动的抗扰度试验方法

名称	准确性				可信性				稳定性			引用文件
	测量时间	被测变量	其余辅助I/O	中间值	运行的损害/丧失	软件组态	通信	诊断信息	阶跃响应	稳定性	自动调准/整定	
电源电压/频率变化	D	Cr	×	×		×	×			×	×	GB/T 18271.3—2017,12.1
	A	Cr	×	×	×		×	×			×	
试验方法	对带分立供电电源的变送器，施加如下变化： a) a.c.供电：公称值＋10％/－15％，结合频率变化：公称值＋2％/－10％，或制造商规定的极限值（如果更小），得到 9 组测量结果。 b) d.c.供电：公称值＋20％/－15％，或制造商规定的极限值（如果更小）。 对两线制变送器，确定： a) 变送器带 250 Ω 负载、保持 100％电输出时所需的最小电压。 b) 变送器提供正确数字输出（本地或远程经现场总线）所需的最小电流											
电源电压瞬变	D	Pr			×		×	×			×	GB/T 18271.3—2017,12.2
	A	Cr	×				×	×				
试验方法	从公称电压起，施加＋10％（交流电源）或20％（直流电源）以及－15％的阶跃变化（上升时间＜1 ms），应持续 10 ms、100 ms、1 000 ms、10 000 ms，同时应记录输出。应施加足够多的阶跃以显现对相关输出的暂时或永久性影响以及恢复时间											
电源电压低降	D	Pr			×		×	×			×	GB/T 18271.3—2017,12.3
	A	P	×				×	×			×	
试验方法	传感器信号应使变送器的输出在 100％。 然后降低电源电压到公称值的 75％并持续 5 s。上升时间不应快于 100 ms 以避免瞬变现象。 恢复公称电压后，报告瞬时变化和失真（以量程的百分比），以及恢复时间											

表 16（续）

名称	准确性				可信性				稳定性			引用文件
	测量时间	被测变量	其余辅助I/O	中间值	运行的损害/丧失	软件组态	通信	诊断信息	阶跃响应	稳定性	自动调准/整定	
电源中断	D	Pr			×		×	×		×		IEC 61326-1
	A	P	×		×	×	×	×		×		
试验方法	注：这里描述的试验方法是 IEC 61326 所述试验方法的扩充。 传感器信号应使变送器的输出在 100%。中断电源最长 500 ms。中断时间应该从 5 ms 逐渐增加到 500 ms，并记录输出（电量的和软件的）。观察电源恢复时变送器的表现（总的失真时间和恢复时间）。 另外，在 5 ms、20 ms、50 ms、100 ms、200 ms 和 500 ms 确定输出的瞬变现象（幅值和持续时间）												
谐波失真	D	Cr			×		×	×		×		GB/T 18271.3—2017，第 14 章
	A	Cr	×		×		×	×		×		
试验方法	在电源基频上施加谐波失真（2 次到 5 次谐波，或按协议规定）。应采用 2% 和 10% 的失真水平，相移应在 360°内变化。试验前，变送器的输出相继调整到 10% 和 90%												
电快速瞬变脉冲群	D	Pr			×		×	×		×		IEC 61326-1
	A	Cr	×		×	×	×	×		×		
试验方法	按 IEC 61326 进行试验。2 kV 的电快速瞬变脉冲应直接注入供电电路。 试验时输入应为 50%，并应记录对应输出。 确定骚扰信号频率对运行和测量特性的暂时和永久影响												
浪涌	D	Pr			×		×	×		×		IEC 61326-1
	A	Cr	×		×	×	×	×		×		
试验方法	按 IEC 61326 进行试验，试验等级分别为：线与线之间，±1 kV 峰值；线与地之间，±2 kV 峰值。 试验时输入应为 0%，并应记录对应输出。 确定骚扰信号频率对运行和测量特性的暂时和永久影响												

5.8.4 环境域

表 17 环境扰动的抗扰度试验方法

名称	准确性				可信性				稳定性			引用文件
	测量时间	被测变量	其余辅助I/O	中间值	运行的损害/丧失	软件组态	通信	诊断信息	阶跃响应	稳定性	自动调准/整定	
环境温度：性能	D	Cr	×	×		×	×	×	×			IEC 60068-2-1
	A	Cr	×	×	×		×	×	×			IEC 60068-2-2

表 17（续）

名称	准确性				可信性				稳定性			引用文件
	测量时间	被测变量	其余辅助I/O	中间值	运行的损害/丧失	软件组态	通信	诊断信息	阶跃响应	稳定性	自动调准/整定	
试验方法	变送器2次经历以下范围的温度,但不要超过制造商指定的工作温度限值:+20℃、+40℃、+60℃、+85℃、+20℃、0℃、-20℃、-40℃、+20℃。 在每一温度保持足够的时间(不少于4h)以达到稳定。稳定后执行相应的测量和检查。执行第二次循环时不对变送器做任何调整。 如果有关各方同意,可以仅进行下列温度试验:+20℃、最低工作温度、最高工作温度以及试验后+20℃											
环境温度:运行	D Cr			×		×	×		×	×		
	A Cr	×		×		×	×		×	×		
试验方法	切断电源,使变送器承受规定的最低然后最高环境温度(至少6h)。随后,接通电源检查变送器是否正确启动和运行。正确启动后,应执行相关测量。然后应执行制造商描述的初始化程序。应报告与室温下初始化的差异。这些差异可以是参数的不同、执行程序时间的增加或者是特性的漂移											
相对湿度	D Cr	×	×	×		×	×		×			IEC 60068-2-78
	A Cr	×	×	×		×	×		×			
试验方法	变送器所处大气条件应在2h内从参比条件变到40℃±2℃和93%+2%/-3%RH。将变送器保持在此条件下至少48h。在开始4h和最后4h,给变送器通电。在这之间的时间,应切断电源。48h后,应将相对湿度和温度在2h之内降低到参比大气条件并保持至少4h。 应在下列时间执行测量和观察: ——开始4h将要结束,电源仍然接通时; ——直接在最后4h智能变送器电源接通后; ——最后4h将要结束时; ——试验后回到参比大气条件,在4h时间将要结束时											
安装位置	D Cr	×		×		×	×		×			GB/T 18271.3—2017,第9章
	A Cr	×		×		×	×		×			
试验方法	本试验仅适用于对安装位置敏感的变送器。除下面提到的位置外,也可以协商其他位置。 在两个相互垂直的平面,将变送器从参比位置倾斜±10°和±90°。在每个位置,应进行相关的测量											
跌落和倾倒	D Pr			×		×	×					IEC 60068-2-31
	A Cr	×		×		×	×		×			
试验方法	变送器以正常位置安放在平滑刚性的水泥或钢铁平面上,沿一个底边倾斜,直到其对边与试验平面的距离为25 mm、50 mm或100 mm(具体值协商确定),或使底面与试验平面之间的夹角为30°,选严酷度较低的,然后让变送器自由回落至试验平面。 变送器四个底边应各承受一次跌落。 如果变送器没有必要或没有要求,本试验可以取消											

表 17（续）

名称	准确性				可信性				稳定性			引用文件
	测量时间	被测变量	其余辅助I/O	中间值	运行的损害/丧失	软件组态	通信	诊断信息	阶跃响应	稳定性	自动调准/整定	
机械振动	D	Pr			×		×	×		×		IEC 60068-2-6
	A	Cr	×		×		×	×		×		
试验方法	试验准备 将变送器牢固地安装在振动机试验台的标准支架上。然后使变送器在三个相互垂直的轴向承受振动，频率范围是(10～500)Hz，振动级别是：(10～60)Hz，振幅 0.14 mm；(60～500)Hz，加速度 19.6 m/s²。 确认所有螺栓/螺母按制造商推荐的扭矩连接。将参比加速度计安装在支撑点，将第二个加速度计安装在变送器期望出现最大振幅的部位。以振动频率的函数形式，记录两个加速度计的振幅比 Q 和输出。 试验的执行 试验由三个不同的阶段组成。 第一阶段：寻找初始谐振 扫频速率应约为 0.5 倍频程/min。变送器运行的输入信号应使其输出为 50%。 第二阶段：临界频率的持久振动 由 Q 记录确定最高谐振峰值和相应的频率。然后在此频率持续振动变送器 30 min。 第三阶段：寻找最终谐振 方法与寻找初始谐振相同。记录谐振峰值和相应频率相对于寻找初始谐振时的变化												
工频磁场	D	Pr	×		×		×	×		×		IEC 61326-1
	A	P	×		×	×	×	×		×		
试验方法	按 IEC 61326 进行试验。变送器应置于 30 A/m(有效值)，50/60 Hz 的磁场中，磁场方向沿着其主轴。												
电磁辐射干扰	D	Pr			×		×	×		×		IEC 61326-1
	A	Cr	×		×	×	×	×		×		
试验方法	按 IEC 61326 进行试验，场强为 10 V/m。 试验时输入应为 50%。变送器的输出应作为频率的函数记录，用于确定暂时和永久偏移												
静电放电	D	Pr			×		×	×		×		IEC 61326-1
	A	Cr	×		×	×	×	×		×		
试验方法	按 IEC 61326 的规定，在正常运行和维护时最易被人接触的金属零件上施加静电放电(接触放电：4 kV，空气放电：8 kV)												

5.8.5 时间域

表 18　随时间退化抗扰度试验方法

名称	准确性				可信性				稳定性			引用文件
	测量时间	被测变量	其余辅助I/O	中间值	运行的损害/丧失	软件组态	通信	诊断信息	阶跃响应	稳定性	自动调准/整定	
始动漂移	D	Pr					×	×		×		GB/T 18271.3—2017,7.1
	A	P					×	×		×		
试验方法	试验之前,将未通电的变送器置于参比条件下至少 12 h。然后接通电源,加入使输出信号为 90%的输入信号,并记录变送器直到输出稳定,但不超过 4 h。应测量到达稳定输出的时间和变化量。在 10%输出处重复试验											
长期漂移	D	Pr	×	×	×		×	×		×		GB/T 18271.3—2017,7.2
	A	Cr	×	×	×		×	×		×		
试验方法	变送器在使输出为 90%的稳定输入信号下运行 30 天。每天至少记录输出一次。最好每小时或更频繁地自动记录输入和输出。除时间外,应注意确保由环境条件引起的变化不掩盖长期漂移影响。 长期漂移是试验期间在输出记录中观察到的最大变化,用量程的百分比表示。 从足够多的自动测量数据中,可得出"漂移/月"的趋势											
加速寿命试验	D	Cr	×	×			×	×		×		GB/T 18271.3—2017,第 23 章
	A	Cr		×			×	×	×		×	
试验方法	本试验仅适用于对被测量的循环变化导致的老化具有本征敏感的变送器。 相关输入量以正弦形式循环超过 100 000 次(除非另有协议),输入信号约在 5%~95%之间变化。调整频率使输入和输出的幅值比>0.95。 每 10 000 次循环(或议定的其他值)停一下,以进行相关测量和观察。应报告试验期间出现的任何故障和所完成循环次数的总和											

6　其他考虑事项

6.1　安全

应按 IEC 61010-1 检查变送器,以确定设计的意外电击防护等级。

用于危险场所时,变送器应按相关标准的要求获得权威机构的认证。

6.2　外壳防护等级

如果有要求,试验应按 IEC 60529 和 IEC 61032 进行。

6.3　电磁发射

如果有要求,应按 CISPR 11 测量发射。

6.4 变型

制造商列出的重要变型或选项应在报告中给予反映。

7 评定报告

试验完成后,应按 IEC 61298-4 编写评定报告。

设计评审的结果和详细试验结果应按 4.3.9 和第 5 章要求写入报告。

评定报告还应包含下列辅助信息:

——日期、试验设备的位置、试验人员和报告撰写人员的姓名及资质;

——被试变送器的描述,包括:型号、系列号,是单机还是作为现场总线的部件进行试验。在后一种情况下,现场总线的类型和配置(主机、变送器的类型和数量)也应写入报告;

——包括和省略试验项目的原因。其他影响试验结果的条件(如:偏离推荐环境条件)也应写入报告;

——试验配置的描述和所用试验装置的清单;

——输入数据:范围(%量程)和输入测量设备的位置;

——输出数据:范围(%量程)和输出转换器连接的位置;

——制造商对试验程序和试验结果的意见。

评定报告发出后,测试实验室应将所有与测试期间所做测量相关的原始文档保存至少两年。

附　录　A

（资料性附录）

可信性试验

A.1　总则

本附录给出的可靠性试验方法学仅适用于有自检规定和/或配备冗余部件和/或能够将其状态与外部系统通信的仪器。这些试验对于用于安全相关应用的变送器可能很重要。建议制造商将设计过程中描述的测试方法集成起来。

本附录描述的可信性试验方法用于评价故障状态下变送器的表现。故障分为两种类型：

——内部硬件故障；

——过程操作员和维护人员的人为故障。

实际可信性试验程序应与来自制造商的专家联合确定。首先是设计分析，由专家详细说明变送器的设计。评定者根据其说明确定设计中的最关键部分，并确定引入故障的位置。为此，制造商应提供详细的功能块框图、电路图和接线图。用以上信息构建计划方案，确定：

——评定者引入硬件故障的位置；

——故障的类型和如何实现合适的故障仿真；

——可以引入维护过失的位置。

此外，成功地进行这些试验要求：

——试验期间制造商在场，并提供专用工具（如集成电路（ICs）的专用夹具）以及带工艺测试点的专用印刷电路板（PCB）；

——由于可能造成损坏，这些试验要慎重考虑。如果制造商事先声明这些试验可能造成损坏，那么不应进行该试验。制造商的声明应写入试验报告。另一方面，依照设计可能需要切开某些PCB的印制线以实现故障信号的引入。

被试变送器应仅承受单个故障。

A.2　设计分析

设计分析导出一张示意图，见图 A.1。这张包括故障注入点的示意图应在评定报告中公布。

A.3　参比条件

关于域和循环次数的细节，见 GB/T 19767—2005 的 4.1。关于可信性的一些定性方面的考虑见 4.3.7。

在本部分的背景下，可信性试验提供了一种注入硬件故障（硬件域）和维护过失（人工域），观察引入故障和过失后变送器如何表现的方法。本试验不仅适用于独立的变送器，也适用于连接到多仪表现场总线上的变送器。在后一种情况下，变送器故障不应影响通信链路和其他仪表。

故障注入试验的参比条件是变送器无错误和无故障。引入故障前，变送器应设置为正常运行模式，并清除自测试报警。如果不能清除自测试报警，制造商应检查、重启或修理变送器。

试验期间,变送器应接上输入范围的45%～55%之间的低频三角波输入信号运行,并应记录输出。然后记录故障引入的位置和时间,以辨别故障出现和对输出的影响(信号丢失、保持、不稳定等)之间的延迟。引入故障后,输入信号也应变化到范围的上、下限值。在故障状态下,变送器的输出也许会随着输入信号的大小而变化。

> 注:当使用50%的恒定输入信号试验时,如果故障产生的结果是出现的暂时"保持"状态,相关信息就可能会丢失或难以确定。

维护过失试验的参比条件最初与上述故障注入试验的参比条件相同。此后切断变送器的电源并引入维护过失。然后开启电源并按必要的程序再次初始化变送器。

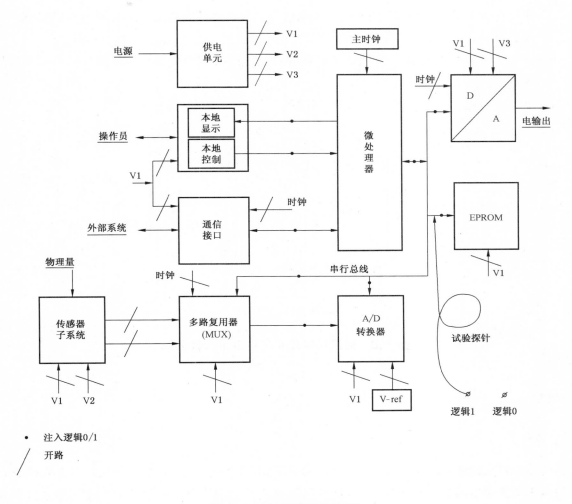

图 A.1 变送器示意图例

A.4 变送器内部失效的故障注入试验

> 注:有关这些试验的更详尽指导可参阅 GB/T 18272.5 和 GB/T 19767—2005。

本试验由两个阶段组成。

第1阶段:由制造商的专家对变送器的设计给出详细的说明。在专家说明的基础上,评定者确定设计中的最关键部分。

第 2 阶段：由评定者确定注入故障的实际位置。此外专家和评定者应讨论引入故障的方法。本阶段的最后应该产生一个实施和报告本试验的计划和表（见图 A.3）。故障可以分为四种类型：

——失去电源电压、主时钟或副时钟，见图 A.1 斜线；

——集成电路故障导致的控制、地址和数据线（见图 A.1 的圆点）输出信号丢失。在这些线上导致持续的逻辑"0"或"1"。这些故障可以采用试验探针交替连接到变送器的逻辑"0"或逻辑"1"上，迫使指定的试验点为"0"或"1"的方法引入。如果其中一个电路是低阻抗的，就不能采用这种直接试验法，这会造成整个变送器掉电。在这种情况下，切开线路，采用图 A.2 所示的开关，大多数情况下仍可进行试验。此外，用这个试验工具也可以模拟 IC 输入信号的丢失。这对由一个共享源接到不同电路的信号很重要，如图 A.1 所示的内部串行总线；

——通过图 A.1 斜线所示部分的断线来模拟信号丢失。这类故障也可通过图 A.2 所示试验工具设置；

——单个元件的故障（电阻、二极管、电容器、晶体管等）没在图中显示。故障模式可以是开路或短路。

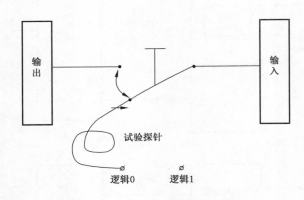

图 A.2　低阻抗电路和共享电路试验工具

A.5　观察

A.5.1　总则

无论是单机应用还是构成多仪表现场总线的一部分，要检查和观察承受内部故障的变送器的表现，需回答以下四个通用问题。对每项评定，这些问题都需要适当修改以适应特定的变送器设计和通信链路。

a)　变送器和数字通信系统的功能是否受到影响：
　　——单机情况下，三角波输入时，输出的固定刷新速率不应受到影响；
　　——在通信连接的组态中，与链接主机的通信不应受到影响，链路中其他仪表的运行也不应受到影响。

b)　变送器和通信系统是否报告故障：
　　——在可接受的时间里是否自动在线诊断，如果不是：

——是否是自动周期测试,如果不是:

——是否是手动请求离线诊断;

——报告出现在:

● 本地显示器,还是

● 维护显示器。

c) 变送器或通信系统是否采取故障保护措施:

——是否依靠冗余部件继续运行;

——是否依靠备份设备继续(降级)运行;

——是否提供故障隔离;

——当不能继续安全运行时是否提供停车。

d) 是否能够在线修复不影响通信系统运行:

——故障报告是否给出了更换故障部件的正确信息;

——更换缺陷部件时是否不影响数字通信系统;

——修理需要哪些工具;

——更换后被修模块是否是自动重启并投入在线状态;

——数字通信系统的运行是否受到被修模块重启和恢复在线的影响。

A.5.2 故障表现的分级和报告

图 A.3 的表给出了如何收集和报告数据的例子。本例中,变送器有一个模拟电输出(mA)和本地控制。应该注意,每次评定都应当修改该表,以适应被评定变送器的设计(如:变送器没有本地显示,表中的相关行应该删除)。本例中各行安排如下:

——5～25 行显示电输出信号、现场总线数字输出信号和本地显示输出的功能可用性;

——8、15 和 22 行可表示故障安全状态(安全措施)。故障状态下,这些行之间的差异也可能包含了查找故障模块或组件的诊断信息;

——26～30 行显示仪器在故障状态下的完整性;

——31 和 32 行显示故障情况下的备份程度。

	A	B	C	D	E	F	G	H	I
2	检查项目	注入故障的描述							
3		供电系统	MU×…A/D转换器	通信模块	微处理器	存储器（EPROM'S）	DAC模块	本地控制/显示器	分立元件
4	编号								
5	电输出响应输入？								
6	电输出固定在最终值？								
7	电输出为不定值？								
8	电输出为 0%？								
9	电输出为 100%？								
10	电输出不稳定？								
11	电输出为预定值？								
12	现场总线输出响应输入？								
13	现场总线输出固定在最终值？								
14	现场总线输出为不定值？								
15	现场总线输出为 0%？								
16	现场总线输出为 100%？								
17	现场总线输出不稳定？								
18	现场总线输出处于预定状态？								
19	本地显示响应输入？								
20	本地显示固定在最终值？								
21	本地显示处于不定状态？								
22	本地显示为 0%？								
23	本地显示为 100%？								
24	本地显示不稳定？								
25	本地显示处于预定状态？								
26	通信正常？								
27	本地显示出现报警？								
28	主操作台显示集中报警？								
29	主机诊断显示报警？								
30	报警的类型								
31	可本地手动控制？								
32	从主机手动控制？								

图 A.3　故障表现报告表

当变送器具有智能和自测试能力时，可以期望故障发生后变送器立即（或在合理的时间内）给出自检报警信息。最好能区分出：

——非致命错误：这种情况下可维持正常运行模式。

——致命错误：变送器自动强制进入故障安全状态。这种情况下，任何违背故障安全的情况都是不可接受的。

当变送器配备了通过手动控制强制其进入安全状态的手段时，可进一步强化安全性。

图 A.4 的表给出了试验期间可能出现的致命错误和非致命错误事件组合的严重性程度等级。

制造商应证明变送器自测试软件探测和显示错误的能力。可以用覆盖率百分比来表示。

致命错误			
报警	故障安全	手动控制	严重性程度
否	否	否	12
否	否	是	11
是	否	否	10
是	否	是	9
否	是	否	8
否	是	是	7
是	是	否	6
是	是	是	5
非致命错误			
报警		手动控制	严重性程度
否		否	4
否		是	3
是		否	2
是		是	1

图 A.4 故障模式不同类型的等级

A.6 人为故障

A.6.1 误操作试验

误操作指：变送器在正常运行状态下，由操作员或工程师造成的错误或故障。这些错误或故障可以是：

——在控制、调用显示和可存取参数时使用了不正确或不完整的代码或命令；

——随意操作与主机相连的键盘、触摸屏或其他输入装置；

——由本地和远程控制在短时间内引入大量命令导致溢出情况；

——未经授权的访问尝试：例如使用被禁止或受限制的变送器操作命令，擅动机械装置（如：键锁等）。

试验之前，变送器应调整到正常运行模式，没有任何故障或故障指示。试验期间，变送器应运行。

在故障引入时和引入故障后，应对变送器做如下检查：

——暂时或持续失去操作、失去与外部系统的通信或损坏；

——警告和报警信息的出现和存储；

——显示器上出现失真信息或不正确的信息和数据。

A.6.2 维护过失试验

本试验由两个阶段组成。

实施试验前,由来自制造商的专家解释变送器的可维护性。然后评定者决定引入哪些过失。评定者还应决定那些模块是可互换的,它们是如何安装在一起、如何用导线和接插件互连、是否需要插入跳线器等。维护人员可以替换模块制造不正确的连接,也可以忘记插入跳线器。基于这种审查,评定者提出试验中应被引入的过失类型表。该表应与图 A.4 的表合并。评定者可以将以下清单作为确定引入维护过失的指南:

——由跳线器或 DIP 开关引起的错误地址设置;

——电源线、接插件、印制电路板反接(如果可能);

——将接插件插错位置(如果导线长度允许);

——将一个接插件不连造成开路;

——执行不完整或不正确的启动步骤;

——将变送器置于不正确的安全等级;

——在多路数字通信系统中重复使用相同地址;

——执行机械调整时碰触附近零件造成短路。

引入过失前,变送器应置于允许替换模块或允许维护的状态(通常切断电源)。引入过失后,要执行重新激活维修后变送器所需的所有调校步骤(通电、校准、整定等)。

A.6.3 期望和报告

将引入故障清单与图 A.3 的表合并。按图 A.4 的表排序。这些试验的期望和设想是:

——在使用变送器的测量和(或)控制过程中,人为故障和过失不应导致危险情况。变送器不应受误操作影响,应尽可能自动纠正人为过失或向操作员报警。

——变送器的存取、试车及操作步骤应简短、明晰、不解自明和自修正(容错)。

——为防止发生不正确的维护动作,设计上应该采取下列措施:

● 不对称、机械阻断、不同的导线长度等机械措施(第一道防线,自然安全型);

● 通电时阻止启动的设施(第二道防线)。这种情况下,纠正错误重新通电后,撤销过失并检查变送器是否有永久性影响或损坏;

● 通电成功时,提供缺陷状态报告(第三道防线)。这种情况下,需要回答图 A.3 的表中所述的所有问题;

● 前两个预防不正确维护动作的选项是自然安全的。第三个可能是危险的。

附　录　B
（资料性附录）
吞吐量试验

B.1　总则

注 1：对固定功能和不提供类似用户存取功能的变送器，可以省略本测试。

注 2：另见 GB/T 19767—2005。

　　下述步骤适合于按功能组成时间苛刻多任务系统的变送器，用户可以修改、启停或加速这些任务。变送器可以单机运行（见图 B.1），也可以是现场总线系统的一部分（见图 B.2）。现场总线系统吞吐量试验可以要求链路连接多于一台或有可能是最大连接数量的变送器。主机应配备现场总线接口和相关现场总线软件，用于读取输出数据，并配备对变送器进行存取操作的手段。必须注意，主机的特性会影响现场总线系统的动态特性，需要做出规定。

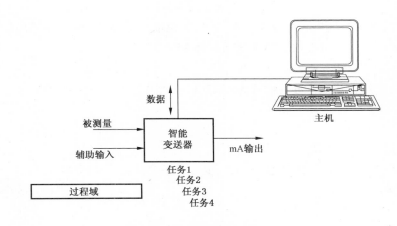

图 B.1　单机配置的变送器

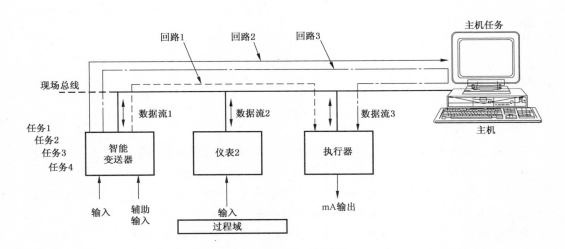

图 B.2　作为现场总线装置的变送器

B.2 变送器吞吐量（单机）

B.2.1 参比条件

——分析功能设计（见图 B.1），确定可并行执行的相关任务；

——确定变送器的基本负荷和基本运行所需的最小规模应用程序，即尽可能多的关闭任务。可调循环时间应设为商定的值；

——确定并测量变送器及与主计算机连接的通信接口的平均循环时间。测量循环时间时，变送器的输入应为三角波信号；

——在基本负荷下测量相关类型显示的调用时间（过程到操作员）和访问时间（操作员到过程）。

这些参比数据用于与软件负荷增加时的运行状况做比较。

制造商还应提供下列内容：

——与循环时间相关的吞吐量限值，预期达到该限值的影响，为防止超过吞吐量限值可采取措施的列表；

——多任务软件的结构和各任务优先级分配方面的信息。

B.2.2 试验条件

单机测试中，变送器应与读出和存取辅助设备（计算机或手持终端）相连，见图 B.1。输入应连到三角波发生器。记录输出。然后应按如下要求增加软件负荷：

——逐步开启各项可用任务；

——减小主测量任务和其他任务的循环时间，直到可调限为止。

B.2.3 观察和测量

试验期间，应做以下观察和测量：

——平均循环时间。在所施加的试验条件下，变送器的平均循环时间可以是：

- 未受影响；
- 减慢；
- 短暂停顿；
- 持续停止。

——信息丢失。

——相关诊断信息。

B.3 在现场总线配置中的吞吐量

B.3.1 参比条件

——分析变送器和现场总线系统的功能设计，然后确定被试变送器与其他仪表及现场总线系统主机的相关数据流（见图 B.2）。

——确定变送器的基本负荷（如上所述）和现场总线系统的基本负荷。现场总线系统的基本负荷应包含最小规模的硬件配置和最小规模的应用程序。

——确定并测量变送器的平均循环时间。测量循环时间时，变送器的输入应为三角波信号。输入信号应由主计算机或现场总线中的某台仪表产生。输入信号应以用户所能调节的最高优先级发送到变送器。

——在基本负荷下测量相关显示类型的调用时间（过程到操作员）和访问时间（操作员到过程）。

这些参比数据用于与软件负荷增加时的运行状况做比较。

应了解变送器和现场总线系统的以下情况：

——在不同循环时间、不同执行任务时间和现场总线上连接不同数量变送器的情况下，计算和（或）预测负荷因数的步骤和方法；

——与循环时间相关的吞吐量限值，预期达到该限值时的影响，为防止超过吞吐量限值可采取措施的列表；

——与现场总线组态有关的调用和访问时间；

——缓存区大小和报文传送机制方面的信息；

——多任务软件的结构和优先级分配方面的信息。

B.3.2 试验条件

除主计算机外无额外计算机或手持终端连接到现场总线上任何一台变送器。

按以下要求逐渐增加硬件负载和软件负荷，同时在主要数据流路径上进行测量和深入观察：

——增加激活变送器的数量，直到最大值。

注：为了控制试验成本，可以协商限定本试验条件在现场总线上增加仪表的数量。

——激活主计算机上的趋势任务。

——激活报警处理任务，按以下方式触发：

● 来自变送器的预定长度的过程报警字符组；

● 稳定的连续过程报警率。

——报文请求。

——从或向某台变送器上传或下载组态。

B.3.3 观察和测量

在每种试验条件下，应观察变送器和现场总线系统（包括其操作员界面）的运行状况。应进行以下观察和测量：

——变送器的平均循环时间是否：

● 未受影响；

● 减慢（测量）；

● 短暂停顿（测量）；

● 持续停止。

——在操作员界面上调用命令和访问I/O设备速度变慢（测量）。

——系统报警信息指示过载。

——对于报警字符组和稳定报警速率试验，确定信息过载和（或）丢失的发生点（测量）。

——操作员界面上时间标签（顺序事件）的正确性。

——信息的丢失。

——相关的诊断信息。

B.3.4 预防措施

在为特定的现场总线系统设计测试程序时，考虑变送器、现场总线和其他仪表固有的互相影响的途径，或者由用户造成它们互相影响的途径，这很重要。例如，设定了错误的优先级或采用了被评定系统不使用的数据传输方式，有可能导致不正确的试验方法和结论。应该使主机及其现场总线接口按变送器给定的规则设定。在不涉及现场总线的应用中，不应使用主机处理和存储试验数据，以避免现场总线任务的干扰。

附　录　C
（资料性附录）
功能块试验

C.1　总则

本附录给出了功能块试验的一般规则。对特定的功能块,应进一步细化这些规则以充分验证其能力。为了进行评定,将功能块分为两大类:

——时间相关功能块;

——时间无关功能块。

C.2　一般定性检查

——电源短时中断后再启动条件;

——引入负参数的影响;

——抗除零保护;

——从手动到自动的无扰动切换和设定点跟踪功能;

——手动输出控制功能;

——符号和数字意义不明确;

——由于引入大输入数据和(或)参数,使相应的输出达到极限值而产生饱和效应的可能性。

C.3　时间相关功能块

时间相关功能块,尤其是具有积分作用的控制算法(如:PID),应进行以下附加试验:

——抗积分饱和。是一种用于设定输出限值的软件功能。应验证此功能能否自动适应输出电路硬件的物理限制。如果不能自动适应,实际抗积分饱和可能是不完整或无效的;

——应检查计算积分作用的分辨力。分辨力太低时,尽管设定值与被测值之间可能仍存在偏差,积分作用应失效。

C.4　时间无关功能块

应检查时间无关功能块的以下方面:

——以工程单位进行的计算达到什么范围,提供何种换算;

——阻止不现实参数设置的保护措施(例如,当操作员设定的下限值超过上限值时告警);

——超出计算能力(单倍或双倍精度)分辨力的影响。低效的计算方法会造成相当大的误差;

——极端值的影响。可以进行极端输入和参数设置的一些实际计算,并与理论公式相比较。

附 录 NA

（资料性附录）

与本部分中规范性引用的国际文件有一致性对应关系的我国文件

GB/T 2900（所有部分） 电工术语［IEC 60050（所有部分）］

GB/T 2900.77—2008 电工术语 电工电子测量和仪器仪表 第 1 部分：测量的通用术语（IEC 60050（300-311）：2001，IDT）

GB/T 2900.79—2008 电工术语 电工电子测量和仪器仪表 第 3 部分：电测量仪器仪表的类型（IEC 60050（300-313）：2001，IDT）

GB/T 2900.89—2012 电工术语 电工电子测量和仪器仪表 第 2 部分：电测量的通用术语（IEC 60050（300）：2001，IDT）

GB/T 2900.90—2012 电工术语 电工电子测量和仪器仪表 第 4 部分：各类仪表的特殊术语（IEC 60050（300）：2001，IDT）

GB/T 3369.1—2008 过程控制系统用模拟信号 第 1 部分：直流电流信号（IEC 60381-1：1982，IDT）

GB/T 3369.2—2008 过程控制系统用模拟信号 第 2 部分：直流电压信号（IEC 60381-2：1978，IDT）

GB/T 4208—2017 外壳防护等级（IP 代码）（IEC 60529：2013，IDT）

GB 4793.1—2007 测量、控制和实验室用电气设备的安全要求 第 1 部分：通用要求（IEC 61010-1：2001，IDT）

GB/T 4798（所有部分） 电工电子产品应用环境条件［IEC 60721-3（所有部分）］

GB 4824—2013 工业、科学和医疗（ISM）射频设备 骚扰特性 限值和测量方法（IEC/CISPR 11：2010，IDT）

GB/T 16842—2016 外壳对人和设备的防护 检验用试具（IEC 61032：1997，IDT）；

GB/T 16657.2—2008 工业通信网络 现场总线规范 第 2 部分：物理层规范和服务定义（IEC 61158-2：2007，IDT）

GB/T 18268（所有部分） 测量、控制和实验室用的电设备 电磁兼容性要求［IEC 61326（所有部分）］

GB/T 18271（所有部分） 过程测量和控制装置 通用性能评定方法和程序［IEC 61298（所有部分）］

GB/T 19769.1—2015 功能块 第 1 部分：结构（IEC 61499-1：2005，IDT）

GB/T 19769.2—2015 功能块 第 2 部分：软件工具要求（IEC 61499-2：2005，IDT）

GB/T 19769.3—2012 工业过程测量和控制系统用功能块 第 3 部分：指导信息（IEC 61499-3：2004，IDT）

GB/T 19769.4—2015 功能块 第 4 部分：一致性行规指南（IEC 61499-4：2005，IDT）

GB/T 20540.1—2006 测量和控制数字数据通信 工业控制系统用现场总线 类型 3：PROFIBUS 规范 第 1 部分：概述和导则（IEC 61158-1 type 3：2003，MOD）

GB/T 20540.2—2006 测量和控制数字数据通信 工业控制系统用现场总线 类型 3：PROFIBUS 规范 第 2 部分：物理层规范和服务定义（IEC 61158-2 type 3：2003，MOD）

GB/T 20540.3—2006 测量和控制数字数据通信 工业控制系统用现场总线 类型 3：PROFIBUS 规范 第 3 部分：数据链路层服务定义（IEC 61158-3 type 3：2003，MOD）

GB/T 20540.4—2006　测量和控制数字数据通信　工业控制系统用现场总线　类型 3：PROFIBUS 规范　第 4 部分：数据链路层协议规范（IEC 61158-4 type 3：2003，MOD）

GB/T 20540.5—2006　测量和控制数字数据通信　工业控制系统用现场总线　类型 3：PROFIBUS 规范　第 5 部分：应用层服务定义（IEC 61158-5 type 3：2003，MOD）

GB/T 20540.6—2006　测量和控制数字数据通信　工业控制系统用现场总线　类型 3：PROFIBUS 规范　第 6 部分：应用层协议规范（IEC 61158-6 TYPE 3：2003，MOD）

GB/Z 20541.1—2006　测量和控制数字数据通信　工业控制系统用现场总线　类型 10：PROFI-NET 规范　第 1 部分：应用层服务定义（IEC 61158-5 type 10：2003，MOD）

GB/Z 20541.2—2006　测量和控制数字数据通信　工业控制系统用现场总线　类型 10：PROFI-NET 规范　第 2 部分：应用层协议规范（IEC 61158-6 type 10：2003，MOD）

GB/T 21099.1—2007　过程控制用功能块　第 1 部分：系统方面的总论（IEC/CDV 61804-1：2003，IDT）

GB/T 21099.2—2015　过程控制用功能块（FB）　第 2 部分：功能块概念规范（IEC 61804-2：2006，IDT）

GB/T 21099.3—2010　过程控制用功能块（FB）　第 3 部分：电子设备描述语言（EDDL）（IEC 61804-3：2006，IDT）

GB/T 21099.4—2010　过程控制用功能块（FB）　第 4 部分：EDD 互操作指南（IEC/TR 61804-4：2006，IDT）

GB/T 25105.1—2014　工业通信网络　现场总线规范　类型 10：PROFINET IO 规范　第 1 部分：应用层服务定义（IEC 61158-5-10：2010，MOD）

GB/T 25105.2—2014　工业通信网络　现场总线规范　类型 10：PROFINET IO 规范　第 2 部分：应用层协议规范（IEC 61158-6-10：2010，MOD）

GB/Z 26157.1—2010　测量和控制数字数据通信　工业控制系统用现场总线　类型 2：ControlNet 和 EtherNet/IP 规范　第 1 部分：一般描述（IEC 61158：2003，MOD）

GB/Z 26157.2—2010　测量和控制数字数据通信　工业控制系统用现场总线　类型 2：ControlNet 和 EtherNet/IP 规范　第 2 部分：物理层和介质（IEC 61158-2：2003，MOD）

GB/Z 26157.3—2010　测量和控制数字数据通信　工业控制系统用现场总线　类型 2：ControlNet 和 EtherNet/IP 规范　第 3 部分：数据链路层（IEC 61158：2003，MOD）

GB/Z 26157.4—2010　测量和控制数字数据通信　工业控制系统用现场总线　类型 2：ControlNet 和 EtherNet/IP 规范　第 4 部分：网络层及传输层（IEC 61158：2003，MOD）

GB/Z 26157.5—2010　测量和控制数字数据通信　工业控制系统用现场总线　类型 2：ControlNet 和 EtherNet/IP 规范　第 5 部分：数据管理（IEC 61158：2003，MOD）

GB/Z 26157.6—2010　测量和控制数字数据通信　工业控制系统用现场总线　类型 2：ControlNet 和 EtherNet/IP 规范　第 6 部分：对象模型（IEC 61158：2003，MOD）

GB/Z 26157.7—2010　测量和控制数字数据通信　工业控制系统用现场总线　类型 2：ControlNet 和 EtherNet/IP 规范　第 7 部分：设备行规（IEC 61158：2003，MOD）

GB/Z 26157.8—2010　测量和控制数字数据通信　工业控制系统用现场总线　类型 2：ControlNet 和 EtherNet/IP 规范　第 8 部分：电子数据表（IEC 61158：2003，MOD）

GB/Z 26157.9—2010　测量和控制数字数据通信　工业控制系统用现场总线　类型 2：ControlNet 和 EtherNet/IP 规范　第 9 部分：站管理（IEC 61158：2003，MOD）

GB/Z 26157.10—2010　测量和控制数字数据通信　工业控制系统用现场总线　类型 2：ControlNet 和 EtherNet/IP 规范　第 10 部分：对象库（IEC 61158：2003，MOD）

GB/Z 29619.1—2013　测量和控制数字数据通信　工业控制系统用现场总线　类型 8：

INTERBUS 规范 第 1 部分:概述(IEC 61158 Type 8:2003,MOD)

GB/Z 29619.2—2013 测量和控制数字数据通信 工业控制系统用现场总线 类型 8:INTERBUS 规范 第 2 部分:物理层规范和服务定义(IEC 61158 Type 8:2003,MOD)

GB/Z 29619.3—2013 测量和控制数字数据通信 工业控制系统用现场总线 类型 8:INTERBUS 规范 第 3 部分:数据链路服务定义(IEC 61158:2003,MOD)

GB/Z 29619.4—2013 测量和控制数字数据通信 工业控制系统用现场总线 类型 8:INTERBUS 规范 第 4 部分:数据链路协议规范(IEC 61158:2003,MOD)

GB/Z 29619.5—2013 测量和控制数字数据通信 工业控制系统用现场总线 类型 8:INTERBUS 规范 第 5 部分:应用层服务的定义(IEC 61158:2003,MOD)

GB/Z 29619.6—2013 测量和控制数字数据通信 工业控制系统用现场总线 类型 8:INTERBUS 规范 第 6 部分:应用层协议规范(IEC 61158:2003,MOD)

GB/T 29910.3—2013 工业通信网络 现场总线规范 类型 20:HART 规范 第 3 部分:应用层服务定义(IEC 61158-5-20:2010,IDT)

GB/T 29910.4—2013 工业通信网络 现场总线规范 类型 20:HART 规范 第 4 部分:应用层协议规范(IEC 61158-6-20:2010,IDT)

参 考 文 献

[1]　GB/T 2423.1—2008　电工电子产品环境试验　第2部分:试验方法　试验A:低温

[2]　GB/T 2423.2—2008　电工电子产品环境试验　第2部分:试验方法　试验B:高温

[3]　GB/T 2423.3—2016　环境试验　第2部分:试验方法　试验Cab:恒定湿热试验

[4]　GB/T 2423.7—1995　电工电子产品环境试验　第2部分:试验方法　试验Ec和导则:倾跌与翻倒(主要用于设备型样品)

[5]　GB/T 2423.10—2008　电工电子产品环境试验　第2部分:试验方法　试验Fc:振动(正弦)

[6]　GB/T 17214(所有部分)　工业过程测量和控制装置的工作条件

[7]　GB/T 18272(所有部分)　工业过程测量和控制　系统评估中系统特性的评定

[8]　GB/T 19767—2005　基于微处理器仪表的评定方法

[9]　GB/T 20438(所有部分)　电气/电子/可编程电子安全相关系统的功能安全

ICS 25.040
N 18

中华人民共和国国家标准

GB/T 20819.1—2015/IEC 60546-1:2010
代替 GB/T 20819.1—2007

工业过程控制系统用模拟信号调节器 第1部分:性能评定方法

Controllers with analogue signals for use in industrial-process control system—
Part 1:Methods of evaluating the performance

(IEC 60546-1:2010,IDT)

2015-02-04 发布

2015-08-01 实施

中华人民共和国国家质量监督检验检疫总局
中国国家标准化管理委员会 发布

前　言

GB/T 20819《工业过程控制系统用模拟信号调节器》分为如下两部分：

——第1部分：性能评定方法；

——第2部分：检查和例行试验导则。

本部分为 GB/T 20819 的第1部分。

本部分按照 GB/T 1.1—2009 和 GB/T 20000.2—2009 给出的规则起草。

本部分代替 GB/T 20819.1—2007《工业过程控制系统用模拟信号控制器　第1部分：性能评定方法》，本部分与 GB/T 20819.1—2007 相比的主要技术变化如下：

——明确了本部分适用于 PID 气动和电动工业过程调节器（见第1章，2007年版的第1章）；

——增加和更新了规范性引用文件；

——增加了"死区、上行程平均误差、下行程平均误差、平均误差、回差"等术语和定义，且简化了正文的相应内容（见3.9～3.13和7.1，2007年版的第4章和7.1）；

——一般试验条件的环境条件明确规定为按 IEC 61298-1 要求（见5.1，2007年版的5.1）；

——仲裁测量用标准参比大气条件中增加了"为了热带、副热带以及其他特定的需求，可以使用替代的参比大气压。"（见5.1.3，2007年版的5.1.3）；

——明确了试验的负载阻抗条件按 IEC 61298-1 要求（见5.3，2007年版的5.3）；

——明确了设定值标度值校验的具体校验值为 0%、20%、40%、60%、80%、100%（见7.1，2007年版的7.1）；

——对环境温度影响试验，试验依据变更为 IEC 61298-3，增加了简化试验内容（即"在试验过程中，如果多方同意，试验仅在仪器的 20 ℃（参比值）、仪器规定的最大值、仪器规定的最小值和 20 ℃这4个温度下进行就足够了。"），同时增加了环境温度变化率要求（低于 1 ℃/min）（见 8.3.1，2007年版的8.2.1）；

——对相对湿度影响试验，试验依据变更为 IEC 61298-3（见8.3.2，2007年版的8.2.2）；

——增加了静电放电试验项目（见8.6.6和第15章）；

——试验报告要求增加了参考文件（见第14章）。

本部分使用翻译法等同采用 IEC 60546-1:2010《工业过程控制系统用模拟信号调节器　第1部分：性能评定方法》（英文版）。

与本部分中规范性引用的国际文件有一致性对应关系的我国文件如下：

——GB/T 2423.4—2008　电工电子产品环境试验　第2部分：试验方法　试验 Db 交变湿热（12 h+12 h 循环）（IEC 60068-2-30:2005,IDT）；

——GB/T 2423.7—1995　电工电子产品环境试验　第2部分：试验方法　试验 Ec 和导则：倾跌与翻倒（主要用于设备型样品）（idt IEC 60068-2-31:1982）；

——GB/T 2423.10—2008　电工电子产品环境试验　第2部分：试验方法　试验 Fc：振动（正弦）（IEC 60068-2-6:1995,IDT）；

——GB/T 2900.56—2008　电工术语　自动控制（IEC 60050-351:2006,IDT）；

——GB 4793.1—2007　测量、控制和试验室用电气设备的安全要求　第1部分：通用要求（IEC 61010-1:2001,IDT）；

——GB/T 17626.2—2006　电磁兼容　试验和测量技术　静电放电抗扰度试验（IEC61000-4-2:2001,IDT）；

——GB/T 17626.3—2006 电磁兼容 试验和测量技术 射频电磁场辐射抗扰度试验
(IEC 61000-4-3:2002,IDT);

——GB/T 18271.1—2000 过程测量和控制装置 通用性能评定方法和程序 第 1 部分:总则
(idt IEC 61298-1:1995);

——GB/T 18271.3—2000 过程测量和控制装置 通用性能评定方法和程序 第 3 部分:影响量
影响的试验(idt IEC 61298-3:1998);

——GB/T 18271.4—2000 过程测量和控制装置 通用性能评定方法和程序 第 4 部分:评定报
告的内容(idt IEC 61298-4:1995)。

本部分做了下列编辑性修改:

a) 删除了 IEC 60546-1:2010 的前言和序言;

b) 凡有"IEC 60546"的地方改为"GB/T 20819";

c) 对部分符号按照中文进行转换。

本部分由中国机械工业联合会提出。

本部分由全国工业过程测量和控制标准化技术委员会(SAC/TC 124)归口。

本部分起草单位:厦门宇电自动化科技有限公司、杭州盘古自动化系统有限公司、北京金立石仪表
科技有限公司、西南大学、深圳市标利科技开发有限公司、北京维盛新仪科技有限公司、福州福光百特自
动化设备有限公司、上海自动化仪表股份有限公司、安徽蓝润自动化仪表有限公司、重庆电力高等专科
学校、开封开仪自动化仪表有限公司、南京优倍电气有限公司、福建顺昌虹润精密仪器有限公司、厦门安
东电子有限公司、中山市东崎电气有限公司、河南汉威电子股份有限公司、福建上润精密仪器有限公司、
西安邮电大学。

本部分主要起草人:周宇、王在旗、郭豪杰、徐志华、宫晓东、张渝、陈汝、朱爱松、周宏明 、倪敏、
陈万林、张波、王家成、董健、陈志扬、肖国专、周松明、张志广、戈剑、李彩琴、赵富兰、谢珍、杨颂华。

本部分所代替标准的历次版本发布情况为:

——GB 4730—1984;

——GB/T 20819.1—2007。

工业过程控制系统用模拟信号调节器
第1部分:性能评定方法

1 范围

GB/T 20819 的本部分适用于具有符合现行国家标准的连续模拟输入和输出信号的 PID 气动和电动工业过程调节器。

应注意,本部分规定的试验覆盖了具有相应信号的试验,适用于原理相同而信号不同但都是连续信号的调节器。也应注意,本部分适用于仅有模拟元件的电动或气动工业过程调节器,对带有微处理器的调节器可参照执行。

本部分旨在为具有模拟输入输出信号[1]的工业过程 PID 调节器的性能评定规定统一的试验方法。

当制造商与用户不存在其他约定条件时,使用本部分规定的试验条件,如环境温度,电源的量程等。

当无需按本部分进行全面评定时,则可按本部分的有关部分进行所需要的试验,并报告试验结果。制造商和用户应根据设备的特性和使用范围,就试验步骤达成一致意见。

2 规范性引用文件

下列文件对于本文件的应用是必不可少的。凡是注日期的引用文件,仅注日期的版本适用于本文件。凡是不注日期的引用文件,其最新版本(包括所有的修改单)适用于本文件。

IEC 60068-2-6 环境试验 第 2-6 部分:试验方法-试验 Fc:振动(正弦)[Environmental testing—Part 2-6：Tests-Test Fc：Vibration (sinusoidal)]

IEC 60068-2-30 环境试验 第 2-30 部分:试验方法-试验 Db 交变湿热(12 h+12 h 循环)[Environmental testing—Part 2-30：Tests-Test Db：Damp heat,cyclic (12 h+12 h cycle)]

IEC 60068-2-31 环境试验 第 2-31 部分:试验方法-试验 Ec:倾跌与翻倒(主要用于设备型样品)(Environmental testing—Part 2-31：Tests-Test Ec：Rough handling shocks,primarily for equipment-type specimens)

IEC 61000-4-2 电磁兼容(EMC) 第 4-2 部分:试验和测量技术 静电放电抗扰度试验[Electromag-netic compatibility (EMC)—Part 4-2:Testing and measurement techniques-Electrostatic discharge immunity test]

IEC 61000-4-3 电磁兼容(EMC) 第 4-3 部分:试验和测量技术 射频电磁场辐射抗扰度试验[Electromagnetic compatibility (EMC)—Part 4-3:Testing and measurement techniques-Radiated,radio-frequency,electromagnetic field immunity test]

IEC 61010-1 测量、控制和试验室用电气设备的安全要求 第 1 部分:通用要求(Safety requirements for electrical equipment for measurement,control,and laboratory use—Part 1：General requirements)

IEC 61298-1 过程测量和控制装置 通用性能评定方法和程序 第 1 部分:总则(Process measurement and control devices-General methods and procedures for evaluating performance—Part 1：General considerations)

---

1) 见 GB/T 3369.1 和 GB/T 3369.2。

IEC 61298-3 过程测量和控制装置 通用性能评定方法和程序 第3部分:影响量影响的试验 (Process measurement and control devices-General methods and procedures for evaluating performance—Part 3:Tests for the effects of influence quantities)

IEC 61298-4 过程测量和控制装置 通用性能评定方法和程序 第4部分:评定报告的内容 (Process measurement and control devices-General methods and procedures for evaluating performance—Part 4:Evaluation report content)

3 术语与定义

下列术语和定义适用于本文件。

3.1

比例带 proportional band

用百分数表示的线性调节器的比例带 X_P,可用式(1)表示:

$$X_P = \frac{100}{K_P} \quad \cdots\cdots\cdots\cdots\cdots\cdots\cdots\cdots\cdots\cdots\cdots (1)$$

3.2

正作用 direct acting

调节器的输出 y 随被测量值 x 的增加而增加。

3.3

反作用 reverse acting

调节器的输出 y 随被测量值 x 的增加而减少。

3.4

静差 offset

被测值 x 与设定值 w 之间的稳态偏差。

3.5

比例调节器(P) controller,proportional P

仅产生比例控制作用的调节器。

3.6

比例微分(预调)调节器(PD) controller,proportional plus derivative (rate) PD

能产生比例和微分控制作用的调节器。

3.7

比例积分(再调)调节器(PI) controller,proportional plus integral (reset) PI

能产生比例和积分控制作用的调节器。

3.8

比例积分微分调节器(PID) controller PID

能产生比例、积分和微分控制作用的调节器。

3.9

死区 dead band

输入变量的变化不致引起输出变量有任何可察觉变化的有限数值区间。

3.10

上行程平均误差 average upscale error

对应每个标度值,各测量循环中上行程读数时的误差算术平均值。

3.11

下行程平均误差 average downscale error

对应每个标度值,各测量循环中下行程读数时的误差算术平均值。

3.12

平均误差 average error

对应每个标度值,所有上行程和下行程读数时误差算术平均值。

3.13

回差 hysteresis

对应每个标度值,上行程平均误差和下行程平均误差之间的差值。

4 基本关系

4.1 理想调节器的输入输出关系

理想调节器的输入输出关系(见图1)可由式(2)和式(3)给出:

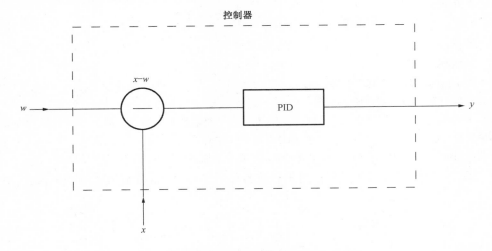

图 1 理想调节器基本输入/输出信号

$$y - y_0 = K_P(x-w) + K_I \int_0^t (x-w)\, \mathrm{d}t + K_D \frac{\mathrm{d}(x-w)}{\mathrm{d}t} \qquad \cdots\cdots\cdots\cdots(2)$$

$$y - y_0 = K_P \left[(x-w) + \frac{1}{T_I} \int_0^t (x-w)\, \mathrm{d}t + T_D \frac{\mathrm{d}(x-w)}{\mathrm{d}t} \right] \qquad \cdots\cdots\cdots\cdots(3)$$

或用频域方式:

$$F(\mathrm{j}\omega) = K_P \left[1 + \frac{1}{\mathrm{j}\omega T_I} + \mathrm{j}\omega T_D \right] \qquad \cdots\cdots\cdots\cdots\cdots(4)$$

这些方程对于系数 K_P、K_I 和 K_D 之间无相互影响的调节器是有效的。对于系数 K_P、K_I 和 K_D 之间有相互影响的理想调节器,输入输出关系式可用式(5)表示:

$$y - y_0 = K'_P A \left[(x-w) + \frac{1}{AT'_I} \int_0^t (x-w)\, \mathrm{d}t + \frac{T'_D}{A} \frac{\mathrm{d}(x-w)}{\mathrm{d}t} \right] \qquad \cdots\cdots(5)$$

式中 A 是取决于调节器结构的相互影响系数,常写成:

$$A = 1 + \frac{T'_D}{T'_I} \qquad \cdots\cdots\cdots\cdots\cdots(6a)$$

$$K'_P = \frac{K_P}{A} \qquad \cdots\cdots\cdots\cdots\cdots(6b)$$

$$T'_I = \frac{T_I}{A} \qquad \cdots\cdots\cdots\cdots\cdots(6c)$$

$$T'_D = A T_D \qquad \cdots\cdots\cdots\cdots\cdots\cdots\cdots (6d)$$

式中：

t ——时间；

y ——输出值（校正变量）；

y_0 ——时间 $t=0$ 时的输出值（调节器输出处于稳态）；

x ——被测量值（被控变量）；

w ——设定值（参考输入量）；

K_P——比例作用因子（比例作用系数（见注2）；

K_I——积分作用因子（积分作用系数（见注2）；

K_D——微分作用因子（微分作用系数（见注2）；

T_I ——积分时间；

T_D ——微分时间；

x、w 及 y 可以是时间 t 的函数。

e ——偏差，如：$x-w$；

ω ——角频率。

注1：括号中术语的定义参见 IEC 60050-351。

注2：本部分限于 P、PI、PD 或 PID 调节器。

注3：系数 K_P、K_I 和 K_D 可同时带"十"或同时带"一"；带"十"通常表示"正作用"，带"一"通常表示"负作用"。

注4：带撇的符号（K'_P、K'_I 和 K'_D）表示与实际值对应的标称值。

注5：积分作用时间常数和微分作用时间常数只涉及纯积分或纯微分作用调节器（IEC 60050-351）。

还有其他结构的调节器，例如微分作用只对被测量值 x 起作用，而不是对（$x-w$）起作用。

因而式（5）变为：

$$y - y_0 = K'_P A \left[(x-w) + \frac{1}{AT'_I} \int_0^t (x-w)\,\mathrm{d}t + \frac{T'_D}{A} \frac{\mathrm{d}}{\mathrm{d}t}(x) \right] \cdots\cdots\cdots\cdots (7)$$

4.2　限值

因为描述实际调节器性能的方程包含了时间常数和限值，所以与式（2）～式（7）有差异。

通常遇到的与理想调节器有偏差的两种方程可以表示如下：

a)　最大积分增益 V_I

因为实际调节器的积分增益是有限值，式（2）和式（3）的积分项仅在频率足够高时，才是实际响应的近似值。对于低频，调节器的积分作用［式（4）中的积分项］可以频域形式表示如式（8）：

$$F(\mathrm{j}\omega) = K_P \frac{V_I}{1 + \mathrm{j}\omega T_I V_I} \qquad \cdots\cdots\cdots\cdots\cdots\cdots (8)$$

b)　最大微分增益 V_D

因为实际调节器的微分增益是有限值，式（2）和式（3）的微分项仅在频率足够低时，才是实际响应的近似值。在最简单情况下，可有附加时间常数和比例项。

因此式（4）的微分项可以频域形式表示如式（9）：

微分作用和时间常数：

$$F(\mathrm{j}\omega) = K_P \frac{\mathrm{j}\omega T_D}{1 + \mathrm{j}\omega T} \qquad \cdots\cdots\cdots\cdots\cdots\cdots (9)$$

或比例作用、微分作用和时间常数

$$F(\mathrm{j}\omega) = K_P \frac{1 + \mathrm{j}\omega T_D}{1 + \mathrm{j}\omega T} \qquad \cdots\cdots\cdots\cdots\cdots\cdots (10)$$

式中：

T——一阶时间常数。

比值$\dfrac{T_D}{T}$对于T_D的所有可调值可能是常数（具体取决于调节器的设计）。在这种情况下，比值

$\dfrac{T_D}{T}$就叫做最大微分增益或写作V_D。

4.3 调节器的度盘标度值

上述方程中的作用系数和作用时间是调节器性能的理想值。实际调节器的度盘标度值与这些理想值可能有差异。制造商应提供以算式或图形、表格和图表等形式来表示的度盘标度值和实际值之间的关系，即"相互干扰公式"。

5 一般试验条件

5.1 环境条件

按 IEC 61298-1 要求。

5.1.1 测试用环境条件推荐范围

温度范围	15 ℃～ 35 ℃
相对湿度	45％～ 75％
大气压力	86 kPa ～106 kPa
电磁场	如有关，应规定数值

试验期间，允许环境温度的最大变化率为 1 ℃/10 min 。这些条件可等同于正常工作条件。

5.1.2 标准参比大气条件

温度	20 ℃
相对湿度	65％
大气压力	101.3 kPa

此标准参比大气条件是其他任何大气条件下测得的值通过计算加以修正的大气条件。然而，通常认为在多数情况下，不可能有湿度修正因子。在这种情况下，标准参比大气仅考虑温度和压力。

此大气条件等同于通常由制造商标明的正常参比工作条件。

5.1.3 仲裁测量用标准参比大气条件

当未知对大气条件敏感的参数调整到标准大气值的修正因子，而在环境大气条件的推荐范围内测量又不能令人满意时，可以在严格控制的大气条件下进行重复测量。

为此，本部分规定的仲裁测量用大气条件如下：

	公称值	允差
温度	20 ℃	±2 ℃
相对湿度	65％	±5％
大气压力	86 kPa～106 kPa	

为了热带、副热带以及其他特定的需求,可以使用替代的参比大气压。

5.2 供源条件

5.2.1 参比值

由制造商规定,或用户与制造商协定。

5.2.2 允差

根据 IEC 61298-1:
1) 电源
   ——电压:±1%;
   ——频率:±1%;
   ——谐波失真(交流电源):<5%;
   ——纹波含量(直流电源):<0.2%。
2) 气源
   ——压力:±1%;
   ——供气温度:环境温度±2 ℃;
   ——供气湿度:露点至少低于调节器温度 10 ℃;
   ——油和灰尘
   ● 油   含油量小于重量的 $1×10^{-6}$;
   ● 灰尘   尘埃微粒不大于 3 μm。

5.3 负载阻抗

按 IEC 61298-1 要求。

制造商给定的值应作为参比值。

对于电动调节器,若制造商给出了不止一个值,则所取的负载阻抗应等于:
——对于输出信号为直流电压的调节器,按制造商规定的最小值;
——对于输出信号为直流电流的调节器,按制造商规定的最大值。

除非制造商另有规定,气动调节器的负载阻抗应采用长 8 m、内径 4 mm 的刚性管道,后接 20 cm³的气容。

注:上述规定是对气动调节器的静态试验而言,对于动态试验,后接 100 cm³ 的气容以代替 20 cm³ 的气容。

5.4 其他条件

当进行常规实验时,应考虑如下其他条件:
——输入信号:寄生感应电压或压力波动对测量应无显著影响;
——工作时调节器的位置:制造商规定的正常安装位置。每次试验过程中,调节器的安装位置不得偏离正常安装位置的±3°;
——外部机械制约:应小到忽略不计。

试验用测量系统的误差限应在试验报告中说明,而且应小于或等于被测仪表规定误差限的 1/4。

5.5 稳定调节器的输出

基于下述试验目的,可按下述方法稳定调节器输出(参见图 2a[2)]):
a) 将开关置于 B 位置,使调节器构成闭环,将调节器置为反作用,或差分放大器增益置为−1;
b) 若可能设置比例带为 100%。另有规定除外;

---

2) 为了稳定,有时需要加阻尼。

c) 微分作用置为最小(微分时间最小或切除);

d) 积分作用置为最大(积分时间最小);

e) 设定值置为50%;

f) 若有必要,调整信号发生器3的偏置,以获得需要的输出。

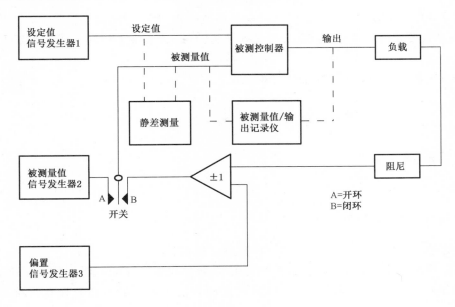

说明:

信号发生器1——对于带有外部设定值调节器的外部设定值信号发生器;

信号发生器2——积分作用试验时产生稳定的直流电压阶跃输入信号;微分作用试验时产生稳定的直流电压输入斜坡信号;

信号发生器3——频率响应试验时产生正弦波信号;加速寿命试验时,产生固定直流偏置电平。

a) 开环或闭环试验的配置图

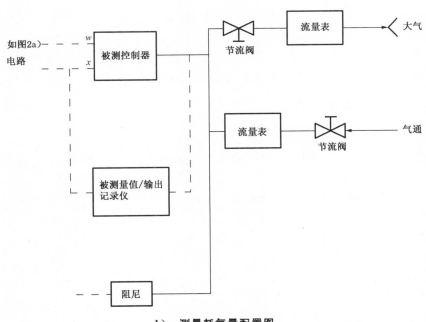

b) 测量耗气量配置图

图 2 试验配置图

6 静差

6.1 试验设置

本试验仅适用于具有积分作用的调节器。应使用如图2a)所示的试验配置图或等效试验配置图。

设定值 w 和被测量值 x 应该连接到差分测量装置的输入端。选择开关应设在位置B,以获得稳定的"闭环"条件。

改变信号发生器3的偏置以便对于调节器的任一设定值 w 和被测量值 x,允许输出 y 在全量程范围内变化。

6.2 初始条件

初始条件按第5章规定。

6.3 试验步骤

6.3.1 不同比例带值 X_P 的静差

对于比例带的不同值,静差将改变。静差的试验过程如下:

——如果被测调节器的刻度没有直接按照比例带、积分和微分时间来标记,则需要建立这些刻度与本部分中所用参数之间的关系。本条规定的方法适用于度盘标记设置为符合于规定值的仪表;

——按5.5使调节器输出稳定,调节偏置信号发生器,使输出为50%。在调节器输出稳定允许的足够长时间后,测量静差;

——比例带调到最小、然后调到最大(或接近刻度标记),重复上述测试;

——设定比例带为100%。设定值依次设为量程的10%、50% 和90%,同时分别使输出为量程的10%、50% 和90%,九种组合重复上述测试;

——切换调节器到正作用方式。同时调节差分放大器的增益到—1。测量 $X_P=100\%$、$w=50\%$、$y=50\%$ 的静差;

——对于出现静差变化较大的读数点,可就其附近的比例带或特殊的设定值做进一步测量;

——在测试报告中,静差应以被测量值量程的百分数表示。

6.3.2 积分时间和微分时间变化的影响

调整设定值 w 到50%、输出 y 到50%、比例带 X_P 到100%。

将积分时间设置为最小值,改变微分时间,依次定在最小值、某一中间值、最大值(例如6 s、12 s 和120 s)。

将微分时间设置为最小值,改变积分时间,依次定在最小值、某一中间值、最大值(例如6 s、12 s 和120 s)。

测量每一条件下的静差。

7 度盘标记及标度值

7.1 设定值标度值的校验

多数带有内设定值信号源的调节器有可测量实际设定值信号的接线端子。如此情况下,应进行下述试验:

将设定指针依次对准 0％、20％、40％、60％、80％、100％的标度值上。测量产生的相应设定值信号。然后再以递减顺序将设定指针依次对准标度值的 100％、80％、等直到 0％,重复测量产生的相应设定值信号。

上述步骤至少重复三次。

确定每个设定值的指针读数与产生信号值之间的差值,并以设定值量程的百分数表示。

进行如下计算:

a) 上行程平均误差;

b) 下行程平均误差;

c) 平均误差;

d) 回差。

7.2 比例作用

应使用图 2a)所示试验配置图或与之等效的试验配置图。

7.2.1 初始条件

参比条件如第 5 章规定。

7.2.2 试验步骤

试验过程如下:

——设定值调整为 50％,比例带设置为 100％(或接近 100％的标度值);

——使输出信号稳定在 50％;

——积分作用调整为最小(积分时间最大,如有可能则切除);

——微分作用调整为最小(微分时间最小,如有可能则切除);

——开环连接(开关切换到位置 A)、调节器置为正作用模式;

——必须在整个量程范围内改变被测量值信号使输出从最小变化到最大,记录对应的被测量值信号和输出信号值;

测量从被测量值信号量程的 50％开始,然后依次为 30％、70％、10％、90％、0％、100％;

——此试验步骤应无间断地尽快进行,尽可能减少剩余积分作用的影响;

——比例带设定在标度值的两极限值上重复上述测试。当比例带小于 100％时,加被测量值信号使输出为量程的 50％、30％、70％、10％、90％、0％和 100％,测量相对应的被测量值信号;

——将调节器设定为反作用模式,比例带定在 100％重复上述测试;

——根据被测量值信号(以百分数表示)绘制如图 3 所示的输出信号特性曲线。

对每一比例带设定值的平均比例作用系数(K_P)应由最佳拟合(最相符的)直线斜率确定(见图 3)。

比例带 X_P 应由图 3 中所绘出 0％~100％之间各测量值与输出成比例的特性线的交叉点来确定。误差应以度盘标度值的百分数表示(度盘标度误差)。

注:当残余积分和微分作用产生影响时,应施加被测值范围内的阶跃被测量值信号,按图 4 所示记录被测量值信号和输出信号。根据记录曲线进行计算。

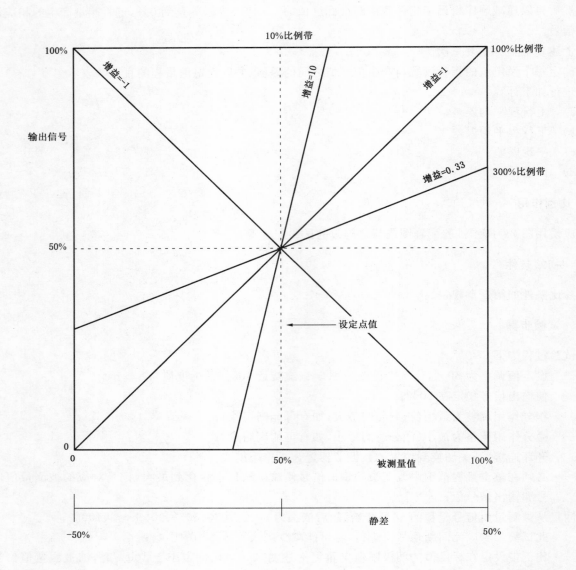

图 3   仅具有比例作用的调节器的特性

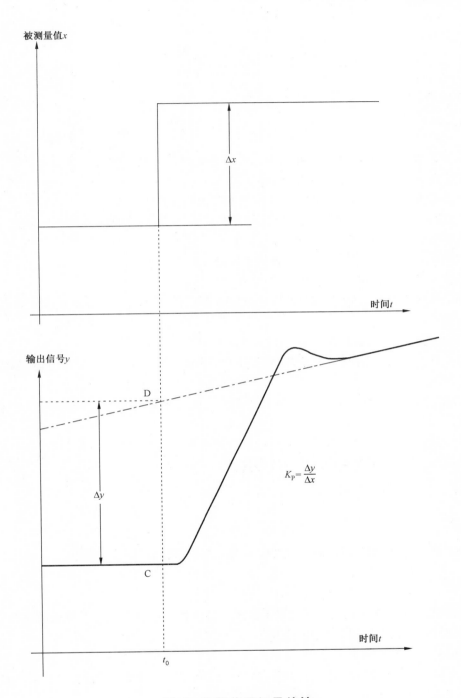

图 4 比例作用记录特性

7.2.3 死区

死区由不致引起输出可察觉变化所施加的被测量值的最大变化量确定。

本测试按 7.2.2 中前 5 步所述方法,在开环状态下进行。

应缓慢地施加振荡的被测值信号,振幅从 0.1% 开始,增加被测量值信号至输出信号刚好有响应为止。该被测量值信号振幅即为死区,并以被测量值信号量程的百分数表示。

若死区低于 0.1%,则不必继续测试。若有必要,可在反作用方式下重复该测试。

7.3 积分作用

7.3.1 初始条件

初始条件按第 5 章规定。

7.3.2 试验步骤

相应的试验配置图如图 2a)所示。本试验在开环即选择开关置于位置 A 方式下进行。信号发生器 2 应提供被测量值信号量程 10％ 左右的阶跃信号。

——调整信号发生器 2 的初始输出,使调节器的输出稳定在大约 10％;

——首次试验,设置积分时间为最大标度值;其次试验,设置积分时间为最小标度值;最后试验,将积分时间设置为中间标度值(例如 1 200 s、12 s 和 120 s);

——触发阶跃函数信号发生器 2,引入被测量值信号的阶跃变化;

——记录输出信号渐变到量程的 100％ 的变化曲线;

——将调节器输出稳定在满量程的 90％。应使被测值信号引入一个等于先前正阶跃幅值的负阶跃变化;

——记录输出信号渐变到量程 0％ 的变化曲线;

——如图 5 所示,根据记录曲线确定积分时间 T_1,即渐近线 D_2 向后延长线与起始输出电平的交点到时间 t_0 之间的时间;

——度盘标度值与正阶跃和负阶跃记录曲线测得的积分时间之差(以标称值的百分数表示)列于报告。

若设备本身具有积分作用限值,本条款所述试验无法测量其真实的积分作用性能。

若遇到此情况,则由制造商和评测机构协商合适的试验方法。

7.4 微分作用

7.4.1 初始条件

将积分作用置为最小(积分时间最大或切除),其余初始条件按第 5 章规定。

7.4.2 试验步骤

本试验试验配置图如图 2a)所示(开关置于位置 A),信号发生器 2 置为斜坡函数信号发生器,使其在大约为被测微分时间内产生增加被测值量程 10％ 的信号。

——输出信号大约稳定在 10％;

——第 1 步试验,将微分时间调为最小值,第 2 步试验,将微分时间调为最大值,最后将微分时间调为中间值(如 3 s、300 s 和 30 s);

——在 t_0 时刻,触发斜坡信号,记录类似图 6 的两曲线图;

——微分时间 T_D 应从图 6 所示的曲线上直接读取;

——将输出信号稳定在大约 90％ 初始值,施加反向斜坡信号,重复本试验;

——度盘标度值与上坡和下坡记录曲线测得的微分时间之差(以标称值的百分数表示)列于报告。

注:本试验不总是能测量微分作用的实际性能,特别是,在微分作用期间不能测量最大增益(见第 10 章)。

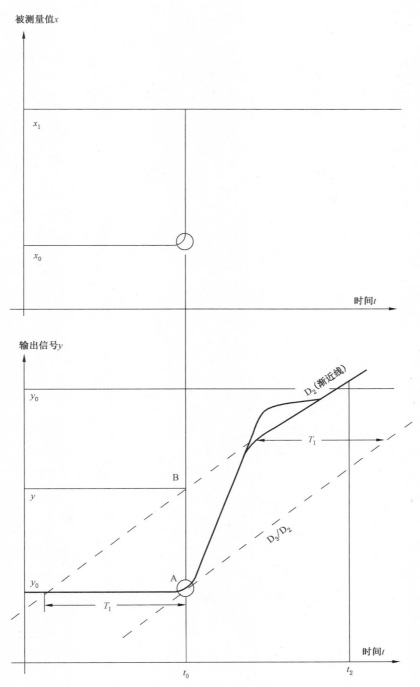

说明：

$T_I = D_2$ 与 D_3 之间时间间隔。

图 5 积分作用记录特性

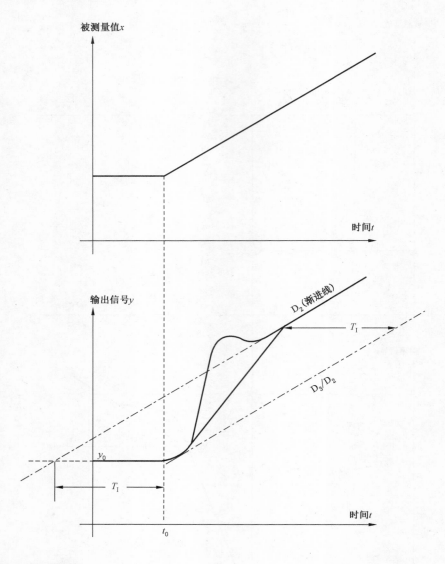

说明：

T_I＝D_2 与 D_3 之间时间间隔。

图 6　微分作用记录特性

8　影响量的影响

8.1　概述

各种影响量对静差的影响，应分别进行测试，结果以标称量程的百分数表示。

当设定信号为内部产生时，应测量每一条件下不同影响量对它的影响。如果需要，也可测量不同影响量对比例带、积分和微分作用等参数的影响。

8.2　初始条件

初始条件按第 5 章规定。除另有规定外，以下描述的所有试验均应在闭环配置下进行。

试验配置类似图 2a)，将积分和微分时间调为最小值。

注：如果要求 T_I 和 T_D 在较高值，也可检测影响量的影响。

8.3 气候影响

8.3.1 环境温度

按照 IEC 61298-3。

在制造商推荐的最小和最大工作温度区间测量静差。环境温度通常以 20 ℃为间隔进行选择,直到到达指定的极限温度。

例如,试验的环境温度和顺序为:+20 ℃(参比值)、+40 ℃、+55 ℃、+20 ℃、0 ℃、−25 ℃、+20 ℃。

在试验过程中,如果各方一致同意,试验仅在 20 ℃(参比值)、仪表规定的最大值、仪表规定的最小值和 20 ℃这 4 个温度下进行就足够了。

每次试验温度允许误差±2 ℃,并且环境温度变化率应低于 1 ℃/min。

8.3.2 湿度

仅适用于电动调节器,按照 IEC 61298-3 要求。

通过把调节器放到一个湿度试验箱来确定环境相对湿度的影响,该试验箱的相对湿度值应控制在指定的相对湿度(IEC 60068-2-30 指定)的+2%～−3%。

调节器稳定在参比值相对湿度<60%,温度 40 ℃±2 ℃条件。

在这些条件下测量调节器的静差。

相对湿度应增加到 90%～95%(避免在调节器上产生冷凝沉淀)至少 3 h,且在这个值下工作至少48 h。

在除了这些条件下测量调节器的静差。

8.4 机械影响

8.4.1 安装位置

应测量调节器从参比安装位置倾斜±10°所引起的静差的变化。在互成直角的两个水平轴附近,依次进行两个方向倾斜的测量。

当±10°的倾斜超过了调节器的设计极限时,应采用制造商规定的最大倾斜值。如果安装位置不是水平位置,应指出在这种情况下确定调节器性能的试验方法。

8.4.2 冲击

本试验应按 IEC 60068-2-31 试验 Ec 进行。

"平面跌落"施加的程序如下:

调节器按其正常安装位置放置在平整、坚硬的水泥或刚质的刚性平面上,沿一底边倾斜,使其对边与试验平面间的距离为 25 mm、50 mm 或 100 mm(其值由制造商与用户商定选择),或者使调节器底面与试验平面的夹角为 30°,从中选择一种要求较低的条件,然后让其自由跌落到试验平面上。

调节器的四个底边各经受一次跌落。

本试验后,检查调节器有无损坏,并测量静差。

8.4.3 机械振动

本试验的一般步骤按 IEC 60068-2-6 所述进行。

调节器应按制造商的安装说明书的规定,安装在振动台上,在三个互相垂直的轴线上承受正弦振动,其中一个轴线为垂直方向。振动台、安装板和用来支撑调节器的安装架的刚度应该能使传递到调节器上的冲击损失减至最小。

本试验分成三个不同的阶段：

a） 第一阶段：寻找初始谐振

这一阶段的目的是调查调节器对振动的响应,确定谐振频率,并为寻找最终谐振收集资料,如有必要,还要收集谐振频率下的耐久性信息。

振动期间,应注意引起下列情况的频率：

1） 静差发生显著变化；

2） 机械谐振,应记录机械谐振频率。

应记录 Q 值因数大于 2 的所有谐振频率,以便与下面规定的在寻找最终谐振时发现的频率比较。

注：Q 值因数等于谐振振幅除以驱使振动的振幅。

应按对数规律连续扫频,扫频速率约为 0.5 oct/min。评定工业过程调节器所用的频率范围应根据工作条件的类型、安装类别和制造商与用户之间的协议从表 1 中选取。

表 1 机械振动试验工作条件

安装	振动频率/Hz	峰值振幅/mm	峰值加速度/(m/s²)
控制室(一般应用)	10～60	0.07	
现场(低振动级)	60～150		9.8

b） 第二阶段：耐久性试验

在第一阶段找到的最大谐振频率上重复上述试验。

本阶段总的持续振动时间应为 3 h,在最大谐振方向和其他另两方向各振动 1 h。

如果第一阶段没找到谐振频率,则应在该调节器允许的整个频率范围内连续扫频。

c） 第三阶段：寻找最终谐振

寻找最终谐振的方法及振动特性与寻找初始谐振的相同,记录与寻找初始谐振的任何明显差别。

最终测量：

试验结束时,应核实调节器的机械状态是否良好、记录静差的变化(以被测值量程的百分数表示),并列于报告。

8.5 供源影响

8.5.1 供源变化

本试验应测量当供源发生以下变化的所有组合所引起的静差的变化(即,交流源 9 组测量,直流源 3 组测量)。

a） 电压或气压

　　1） 公称值；

　　2） ＋10％或制造商规定的较小极限值；

　　3） −15％或制造商规定的较小极限值。

b） 频率

　　1） 公称值；

　　2） ＋2％或制造商规定的较窄极限值；

　　3） −10％或制造商规定的较窄极限值。

在输出 100％时重复进行本试验：对电动调节器,供源电压和频率应为最小；对气动调节器,供源压力应为最小。

8.5.1.1 始动漂移(长时中断)

调节器在第 5 章规定的环境条件下,并在不开电源、不接输入的状态下放置 24 h。

然后打开电源(及输入被测值和相应的设定值),将设定值调整为量程的 50%。应记录 5 min 和 1 h 后的静差。

8.5.1.2 短时中断

本试验仅对电动调节器。本试验在开环状态下进行,调节器的输出平衡在量程的 50%。

电源应中断:5 ms、20 ms、100 ms、200 ms、500 ms。

电源短时中断应在交流电源电压的峰值时进行数次或随机中断 10 次。

本试验应在积分时间设置最大值微分时间设置为最小值进行。

记录下列数值:

——输出信号的最大瞬时变化量;

——输出信号达到且保持偏离稳态值的 1%之内所用的时间;

——输出信号的任何永久性变化量。

8.5.1.3 电源电压低降(仅适用电动调节器)

调节器连成开环,输出稳定在量程的 100%,电源电压低降到公称值的 75%,保持 5 s。记录输出变化量、瞬时幅值和持续时间。

8.5.1.4 电源瞬时过电压(仅适用电动调节器)

瞬时过电压的尖峰电压由电容器放电或利用能给出等效波形的方法产生,且尖峰电压应叠加在主电源上。电容器能量为 0.1 J,尖峰电压的幅值分别为 100%、200%、300% 和 500% 过电压(公称主电源有效值电压的百分数)。

电容的适当容量可通过能量和幅值计算。

电源线应采用合适的抑制滤波器保护,它至少应包括一个能承载线电流的 500 uH 的扼流圈。

在电源峰值处,施加与其极性相同的每种幅值的两个脉冲,或者随机相位的 10 个脉冲。记录调节器输出上出现的任何瞬变和任何永久输出变化。

8.5.1.5 电源反向保护

调节器被施加反向最大允许电压供电后,恢复正常供电连接,再次测量静差,将静差的任何变化量列入报告。

8.6 电干扰

8.6.1、8.6.2、8.6.3、8.6.4 和 8.6.5 试验应在开环、比例带 X_P 为 100%、积分时间 T_I 最大值(最小作用)、微分时间 T_D 最小值(最小作用)下进行。

8.6.1 共模干扰(见图 7)

本试验仅适用于电输入和电输出与地绝缘的调节器。

对输入和输出绝缘的调节器,应将输出的负端接地,同时输入端施加共模干扰,反之亦然。

对没有提供接地端子的调节器,应按正常方式将调节器安装在接地框架或平板上,以达到本试验的接地目的。

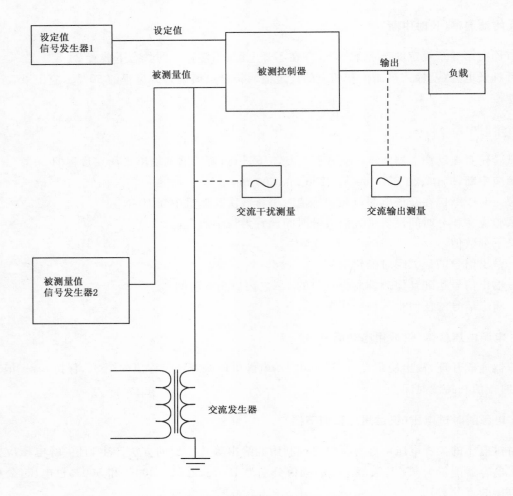

图 7 共模干扰试验（电压输入）配置图

将有效值为 250 V、频率为主电源频率的正弦交流干扰信号依次加在地与调节器的每个输入和输出端，测量由此引起的输出的变化。如果制造商规定的值小于 250 V，则应使用此较小值代替。干扰信号的相位应相对于调节器主电源输入的相位在 360°内变化。

然后使用直流电压代替交流电压重复本试验。采用的电压应为直流 50V 或输入量程的 1 000 倍（取两者中较小者），正、负电压均要进行。如果制造商规定的值小于 50 V，则应使用此较小者。电压仅施加在对地绝缘的输出端上。

在共模干扰试验期间，应由不受共模信号影响的的输入信号源向调节器提供输入。对于电流输入的调节器，信号源应是一个输出端连接一个具有不小于 10 uF 电容的电流源；对于电压输入的调节器，信号源应是一个在主频率上输出阻抗不大于 100 Ω 的电压源。

将任何稳态输出变化与输出信号的纹波含量一起列于报告。

注：共模干扰试验通常还在将试验信号同时连接在两个输入或两个输出端子的情况下进行。如果端子间的阻抗相对低于对地阻抗，则两种试验方法产生相同的结果。选择上述方法是为了促进各评测机构对范围广泛的各种仪表采用统一的试验方法，产生一致的试验结果。

8.6.2 串模干扰

本试验应将主频率的交流信号串联作用于输入信号上，测量所引起的输出的变化。串联信号的相位应相对于调节器主电源输入的相位在 360°内变化。

对于电压输入的调节器［见图 8a)］，逐渐增大串模电压，直到输出信号平均变化量程的 0.5%或串模信号的幅值达到 1 V 峰值无论哪一个先发生为止。如果制造商规定的值小于 1 V 峰值,则应使用此较小者。记录相应 0.5% 影响的串模信号的幅值和输出信号的交流含量。

对于电流输入的调节器[见图 8b)],应使用串模电流信号,使之逐渐增大到量程峰值 10% 的极限值。干扰信号应通过与电路阻抗兼容的方法与输入信号混合。这种方法的一个实例是使用具有电流输出的加法放大器,如图 8b)。

8.6.3 接地

本试验仅适用于电输入和电输出与地绝缘的调节器。

本试验应将每个输入和输出端依次接地,测量所引起的输出信号的稳态变化。

8.6.4 射频干扰

射频干扰对输出的影响应根据制造商和用户之间协定的试验等级进行试验(见 IEC 61000-4-3)。

8.6.5 磁场干扰

本试验的目的是确定主电源频率的交流磁场对调节器输出的影响。它不适用于仅使用气动信号的调节器。

调节器应暴露在 400 A/m(有效值)的磁场中,磁场对准调节器的主要轴向。

确定输出信号为量程 10% 和 90% 时,磁场对平均直流电平和输出纹波含量的影响。本试验还应在与第一个轴向相互垂直的另外两个轴向重复进行。

注:在一个直径为 1 m、承载 5 A 电流、80 匝的环形线圈的中心或附近可获得近似 400 A/m 的磁场。

8.6.6 静电放电

静电放电对输出的影响应根据制造商和用户之间协定的试验等级进行试验(见 IEC 61000-4-2)。

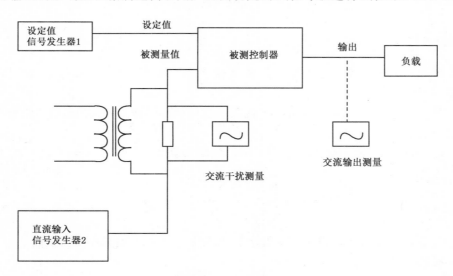

a) 串模干扰试验(电压输入)配置图

图 8 串模干扰试验配置图

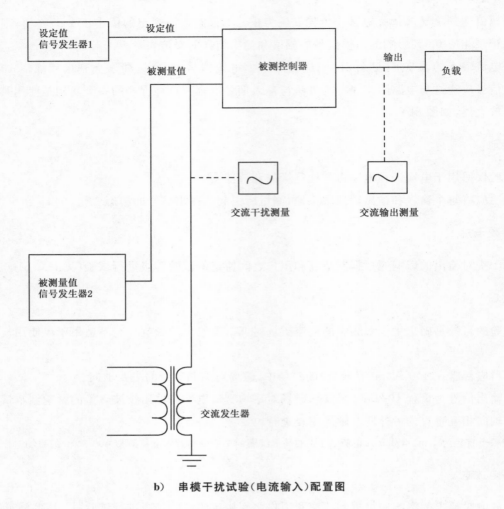

b) 串模干扰试验(电流输入)配置图

图 8（续）

8.7 输出负载(仅适用于电动调节器)

调节器在闭环和第 5 章所述稳定状态下,测量调节器负载阻抗从制造商规定最小值变化到最大值所引起的静差的变化。

除制造商另有规定外,应进行 5 min 零负载阻抗试验(短路)和无限大的负载阻抗试验(开路),然后恢复参比负载,测量静差变化量。

注:应保证负载阻抗变化不会直接引起调节器输入反馈回路的变化。

8.8 加速工作寿命试验

8.8.1 初始条件

本试验的配置如图 2a)所示,选择开关置于 B,信号发生器 3 设置为提供正弦信号。

初始条件按第 5 章规定。

8.8.2 试验步骤

本试验应在闭环下进行。调节器应在频率为 0.5 Hz、峰-峰值为被测量值信号量程的 50%、中点在 50%的正弦被测量值信号作用下,连续运行 7 天。运行期间,每天应中断正弦信号,以便足够频繁地测量静差值以确定静差的任何变化。

应记录静差的最大变化量。

9 输出特性及能源消耗

9.1 能源消耗

9.1.1 总则

试验应在带和不带（只要可行）"自动-手动切换"两种情况下进行。当连同外接"自动-手动切换机构"进行试验时，只能采用制造商推荐的切换机构。

9.1.2 初始条件

试验配置如图 2a)所示（选择开关置于 B）。
初始条件按第 5 章规定。

9.1.3 输、排气量（气动调节器）

改变调节器输出的排气量，测量每一排气量时的静差。然后改变调节器输出的输气量，测量每一输气量时的静差。试验配置如图 2b)所示。

然后绘出如图 9 静差-流量曲线，根据曲线确定：
a) 静差 50% 时的最大排气量；
b) 静差 50% 时的最大输气量；
c) 排气量为 0.2 m^3/h 和 0.4 m^3/h 时的静差[3]；
d) 输气量为 0.2 m^3/h 和 0.4 m^3/h 时的静差[3]。

流量特性的不连续性，称为"输出继动死区"（见图 9）。与之相应的静差变化应列于报告，还应确定相应的气体流量（排气量和输气量）。

9.1.4 稳态耗气量（气动调节器）

调节器稳定在不同输出值，且输出与密封气容相连，并确保输出接头无泄露，测量调节器的气源，并记录最大流量。

9.1.5 耗电量（电动调节器）

将调节器的负载阻抗调整为参比值、设定值设为量程的 90%，在标称电压和频率下、然后在制造商规定的最高电压和最低频率下分别测量调节器的耗电量（用 VA 表示）。本试验先在："自动"、后在"手动"下进行。

9.2 "自动"/"手动"切换

评定"自动"/"手动"和"手动"/"自动"切换的性能，由制造商与用户之间商定。（本试验目的是为了测试切换后输出的瞬时峰值和稳态变化量。）

---

3) 标准温度和压力条件下的 m^3，如 0℃，101.325 kPa。

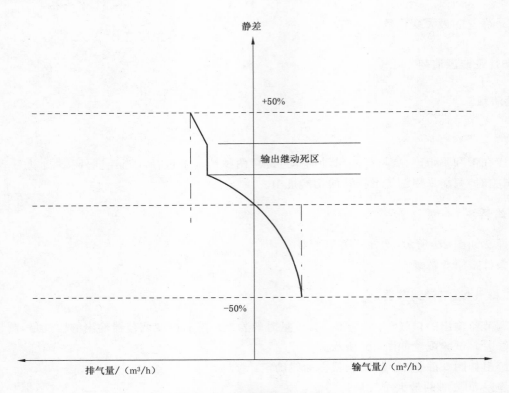

图 9　气动调节器流量特性

9.3　电输出纹波含量

调节器连成闭环,测量调节器输出信号分别 10%、50% 和 90% 时输出交流纹波含量的峰-峰值、有效值和主频含量。

当有脉冲信号叠加在输出信号上时,必须规定所测仪器的通频带,且应在额定负载,同时按惯例并联 500 pF 电容条件下进行测量。

10　频率响应

10.1　频率响应的应用试验

通过这些试验能确定调节器的三个重要特性:

a)　比例作用高频截止频率。对于本试验,比例带应设置为 100%,积分时间设为最大值(最小作用),微分时间设为最小值(最小作用);

b)　低频最大积分增益。对于本试验,比例带应设置为 100%,积分时间设为最小值(最大作用),微分时间设为最小值(最小作用);

c)　高频最大微分增益。对于本试验,比例带应设置为 100%,积分时间设为最大值(最小作用),微分时间设为最大值(最大作用)。

注:其他比以下描述的方法更快和更有效的动态分析方法是可利用的。因此上述谐波试验已经特别简单,可以使用非常普通有用的设备进行。

10.2　试验步骤

调节器应在具有制造商提供的正确操作设备:手动-自动切换开关继电器和切换装置的条件下进行

试验。

调节器连成闭环,如图2a),开关置于B,信号发生器3设置为正弦信号输出,设定值应设置为大约量程的50%。

正弦信号的峰到峰的幅值不应超过量程的20%。也适应于作为调节器的正弦信号测值信号。正弦信号的幅值应足够低以避免输出失真。

探测的频率范围应根据调节器的设计,并应允许通过渐进线对 w_1 和 w_2 进行测量(通常从10 Hz $\sim 10^{-3}$ Hz)(见图10)。

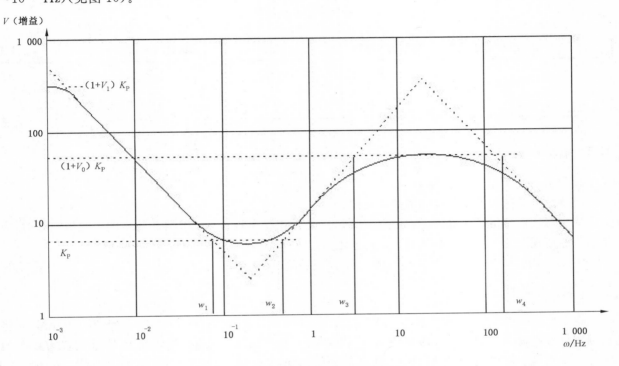

图 10 频率响应试验结果

应在多个频率点同时记录被测值信号和输出信号,以便用来确定相关的增益值。或者使用频谱分析仪进行测量。

10.3 试验结果分析

用如下显示的组合,按照10.1画出波特图(幅值-频率),见表2。

表 2 频率响应试验条件

K_P	比例带/%	T_I	T_D
1	100	最大(或切除)	最小(或切除)
1	100	最小	最小(或切除)
1	100	最大(或切除)	最大

11 其他试验

11.1 耐电压试验

见 IEC 61010-1。

耐电压试验应采用与调节器使用电源频率相同频率的正弦波电压。

试验电压应施加于电源端(两电源端子连接在一起)与地之间。其余端子应与地连在一起。

试验时先将试验设备的空载电压调整到零,然后连接到试验调节器。变压器的容量应至少为 500 VA。

本试验电压应逐渐升高到规定值(见表3),以至不出现明显的瞬时过电压。试验电压在最大值保持 1 min,然后将其逐渐减小到零。

表 3 电压试验值

电源电压(直流或交流有效值)/V	试验电压/kV
≤60	0.5
>60~130	1.0
>130	1.5

11.2 绝缘电阻

见 IEC 61010-1。

应测量每个电源端子与地间的绝缘电阻。

除非制造商规定了较低值,本测量应使用500 V的直流电压。当调节器的输出端子与地绝缘时,应使用制造商规定的最大电压测量其对地的绝缘电阻。

注:当电源电压特别低时,可与制造商协商一致忽略本试验。

11.3 输入过范围

在参比条件下(见第5章),使用图2a)配置图,开关置于位置B(闭环),调节偏差信号发生器3,将被测值信号设置为过载50%(即量程的150%的值),历时1 min。然后将被测值信号设置为量程的50%,5 min 后,输出应稳定在50%,测量静差。对活零点信号的调节器[例如,20 kPa~100 kPa (0.2 bar~1.0 bar),4 mA~20 mA],将被测值信号设置为0(真实0,不是量程的0%),重复进行本试验。

如果可能,也应进行设定值过载50%的试验。

12 文献资料

制造商应提供评定调节器的安装、调试、运行、例行维护和维修等资料,还应提供备件表和备件的推荐信息。

制造商还应陈述给出的最能确切表示调节器输入/输出特性的理论公式。

本部分规定某些操作应按制造商规定的方法进行。因此,评定单位可对使用说明书的适用性和明了程度提出意见。

13 技术检查

应对可能造成使用困难的调节器的设计或构造细节进行检查。

本检查应包括例如,工作部件的密封等级、备件的互换性、气候试验、控制作用逆转等。

尽其可能,也应对所采用的部件和材料的质量进行评定。

14 试验报告

除了按本部分提出试验结果外,试验报告还应包括下列内容:
——试验日期和地点;
——参照本部分的情况;
——被测仪表的识别特性(类型、型号、系列号等);
——本部分规定的参比条件和试验条件;
——可能已影响到试验结果的任何重要事件;
——制造商关于试验和试验结果的意见。
关于试验报告的更完整的信息可参见 IEC 61298-4。

15 试验一览表

序号	名称	报告内容		参考的条文
		单位	说明	
1	静差	被测值量程的%	比例带在三个设置:100%、最小和最大(或最接近的刻度标识)处的最大正负静差	6
2	设定值标度	设定值量程的%	设定值在 0%、20%、40%、50%、60%、80% 和100%的上、下行程指示值与测量值之间的差。至少重复进行三个循环,计算平均误差和回差	7.1
3	比例作用系数	比值(无量纲的)	比例带设置在 100%、最小和最大时的比值	7.2
	标度误差	标度值的%	偏离标度值的值	7.2.2
4	死区	被测值量程的%	输出无可察觉的变化所对应的输入的最大变化量。最大、最小和常用中间设置处的值,输入信号进行正、负变化	7.2.3
5	积分时间/重置时间	s 或 min	进行正、负变化	7.3
	标度误差	标度值的%	偏离标度值的值	7.3.2
6	微分时间/比率时间	s 或 min	最大、最小和常用中间设置处的时间值,输入信号进行正、负变化	7.4
	标度误差	标度值的%	偏离标度值的值	7.4.2
7	环境温度	每 10 ℃被测值量程的%	在最大和最小工作温度点、以及规定的温度循环期间静差的变化	8.3.1
8	湿度	被测值量程的%	静差的变化量	8.3.2
9	安装位置	每 10°被测值量程的%	4 个方向,依次每方向倾斜 10°所引起的静差的变化量	8.4.1
10	冲击	被测值量程的%	平面跌落引起的静差的变化量,即沿一底边倾斜 30°或规定的协商一致的距离后自由落下,4 个底边重复进行,测量静差的变化量	8.4.2

序号	名称	报告内容		参考的条文
		单位	说明	
11	机械振动	被测值量程的%	寻找谐振 1) 10 Hz～60 Hz,0.07 mm; 2) 60 Hz～150 Hz,9.8 m/s²。 在谐振点持续振动 3 h,检查机械状态和静差的变化量	8.4.3
12	供源变化 （电压或气压）	被测值量程的%	电压或气压变化＋10％和－15％所引起的静差的变化量	8.5.1
13	供源变化(频率)	被测值量程的%	频率变化＋2％和－10％所引起的静差的变化量	8.5.1
14	供源变化（始动漂移）（长时中断）	被测值量程的%	关断电源 24 h 后,打开电源 5 min 和 1 h 后所引起的静差的变化量。设定值在量程的 50％	8.5.1.1
15	供源变化 (短时中断)		中断 5 ms,20 ms,100 ms,200 ms,500 ms,对于最大复位,最小比率时间	8.5.1.2
		输出量程的%	输出的最大瞬时变化	
		s	输出值稳定在稳定状态输出值1％内的时间	
		输出量程的%	输出的永久变化量	
16	供源低降	输出量程的%	供源低降到 75％后输出变化量	8.5.1.3
17	电源瞬时过电压	输出量程的%	叠加在主电源上的规定幅值和持续时间的电压脉冲所引起的瞬时变化量和直流输出变化量	8.5.1.4
18	电源反向保护	被测值量程的%	恢复正确连接后静差的变化量	8.5.1.5
19	共模干扰	输出量程的%	依次加在地与每个输入和输出端的有效值为 250 V、频率为主电源频率的交流信号（相对主电源在 360°范围内改变相位）所引起的稳态输出或任意纹波的变化量。用 50 V 直流或 1 000 倍输入量程,重复试验	8.6.1
20	串模干扰	输出量程的%	串联加在输入端的峰-峰值为 1 V、频率为主电源频率的交流信号（相对主电源在 360°范围内改变相位）所引起的输出的变化量	8.6.2
21	接地	输出量程的%	每个输入和输出端依次接地所引起的输出的变化量	8.6.3
22	射频干扰		按制造商规定	8.6.4
23	磁场干扰	输出量程的%	400 A/m,输出量程的 10％和 90％处	8.6.5
24	静电放电	输出量程的%	按制造商规定	8.6.6
25	输出负载	输出量程的%	输出负载从最小值到最大值变化所引起的输出的变化量;也是分别开路和短路 5 min 所引起的输出的变化量	8.7

序号	名称	报告内容		参考的条文
		单位	说明	
		Ω	给出输出阻抗的值	
26	加速工作寿命	被测值量程的%	在频率为 0.5 Hz，幅值为被测量值信号量程的±25%正弦被测量值信号作用下，连续运行 7 d 所引起的静差的变化量	8.8
27	气体流量（对气动调节器）	被测值（m³/h）量程的%	a) 静差 50%时的最大排气量和输气量； b) 排气和输气量为 0.2 m³/h 和 0.4 m³/h 时的静差； c) 不连续的"输出继动死区"所对应的值	9.1.3
28	稳态耗气量（对气动调节器）	m³/h	输出连接密封容器，记录气源的最大流量	9.1.4
29	耗电量（对电动调节器）	W 或 VA	在规定的"自动"和"手动"两种操作条件下，测量耗电量	9.1.5
30	电输出纹波含量	V、Hz	输出信号分别为 10%、50% 和 90%时输出纹波含量的峰-峰值、有效值和主频含量	9.3
31	频率响应	增益（见 61 页图 10）频率：Hz	获得下列值： a) 比例作用高频截止频率； b) 低频最大积分增益； c) 高频最大微分增益	10
32	耐电压试验		在电源端子和地之间施加试验电压，历时 1 min	11.1
33	绝缘电阻	Ω	当 500 V 直流试验时，每个电源端子与地间的绝缘电阻值	11.2
34	输入过范围	被测值量程的%	过载 50%，历时 1 min。然后恢复正常，5 min 后测量静差的变化量。 还应进行设定值过载 50%的试验。 对零点提升的调节器，还应用实际 0 作为输入信号进行试验	11.3

参 考 文 献

[1]   IEC 60027-2:2005,Letter symbols to be used in electrical technology—Part 2:Teleco mmu-nications and electronics

[2]   IEC 60050-351:2006,International Electrotechnical Vocabulary—Part 351:Control technol-ogy

[3]   IEC 60381 (all parts),Analogue signals for process control systems

[4]   IEC 60382,Analogue pneumatic signal for process control systems

[5]   IEC 60546-2,Controllers with analogue signals for use in industrial-process control sys-tems—Part 2:Guidance for inspection and routine testing

ICS 25.040
N 18

中华人民共和国国家标准

GB/T 20819.2—2015/IEC 60546-2:2010
代替 GB/T 20819.2—2007

工业过程控制系统用模拟信号调节器
第2部分：检查和例行试验导则

Controllers with analogue signals for use in industrial-process control system—
Part 2：Guidance for inspection and routine testing

(IEC 60546-2:2010,IDT)

2015-02-04 发布

2015-08-01 实施

中华人民共和国国家质量监督检验检疫总局
中国国家标准化管理委员会　发　布

前　言

GB/T 20819《工业过程控制系统用模拟信号调节器》分为如下两部分：

——第 1 部分：性能评定方法；

——第 2 部分：检查和例行试验导则。

本部分为 GB/T 20819 的第 2 部分。

本部分按照 GB/T 1.1—2009 和 GB/T 20000.2—2009 给出的规则起草。

本部分代替 GB/T 20819.2—2007《工业过程控制系统用模拟信号控制器　第 2 部分：检查和例行试验导则》，本部分与 GB/T 20819.2—2007 相比，主要进行了编辑性修改。

本部分使用翻译法等同采用 IEC 60546-2:2010《工业过程控制系统用模拟信号调节器　第 2 部分：检查和例行试验导则》(英文版)。

本部分做了下列编辑性修改：

a)　删除了 IEC 60546-2:2010 的前言和序言；

b)　补充了规范性引用文件内容(根据正文)；

c)　对部分符号按照中文进行转换。

本部分由中国机械工业联合会提出。

本部分由全国工业过程测量和控制标准化技术委员会(SAC/TC 124)归口。

本部分起草单位：杭州盘古自动化系统有限公司、厦门宇电自动化科技有限公司、安徽蓝润自动化仪表有限公司、西南大学、北京金立石仪表科技有限公司、北京维盛新仪科技有限公司、上海自动化仪表股份有限公司、重庆电力高等专科学校、福州福光百特自动化设备有限公司、南京优倍电气有限公司、福建顺昌虹润精密仪器有限公司、厦门安东电子有限公司、中山市东崎电气有限公司、开封开仪自动化仪表有限公司、河南汉威电子股份有限公司、福建上润精密仪器有限公司、西安邮电大学。

本部分主要起草人：郭豪杰、徐志华、周宇、王在旗、陈万林、黄巧莉、宫晓东、朱爱松、倪敏、张波、周宏明、董健、陈志扬、肖国专、周松明、王家成、赵金领、戈剑、李彩琴、赵富兰、周雪莲、何强。

本部分所代替标准的历次版本发布情况为：

——GB 4730—1984；

——GB/T 20819.2—2007。

工业过程控制系统用模拟信号调节器
第 2 部分：检查和例行试验导则

1 范围

GB/T 20819 的本部分适用于具有符合 GB/T 3369.1 和 GB/T 3369.2 的模拟信号的气动和电动工业过程调节器。GB/T 20819 的本部分规定的试验原则上也适合于具有其他连续信号的调节器。

本部分适用于调节器的检查和例行试验，例如验收试验和修理后的试验，提供技术指导。对于全性能试验，应采用 GB/T 20819.1—2015 的规定。验收的性能的定量要求应由制造商和用户协商后确定。本部分的要求在征得制造商和用户同意后即生效。

2 规范性引用文件

下列文件对于本文件的应用是必不可少的。凡是注日期的引用文件，仅注日期的版本适用于本文件。凡是不注日期的引用文件，其最新版本（包括所有的修改单）适用于本文件。

GB/T 20819.1—2015 工业过程控制系统用模拟信号调节器 第 1 部分：性能评定方法（IEC 60546-1：2010，IDT）

3 术语、定义与符号

GB/T 20819.1—2015 界定的术语和定义适用于本文件。

3.1 本标准使用的符号

t 时间；

y 输出值（见图 1）；

y_0 在 $t=0$ 时的输出值；

x 被测量值（见图 1）；

w 设定值（见图 1）；

X_P 比例带；

T_I 积分时间；

T_D 微分时间；

K_P 比例作用因子；

K_I 积分作用因子；

K_D 微分作用因子。

4 试验的抽样

如果制造商和用户协商在一样品批次上进行试验，建议选用 IEC 60410 提出的抽样方法。抽样时可由用户的检验员选定被试调节器。

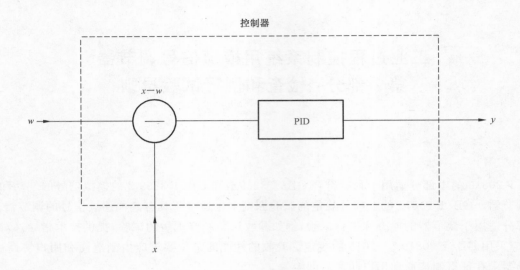

图 1　理想调节器基本输入/输出信号

5　性能测试

5.1　概述

应记录试验场所的环境条件。见 GB/T 20819.1—2015 中 5.1.1 推荐的环境条件。

应进行下列试验：

5.2　控制作用试验

仅需考虑试验样品提供的功能。

5.2.1　静差

完整的试验见 GB/T 20819.1—2015 中第 6 章。

本试验仅应用于具有积分作用的调节器。

a)　初始条件

按图 2 进行试验配置，开关置于位置 B，闭环连接，反作用。

X_P——100%，比例带；

T_I——最小积分时间；

T_D——切除或设置为最小微分时间。

b)　试验步骤

在不同的测量设备上测量和记录设定值 $w=50\%$ 的静差。记录 x 和 w 的指示值，如果存在刻度指示，检查相应的刻度指示值。在 $w=10\%$、然后 $w=90\%$ 时重复本测量。

5.2.2　比例作用

完整的试验见 GB/T 20819.1—2015 中 7.2。

使用图 2 中的开环配置图，将开关打到位置 A。

a)　初始条件

按图 2 进行试验配置，开关置于位置 A，开环连接。

X_P——100%，比例带；

使输出值 y 稳定在 50%；

T_I——稳定后，切除或设置为最大积分时间；

T_D——切除或设置为最小微分时间；

$x=w=50\%$。

b) 试验步骤

通过信号发生器 2 引进阶跃变化 20% 的输入信号。

记录相应输出值 y 的变化量（$\Delta y\%$）。

$$X_\mathrm{P}=\left(\frac{\Delta x\%}{\Delta y\%}\right)100=\left(\frac{\Delta x}{\text{被测值量程}}\Big/\frac{\Delta y}{\text{输出量程}}\right)100$$

注：如果积分作用不能被忽略时，那么 Δy 由图 3 确定。

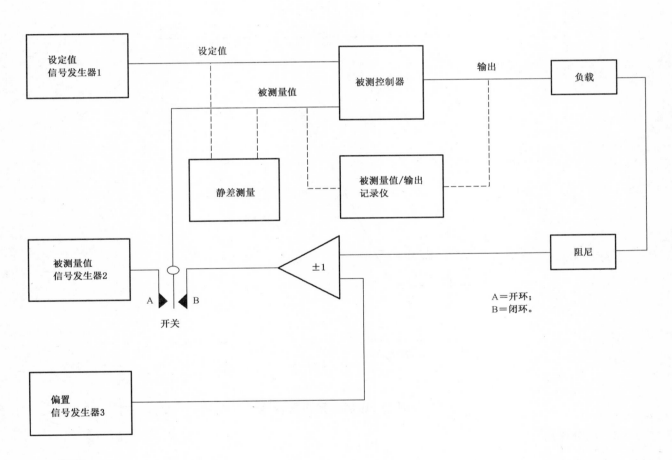

说明：

信号发生器 1——提供稳定的直流或压力输入信号；

信号发生器 2——为比例和积分作用试验提供阶跃信号；

信号发生器 3——为闭环试验提供的固定的直流或压力偏置信号。

图 2　开环和闭环试验配置图

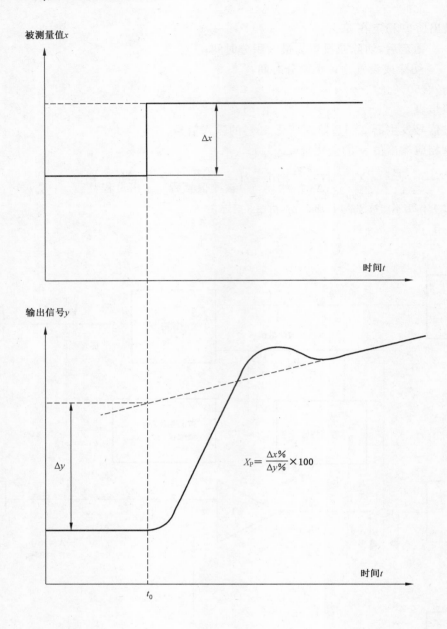

图 3　比例作用记录特性

5.2.3　积分作用

完整的试验见 GB/T 20819.1—2015 中 7.3。

使用图 2 中的开环配置图,将开关打到位置 A。

a)　初始条件

按图 2 进行试验配置,开关置于位置 A,开环连接。

X_{P}——100%,比例带;

T_{D}——切除或设置为最小微分时间;

T_{I}——1 min 或最接近它的标度值;

$x=w=50\%$。

b)　试验步骤

稳态输出 y 在 50%，然后通过信号发生器 2 引进阶跃变化±20%的输入信号。

记录相应的输出变化量 Δy。通过图 4 确定积分时间 T_I。

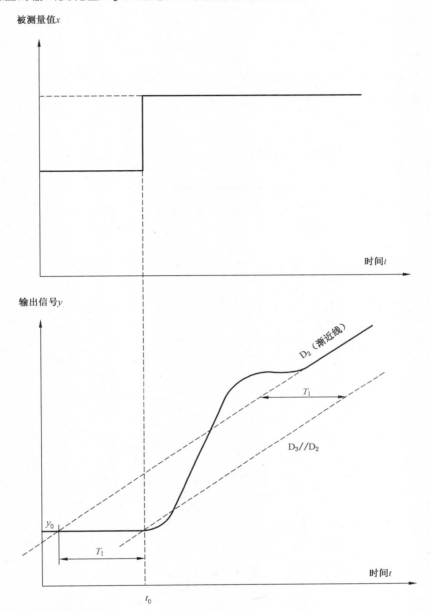

说明：

$T_\mathrm{I}=D_2$ 与 D_3 之间时间间隔

图 4　积分作用记录特性

5.2.4　微分作用

完整的试验见 GB/T 20819.1—2015 中 7.4。

适用于对 $x-w$ 具有微分作用的调节器，而不适用于只对 x 具有微分作用的调节器。

a)　初始条件

　　按图 2 进行试验配置，开关置于位置 B，闭环连接。

　　X_P——100%，比例带；

使输出值 y 稳定在 50%；

T_I——稳定后，切除或设置为最大积分时间；

T_D——1 min；

$w=50\%$。

b) 试验步骤

通过信号发生器 1 引进设定值量程的 10% 到 20% 的阶跃设定信号。

记录相应的输出信号变化量。通过图 5 确定微分时间 T_D。

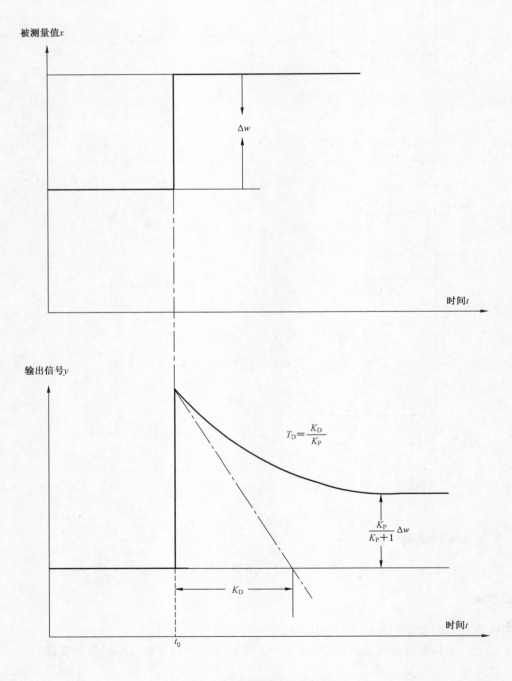

图 5 微分作用记录特性

5.3 供源变化

完整的试验见 GB/T 20819.1—2015 中 8.5.1。

供源变化的例行试验可以按照下面进行。

a) 初始条件

调节器按照 5.1.1 整定，且连接最大额定负载。

b) 试验步骤

测量电源发生下列变化（如果此值较小，可采用制造商规定的限值）对静差的影响：

电压变化：公称交流或直流电压的＋10％和－15％；

空气压力变化：公称压力的＋10％和－10％。

5.4 手动/自动切换

手动/自动切换功能的性能评定方法应由制造商和用户协商解决。

5.5 设定值发生器

注：信号发生器达不到调节器所要求的设定值时，合适的试验步骤应由制造商和用户协商一致。

试验步骤：

确定 w 至少能达到 0％和 100％，如果可能将其值与标度值进行比较。

5.6 手操输出器

试验手操输出器以确定 y 至少能达到 0％和 100％。如果可能，检查相应的标度值。

注：如果不适合进行手操功能试验，等效试验应由制造商和用户协商一致。

参 考 文 献

[1]　GB/T 3369.1　过程控制系统用模拟信号　第 1 部分:直流电流信号

[2]　GB/T 3369.2　过程控制系统用模拟信号　第 2 部分:直流电压信号

[3]　IEC 60410,Sampling plans and procedures for inspection by attributes

ICS 25.040
N 18

中华人民共和国国家标准

GB/T 22136—2008/IEC 61297:1995

工业过程控制系统
评估用自适应控制器分类

Industrial-process control system—
Classification of adaptive controllers for the purpose of evaluation

(IEC 61297:1995,IDT)

2008-06-30 发布　　　　　　　　　　　　　　2009-01-01 实施

中华人民共和国国家质量监督检验检疫总局
中国国家标准化管理委员会　发布

前　言

本标准等同采用 IEC 61297:1995《工业过程控制系统　评估用自适应控制器分类》(英文版)。

为便于使用,按 GB/T 1.1—2000 对 IEC 61297:1995 做了编辑性修改。

本标准由中国机械工业联合会提出。

本标准由全国工业过程测量和控制标准化技术委员会第二分技术委员会归口。

本标准负责起草单位:西南大学。

本标准参加起草单位:上海亚泰仪表有限公司、福州精密仪器有限公司、上海自动化仪表股份有限公司、中国四联仪器仪表集团有限公司。

本标准主要起草人:祁虔、吕静、祝培军。

本标准参加起草人:王健安、戈剑、李伟、刘进。

本标准为首次制定。

工业过程控制系统
评估用自适应控制器分类

1 范围

　　本标准分类和定义了在描述各种自适应控制器时所使用的术语。该分类法是一个理论上的完备系列,其中可能存在某些类别中还没有控制器适用的情况。同时,许多控制器在本标准中将被划分到多个类别当中。

2 自适应方法的分类

2.1 主要类别

　　根据自适应控制器设计中所采用的不同方法,将自适应控制器分为两种主要类别,如图 1 所示,其定义详见 2.2 和 2.3。

　　该分类法是基于以下实践原理,即控制器是否能够自动寻优,或是调节器是否必须嵌入依据对过程特性的经验认识所制定的最优化策略。

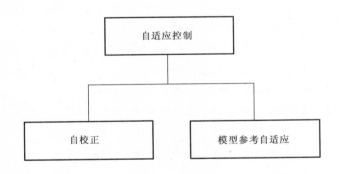

图 1　自适应方法分类

2.2 自校正控制器

　　当控制器的某些特性能够自动地在要求时调整或是连续调整,以获得控制回路的确定响应,则控制器被描述为自校正。

2.3 模型参考自适应控制器

　　当控制器的最优化是基于控制器特性的规定变化律,且该变化律的确定依据为已测定的过程特性(过程模型),则自适应控制器被描述为模型参考自适应。

3 自校正控制器术语

　　给不同种类的自校正控制器命名关系到自适应方法的实现方式。这取决于自适应方法所作用的对象是控制器参数,还是控制器结构,或是控制器的输入信号(见图 2)。

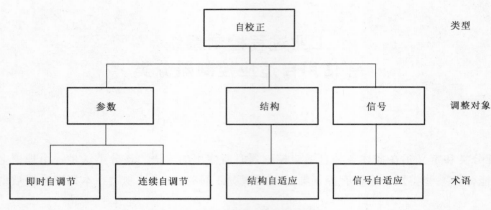

图 2　自校正控制器术语

3.1

即时自调节　self-tuning on demand

当优化控制器参数的自适应方法由调节器的即时需求所引起,则控制器被称为此种类型。

3.2

连续自调节　continuously self-tuning

当优化控制器参数的自适应方法是一个连续不断的过程,则控制器被称为此种类型。

3.3

结构自适应控制器　structure adaptive controllers

当控制器的结构在自适应过程中改变,则控制器被称为此种类型。例如,比例-比例积分切换过程。

3.4

信号自适应控制器　signal adaptive controller

当自适应过程调整控制器的输入信号,则控制器被称为此种类型。例如,调整某些输入滤波器的特性。

注:许多自校正控制器属于"即时自调节"类型或者"连续自调节"类型。

4　模型参考自适应控制器专业术语

给不同种类的模型参考自适应控制器命名关系到自适应方法赖以实现的控制器特性(见图3)。

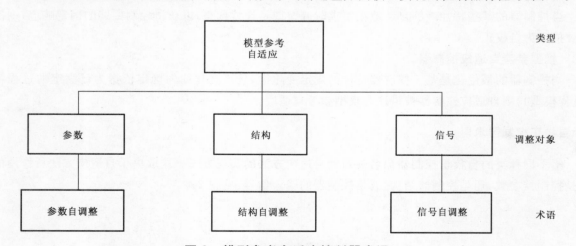

图 3　模型参考自适应控制器术语

4.1

参数自调整控制器 controllers with parameter scheduling

当控制器参数由模型参考自适应过程所修正,则控制器被称为此种类型。

4.2

结构自调整控制器 controller with structure scheduling

当控制器结构由模型参考自适应过程所改变,则控制器被称为此种类型。例如,比例-比例积分切换过程。

4.3

信号自调整控制器 controller with signal scheduling

当模型参考自适应过程调整控制器的输入信号,则控制器被称为此种类型。例如,修改某些输入滤波器的特性。

5 自适应过程描述中的术语

5.1

控制器类型 controller type

自适应控制器的名字中也可包含所应用的控制算法的术语,例如,PID 控制器,状态空间控制器等。

5.2

自适应方法 adaptation method

如果控制器由自适应方法直接调节,其中并未显含过程模型,则称该自适应方法为直接型,否则称之为间接型。如果自适应方法的品质判据是确定的(随机的),则该自适应方法为确定型(随机型)(见图 4)。

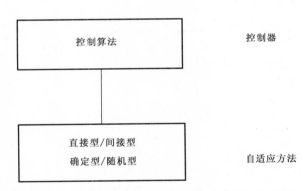

图 4 自适应方法描述中的附加定义

6 术语总结

总结以上出现的自适应性控制器的相关术语,其相互关系概略地显示于图 5 中。

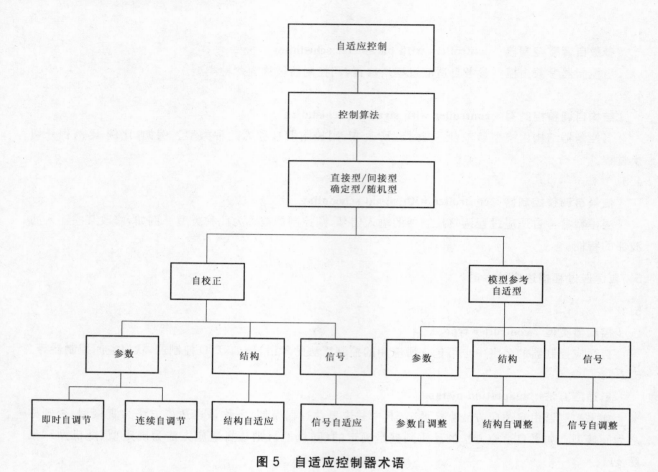

图 5　自适应控制器术语

ICS 25.040.40
N 18

中华人民共和国国家标准

GB/T 26802.1—2011

工业控制计算机系统 通用规范
第 1 部分：通用要求

Industrial control computer system—General specification—
Part 1：General requirements

2011-07-29 发布

2011-12-01 实施

中华人民共和国国家质量监督检验检疫总局
中国国家标准化管理委员会 发布

前　言

GB/T 26802《工业控制计算机系统　通用规范》分为以下几部分：

——第1部分：通用要求；

——第2部分：工业控制计算机安全要求；

——第3部分：设备用图形符号；

——第4部分：文字符号；

——第5部分：场地安全要求；

——第6部分：验收大纲。

本部分是GB/T 26802的第1部分。

本部分的附录A是规范性附录。

本部分由中国机械工业联合会提出。

本部分由全国工业过程测量和控制标准化技术委员会（SAC/TC 124）归口。

本部分负责起草单位：重庆工业自动化仪表研究所。

本部分参加起草单位：研祥智能科技股份有限公司、施耐德电气（中国）投资有限公司、北京研华兴业电子科技有限公司、西门子（中国）有限公司、菲尼克斯电气有限公司、北京康拓科技开发总公司、罗克韦尔自动化研究（上海）有限公司、西南大学、中国计算机学会工业控制计算机专业委员会。

本部分主要起草人：孙兰岚、唐怀斌、孙怀义。

本部分参加起草人：陈志列、朱军、杜佳琳、韩加圣、刘学东、刘永池、顾京明、窦连旺、刘朝晖、杜品圣、刘鑫、张伟艳、陈开泰、黄巧莉、刘枫、黄伟、李涛、吕静、杨孟飞。

引 言

工业控制计算机系统广泛应用于工业生产过程测量、监视和控制,现已扩展应用于各个领域。

工业控制计算机系统的主要特点在《计算机科学技术百科全书》(第二版)中将其概括为以下几点:

——高可靠性:要求在工业现场的恶劣环境条件(如高温、低温、高湿度、多粉尘、含腐蚀性气体、强电磁场干扰等)下,仍能可靠地连续运行。具有足够长的平均无故障时间。

——易维护性:系统结构上便于故障诊断和维修。新一代工业控制计算机系统具有在线维护功能,能按自诊断结果自动切断故障部分,可将故障模板或模块在线带电插拔更换。

——强实时性:有良好的实时性的检测输入、数据处理、通信、操作和控制。

——易扩展性:应用中容易变更控制方案、扩充控制回路数和功能。

GB/T 26802 的本部分是工业控制计算机系统的通用要求,是从系统整体出发,对工业控制计算机系统及各个组成部分提出规范性要求。在应用 GB/T 26802 的本部分时,工业控制计算机系统的要求和规定,可直接采用本部分。工业控制计算机系统各组成部分如功能模板模块、工业控制计算机基本平台、总线接口等,还应同时采用工业控制计算机系统系列标准中相关标准的相关部分。

工业控制计算机系统　通用规范
第1部分:通用要求

1　范围

GB/T 26802 的本部分规定了工业控制计算机系统的功能、设计要求、技术要求、性能检验与系统评估方法,以及检验规则、标志、包装、贮存和验收等。

本部分适用于工业控制计算机系统。

2　规范性引用文件

下列文件中的条款通过 GB/T 26802 的本部分的引用而成为本部分的条款。凡是注日期的引用文件,其随后所有的修改单(不包括勘误的内容)或修订版均不适用于本部分,然而,鼓励根据本部分达成协议的各方研究是否可使用这些文件的最新版本。凡是不注日期的引用文件,其最新版本适用于本部分。

GB/T 2423.4　电工电子产品环境试验　第2部分:试验方法　试验 Db　交变湿热(12 h+12 h 循环)(GB/T 2423.4—2008,IEC 60068-2-30:2005,IDT)

GB/T 2423.6　电工电子产品环境试验　第二部分:试验方法　试验 Eb 和导则:碰撞(GB/T 2423.6—1995,idt IEC 68-2-29:1987)

GB 3836.1　爆炸性环境　第1部分:设备　通用要求(GB 3836.1—2010,IEC 60079-0:2007,MOD)

GB 3836.2　爆炸性环境　第2部分:由隔爆外壳"d"保护的设备(GB 3836.2—2010,IEC 60079-1:2007,MOD)

GB 3836.4　爆炸性环境　第4部分:由本质安全型"i"保护的设备(GB 3836.4—2010,IEC 60079-11:2006,MOD)

GB 4208　外壳防护等级(IP 代码)(GB 4208—2008,IEC 60529:2001,IDT)

GB 4793.1　测量、控制和实验室用电气设备的安全要求　第1部分:通用要求(GB 4793.1—2007,IEC 61010-1:2001,IDT)

GB/T 4798.2—2008　电工电子产品应用环境条件　第2部分:运输(IEC 60721-3-2:1997,MOD)

GB/T 7353—1999　工业自动化仪表盘、柜、台、箱

GB/T 9969　工业产品使用说明书　总则

GB/T 13384　机电产品包装通用技术条件

GB/T 15479—1995　工业自动化仪表绝缘电阻、绝缘强度技术要求和试验方法

GB/T 17212—1998　工业过程测量和控制　术语和定义(GB/T 17212—1998,idt IEC 60902:1987)

GB/T 17214.1　工业过程测量和控制装置　工作条件　第1部分:气候条件(GB/T 17214.1—1998,idt IEC 60654-1:1993)

GB/T 17214.3—2000　工业过程测量和控制装置的工作条件　第3部分:机械影响(idt IEC 60654-3:1983)

GB/T 17626.2—2006　电磁兼容　试验和测量技术　静电放电抗扰度试验(IEC 61000-4-2:2001,IDT)

　　GB/T 17626.3—2006　电磁兼容　试验和测量技术　射频电磁场辐射抗扰度试验(IEC 61000-4-3：2002,IDT)

　　GB/T 17626.4—2008　电磁兼容　试验和测量技术　电快速瞬变脉冲群抗扰度试验(IEC 61000-4-4：2004,IDT)

　　GB/T 17626.5—2008　电磁兼容　试验和测量技术　浪涌(冲击)抗扰度试验(IEC 61000-4-5：2005,IDT)

　　GB/T 17626.6—2008　电磁兼容　试验和测量技术　射频场感应的传导骚扰抗扰度试验(IEC 61000-4-6：2006,IDT)

　　GB/T 17626.8—2006　电磁兼容　试验和测量技术　工频磁场抗扰度试验(IEC 61000-4-8：2001,IDT)

　　GB/T 17626.11—2008　电磁兼容　试验和测量技术　电压暂降、短时中断和电压变化的抗扰度试验(IEC 61000-4-11：2004,IDT)

　　GB/T 17799.2　电磁兼容　通用标准　工业环境中的抗扰度试验(GB/T 17799.2—2003,IEC 61000-6-2：1999,IDT)

　　GB 17799.3　电磁兼容　通用标准　居住、商业和轻工业环境中的发射标准(GB 17799.3—2001,idt IEC 61000-6-3：1996)

　　GB 17799.4　电磁兼容　通用标准　工业环境中的发射标准(GB 17799.4—2001,idt IEC 61000-6-4：1997)

　　GB/T 18271.1—2000　过程测量和控制装置　通用性能评定方法和程序　第 1 部分：总则(idt IEC 61298-1：1995)

　　GB/T 18271.2—2000　过程测量和控制装置　通用性能评定方法和程序　第 2 部分：参比条件下的试验(idt IEC 61298-2：1995)

　　GB/T 18271.3—2000　过程测量和控制装置　通用性能评定方法和程序　第 3 部分：影响量影响的试验(idt IEC 61298-3：1998)

　　GB/T 18272.1—2000　工业过程测量和控制　系统评估中系统特性的评定　第 1 部分：总则和方法学(idt IEC 61069-1：1991)

　　GB/T 18272.2—2000　工业过程测量和控制　系统评估中系统特性的评定　第 2 部分：评估方法学(idt IEC 61069-2：1993)

　　GB/T 18272.3—2000　工业过程测量和控制　系统评估中系统特性的评定　第 3 部分：系统功能性评估(idt IEC 61069-3：1996)

　　GB/T 18272.4—2006　工业过程测量和控制　系统评估中系统特性的评定　第 4 部分：系统性能评估(IEC 61069-4：1997,IDT)

　　GB/T 18272.5—2000　工业过程测量和控制　系统评估中系统特性的评定　第 5 部分：系统可信性评估(idt IEC 61069-5：1994)

　　GB/T 18272.6—2006　工业过程测量和控制　系统评估中系统特性的评定　第 6 部分：系统可操作性评估(IEC 61069-6：1998,IDT)

　　GB/T 18272.7—2006　工业过程测量和控制　系统评估中系统特性的评定　第 7 部分：系统安全性评估(IEC 61069-7：1999,IDT)

　　GB/T 18272.8—2006　工业过程测量和控制　系统评估中系统特性的评定　第 8 部分：与任务无关的系统特性评估(IEC 61069-8：1999,IDT)

　　GB/T 18313—2001　声学　信息技术设备和通信设备空气噪声的测量(idt ISO 7779：1999)

　　GB/T 21099.1—2007　过程控制用功能块　第 1 部分：系统方面的总论(IEC/CDV 61804-1：2003,IDT)

GB/T 26804.1—2011 工业控制计算机系统 功能模块模板 第1部分:处理器模板通用技术条件

3 术语和定义

GB/T 17212确立的以及下列术语和定义适用于GB/T 26802的本部分。

3.1

工业控制计算机 industrial control computer

按常见工业现场条件设计,适用于工业实时检测、监视和控制应用的计算机。

3.2

工业计算机 industrial computer

见"工业控制计算机"(见3.1)。

3.3

工业控制计算机基本平台 industrial control computer basic platform

由机箱、电源、处理器模板和显示器、键盘/鼠标、通信接口、存储器等组成的集成环境。

3.4

过程输入/输出通道 process I/O channel

直接与过程相连的输入和输出功能部件的总称。这些功能部件将被测参数(例如温度、压力、流量、液位、物位、成分、阀位、触点等)相对应的模拟量信号、数字量信号、开关量信号、脉冲量信号和频率量信号等,转换为工业控制计算机所能接受的数字量信号输入,或把工业控制计算机输出的数字量信号转换成实现过程控制所需的相应信号。

3.5

工业控制计算机系统 industrial control computer system

由工业控制计算机和过程I/O通道、人机接口设备等组成,可对被控对象进行实时检测、监视、控制的计算机系统。

3.6

功能单元 functional unit

能够完成特定任务的硬件实体、软件实体或软硬件实体。

[GB/T 20171]

3.7

设备 device

独立的物理实体。具有在特定环境中执行一个或多个规定动作的能力,并由其接口分隔开。

[GB/T 20171]

3.8

开放性 open ability

具备开放系统功能的能力和实现系统开放的程度。

3.9

系统评估 assessment of a system

根据各种数据,判断系统是否适用于某一种或某一类特定使命。

[GB/T 18272]

3.10

系统特性评定 evaluation of a system property

赋予系统特性定性的说明和(或)定量的值。

[GB/T 18272]

3.11

系统使命　mission of a system

指定系统在规定的条件和时间内实现规定目标的活动总和。

[GB/T 18272]

3.12

功能性　functionality

系统为执行测量和控制任务,所提供的各种功能及其方便组合的程度。

[GB/T 18272]

3.13

功能安全　functional safety

与受控设备和受控设备控制系统有关的整体安全的组成部分,它取决于电气/电子/可编程电子安全相关系统,其他技术安全相关系统和外部风险降低设施功能的正确行使。

[GB/T 20438]

3.14

正常工作　normal operating

测试产品性能时,在影响量的作用下(或作用后),产品运行正常,符合要求。

3.15

平均可用度　average availability

系统能实现其功能的时间与预期的总工作时间之比。

3.16

(电磁)发射　(electromagnetic) emission

从源向外发出电磁能的现象。

[GB/T 4365]

4　工作环境条件

4.1　工作气候条件

工业控制计算机系统的工作气候条件根据现场环境条件,在 GB/T 17214.1 标准中选择工作场所等级和气候参数。

4.2　场地安全条件

工业控制计算机系统安装场地必须具备安全条件。按照安装现场的安装类别应具备的安全要求由工业控制计算机系统系列标准"场地安全要求"规定。

5　设计要求

5.1　系统设计要求

系统设计要求如下:

a) 同一系列的工业控制计算机系统应满足标准化、系列化、模块化、组合化的要求,并考虑兼容性。

b) 工业控制计算机系统采用开放性系统结构,应充分考虑功能单元,如功能模板模块通过总线连接并配置相应的软件组成基本平台和设备,基本平台和设备通过通信系统连接并配置相应的软件构成系统的灵活性和集成性。

c) 工业控制计算机系统设计应考虑系统的保密性、安全性、可靠性、可维护性及噪声的产生,根据系统需求采取必要的措施。

d) 工业控制计算机系统应保证相关应用功能所要求的实时性,如实时输入、实时处理、实时传输、实时输出和实时操作等。

　　e)　工业控制计算机系统设计应考虑在产品的整个生命周期内的节能和环保要求。采用的材料、元器件、配套件和配套设备不论在正常工作条件，还是可能的故障条件下不会产生或导致产生污染。应合理控制系统运行中热量的产生和正确排放。

　　f)　工业控制计算机系统设计应考虑电磁兼容，满足对电磁发射限值的要求并具有要求的抗扰度能力。

　　g)　工业控制计算机系统设计应充分考虑系统具有良好的性能价格比。

　　h)　工业控制计算机系统采用的总线应从国际标准、国家标准和成为国际事实标准的测量与控制总线中选择，并应满足所选择总线的标准规范。

5.2　硬件设计要求

硬件设计要求如下：

　　a)　选用的元器件、结构材料、印刷电路板材料、互连材料、工艺材料（如焊接材料等）等应符合国家有关标准，并在生命周期内是环保的。

　　b)　应进行可靠性、可维护性、安全性设计。对于高可靠性要求的系统，应采用冗余设计或/和容错设计。

　　c)　对各种信号传输应有抑制干扰的措施。例如：输入/输出通道模板模块的设计应充分考虑抗共模和串模干扰的影响。

　　d)　进行逻辑设计时，对各种时序关系应留有适当的时间余量。

　　e)　应考虑自检功能和保护功能。

　　f)　插入总线插座的电路板接口外型尺寸应符合有关总线标准规定。所有接口要符合相应的国家标准、行业标准或国际标准。

　　g)　应满足不同应用级别环境的要求，采取必要的设计手段，如热设计、振动与冲击隔离设计、电磁兼容性设计、腐蚀与防护设计等。

5.3　软件设计要求

软件设计要求如下：

　　a)　对同一系列产品的软件应遵循系列化、标准化、模块化和向下兼容的原则；

　　b)　配置的软件应与硬件系统的资源相适应；

　　c)　软件应安全可靠，满足实时性要求；

　　d)　便于掌握和操作；

　　e)　对专用程序宜进行固化，并可升级。

5.4　结构设计要求

结构设计要求如下：

　　a)　应满足不同应用级别环境的要求，采取必要的设计手段，如热设计、振动与冲击隔离设计、电磁兼容性设计、腐蚀与防护设计等；

　　b)　应尽量采用标准化、系列化、组合化设计，便于使用、维护、制造和系统扩充；

　　c)　机箱、机柜及控制台的尺寸应符合 GB/T 7353—1999 的有关规定。特殊应用要求不能采用该标准规定的尺寸时应在产品标准中注明；

　　d)　产品应具有良好的接地系统，满足供电系统和直流地、保护地的接地系统要求；

　　e)　产品表面说明功能的文字、符号和标志均应清晰、端正、牢固并符合相应的规范。

5.5　安全设计要求

5.5.1　一般要求

　　工业控制计算机产品和系统设计应满足 GB 4793.1 的相关要求，当应用行业有强制性安全标准要求时，工业控制计算机产品和系统应用于该行业还应执行其标准。一般要求包括：

a) 工业控制计算机系统设计不仅要考虑设备的正常工作条件,还要考虑可能的故障条件以及随之引起的故障、可预见的误用以及如温度、海拔、污染、湿度、电网电源的过电压和通信线路的过电压等外界影响。应采用能消除、减小危险或对危险进行防护的设计原则,能适应附录 A 中"污染等级 3"的环境条件,过电压应达到附录 A 中的"过电压类别 3"的等级。

b) 产品采用的材料和元器件应符合有关元器件的国家、行业标准中或 IEC 标准中与安全有关的要求。元器件应按额定值正确使用。

c) 产品的设计应使其在预定要连接的电源电压下工作时都是安全的。对作为产品部件提供的互连电缆,不论其是可拆卸的还是不可拆卸的,均应符合相关安全标准的要求。

d) 产品应当采取防电击措施,可触及零部件不得出现危险带电。

e) 与外部电路的连接应当不会:
   1) 在正常条件和单一故障条件下,使外部电路可触及零部件变成为危险带电;
   2) 或者在正常条件和单一故障条件下,使产品本身的可触及零部件变成为危险带电。

f) 电气间隙和爬电距离要符合相关安全标准规定。电气间隙的尺寸应使得进入产品的瞬态过电压和产品内部产生的峰值电压不能使其击穿。爬电距离的尺寸应使得绝缘在给定的工作电压和污染等级下不会产生飞弧或击穿(起痕)。

g) 产品外壳设计应符合安全要求。外壳的防护性能根据应用要求由 GB 4208 中选择防护等级,并按其规定进行设计。

h) 在正常条件下或单一故障条件下,能防止火焰蔓延,必要时采用阻燃材料消除或减少产品内部的引燃源。产品采用的元器件、部件如果在正常条件下因为过热和过载易引起爆炸,应选用自身具有对内爆影响防护能力的产品。

i) 产品上的标志应符合相关的安全标准的规定。

j) 用户提出的其他安全要求由制造商和用户商定。

5.5.2 特殊要求

5.5.2.1 防爆要求

安装运行于爆炸性环境的相关工业控制计算机系统的相关产品应满足国家标准 GB 3836.1、GB 3836.2、GB 3836.4 的相关规定。

5.5.2.2 功能安全

应用于安全目的的工业控制计算机产品必须满足功能安全要求,并按功能安全标准要求设计、检验、安装、运行和维护。

5.6 文档要求

文档要求如下:

a) 文档完整,并符合相关标准规范;

b) 应随产品提供产品说明书等文件。产品说明书应符合 GB/T 9969 的要求;

c) 软件文档和硬件设备文档应符合工业控制计算机系统系列标准中相关标准的规定。

6 技术要求

6.1 主要功能

6.1.1 系统功能模型

工业控制计算机系统功能模型可以用图 1 表示。通过系统功能模型便于明确描述系统的界面,确定系统的范围和功能。

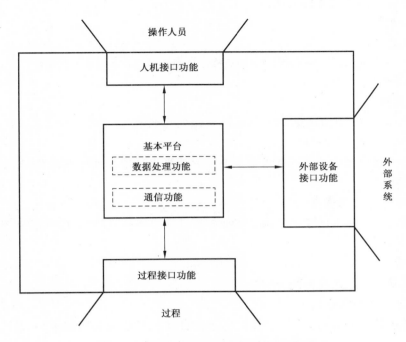

图 1 工业控制计算机系统功能模型

在系统功能模型中,可确定下列功能:

a) 过程接口功能;

b) 数据处理功能;

c) 通信功能;

d) 人机接口功能;

e) 与外部设备的接口功能。

注1:过程接口功能:接收过程检测数据和/或传送控制数据给执行装置。该功能可以存在于若干个不同的系统功能单元中。

注2:数据处理功能:可以专门执行各个独立的任务,也可以支持为完成系统使命而需要执行的综合任务。这类功能可以是运算、连续控制(例如比例控制、积分控制、多变量控制等)、顺序控制或批量控制算法、报告、实时趋势等。这些功能可以存在于各个独立的系统功能单元中,也可以与其他功能结合在一个多功能单元(例如过程接口模块)中。

注3:通信功能:通信功能提供系统各组成部分间的通信。

注4:人机接口功能:可以使过程操作人员、工程技术人员、维修人员和管理人员得以访问系统,进而通过系统去访问过程。该功能可以存在于特定的功能单元中,也可以分配在若干功能单元中。

注5:与外部设备的接口功能:用于存取外部设备中的数据,将外部设备中的数据按系统的特定协议和格式进行转换,反之亦然。一个系统中可以存在若干个不同功能的外部设备接口模块,用于与不同的外部设备和系统联接。

6.1.2 功能要求

工业控制计算机系统的功能,根据应用要求由制造商和用户共同商定,并制定功能需求书。

6.2 基本性能

6.2.1 功能模板模块

6.2.1.1 概述

功能模板模块是工业控制计算机系统的基础功能单元,包括:

a) 处理器模板模块(主板);

b) 模拟量输入输出通道模板模块;

c) 数字量输入输出通道模板模块；

d) 通信模板模块；

e) 其他功能模板模块。

注：功能模块是功能模板的另一种结构型式的功能单元，功能模块的技术要求及试验检查方法可选用同类型的功能模板的相关标准。

6.2.1.2 处理器模板

处理器模板的技术要求由工业控制计算机系统系列标准中"处理器模板通用技术条件"规定。

6.2.1.3 模拟量输入输出通道模板

模拟量输入输出通道模板的技术要求由工业控制计算机系统系列标准中"模拟量输入输出通道模板通用技术条件"规定。

6.2.1.4 数字量输入输出通道模板

数字量输入输出通道模板的技术要求由工业控制计算机系统系列标准中"数字量输入输出通道模板通用技术条件"规定。

6.2.1.5 通讯模板

通信模板的技术要求由产品标准规定。

6.2.2 工业控制计算机基本平台

工业控制计算机基本平台的技术要求由工业控制计算机系统系列标准中"工业控制计算机基本平台通用技术条件"规定。

6.2.3 输入/输出性能

6.2.3.1 输入/输出信号

工业控制计算机系统的输入/输出信号，根据系统需求在以下信息中选择：

a) 模拟量信号

输入：电流(mA)、电压(mV、V)、热电阻；

输出：电流(mA)、电压(mV、V)。

b) 数字量信号

输入：开关量(触点、电平)、脉冲量(脉冲累计、频率测量、脉冲宽度测量)；

输出：开关量(触点、电平)、脉冲量。

c) 其他输入/输出信号

特定领域规定的输入/输出信号或制造商确定的其他输入/输出信号。

6.2.3.2 与准确度有关的技术要求

不精确度与不重复性是与准确度有关的主要技术指标，其值根据系统准确度等级，不得超过表1的规定。应该在系统的说明书里标明。

表 1 准确度等级

误差类别	指标/%					
	准确度等级					
	A	B	C	D	E	F
不精确度	±0.1	±0.2	±0.5	±1	±1.5	±2
不重复性	≤0.05	≤0.1	≤0.25	≤0.5	≤0.75	≤1

注：必要时也可选用其他准确度指标，由制造商和用户协商确定。

6.2.4 外观

工业控制计算机系统外观应满足：

a) 面板和表面喷漆涂层光洁、完好、无剥落、无划痕、无断裂、无机械损伤；

b) 铭牌、文字数字和标志应清晰、不应残缺和污损；

c) 紧固件不得有松动、脱落和损伤等现象；

d) 可动部件应灵活可靠。

6.2.5 安全性能

6.2.5.1 绝缘电阻

具有保护接地端子或保护接地点的工业控制计算机系统、依靠安全特低电压供电的工业控制计算机系统，在不同的试验条件下（一般大气试验条件或湿热条件），在其与地绝缘的端子同外壳（或与地）之间，相互隔离的端子之间，施加直流电压进行绝缘电阻试验。其施加的直流试验电压值和应达到的绝缘电阻值由 GB/T 15479—1995 中表 1 规定。

6.2.5.2 绝缘强度

具有保护接地端子或保护接地点的工业控制计算机系统、依靠安全特低电压供电的工业控制计算机系统，在不同的试验条件下（一般大气试验条件或湿热条件），在其与地绝缘的端子同外壳（或与地）之间，相互隔离的端子之间，应能承受 GB/T 15479—1995 中表 3 规定的、与主电源频率相同的正弦交流试验电压。

6.2.5.3 外壳防护

外壳的防护性能应满足 GB 4208 的有关规定。

外壳防护等级和防护方式由产品标准确定。

6.2.6 电源适应能力

6.2.6.1 电源电压暂降影响

电源电压降至额定工作电压的 70%，连续低降三次，三次低降的持续时间可分别为 5、25、50 个周期，两次低降的间隔不小于 10 s，电源恢复后，工业控制计算机系统应正常工作。

6.2.6.2 电源电压短时中断影响

电源电压降至额定工作电压的 0%，连续中断三次，三次中断的持续时间可分别为 1、10、40 个周期，两次中断的间隔不小于 10 s，电源恢复后，工业控制计算机系统应正常工作。

6.2.6.3 电源电压变化影响

电源电压短期变化（交流电压±10%，频率±1 Hz；直流电压±5%），其变化的时间定为：电压降低需时间 2 s±0.4 s，降低后电压维持时间 1 s±0.4 s，电压增加所需时间 2 s±0.4 s。连续以 10 s 的间隔变化三次，工业控制计算机系统应正常工作。

6.2.7 共模与串模抗扰度

6.2.7.1 共模抗扰度

共模抗扰度试验的目的是确定在工业控制计算机系统的输入和输出端子依次与地之间施加外来电压对输出的影响。

对于输入和输出端子与地隔离的工业控制计算机系统，在输入和输出端子与地之间依次施加与主电源频率相同的、有效值为 250 V 正弦波交流骚扰电压（如果制造商因特殊要求规定的值小于 250 V，应使用此较低的值），同时在 0°~360°调节骚扰电压的相位，以显现影响量的最大影响，工业控制计算机系统应正常工作。

然后用一个直流电压重复这项试验。试验以幅值为 50 V 的直流骚扰电压（如果制造商因特殊要求规定的值小于 50 V，应使用此较低的值）或输入量程的 1 000 倍（取其数值低的一种），分别以正电势和负电势施加于工业控制计算机系统输入和输出端子与地之间，工业控制计算机系统应正常工作。

6.2.7.2 串模抗扰度

串模抗扰度试验的目的是确定一个干扰电压串联叠加在输入信号上对工业控制计算机系统输出的影响。

交流串模抗扰度试验是将串模骚扰电压设定在 1 V 峰值（特殊要求由产品标准规定），同时在 0°~360°调节骚扰电压的相位，在输出量程的 10% 和 90% 进行测量，工业控制计算机系统应正常工作。

直流串模干扰影响试验方法与交流串模干扰影响试验方法相同。直流串模骚扰电压设定在 1 V 峰值(特殊要求由产品标准规定),并分别以正反两个方向变化,工业控制计算机系统应正常工作。

6.2.8 电磁兼容抗扰度

6.2.8.1 电磁兼容抗扰度项目选择

电磁兼容抗扰度试验包括下列条款所列项目,工业控制计算机系统不同部位试验项目的选择见GB/T 17799.2。

6.2.8.2 射频电磁场辐射抗扰度

在 80 MHz~1 000 MHz 射频范围内,根据系统使用的电磁场环境,从 GB/T 17626.3—2006 的表1中选择等级进行试验,根据系统和应用要求,应达到以下要求之一:

a) 正常工作;

b) 功能或性能暂时降低或丧失,但能自行恢复。

保护(设备)抵抗数字无线电话射频辐射干扰的试验等级,从 GB/T 17626.3—2006 的表2中选择。

电磁场辐射环境分为:

a) 1级:低电平电磁辐射环境;

b) 2级:中等的电磁辐射环境;

c) 3级:严重电磁辐射环境;

d) X级:是一个开放的等级,可在产品规范中规定。

6.2.8.3 工频磁场抗扰度

工频磁场是由导体中的工频电流产生的,或极少量的由附近的其他装置(如变压器的漏磁通)所产生。

根据系统应用环境在 GB/T 17626.8—2006 中选择试验等级,确定磁场强度进行试验,根据系统和应用要求,应达到以下要求之一:

a) 正常工作;

b) 功能或性能暂时降低或丧失,但能自行恢复。

应用环境分为:

a) 1级:有电子束的敏感装置能使用的环境;

b) 2级:保护良好的环境;

c) 3级:保护的环境;

d) 4级:典型的工业环境;

e) 5级:严酷的工业环境;

f) X级:是一个开放的等级,可在产品规范中规定。

6.2.8.4 静电放电抗扰度

根据系统安装环境条件(如相对湿度等)和产品材料,在 GB/T 17626.2—2006 的表1(并参照GB/T 17626.2—2006 表 A.1)中选择试验等级进行接触放电或空气放电(不能使用接触放电场合时选用空气放电试验方式)试验,根据系统和应用要求,应达到以下要求之一:

a) 正常工作;

b) 功能或性能暂时降低或丧失,但能自行恢复。

6.2.8.5 电快速瞬变脉冲群抗扰度

电快速瞬变脉冲群抗扰度是工业控制计算机系统对诸如来自切换瞬态过程(切换感性负载、继电器触点弹跳等)的各种类型瞬变骚扰的抗扰度。

根据系统应用场所环境,在 GB/T 17626.4—2008 的表1中选择试验等级,确定开路试验电压和脉冲重复频率进行试验,根据系统和应用要求,应达到以下要求之一:

a) 正常工作;

b) 功能或性能暂时降低或丧失,但能自行恢复。

应用场所环境分为:

a) 1级:具有保护良好的环境;

b) 2 级：受保护的环境；

c) 3 级：典型的工业环境；

d) 4 级：严酷的工业环境；

e) X 级：是一个开放的等级，可在产品规范中规定。

6.2.8.6 浪涌（冲击）抗扰度

浪涌（冲击）抗扰度是工业控制计算机系统对由开关和雷电瞬变过程电压引起的单极性浪涌（冲击）的抗扰度。

根据系统安装类别，在 GB/T 17626.5—2008 的表 1（并参照 GB/T 17626.5—2008 表 A.1）中选择试验等级，确定开路试验电压进行试验，根据系统和应用要求，应达到以下要求之一：

a) 正常工作；

b) 功能或性能暂时降低或丧失，但能自行恢复。

安装类别分为：

a) 0 类：保护良好的电气环境，常常在一间专用房间内；

b) 1 类：有部分保护的电气环境；

c) 2 类：电缆隔离良好，甚至短走线也隔离良好的电气环境；

d) 3 类：电源电缆和信号电缆平行敷设的电气环境；

e) 4 类：互连线按户外电缆沿电源电缆敷设并且这些电缆被作为电子和电气线路的电气环境；

f) 5 类：在非人口稠密区电子设备与通信电缆和架空电力线路连接的电气环境；

g) X 类：在产品技术要求中规定的特殊环境。

6.2.8.7 射频感应的传导骚扰抗扰度

射频感应的传导骚扰抗扰度是工业控制计算机系统对来自 9 kHz～80 MHz 频率范围内射频发射机电磁场骚扰的传导抗扰度。射频感应是通过电缆（如电源线、信号线、地连接线等）与射频场相耦合而引起的。

根据系统应用场所环境，在 GB/T 17626.6—2008 表 1 中选择试验等级，进行试验，根据系统和应用要求，应达到以下要求之一：

a) 正常工作；

b) 功能或性能暂时降低或丧失，但能自行恢复。

应用场所环境分为：

a) 1 级：低电平电磁辐射环境；

b) 2 级：中等的电磁辐射环境；

c) 3 级：严重电磁辐射环境；

d) X 级：是一个开放的等级，可在产品规范中规定。

6.2.9 环境影响

6.2.9.1 环境温度影响

根据工业控制计算机系统安装环境，在 GB/T 17214.1 中选择温度，当温度在其范围变化时，工业控制计算机系统应正常工作。

6.2.9.2 相对湿度影响

在试验温度为 40 ℃±2 ℃，相对湿度在 93％±3％之间，保持 48 h 后进行测试，工业控制计算机系统应正常工作。

6.2.9.3 振动影响

根据应用场所，按照 GB/T 17214.3—2000 的第 4 章选择振动频率、振动严酷度和振动时间等级，经过三个互相垂直的方向（其中一个为铅垂方向）进行振动试验，工业控制计算机系统应正常工作。

6.2.10 倾跌影响

工业控制计算机设备应能承受距台面 25 mm、50 mm 或 100 mm，或使受试设备底面与台面成 30°夹角的倾跌试验，试验后工业控制计算机系统应正常工作。

6.2.11 抗运输环境影响

6.2.11.1 抗运输高温影响

产品在运输包装条件下,按照 GB/T 4798.2—2008 的附录 A 的 A.3.1 的说明,在该标准的表 1 中选择(运输)气候环境条件等级和高温参数进行试验,试验后工业控制计算机系统应正常工作。

6.2.11.2 抗运输低温影响

产品在运输包装条件下,按照 GB/T 4798.2—2008 的附录 A 的 A.3.1 的说明,在该标准的表 1 中选择(运输)气候环境条件等级和低温参数进行试验,试验后工业控制计算机系统应正常工作。

6.2.11.3 抗运输湿热影响

产品在运输包装条件下,按照 GB/T 4798.2—2008 的附录 A 的 A.3.1 的说明,在该标准的表 1 中选择(运输)气候环境条件等级,并根据是否伴有温度急剧变化等因素,选择相对湿度和温度参数进行试验,试验后工业控制计算机系统应正常工作。

6.2.11.4 抗运输碰撞影响

产品在运输包装条件下,选择加速度:$100 \text{ m/s}^2 \pm 10 \text{ m/s}^2$;相应脉冲持续时间:$16 \text{ ms} \pm 2 \text{ ms}$;脉冲重复频率:每秒 $1 \sim 3$ 次;采用近似半正弦波的脉冲波形,进行 $1\,000$ 次 ± 10 次的试验。试验后,工业控制计算机系统性能仍应符合产品标准要求。

6.2.12 抗腐蚀性气体性能

应用于具有腐蚀性气体环境的工业控制计算机系统应具有在腐蚀性气体环境条件下工作、贮存、运输的能力。其硬件应具有防腐蚀性能,应根据防腐蚀要求进行处理。

6.2.13 长时间运行考核

在正常工作大气条件下进行考核,连续运行不少于 72 h,工业控制计算机系统应正常工作。

6.2.14 噪声

工业控制计算机系统的噪声值,根据应用场所在表 2 中选择。系统中配置的工业控制计算机设备的噪声值应最少低于同级系统噪声值 5 dB。特殊应用场所由制造商和用户协商确定。

表 2　工业控制计算机系统噪声值

等级	1	2	3
噪声值/dB	≤50	51~55	56~60

6.2.15 电磁发射

工业控制计算机系统和产品正常工作所产生的电磁发射骚扰根据应用场所应满足:

a) 工业场所的室内和室外环境(有工业、科学和医疗设备存在;大的电感和电容负载频繁接通或断开;大电流并伴有强磁场)应用应满足 GB 17799.4 规定的发射限值。

b) 居住、商业和轻工业场所的室内和室外环境(通过公用电网直接获得低压供电的场所)应用应满足 GB 17799.3 规定的发射限值。

6.2.16 可靠性

6.2.16.1 可靠性特征量

工业控制计算机系统可靠性特征量采用:

a) 平均故障间隔时间 MTBF(即平均无故障工作时间),作为工业控制计算机系统的主要可靠性特征量;

b) 平均修复时间 MTTR;

c) 平均可用度。

6.2.16.2 可靠性 MTBF 指标体系

a) 工业控制计算机功能模板模块

工业控制计算机功能模板模块的 MTBF 指标体系见表 3。

表 3　工业控制计算机功能模板模块的 MTBF 指标体系

可靠性特征量	指　　标			
	可靠性等级			
	A1	B1	C1	D1
MTBF/h	2×10^4	6×10^4	1×10^5	$>1 \times 10^5$

b)　工业控制计算机基本平台和设备

工业控制计算机基本平台和设备的 MTBF 指标体系见表 4。

表 4　工业控制计算机基本平台和设备的 MTBF 指标体系

可靠性特征量	指　　标			
	可靠性等级			
	A2	B2	C2	D2
MTBF/h	1.5×10^4	4.5×10^4	7.5×10^4	$>7.5 \times 10^4$

c)　工业控制计算机系统

工业控制计算机系统的 MTBF 指标体系见表 5。

表 5　工业控制计算机系统的 MTBF 指标体系

可靠性特征量	指　　标			
	可靠性等级			
	A3	B3	C3	D3
MTBF/h	1×10^4	3×10^4	5×10^4	$>5 \times 10^4$

6.2.16.3　可靠性要求

a)　工业控制计算机系统应进行可靠性设计、评审。

b)　工业控制计算机系统可靠性 MTBF 的选择要求：

——工业控制计算机功能模板模块的 MTBF 从表 3 中选择,不应低于 A1 级;

——工业控制计算机基本平台和设备的 MTBF 从表 4 中选择,不应低于 A2 级;

——工业控制计算机系统的 MTBF 从表 5 中选择,不应低于 A3 级。

c)　根据产品和系统特点可选择其他可靠性特征量(如 MTTR、平均可用度)作为主要可靠性特征量的补充,其指标由制造商和用户共同确定。

6.3　系统综合性能

6.3.1　系统特性

工业控制计算机系统综合性能在系统各组成部分相互作用中形成,是完成系统使命的性能和能力。

工业控制计算机系统通过系统特性表征评价综合性能。

系统特性可分成下列几类:

a)　功能性;

b)　性能;

c)　可信性;

d)　可操作性;

e)　安全性;

f)　与任务无关的系统特性。

系统特性列于图 2。

图 2　系统特性

a) 功能性：提供监测和数据处理功能的程度。如控制，包括先进控制、优化功能、管理信息功能等。功能性取决于提供功能的范围、实时完成功能的能力，必要时选择和完成所需功能的灵活性。

b) 性能：在规定的工作条件和环境条件下能够执行所提供功能的程度。对每一种功能有必要规定对其性能进行物理测量，其中可包括精确度、重复性、响应速度、分辨率等。

c) 可信性：能依靠系统在规定的工作条件和环境条件下执行其预定功能的程度。可信性包括可用性（可靠性、维修性）和信任性（忠实性、防护性）。

d) 可操作性：信息能够借助于人（操作员）机接口、信息透明度和信息表示法及接口本身的人体工程学质量，进行传输的程度。

e) 安全性：系统本身不会对所处环境造成潜在危险的程度，以及系统本身所采取的安全与防护措施。功能安全系统要连续维持各项功能以及具有支持安全的能力。

f) 与任务无关的系统特性：这类所涉及的是与任务或功能无直接关系，然而对于有效使用系统完成其使命有重要意义的特性。

6.3.2　系统功能性

6.3.2.1　概述

只要系统所提供的功能能够覆盖要求执行的测量和控制任务，它就能够执行这些任务。其程度可以用覆盖范围来表示。

对于一个专门执行固定任务的系统，覆盖范围可以充分描述系统的功能性。

在不同的应用场合，要求系统执行的任务会有所不同，为适应这些变化，系统必须提供选择和组合模块的配置手段，系统的结构应能够适应扩容和改造的需要。

系统功能性包含下列子特性：

a) 覆盖范围；

b) 配置性；

c) 适应性。

注1：覆盖范围：指系统执行测量和控制任务提供功能的范围，取决于下列因素：

——系统提供各种功能的范围，每一种功能的类型、执行频率、数据容量等都是各不相同的；

——由系统的结构所决定的各种功能合作完成规定任务的方式；

——每一种功能的可复现次数,这是由系统模块提供这些功能的方式以及这些功能在模块中的分配状态所决定的。

注2:配置性:取决于系统的结构以及选择、确定、安排和组合各种模块,集成各种功能完成测量和控制任务的方便程度。系统的任何一个层次都可以采用硬件和/或软件支持的配置工具。某些配置操作能否被允许,取决于系统的工作状态("在线"、"离线"等)。有些操作可能需要在系统不工作时进行。

注3:适应性:指系统的适应程度。取决于扩展、延伸和增强系统的方式,包括:

——可调节性:系统设计得能够通过诸如增、减系统模块的方式调节其规模;

——可变性:系统可以设计得能够改变可执行任务的范围;

——可增强性:系统可以设计得能够使某些系统性能得到增强。例如:

- 具有较大主存储器的模块,由于减少了数据传输,因而能缩短响应时间;
- 为提高计算值的精确度而允许增加数学运算过程重复次数的模块;
- 采用抗干扰能力强的模块,以提高系统的安全性;
- 增强系统在爆炸性环境的适应性等。

6.3.2.2 系统功能性要求

根据系统使命,由制造商和用户共同确定系统的具体功能性要求,并应写入系统需求文件。

6.3.3 系统性能

6.3.3.1 概述

工业控制计算机系统应在规定的时间(响应时间)内以一定的精确度执行测量和控制任务。若有多项任务需要执行,则系统在处理这些任务时应不妨碍其他任务的执行。因此,在一个时间帧内所能处理的任务(吞吐量)是一个重要指标,它取决于系统的处理能力。

系统性能包含下列子特性:

a) 准确度;

b) 响应时间;

c) 处理能力;

d) 系统实时性。

注1:准确度:信息转换的精确度由下列要素组成:

——不精确度;

——不重复性;

——其他。

注2:响应时间:指在规定条件下,从信息转换开始至发生相关响应那一瞬间的时间间隔。信息转换的响应时间包含下列要素:

——信息收集,取决于输入滤波器(硬件和/或软件)的时间常数和输入周期数;

——信息处理,取决于处理周期时间;

——输出动作,取决于输出滤波器(硬件和/或软件)的时间常数和输出周期数。

上述每一项信息转换要素在执行时可以同步也可以不同步。

由于相依性的缘故,信息转换的总响应时间并非是各种构成要素的简单总和。

注3:处理能力:系统的处理能力取决于系统元件的数量、信息转换中这些系统元件的功能共享方式以及元件的周期时间。系统的处理能力无法直接测量,但可通过测量每一种信息转换时系统所具有的剩余处理能力来评价。

注4:系统实时性:工业控制计算机系统主要承担测量控制任务,实时性是系统的基本要求和特征。实时性以完成规定任务和作出响应时间的长短来衡量。通过与应用要求的实时性指标相适应的系统相关环节的合理设计来保障。不同的应用对实时性要求是有差异的,从而给系统设计和设备选择留下空间,可从性能价格比考虑,合理确定方案。

6.3.3.2 系统性能要求

系统性能要求如下:

a) 系统应满足 6.2 基本性能的要求;

b) 系统的准确度应满足 6.2.3.2 的要求;

c) 系统的响应时间、处理能力、实时性应满足特定系统要求,由产品标准确定;

d) 系统性能要求应明确写入系统需求文件。

6.3.4 系统可信性

6.3.4.1 概述

可信性是指假定具备必要的外部资源,系统能在规定的条件下,在规定的一瞬间或一段时间内正确地专门完成一项任务的可信程度。

作为一个可信赖的系统,它必须随时可以执行其功能。这属于可用性方面的问题,它取决于系统的故障发生频率(可靠性)和系统恢复正常所需的时间(维修性)。

但事实上,当系统准备执行其功能时,并不表示系统功能一定会被正确执行。而涉及到信任性方面的问题,它取决于在系统处于不能正确执行某些或全部功能的状态下,系统发出警告的能力(忠实性)和系统拒绝任何不正确输入或未经许可进入系统的能力(防护性)。

系统可信性包含下列子特性:

a) 可用性
   1) 可靠性;
   2) 维修性。
b) 信任性
   1) 忠实性;
   2) 防护性。

注1:可用性:指在要求的外部资源得到保证的前提下,系统在规定的条件下,在给定的瞬时或在给定的时间间隔内,处于执行所需功能状态的能力。系统的可用性取决于系统各组成部件的可用性以及这些部件在执行系统任务时的协作方式。部件的协作方式可包括功能冗余,功能退化和功能下降。包括:

——可靠性:指在给定条件下和规定的时间间隔内,系统执行所需功能的能力。系统的可靠性取决于系统各组成部件的可靠性以及这些部件在执行系统任务时的协作方式。部件的协作方式可包括功能冗余,功能退化和功能下降。

——维修性:指一个实体在规定的条件下采用规定的程序和资源进行维修以后,可在规定的使用条件下保持或恢复到能完成规定的功能的状态的能力。系统的维修性取决于系统各组成部件的维修性以及系统的物理结构和功能结构。在定量表示一个系统的维修性时,应把使系统恢复到完全能执行其任务的状态所采取的各种措施计算在内,包括检测故障、通知维修、诊断和排除故障、调整和检验等所需的时间。

注2:信任性:指系统能够识别系统状态并发出相应信号,抵制错误的输入或者未经许可的存取的程度。系统的信任性取决于由系统元件作为功能实现的忠实性机理(通过一个元件检查其他元件的输出来实现)和防护性机理(通过一个元件检查其他元件的输入来实现)。包括:

——忠实性:忠实性是指系统对可能导致不能正确完成任务的系统状态做出提示的保证。系统的忠实性取决于在系统的输出元件上实现的检验输出是否正确的机理,同时也取决于系统内部实现的检测和防止系统部件之间错误地传输信号和数据的机理。对于每一个其本身就可被看作是一个系统的相关部件而言,这两种内部机理就是忠实性机理或防护性机理。

——防护性:指系统对于拒绝接受任何错误的输入或者未经许可的存取的保证。系统的防护性取决于系统边界上实现的检测和防止不正确的输入或未经许可存取的机理。

6.3.4.2 系统可信性要求

系统可信性要求如下:

a) 工业控制计算机系统应进行可信性设计和系统可信性评估。评估项目由产品标准确定。
b) 工业控制计算机系统应达到 6.2.14 规定的可靠性要求。

6.3.5 系统可操作性

6.3.5.1 概述

可操作性是系统提供的操作工具能高效、直观、透明、稳健地完成操作人员任务的程度。

对于一个可操作的系统,它必须通过人机接口向操作人员提供一个透明的、连贯的窗口来观察将要执行的任务。

可操作性要求受到系统操作人员的技术、技能和人员组成的影响。

在系统的生命周期内,要求系统根据系统使命的各个不同阶段(设计、工程实施、安装和调试、生产控制、维护、处置)提供不同程度的可操作性。各个阶段对可操作性的要求取决于某一阶段所要执行的任务及该阶段的持续时间。

系统需求文件中应指明每一项任务对于使命的相对重要性以及执行这些任务的那些阶段的持续时间。

系统生命周期各个阶段、各个阶段使用系统的操作人员，他们的典型任务以及所用接口的类型见GB/T 18272.4—2006 的附录 A。

可操作性有四种子特性：

a) 效率；

b) 直观性；

c) 透明度；

d) 稳健性。

注1：效率：指系统提供的操作工具可使操作人员在规定条件下利用系统完成任务所需的时间和精力减至最少的程度。如果一个系统能使操作人员在可接受的时限内以最低的出错风险用最少的脑力和体力完成他的任务，这个系统就具有可操作性效率。

注2：直观性：指系统提供的操作工具可直接被操作人员理解的程度。系统提供的操作工具能使操作人员发送指令并向操作人员显示信息，这些操作工具不宜与利用系统提供的功能执行任务的操作人员的技能、受教育程度和一般文化相冲突。系统可操作性的直观性的衡量标准是操作工具符合一般工作实践需要的程度。与其他特性不同，直观性并非是系统的固有特性。它只能依据特定的用户领域来表示。

注3：透明度：指系统提供的操作工具显而易见地使操作人员与其任务建立直接联系的程度。系统提供的操作工具能提供操作帮助使操作人员能发送指令，同时可向操作人员显示信息，并能记录信息，以便于事故追忆和查询。这些操作工具宜将完成所执行任务需要采取的动作(及这动作的顺序)的仿真图像提供给操作人员。衡量系统可操作性的透明度的标准是系统提供的工具的范围。系统显示的信息应清楚、简洁、明确、不矛盾。如果信息本身缺乏描述，应在便于访问的文件中或帮助功能中用更为详细的描述加以说明。

注4：稳健性：指系统采用明确的方法和程序正确判断操作人员执行的动作并做出响应，并通过提供适当的反馈消除歧异的程度。系统提供操作人员发送指令的操作工具宜能正确理解和响应操作人员任何明确无误的操作，如果这些操作不明确，系统宜进一步请求提供补充信息以消除疑问；当操作不正确时能恢复到原来正常状态，达到的程度是衡量系统稳健性的标准。

6.3.5.2 系统可操作性要求

工业控制计算机系统应满足系统生命周期各个不同阶段提出的可操作性要求。可操作性要求应写入系统需求文件。

6.3.6 系统安全性

6.3.6.1 概述

系统安全性是指系统作为一个物理实体，其本身不会造成危险源的程度。系统没有危险的程度用系统安全特性来表示。系统的安全特性在(机械、电等)各个方面都取决于其设计及其可信性的固有安全性等多种因素。

6.3.6.2 系统安全性要求

工业控制计算机系统设计要考虑本身出现的危险源及外部的危险环境，其系统应满足 5.5 的要求。

6.3.7 与任务无关的系统特性

6.3.7.1 概述

与任务无关的特性是指与任务或功能无直接关系，但在系统生命周期的安装、运行、停运和处置各个阶段，对于有效利用系统完成其使命有重要影响的一类特性，如质量保证、系统支持、兼容性和物理特性等。

a) 质量保证：工业控制计算机系统是采用系统模块和元件进行设计、开发、制造和配置的，这些模块和元件可以是一个制造商提供的，也可能部分由其他制造商提供。为使系统在整个生命周期内能够完成规定的任务，使各方面的特性达到适宜的水平，应严格按照质量保证体系的要求和程序，完成硬件和软件的开发、制造、集成、支持和维护等必要工作。各制造商的质量保证手册应对这些程序加以说明。要特别注意变更控制体系的运行，以便保证各种版本的软件、硬件和支持文件集的一致性。系统总的集成商的质量保证体系应包含特别措施,在整个生命周期内对负责系统正确工作的不同制造商的变更控制体系加以集成。

b) 系统支持:工业控制计算机系统生命周期的各个阶段都需要系统支持,以提高使用者对系统的信心,确保系统得到维护,确保系统能够达到规定的工作质量。下列系统支持对于系统生命周期的每一个阶段都有重要意义,且在各阶段其重要性会有所不同,如何和由谁提供系统支持由系统集成商确定。

1) 技术服务:包括:

——信息服务,例如规范,更新,新产品或新概念,应用指南;

——设计和工程服务;

——试运行服务,例如安装、检查、启动等。

2) 维护服务,包括:

——现场维护;

——远程维护,例如诊断、软件修复;

——备件等。

3) 文件集,系统需求文件应对以下几个方面做出规定:

——需要怎样的系统支持;

——什么时候需要(例如在哪个阶段);

——什么地方需要(例如在制造厂和/或用户处);

——反馈报告的详细程度和频度。

文件集可包括:

——规范:例如功能规范、接口规范、性能规范、可靠性规范;

——说明:例如安装说明、使用说明、维护说明;

——指南:例如应用指南;

——描述:例如详细解释整个系统是如何执行任务的等。

4) 培训:培训的目的是确保操作人员具备必要的知识和技能来完成作为整个系统使命组成部分的各项任务。培训计划应涉及完成生命周期每一阶段的任务所需的知识和技能。

知识和技能要求至少包括:

——安装;

——配置;

——正确性验证;

——操作;

——系统的维护;

——安全知识。

c) 兼容性:是一种系统特性,支持系统内部的相互作用(内部兼容性)和系统与外部的作用(外部兼容性)。兼容性通过采用严格按照规程和协议设计的接口而取得,这些规程和协议通过国际标准、国家标准、工业事实标准、专业标准进行规定。兼容性提供了不同厂商的元件和模块的互换、不同系统之间的互操作性。在系统的不同层面上都可能存在兼容性,例如:通信链路;软件模块之间;硬件模块模板之间;人机接口处。这能涵盖从简单的硬件插件到全系统的兼容性。工业控制计算机系统的兼容性用兼容性等级(共存性、可互连性、可协作性、可互操作性和可互换性)表示。GB/T 21099.1—2007 在第 5 章中对兼容性等级进行了定义。

d) 物理特性:系统的物理特性应结合应用环境造成的制约条件一同考虑。所要考虑的物理特性包括:质量、体积(和维护所需的空间)、振动、动力消耗(例如气源、液力和/或电力供应)、散热、发射(例如光、噪声、紫外线、红外线或其他电磁辐射)。

6.3.7.2 与任务无关的特性要求

与任务无关的特性要求如下:

a) 质量保证、系统支持,由制造商与用户共同确定。

b) 兼容性要求,包括:

　　1) 工业控制计算机的微处理器应与同类通用计算机技术上兼容,包括局部总线兼容、操作系统兼容;

　　2) 工业控制计算机功能模板模块的结构尺寸和电气连接应符合 GB/T 26804.1—2011 确定的内部总线的规范要求;

　　3) 系列化工业控制计算机产品应贯彻兼容的原则。

c) 物理特性要求,应明确写入系统需求文件,并应满足第 5 章中相关条款要求。

7 性能检验与系统评估

7.1 性能检验

7.1.1 检验分类

检验分为两类:

全性能检验:包括性能评定、型式检验或必要时的随机抽样检验,确定在任何可能的工作条件下的性能,并与产品标准要求的性能规范相比较。

简化检验:包括从全性能检验项目中选择一部分项目来检验产品的规定特性(例如交货前对所有产品进行的出厂检验或必要时的随机抽样检验)。

7.1.2 检验的一般准则

检验应遵循 GB/T 18271.1—2000 中第 5 章给出的一般准则。

7.1.3 检验条件

满足 GB/T 18271.1—2000 规定的要求。

7.1.4 检验方法

7.1.4.1 功能检查

功能检查应按具体系统功能设计要求,按产品标准规定的方法逐项进行检查。

7.1.4.2 功能模板模块检验

7.1.4.2.1 处理器模板

处理器模板按产品标准规定的方法进行检验。

7.1.4.2.2 模拟量输入输出通道模板

模拟量输入输出通道模板按工业控制计算机系统系列标准中"模拟量输入输出通道模板性能评定方法"进行检验。

7.1.4.2.3 数字量输入输出通道模板

数字量输入输出通道模板按工业控制计算机系统系列标准中"数字量输入输出通道模板性能评定方法"进行检验。

7.1.4.3 工业控制计算机基本平台

工业控制计算机基本平台按工业控制计算机系统系列标准中"工业控制计算机基本平台性能评定方法"进行检验。

7.1.4.4 输入/输出性能检验

按 6.2.3.2 的要求和 GB/T 18271.2—2000 第 4 章规定的方法进行检验。

7.1.4.5 外观检查

按 6.2.4 的要求,用目测法进行检查。

7.1.4.6 安全性能检验

7.1.4.6.1 绝缘电阻

按 6.2.5.1 的要求和 GB/T 15479—1995 规定的方法进行检验。

7.1.4.6.2 绝缘强度

按 6.2.5.2 的要求和 GB/T 15479—1995 规定的方法进行检验。

7.1.4.6.3 外壳防护

按 GB/T 4208 的要求进行检验。

7.1.4.7 电源适应能力试验

7.1.4.7.1 电源电压暂降影响

按 6.2.6.1 的要求和 GB/T 17626.11—2008 规定的方法进行试验。

7.1.4.7.2 电源电压短时中断影响

按 6.2.6.2 的要求和 GB/T 17626.11—2008 规定的方法进行试验。

7.1.4.7.3 电源电压变化影响

按 6.2.6.3 的要求和 GB/T 17626.11—2008 规定的方法进行试验。

7.1.4.8 共模与串模抗扰度试验

7.1.4.8.1 共模抗扰度试验

按 6.2.7.1 的要求和 GB/T 18271.3—2000 规定的方法进行试验。

7.1.4.8.2 串模抗扰度试验

按 6.2.7.2 的要求和 GB/T 18271.3—2000 规定的方法进行试验。

7.1.4.9 电磁抗扰度试验

7.1.4.9.1 射频电磁场辐射抗扰度试验

按 6.2.8.2 的要求和 GB/T 17626.3—2006 规定的方法进行试验。

7.1.4.9.2 工频磁场抗扰度试验

按 6.2.8.3 的要求和 GB/T 17626.8—2006 规定的方法进行试验。

7.1.4.9.3 静电放电抗扰度试验

按 6.2.8.4 的要求和 GB/T 17626.2—2006 规定的方法进行试验。

7.1.4.9.4 电快速瞬变脉冲群抗扰度试验

按 6.2.8.5 的要求和 GB/T 17626.4—2008 规定的方法进行试验。

7.1.4.9.5 浪涌(冲击)抗扰度试验

按 6.2.8.6 的要求和 GB/T 17626.5—2008 规定的方法进行试验。

7.1.4.9.6 射频场感应的传导骚扰抗扰度试验

按 6.2.8.7 的要求和 GB/T 17626.6—2008 规定的方法进行试验。

7.1.4.10 环境影响试验

7.1.4.10.1 环境温度影响

按 6.2.9.1 的要求和 GB/T 18271.3—2000 规定的方法进行试验。

7.1.4.10.2 相对湿度影响

按 6.2.9.2 的要求和 GB/T 18271.3—2000 规定的方法进行试验。

7.1.4.10.3 振动影响

按 6.2.9.3 的要求和 GB/T 18271.3—2000 规定的方法进行试验。

7.1.4.11 倾跌影响试验

按 6.2.10 的要求和 GB/T 18271.3—2000 规定的方法进行试验。

7.1.4.12 抗运输环境影响试验

7.1.4.12.1 抗运输高温性能

按 6.2.11.1 的要求和 GB/T 18271.3—2000 规定的方法进行试验。

7.1.4.12.2 抗运输低温性能

按 6.2.11.2 的要求和 GB/T 18271.3—2000 规定的方法进行试验。

7.1.4.12.3 抗运输湿热性能

按 6.2.11.3 的要求和 GB/T 2423.4 规定的方法进行试验。

7.1.4.12.4 抗运输碰撞性能

按 6.2.11.4 的要求和 GB/T 2423.6 规定的方法进行试验。

7.1.4.13 抗腐蚀性气体影响检验

当需要进行抗腐蚀和侵蚀性能试验时,选择在具备试验条件的检测机构进行试验。

7.1.4.14 长时间运行考核

按 6.2.13 的要求,运行考核程序,检验长期漂移和长期运行性能。

7.1.4.15 噪声检查

按 6.2.14 的要求采用 GB/T 18313—2001 中规定的方法进行检查。

7.1.4.16 电磁发射试验

7.1.4.16.1 系统电磁发射试验

当工业控制计算机系统正常工作时所产生的电磁发射能量会干扰其他设备时,应进行电磁发射试验。工业环境应用按 6.2.15a)的要求和 GB 17799.4 有关测量、测量方法和测量布置方面的规定进行试验。居住、商业和轻工业环境应用按 6.2.15b)的要求和 GB 17799.3 有关测量、测量方法和测量布置方面的规定进行试验。

7.1.4.16.2 产品电磁发射试验

工业控制计算机功能单元、基本平台和设备的电磁发射试验由制造商确定。

7.1.4.17 可靠性认证

按 6.2.16 的要求,由国家或行业授权的可靠性认证机构进行认证和评定。

7.1.4.18 防爆性能试验

根据防爆要求,按 5.5.2.1 的要求由国家授权的防爆检测机构进行检验并颁发防爆合格证。

7.1.4.19 功能安全认证

根据功能安全要求,按 5.5.2.2 的要求由安全检测机构进行检验认证。

7.1.5 检验规则

7.1.5.1 型式检验

7.1.5.1.1 总则

有下列情况之一的应进行型式检验:

a) 新试制的产品定型时或老产品转产时;

b) 正常生产的产品,当结构、材料、工艺有较大改变,可能影响产品性能时;

c) 连续生产的产品,定期型式检验。

7.1.5.1.2 检验样品数

功能模板模块:根据样品数量,同一型号同一批次最少任意抽取 3 台;

基本平台和设备:根据样品数量,同一型号同一批次任意抽取 2 台~3 台。

7.1.5.1.3 型式检验项目

除非另有规定,产品的型式检验应按本标准规定中除特殊要求情况下进行检验的项目以外的项目进行检验。

产品型式检验项目见表 6 中的"型式检验"。

可靠性认证,在批量生产阶段另行单独进行。

7.1.5.2 出厂检验

每台工业控制计算机产品和系统须经过制造商质量检验部门检验合格后附产品合格证方能出厂。出厂检验项目见表 6 中的"出厂检验"。

7.1.5.3 随机抽样检验

根据需要可对生产的产品进行随机抽样检验(例如国家有关部门提出型式检验要求时),除非另有规定,随机抽样检验按"型式检验"项目进行。抽样台数由制造商与提出抽样检验方协商确定,但不应少于型式检验台数。

表6 试验项目

检验项目	出厂检验	型式检验	技术要求条文号	检验方法条文号
功能	○	○	6.1	7.1.4.1
输入/输出性能	○	○	6.2.3	7.1.4.4
外观	○	○	6.2.4	7.1.4.5
绝缘电阻	○	○	6.2.5.1	7.1.4.6.1
绝缘强度	○	○	6.2.5.2	7.1.4.6.2
外壳防护	△	○	6.2.5.3	7.1.4.6.3
电源电压暂降影响		○	6.2.6.1	7.1.4.7.1
电源短时中断影响		○	6.2.6.2	7.1.4.7.2
电源电压变化影响	○	○	6.2.6.3	7.1.4.7.3
共模、串模抗扰度		○	6.2.7	7.1.4.8
射频电磁场辐射抗扰度		○	6.2.8.2	7.1.4.9.1
工频磁场抗扰度		○	6.2.8.3	7.1.4.9.2
静电放电抗扰度		○	6.2.8.4	7.1.4.9.3
电快速瞬变脉冲群抗扰度		○	6.2.8.5	7.1.4.9.4
浪涌(冲击)抗扰度		○	6.2.8.6	7.1.4.9.5
射频场感应的传导骚扰抗扰度		○	6.2.8.7	7.1.4.9.6
环境温度影响		○	6.2.9.1	7.1.4.10.1
相对湿度影响		○	6.2.9.2	7.1.4.10.2
振动影响		○	6.2.9.3	7.1.4.10.3
倾跌影响		○	6.2.10	7.1.4.11
抗运输环境性能		○	6.2.11	7.1.4.12
抗腐蚀性气体影响		△	6.2.12	7.1.4.13
长时间运行考核		○	6.2.13	7.1.4.14
噪声检查		○	6.2.14	7.1.4.15
电磁发射		△	6.2.15	7.1.4.16
可靠性		△	6.2.16	7.1.4.17
防爆性能		△	5.5.2.1	7.1.4.18
功能安全		△	5.5.2.2	7.1.4.19
注：表中"○"为需要检验的项目；"△"为特殊要求情况下进行检验的项目。				

7.1.5.4 缺陷及其处理

7.1.5.4.1 缺陷

当6.1.2、6.2.1、6.2.2、6.2.3、6.2.5、6.2.6.3有不合格时为重缺陷,其他项目不合格为轻缺陷,在检验中出现2个重缺陷或1个重缺陷和2个轻缺陷为严重缺陷。

7.1.5.4.2 缺陷处理

在检验中出现缺陷时,按下述方法处理:

a) 检验中出现轻缺陷时应停止检验,经制造商修复后,重新进行该项目检验;

b) 检验中出现重缺陷时应停止检验,经制造商查明原因,提出分析报告,并修复后重新进行该项目检验;

c) 在检验中出现严重缺陷时应停止检验,经制造商查明原因,提出分析报告后重新进行全项目检验。

7.1.5.5 判定准则

按照表6规定的检验项目采用"检验方法条文号"规定的方法对"技术要求条文号"的要求进行的各项检验全部符合要求后,判定产品为合格。

7.2 系统评估

7.2.1 概述

7.2.1.1 系统评估的目的

工业控制计算机系统评估的目的是定性和/或定量地确定系统完成某一特定使命的能力。

评估一个系统,就是根据各种数据判断系统是否适用于某一特定的使命或者某一类使命。

7.2.1.2 系统评估与产品检验的关系

7.2.1.2.1 工业控制计算机系统的评估

工业控制计算机系统是通过其各具特性的各组成部分(设备和/或模块)的相互作用来完成其使命的。

系统的许多特性是从各组成部分相互作用中形成的,在独立的各部分中是不存在这些特性的。因此,要将系统作为一个整体进行全面评估。

7.2.1.2.2 系统组成产品的检验

对工业控制计算机系统各个组成部分的设备和/或模块进行检验是必须的,它可以为系统评估提供有用的甚至是必须的数据。设备和/或模块评定是系统评估必不可少的条件。

7.2.1.2.3 评估项目的选择

通过仔细考虑评估目的、系统结构以及影响条件,可将评估项目减少到只包括那些对系统应用最敏感的项目。但无论以何种评估为目的,特定的系统配置或结构和一组系统特性及影响条件都需要加以评定。

7.2.1.3 影响条件

在评估系统前,应确定系统在执行使命期间所处的条件,及其可能有的干扰影响。

系统外部条件可以划分成下列几种:

a) 系统承担的任务;

b) 与系统接口的操作人员;

c) 系统所连接的工业过程;

d) 系统连接的外部系统;

e) 为系统服务的公用设施(供电等);

f) 系统所处的环境;

g) 系统可得到的服务等。

评估时应考虑系统对各种影响条件的预定敏感性、系统应用的临界状态以及评估所能采取的手段,选择影响条件评估的范围。

影响条件的详细说明见 GB/T 18272.1—2000 中的 4.4。

7.2.1.4 系统评估程序

系统评估过程分为以下几个阶段:

a) 确定评估目的;

b) 评估的设计和规划;

c) 制定评估计划;

d) 评估的实施;

e) 编写评估结果报告。

系统评估程序的详细说明见 GB/T 18272.1—2000 中的第 5 章。

7.2.1.5 系统评估方法

系统评估方法见 GB/T 18272.2—2000。

7.2.2 系统功能性评估

7.2.2.1 总则

应明确规定评估的目的。系统功能性不能直接评估,必须分别评估每一种子特性。

功能性的某些子特性可以量化,以绝对值或相对值表示。其他一些子特性只能利用一些量化参数以定性的方式加以描述。

根据系统使命要求完成任务的总量,系统的覆盖范围可以量化为覆盖系数。如有可能,应分别表示出每一项任务的覆盖系数。

配置性通过详细描述配置操作和配置工具,说明其诀窍和技能及所需的时间,从性质上加以描述。

系统的适应性可以用可调节性、可变性、可增强性来表示。

可调节性和可增强性可以用包含部分量化参数的定性描述来表示。

7.2.2.2 功能性评估方法及程序

功能性评估根据 6.3.2 的要求和 GB/T 18272.2—2000 的方法,按 GB/T 18272.3—2000 中第 7 章规定的程序进行。

7.2.2.3 功能性评定技术

功能性评定选择可以将评定结果与系统要求文件的要求作定性和/或定量比较的评定技术。可采用 GB/T 18272.3—2000 中第 8 章提出的评定技术。

7.2.2.4 评估的实施与评估报告的编写

功能性评估的实施与评估报告的编写应符合 GB/T 18272.3—2000 第 9 章和 GB/T 18272.1—2000 的 5.5 和 5.6 的规定。

7.2.3 系统性能评估

7.2.3.1 总则

应明确规定评估的目的。系统性能不能直接评估,通过分析和测试其子特性加以确定。

为了能确定各种子特性,必须利用信息转换对系统进行分析,针对系统的每一条信息流检查子特性。

精确度以绝对值或相对值量化表示。

响应时间可以量化,其数值可包含概率因素。概率因素取决于评定条件和/或实验条件的控制精确度以及所采用的共享资源等条件。

处理能力通过测量每一种信息转换时系统所具有的剩余处理能力来评价。

实时性在响应时间评定的基础上综合考虑其他因素来评价。

7.2.3.2 性能评估方法及程序

系统性能评估根据 6.3.3 的要求和 GB/T 18272.2—2000 的方法,按 GB/T 18272.4—2006 中第 7 章规定的程序进行。

实时性反映过程信息流(被测量值到输出)的实时处理能力和过程输入/输出的确定性。按照系统相关应用功能的要求在响应时间评定的基础上,再考虑其他因素作出综合判断。

7.2.3.3 性能评定技术

性能评定选择可以将评定结果与系统要求文件的要求作定性和/或定量比较的评定技术。

所选用的技术可以是只需根据系统文件进行分析,也可以是需接触实际系统以实验为依据的技术。通常采用分析与实际实验相结合的技术。

可采用 GB/T 18272.4—2006 中的第 8 章提出的技术。

7.2.3.4 评估的实施与评估报告的编写

系统性能评估的实施与评估报告的编写应符合 GB/T 18272.4—2006 中第 9 章和 GB/T 18272.1—2000 中 5.5 和 5.6 的规定。

7.2.4 系统可信性评估

7.2.4.1 总则

应明确规定评估的目的。系统可信性无法直接评估，必须分别对其每一种子特性进行评估。

每一种子特性都取决于系统模块的结构配置以及这些模块的可信性特性，这些模块的子可信性特性与系统的可信性之间的关系可能是相当复杂的。

系统级的每一种子特性可以取决于模块级的若干种子特性。

可信性的某些特性可以用概率表示，其余特性是确定的。有些方面可以量化，而另一些方面只能以定性的方式加以描述。

当一个系统执行若干个系统任务时，其可信性可能会因系统任务的不同而发生变化，这就需要分别对每一项任务进行分析。

7.2.4.2 可信性评估方法及程序

可信性评估根据 6.3.4 的要求，对于可靠性还必须根据 6.2.14 的要求和 GB/T 18272.2—2000 的方法，按 GB/T 18272.5—2000 中第 7 章规定的程序进行。

7.2.4.3 可信性评定技术

可信性评定选择可以将评定结果与系统需求文件的要求做定性和/或定量比较的评定技术。可采用 GB/T 18272.5—2000 中第 8 章提出的评定技术。

7.2.4.4 评估的实施与评估报告的编写

可信性评估的实施与评估报告的编写应符合 GB/T 18272.5—2000 中第 9 章和 GB/T 18272.1—2000 中 5.5 和 5.6 的规定。

7.2.5 系统可操作性评估

7.2.5.1 总则

应明确规定评估的目的。系统可操作性评估可在现有系统或运行中的类似系统上进行，这取决于系统生命周期的阶段。这些评估应包括对系统设计者、工厂轮班管理人员和系统维护人员等所具备的知识、技能和经验的评估。

可操作性评估及其评判标准在很大程度上取决于被评定系统的预定使命，并涉及功能性和性能特性，因此，可操作性评估应以功能性和性能评估为基础。

7.2.5.2 可操作性评估方法和程序

可操作性评估根据 6.3.5 的要求和 GB/T 18272.2—2000 的方法，按 GB/T 18272.6—2006 中第 7 章规定的程序进行。

7.2.5.3 可操作性评定技术

可操作性评定选择可以将评定结果与系统需求文件的要求做定性和/或定量比较的评定技术。

所选用的技术可以是只需根据系统文件进行分析，也可以是需接触实际系统以实验为依据的技术。通常采用分析与实际实验相结合的技术。

GB/T 18272.6—2006 的表 1 概述了各种评定方法。可采用 GB/T 18272.6—2006 中第 8 章提出的技术。

7.2.5.4 评估的实施与评估报告的编写

系统可操作性评估的实施与评估报告的编写应符合 GB/T 18272.6—2006 中第 9 章和 GB/T 18272.1—2000 的 5.5 和 5.6 的规定。

7.2.6 系统安全性评估

7.2.6.1 总则

应明确规定评估的目的。工业控制计算机系统的安全性特性评估限于系统本身出现的危险源，不考虑由被评估的系统所控制的过程或装置可能引入的危险源。如果系统的使命包含有可能影响被控过程或装置安全性的活动，则有关这些活动的要求应符合 GB/T 20438 的规定。系统安全性的评估应包括在系统生命周期内的安装、运行、退出使用和处置阶段与系统相关的所有活动。还应包括环境方面的所有情况。

评估系统安全性时,应考虑以下各方面:

a) 危险源的种类;

b) 危险源后果的承受者;

c) 传播途径;

d) 降低风险的措施。

7.2.6.2　安全性评估方法及程序

安全性评估根据6.3.6的要求和GB/T 18272.2—2000的方法,按GB/T 18272.7—2006中第7章规定的程序进行。

7.2.6.3　安全性评定技术

安全性评定选择可以将评定结果与系统需求文件的要求做定性和/或定量比较的评定技术。

采用GB/T 18272.7—2006中第8章提出的分析法评定和试验法评定相结合的评定方法。

7.2.6.4　评估的实施与评估报告的编写

安全性评估的实施与评估报告的编写应符合GB/T 18272.7—2006中第9章和GB/T 18272.1—2000中5.5和5.6的规定。

7.2.7　与任务无关的系统特性评估

7.2.7.1　评估程序

与任务无关的系统特性评估根据6.3.7的要求和GB/T 18272.2—2000的方法,按照GB/T 18272.8—2006中第7章规定的程序进行。

7.2.7.2　评定技术

与任务无关的系统特性不能作为一个整体进行评定,应根据每一个特性分别处理。所选用的评定技术可以是利用系统文件集和先前的经验或数据进行分析的方法,或选用分析与实验相结合的评定方法。

质量保证按GB/T 18272.8—2006中8.2的方法评定。

系统支持按GB/T 18272.8—2006中8.3的方法评定。

兼容性按GB/T 18272.8—2006中8.4的方法或其他方法评定。

物理特性通过本标准中相关部分的检验来评定。

7.2.7.3　评估的实施与评估报告的编写

与任务无关的系统特性评估的实施与评估报告的编写应符合GB/T 18272.8—2006第9章和GB/T 18272.1—2000的5.5和5.6的规定。

8　标志、包装、贮存

8.1　标志

产品的适当位置上应固定有铭牌,铭牌上应标明:

a) 标记、产品型号、名称;

b) 制造商名称、商标;

c) 制造编号;

d) 制造年月;

e) 由产品标准确定的其他项目。

8.2　包装

产品包装应符合GB/T 13384的规定。

8.3 贮存

产品应贮存在环境温度 5 ℃～40 ℃,相对湿度为 30%～85%的通风室内,室内不允许有各种有害气体、易燃、易爆的产品及有腐蚀性的化学物品,并且应无强烈的机械振动、冲击和磁场作用。若无其他规定时,贮存期一般不应超过六个月。若在生产厂存放超过六个月时,则应重新进行交收检验。

9 验收

工业控制计算机系统按由工业控制计算机系统系列标准中"验收大纲"进行验收。

附 录 A
（规范性附录）
污染等级和过电压类别

A.1 污染等级

A.1.1 污染等级1

无污垢或仅出现干燥的不导电污垢。污垢没有任何影响。如空调房间、测量装置房。

A.1.2 污染等级2

仅出现不导电污垢。但是必须考虑到偶尔吸湿水汽后的暂时导电性。如住宅、商厦、精密机械车间、实验室等。

A.1.3 污染等级3

出现导电污垢或干燥的不导电的,但预计吸湿水汽后会变成导电的污垢。如调温的仓库、车间、机组的电气设备或机床等。

A.1.4 污染等级4

污垢通过导电性的灰尘、雨水或雪水导致持久地导电性。如露天或户外空间,例如火车或有轨电车的车外设备。

A.2 过电压类别

A.2.1 过电压类别1

与建筑物内固定电气装置连接的设备,在室外时,应处于在固定装置内或在固定装置和设备之间,并具有过压保护措施。

A.2.2 过电压类别2

与建筑物内固定电气装置连接的设备。例如家用电器,便携式工具等。

A.2.3 过电压类别3

固定装置的组成部件,以及具有较高耐用性的设备。如配电板、断路器、分配装置和工业用设备等。

A.2.4 过电压类别4

用在建筑物电气装置供电侧上或其附近(即从主分配装置出发朝电网方向)的设备。如电度表、过电流保护开关。

参 考 文 献

[1]　GB/T 4365　电工术语　电磁兼容(GB/T 4365—2003,IEC 60050(161):1990,IDT)

[2]　GB/T 20171　用于工业测量与控制系统的 EPA 系统结构与通信规范

[3]　GB/T 20438　电气/电子/可编程电子安全相关系统的功能安全(IEC 61508,IDT)

ICS 25.040.40
N 18

GB/T 26802.2—2017

中华人民共和国国家标准

工业控制计算机系统 通用规范
第2部分：工业控制计算机的安全要求

Industrial control computer system—General specification—
Part 2：Safety requirements for industrial control computer

2017-12-29 发布

2018-07-01 实施

中华人民共和国国家质量监督检验检疫总局
中国国家标准化管理委员会 发布

前　言

GB/T 26802《工业控制计算机系统　通用规范》分为以下几部分：

——第 1 部分：通用要求；

——第 2 部分：工业控制计算机的安全要求；

——第 3 部分：设备用图形符号；

——第 4 部分：文字符号；

——第 5 部分：场地安全要求；

——第 6 部分：验收大纲。

本部分为 GB/T 26802 的第 2 部分。

本部分按照 GB/T 1.1—2009 给出的规则起草。

本部分由中国机械工业联合会提出。

本部分由全国工业过程测量控制和自动化标准化技术委员会(SAC/TC 124)归口。

本部分起草单位：研祥智能科技股份有限公司、西南大学、厦门安东电子有限公司、北京金立石仪表科技有限公司、厦门宇电自动化科技有限公司、西安东风机电股份有限公司、西安优控科技发展有限责任公司、北京国电智深控制技术有限公司、北京瑞普三元仪表有限公司、济南市大秦机电设备有限公司、江苏杰克仪表有限公司、绵阳市维博电子有限责任公司、杭州盘古自动化系统有限公司、南京优倍电气有限公司、重庆市伟岸测器制造股份有限公司、济南市长清计算机应用公司、重庆宇通系统软件有限公司、罗克韦尔自动化(中国)有限公司。

本部分主要起草人：庞观士、任军民、赵亦欣、张新国、肖国专、宫晓东、周宇、张鹏、张朝辉、胡明、田雨聪、李振中、岳宗龙、闵沛、阮赐元、郭豪杰、董健、唐田、欧文辉、张洪、岳周、华镕、吕春放、冯冬芹、牛小民、陈万林、邓爽、祁虔、钟秀蓉。

工业控制计算机系统 通用规范
第2部分：工业控制计算机的安全要求

1 范围

GB/T 26802 的本部分规定了各种工业生产中设备、测量、监视和控制用计算机的防电击和电灼伤、防机械危险、防火焰从计算机内向外蔓延、防过高温影响的安全要求。本部分也规定了通过检查和型式试验来鉴定设备是否符合本部分要求的方法。

本部分适用于各种工业生产中设备、测量、监视和控制用计算机产品。

本部分不包括与安全无关的设备的功能、性能或其他特性、运输包装的有效性、电磁兼容（EMC）要求、功能安全、对爆炸环境的防护措施、维修（修理）、维修（修理）人员的防护。

2 规范性引用文件

下列文件对于本文件的应用是必不可少的。凡是注日期的引用文件，仅注日期的版本适用于本文件。凡是不注日期的引用文件，其最新版本（包括所有的修改单）适用于本文件。

GB/T 1633—2000 热塑性塑料维卡软化温度(VST)的测定

GB/T 4208—2008 外壳防护等级（IP 代码）

GB 4793.1 测量、控制和实验室用电气设备的安全要求 第1部分：通用要求

GB/T 5013（所有部分） 额定电压 450 V/750 V 及以下橡皮绝缘电缆

GB/T 5023（所有部分） 额定电压 450 V/750 V 及以下聚氯乙烯绝缘电缆

GB/T 11020—2005 固体非金属材料暴露在火焰源时的燃烧性试验方法清单

GB/T 11021—2014 电气绝缘 耐热性和表示方法

GB/T 11918.1 工业用插头插座和耦合器 第1部分：通用要求

GB/T 11918.2 工业用插头插座和耦合器 第2部分：带插销和插套的电器附件的尺寸兼容性和互换性要求

GB/T 14048.1 低压开关设备和控制设备 总则

GB/T 14048.3 低压开关设备和控制设备 第3部分：低压开关、隔离器、隔离开关及熔断器组合电器

GB/T 15934 电器附件 电线组件和互连电线组件

GB/T 16927（所有部分） 高电压试验技术

IEC 60027 电工用文字符号（Letter symbols to be used in electrical technology）

IEC 60664-3：2010 低压系统的绝缘配合 第3部分：利用涂层以改善印制板系统的绝缘配合（Insulation coordination for equipment within low-voltage systems—Part 3：Use of coating, potting or moulding for protection against pollution）

3 术语和定义

GB 4793.1 界定的术语和定义适用于本文件。

4 试验

4.1 概述

本部分中的所有试验均是在工业控制计算机或零部件的样品上进行的型式试验。这些试验的唯一目的是要检验设计和结构是否能确保符合标准要求。此外,制造厂应对所生产的、同时具有危险带电零部件和可触及导电零部件的工业控制计算机100%的进行附录A的例行试验。

对满足本部分规定的相关标准要求且按这些要求使用的工业控制计算机的分组件,在整个工业控制计算机的型式试验期间不必再重复进行试验。

应通过所有适用的试验来检验是否符合本部分要求,但如果对工业控制计算机的检查确能证明工业控制计算机肯定能通过某项试验,则该项试验可以省略。试验在下面条件下进行:

——基准试验条件(见 4.3);

——故障条件(见 4.4)。

注:如果在进行符合性试验时,某个所施加的或测得的量值(如电压)的实际值由于有误差而存在不确定性,则:

    ——制造厂要确保施加的值至少是规定的试验值;

    ——试验部门要确保施加的值不大于规定的试验值。

4.2 试验顺序

除非本部分另有规定,试验顺序可以任选。在每项试验后应仔细检查受试工业控制计算机。如果对前面已通过的试验结果有怀疑,而试验顺序又被颠倒了,则应重复前面的试验。如果故障条件下的试验会损坏设备,则这些试验可放在基准试验条件下的试验之后。

4.3 基准试验条件

4.3.1 环境条件

除本部分另有规定者外,试验场所应具有下述环境条件:

a) 温度:15 ℃～35 ℃;

b) 相对湿度:不超过75%;

c) 大气压力:86 kPa～106 kPa;

d) 无霜冻、凝露、渗水、淋雨和日照等。

4.3.2 设备状态

4.3.2.1 设备实验条件

每项试验应在组装好能正常使用的工业控制计算机上,且在4.3.2.2～4.3.2.10规定的最不利的组合条件下进行。

工业控制计算机应按制造厂说明书的规定来进行安装。

4.3.2.2 设备位置

工业控制计算机处于正常使用时的任一位置,且任何通风不受阻挡。

4.3.2.3 附件

由制造厂建议的或提供的、与工业控制计算机一起使用的附件和操作人员可更换的零部件应连接或不连接。

4.3.2.4 盖子和可拆除的零部件

不用工具就能拆除的盖子或零部件应拆除或不拆除。

4.3.2.5 电网电源

电网电源应符合下面的要求：
a) 供电电压应在工业控制计算机能设置的任何额定供电电压的 90%～110%之间；
b) 频率应为任何额定频率，但不必考虑频率的波动范围；
c) 使用直流电源或单相电源的工业控制计算机应分别按正常极性连接和相反极性连接。

4.3.2.6 输入和输出电压

输入和输出电压，包括浮地电压但不包括电网电源电压在内，应可以将其调节到额定电压范围内的任何电压上。

4.3.2.7 接地端子

对保护接地端子，如果有，应接到大地。功能接地端子应接地或不接地。

4.3.2.8 控制件

操作人员能手动调节的控制件应设置在任何位置上，但下列情况除外：
a) 电网电源选择装置应设置在正确值的位置上；
b) 如果标在工业控制计算机上的制造厂的标志禁止组合设置，则不能进行组合设置。

4.3.2.9 连接

工业控制计算机应按其预定用途进行连接或不连接。

4.3.2.10 输出

对于有电输出的工业控制计算机：
a) 工业控制计算机的工作状态应能对额定负载提供额定输出功率；
b) 对任何输出，额定负载阻抗应连接或不连接。

4.4 单一故障条件下的试验

4.4.1 概述

应按下面要求：
a) 检查工业控制计算机及其电路图通常就能判断是否有可能引起危险的和因此是否应施加的故障条件；
b) 除了能证明某个特定的故障条件不可能引起危险外，各项故障试验均应进行，或者选择检验符合性的规定的替换方法来代替故障试验[见 9.1b)和 9.1c)]；
c) 工业控制计算机应在基准试验条件(见 4.3)的最不利的组合条件下工作，对不同的故障，这些组合条件可以有所不同，在进行每一个试验时应记录这些组合条件。

4.4.2 故障条件的施加

4.4.2.1 故障条件

故障条件应包括 4.4.2.2～4.4.2.8 规定的故障条件。这些故障条件一次只能施加一个，并应按任何方便的顺序依次施加,不能同时施加多个故障,除非这些故障是施加某故障后引发的结果。

在每一次施加故障条件后,工业控制计算机或零部件应能通过 4.4.4 的适用的试验。

4.4.2.2 保护阻抗

保护阻抗应按下面要求:

a) 如果保护阻抗是由元器件的组合来组成的,则应将每个元器件短路或开路,选择其中较为不利者。

b) 如果保护阻抗是由基本绝缘和限流或限压装置组合来组成的,则基本绝缘和限流或限压装置这两者均应承受单一故障条件,一次施加一个故障条件。对基本绝缘应进行短路,而对限流或限压装置应进行短路或开路,选择其中较为不利者。

4.4.2.3 保护导体

保护导体应断开,但对永久性连接式设备或使用符合 GB/T 11918.1~GB/T 11918.2 的连接器的工业控制计算机除外。

4.4.2.4 电源变压器

4.4.2.4.1 概述

电源变压器的次级绕组应按照 4.4.2.4.2 的规定将其短路,并按 4.4.2.4.3 的规定使其过载。

在一个试验中损坏的变压器,允许修复或更换后再做下一个试验。

4.4.2.4.2 短路

在正常使用时接负载的每一个不带抽头的输出绕组和带抽头输出绕组的每一部分应依次进行试验,一次试验一个来模拟负载短路。试验中过流保护装置保持在位,所有其他绕组接负载或不接负载,选择正常使用的负载条件中较为不利者。

4.4.2.4.3 过载

每一个不带抽头的输出绕组和带抽头输出绕组的每一部分应依次进行过载试验,一次试验一个。其他绕组接负载或不接负载,选择正常使用的负载条件中较为不利者。如果在 4.4 的故障条件试验时出现任何过载,则次级绕组应承受那些过载。

在绕组上跨接一个可变电阻器来进行过载试验。电阻器尽可能快地进行调节,如有必要,在 1 min 后再次进行调节来保持该适用的过载。以后不允许再做进一步的调节。

如果用电流断路装置来提供过流保护,则过载试验电流为过流保护装置刚好能导通 1 h 的最大电流。试验前,保护装置用可以忽略阻抗的连接来代替。如果该试验电流值不能从保护装置的规范中获得,则要通过试验来确定。

对设计成当达到规定的过载时输出电压即消失的设备,过载要缓慢地增加,达到刚好在引起输出电压消失的该过载点靠前的一个过载点。

在所有的其他情况下,该过载是从变压器能获得的最大输出功率。

4.4.2.5 输出

应将各个输出短路,一次短路一个。

4.4.2.6 电路和零部件之间的绝缘

在电路和零部件之间,对低于针对基本绝缘规定的量值的绝缘应将其短路,以检验是否能防止火焰的蔓延。

注：检验防止火焰蔓延的替换方法见 9.1a)和 b)。

4.4.2.7 风扇

风扇应在完全被激励的情况下使其停转或堵转,选择其中较为不利者。

4.4.2.8 通风口

封闭工业控制计算机的通风孔。

4.4.3 试验持续时间

4.4.3.1 概述

应使工业控制计算机一直工作到由所施加的故障产生的结果不可能再有进一步的变化为止。每项试验一般限制在 1 h 以内,因为单一故障条件引发的二次故障通常就在那段时间内显现出来。如果有迹象表明最终可能产生电击、火焰蔓延或人身伤害的危险,试验应一直继续到出现这些危险为止,或者最长时间为 4 h,除非在此之前出现危险。

4.4.3.2 限流装置

如果为限制能易于触及到的零部件的温度而装有在工作时能切断或限制电流的装置,则不论该装置是否动作,均应测量电源能达到的最高温度。

4.4.3.3 熔断器

如果因熔断器的断开而使某个故障中断,而且如果该熔断器不在约 1 s 内动作,应测量在有关故障条件下流过熔断器的电流。为了确定电流是否达到或超过熔断器的最小动作电流以及更长时间熔断器才动作,应利用熔断器的预飞弧时间/电流特性来进行评定。通过熔断器的电流是会随时间而发生变化。

如果在试验中电流未达到熔断器的最小动作电流,应使电源工作一段对应于最长的熔断时间,或者应使电源连续工作 4.4.3.1 规定的时间。

4.4.4 施加故障条件后的符合性

4.4.4.1 概述

在施加单一故障后,通过下面的测量来检验电击防护是否符合要求:
a) 通过进行 6.3.3 的测量来检验可触及导电零部件是否变成危险带电;
b) 通过对双重绝缘或加强绝缘进行电压试验来检验绝缘是否还有一重保护,电压试验按 6.8 的规定(不进行潮湿预处理)用对应于基本绝缘的试验电压来进行;
c) 如果电气危险防护是通过变压器内的双重绝缘或加强绝缘来实现的,则测量变压器绕组的温度。其温度不能超过表 13 规定的温度。

4.4.4.2 温度

通过测量外壳的外表面或能易于触及到的零部件外表面的温度来检验温度防护是否符合要求。

零部件的温度在环境温度为 40 ℃时,或者如果环境温度更高,则在最高额定环境温度时,不能超过 105 ℃。

该温度是通过测量表面或零部件的温升加上 40 ℃,或者如果高于 40 ℃,则加上最高额定环境温度来确定。

4.4.4.3 火焰蔓延

通过将电源放在白色薄棉纸包裹的软木材表面上,电源上包上纱布来检验着火蔓延的防护是否符合要求。熔融金属、燃烧的绝缘物、带火焰的颗粒等不能滴落到放置设备的表面上,而且棉纸或纱布不能碳化、灼热或起火。如果不可能引发危险,则绝缘材料的熔化应忽略不计。

4.4.4.4 其他危险

按第 7 章和第 8 章以及第 11 章的规定来检验其他危险防护要求是否合格。

5 标志和文件

5.1 标志

5.1.1 概述

工业控制计算机上应标有符合 5.1.2～5.2 规定的标志。除了内部零部件的标志外,这些标志应从外部就能看见,或者如果盖子或门是预定要由操作人员来拆下或打开的,则在不用工具拆下盖子或打开门后,这些标志应从外部就能看见。适用于整台工业控制计算机的标志不能标在操作者不用工具就能拆卸的零部件上。

量值和单位的文字符号应符合 IEC 60027 的规定,如果适用,图形符号应符合表 1 的规定。符号无颜色要求。图形符号应在文件中进行解释。

注 1：如果适用可使用 IEC 和 ISO 规定的符号。

注 2：标志不必标在设备的底部。

通过目视检查来检验是否合格。

5.1.2 标识

工业控制计算机应至少标有下列内容：

制造厂或供应商的名称或商标；

型号、名称或能识别设备的其他方法。如果标有相同识别标志(型号)的工业控制计算机是在一个以上的生产场地制造的,则对每一个生产场地制造的工业控制计算机,其标志应能识别出工业控制计算机的生产场地。

注：工厂地点的标志可以采用代码,而且不必标在工业控制计算机的外部。

通过目视检查来检验是否合格。

5.1.3 电源

工业控制计算机应标有以下信息：

a) 额定电网电源频率或频率范围；

b) 额定电源电压值或额定电源电压范围；

在额定电压范围的最大和最小额定电压之间应有一根横线"-"；当给出多个额定电压或多个额定电压范围时,则应用一根斜线"/"将它们隔开。

注 1：额定电压标志举例：

——额定电压范围：交流 220 V-240 V。这是指该电源设计成要接到额定电压在 220 V 和 240 V 之间的交流电网电源上。

——多个额定电压：交流 120/220/240 V。这是指该电源设计成要接到标称电压为 120 V 或 220 V 或 240 V 的交流电网电源上,通常要做电源内部设置好之后再与电源连接。

c) 接上所有附件或插件模块时的最大额定功率,单位 W(有功功率)或单位 V·A(视在功率),或者最大额定输入电流。如果电源可以使用一个以上的电压范围,则应对每个电压范围分别标出,除非最大值与最小值相差不大于平均值的 20%;

d) 对操作者能设置成使用不同输入电压的电源应装有设置输入电压的指示装置。

使用斜线"/"将各电流或功率的额定值隔开,并能使人明显看出额定电压与相应的额定电流或额定功率之间的对应关系。

注2:额定电流标记举例:

　　——对多个额定电压的设备:

　　　　120/220 V;2.4/1.2 A

　　——对具有额定电压范围的设备:

　　　　100 V-240 V;2.8 A

　　　　100 V-240 V;2.8-1.1 A

　　　　200 V-240 V;1.4 A

e) 对操作者能设置成使用不同额定电源电压的电源,应装有设置电源电压的指示装置。如果设备在结构上做成不用工具就能改变电源电压的设置,则在改变电压设置的操作时也能同时改变电压的指示。

通过目视检查,以及通过测量功率或输入电流来检验 c)规定的标志是否合格。测量应在电流达到稳定状态后(通常 1 min 后)进行,以避免计入任何起始冲击电流。设备应处在消耗最大功率的状态。不考虑瞬态值,测得值大于标志值时,不能超过标志值的 10%。

表 1　符号

序号	符号	标准	说明
1	===	GB/T 5465.2—2008(5031)	直流
2	∿	GB/T 5465.2—2008(5032)	交流
3	≂	GB/T 5465.2—2008(5033)	交直流
4	3∿	GB/T 5465.2—2008(5032-1)	三相交流
5	⏚	GB/T 5465.2—2008(5017)	接地端子
6	⏚	GB/T 5465.2—2008(5019)	保护导体端子
7	⏟	GB/T 5465.2—2008(5020)	机箱或机架端子
8	▽	GB/T 5465.2—2008(5021)	等电位
9			GB/T 5465.2—2008(5007)	通(电源)

表 1（续）

序号	符号	标准	说明
10	◯	GB/T 5465.2—2008(5008)	断（电源）
11	▣	GB/T 5465.2—2008(5172)	全部由双重绝缘或加强绝缘保护的单元
12	⚡		小心，电击危险
13	〰	GB/T 5465.2—2008(5041)	小心，烫伤
14	⚠	ISO 7000	小心，危险（见注）
15	⎁	GB/T 5465.2—2008(5268)	双位按钮控制的"按入"状态
16	⎂	GB/T 5465.2—2008(5269)	双位按钮控制的"弹出"状态
注：要求制造商说明在标有该符号的所有情况下都应查阅文件，见5.4.1。			

5.1.4 熔断器

对可由操作人员更换的任何熔断器应在其熔断器座旁标上使操作人员能识别正确更换熔断器的标志（见 5.4.5）。

注：通过目视检查来检验是否合格。

5.1.5 端子、连接件和操作装置

如果对安全有必要的话，则对端子、连接器、控制件以及指示器的任何连接件应给出其用途的指示。如果没有足够的空间，可以使用表 1 的符号 14。

注：对多针连接器的各个插针不必进行标志。

下列端子应按下面的规定进行标志：

a) 功能接地端子用表 1 的符号 5；

b) 保护导体端子用表 1 的符号 6；

c) 与可触及导电零部件相连的可触及功能端子，应标上这种连接情况的指示。

通过目视检查来检验是否合格。

5.1.6 开关和断路器

如果电源开关或断路器被用来作为断开装置，则应清楚地标出其"通"位和"断"位。在某些情况下，表 1 的符号 9 和符号 10 也能适合作为该装置的标识（见 6.11.4.2）。仅有指示灯不认为是符合要求的标志。

如果按钮开关被用来作为电源开关，则可以用表 1 的符号 9 和符号 15 来表示"通"位，或可以用表 1 的符号 10 和符号 16 来表示"断"位，并将这一对符号（9 和 15；10 和 16）靠近在一起。

通过目视检查来检验是否合格。

5.1.7 控制装置和指示器

5.1.7.1 标识、位置和标志

除了明显不必要之外,凡影响到安全的指示器、开关和其他控制装置,其标志或安装位置应能明显地表明它们所控制的是哪一种功能。

开关和其他控制装置的标志和说明应标在:该开关或控制装置上或其就近处;或者可以很明显理解为该标志是针对哪个开关和控制器的位置。

对用于这种目的的标志,在可能的情况下,应做到无需语言文字、国家标准等知识就能使人一目了然。

5.1.7.2 颜色

在涉及安全的场合,控制装置和指示器的颜色应符合 IEC 60073 的要求。在不涉及安全的情况下,功能控制装置或指示器允许使用任一颜色,包括红色。

5.1.7.3 符号

在控制装置(例如开关、按键等)上或其附近使用符号来指示"通"和"断"的状态时,应使用表1的符号 9 表示"通"状态,使用表1的符号 10 表示"断"状态。

对任何一次电源开关或二次电源开关,包括隔离开关,均可使用表1的符号 9 和 10 作为"通"和"断"的标记。

5.1.7.4 使用数字的标志

如果使用数字来指示任一控制装置的不同位置,则应使用数字 0 指示"断"位置,而较大数字应用来指示较大的输出、输入等。

5.1.8 用双重绝缘或加强绝缘保护的工业控制计算机

全部用双重绝缘或加强绝缘保护的工业控制计算机应标上表1的符号11,但装有保护接地端子的工业控制计算机除外。

只有局部用双重绝缘或加强绝缘保护的工业控制计算机不能标上表1的符号11。

通过目视检查来检验是否合格。

5.2 警告标志

警告标志在设备准备作正常使用时就能看见。如果某个警告标志适用于工业控制计算机的某个特定部分,则该标志应标在该特定部分上或标在其附近。

警告标志的尺寸应按如下规定:

a) 符号高度至少应为 2.75 mm,文字高度至少应为 1.5 mm,文字在颜色上应与背景颜色形成反差。

b) 在材料上模注、模压或蚀刻的符号或文字的高度至少应为 2.0 mm,如果不打算在颜色上形成反差,则这些符号或文字至少应具有 0.5 mm 的凹陷深度或凸起高度。

如果为了保持工业控制计算机提供的防护而需要责任者或操作人员去查阅说明书,则工业控制计算机应标有表1的符号14,表1的符号14不需要与在说明书作出解释的符号一起使用。

如果说明书说明,操作人员可以用工具接触在正常条件下可能是危险带电的零部件,则应标有警告

标志,说明在接触前应使工业控制计算机与危险带电电压隔离或断开危险带电电压。

通过目视检查来检验是否合格。

5.3 标志耐久性

符合5.1.2~5.2要求的标志应在正常使用条件下保持清晰可辨,并能耐受由制造厂规定的清洁剂的影响。

通过目视检查,以及通过对设备外侧的标志进行下述耐久性试验来检验是否合格。用布沾上规定的清洁剂(或者如果没有规定,则沾上70%异丙醇),用手不加过分压力地擦拭30 s。

在上述处理后,标志仍应清晰可辨,粘贴标牌不能出现松脱或卷边。

5.4 文件

5.4.1 概述

为了安全目的,应随同工业控制计算机提供含有下述内容的文件:
a) 预定用途;
b) 技术规范;
c) 使用说明;
d) 可从其获得技术帮助的制造商或供货商的相关信息;
e) 5.4.2~5.4.5规定的信息。

如果适用,警告语句和对标在工业控制计算机上的警告符号所做的清楚的解释应在说明书中给出,或者将其永久、清晰地标在工业控制计算机上。

> 注:如果正常使用涉及对危险材料的处理,则要给出正确使用和安全措施的说明。如果工业控制计算机制造厂规定或提供任何危险材料,则还要给出该危险材料的成分和正确处理的程序。

通过目视检查来检验是否合格。

5.4.2 工业控制计算机额定值

文件应包含下列信息:
a) 输入电压或电压范围,频率或频率范围,以及功率或电流额定值;
b) 所有输入和输出连接的说明;
c) 如果外部电路不可触及时,适用于单一故障条件的外部电路绝缘的额定值(见6.5.3);
d) 为工业控制计算机设计给定的环境条件范围的说明;
e) 如果标定了工业控制计算机符合GB/T 4208—2008时,其防护等级的说明。

通过目视检查来检验是否合格。

5.4.3 工业控制计算机安装

文件应包括安装和特定的交付使用的说明(下面列出各种例子),以及如果对安全是必要的话,还应包括在工业控制计算机安装和交付使用过程中可能发生的危险的警告:
a) 装配、定位和安装要求;
b) 保护接地说明;
c) 与输入电源的连接;
d) 对永久性连接式设备:
    1) 输入电源布线要求;
    2) 对任何外部开关或断路器(见6.11.4.2)和外部过流保护装置(见9.5)的要求,以及将这些开关或电路断路器设置在工业控制计算机近旁的建议;

e) 通风要求。

通过目视检查来检验是否合格。

5.4.4 工业控制计算机的操作

如果适用,使用说明应包括:

a) 操作控制件及其用于各种操作方式的标志;

b) 与附件和其他设备互连的说明,包括指出适用的附件、可拆卸的零部件;

c) 在工业控制计算机上使用的与安全有关的符号的解释。

在说明书中应说明,如果不按制造厂规定的方法来使用工业控制计算机,则可能会损害工业控制计算机所提供的防护。

通过目视检查来检验是否合格。

5.4.5 工业控制计算机的维护

对责任者为安全目的而需要涉及的预防性维护和检查应给出足够详细的说明。

注：说明书要建议责任者为检验电源是否仍处于安全状态而必需进行的任何试验。说明书还要给出警告,说明重复进行本部分的任何试验有可能损伤电源和降低对危险的防护。

对于使用可更换电池的工业控制计算机,应说明该特定电池的型号。

制造厂应规定出只能由制造厂或其代理机构才能检查或提供的任何零部件。

对可更换的熔断器的额定值和特性应作出说明。

通过目视检查来检验是否合格。

6 防电击

6.1 概述

工业控制计算机在正常条件(见 6.4)和单一故障条件(见 6.5)下均应保持防电击,设备的可触及零部件不能出现危险带电(见 6.3)。

通过按 6.2 的规定来确定是否是可触及的零部件以及测量是否达到 6.3 规定的限值,然后通过 6.4～6.10 的试验来检验是否合格。

6.2 可触及零部件的判定

6.2.1 概述

除能明显看出者外,判定零部件是否可触及应按 6.2.2～6.2.4 的规定来进行。除有规定者外,对试验指(见附录 B)和试验针不能施加作用力。如果用试验指或试验针能接触到这些零部件,或者如果打开不认为是提供适当绝缘(见 6.9.2)的盖子能接触到这些零部件,则认为这些零部件是可触及的。

如果在正常使用时操作人员预定会采取使零部件增加可触及性的任何操作(使用或不使用工具),则应在 6.2.2～6.2.4 的检查前采取这样的操作。这样操作的例子包括:

a) 移开盖子;

b) 打开门;

c) 调节控制件;

d) 更换消耗材料。

工业控制计算机在进行 6.2.2～6.2.4 检查前应按制造厂说明书的规定安装好。

6.2.2 检查

在每一个可能的位置上施加铰接式试验指(见图 B.2)。如果通过加力零部件会成为可触及,则施加刚性试验指(见图 B.1),同时施加 10 N 的力。施加的力要通过试验指的指尖施加,以避免出现楔入或撬开的动作。试验对所有的外部表面进行,包括底部。

6.2.3 危险带电零部件上方的开孔

将长 100 mm、直径 4 mm 的金属试验针插入危险带电零部件上方的任何开孔。试验针应自由悬挂,并允许进入达 100 mm。零部件只是因为本试验是可触及的,因此不需要采取 6.5 单一故障条件的防护的附加安全措施。

本试验对端子不适用。

6.2.4 预调控制件的开孔

将直径 3 mm 的金属试验针插入预定需要用改锥或其他工具来接触预调控制件的孔。试验针以每一个可能的方向插入预调控制件的孔。插入深度不能超过从外壳表面到控制轴距离的三倍或100 mm,取其较小者。

6.3 可触及零部件的允许限值

6.3.1 概述

在可触及零部件与参考试验地之间,电压、电流、电荷不能超过 6.3.2 正常条件下的限值,也不能超过 6.3.3 单一故障条件下的限值。

6.3.2 正常条件下的限值

在正常条件下有关量值大于下列限值即被认为是危险带电。只有当电压值超过 a)的限值时,才采用 b)和 c)的限值。

a)　当电压限值为有效值 33 V 和峰值 46.7 V,或者直流值 70 V。

b)　电流限值(见附录 C)为:

1)　当用图 C.1 的测量电路测量时,对正弦波电流为有效值 0.5 mA,对非正弦波或混合频率电流为峰值 0.7 mA,或者直流值 2 mA。如果频率不超过 100 Hz,可以用图 C.2 的测量电路。

2)　当用图 C.3 的测量电路时,有效值 70 mA,这一限值涉及较高频率下可能的灼伤。

c)　电容的电荷限值为 45 μC。

6.3.3 单一故障条件下的限值

在单一故障条件下有关量值大于下列限值即被认为是危险带电。只要电压超过 a)的限值,则还要采用 b)和 c)的限值。

a)　电压限值为有效值 55 V 和峰值 78 V,或者直流 140 V;对瞬时电压,其限值为图 1 的规定值,在 50 kΩ 电阻器上测量。

b)　电流限值(见附录 C)为:

1)　当用图 C.1 测量电路测量时,对正弦波电流为有效值 3.5 mA,对非正弦波或混合频率电流为峰值 5 mA;或者直流 15 mA。如果频率不超过 100 Hz,可以用图 C.2 测量电路;

2)　当用图 C.3 的测量电路测量时,有效值 500 mA,这一限值涉及较高频率下可能的灼伤。

c)　电容量限值见图 2 的规定值。

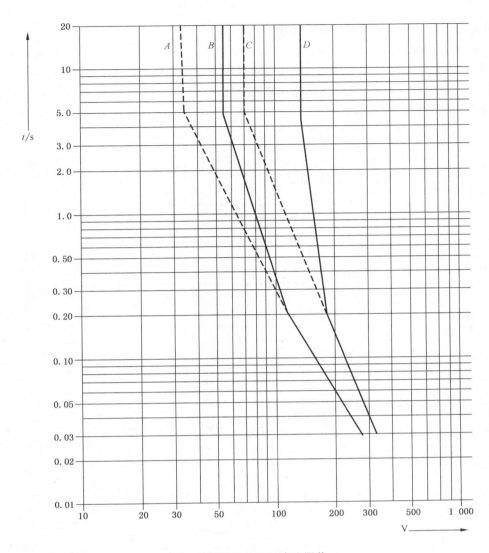

说明：
A——潮湿条件下的交流限值；   C——潮湿条件下的直流限值；

B——干燥条件下的交流限值；   D——干燥条件下的直流限值。

图 1　单一故障条件下瞬时可触及电压的短时最大持续时间

6.4　正常条件下的防护

应采用下面一个或一个以上的措施来防止可触及零部件成为危险带电：

a)　基本绝缘（见附录 D）；

b)　外壳或挡板；

c)　阻抗。

外壳或挡板应满足 8.2 的刚度要求。如果外壳或挡板用绝缘来提供防护，则它们应满足基本绝缘的要求。

可触及零部件与危险带电零部件之间的电气间隙和爬电距离应满足 6.7 的要求和基本绝缘适用的要求。

可触及零部件和危险带电零部件之间的固体绝缘应能通过 6.8 对应基本绝缘的电压试验。

如果能通过 6.8 的介电强度试验，对固体绝缘无最小厚度要求。但是，在机械或热应力条件下，需要考虑第 8 章、第 9 章和第 10 章的要求。固体绝缘的局部放电试验在考虑中。应采用下面一个或一个以上的措施来防止可触及零部件成为危险带电。

通过下面的测量和试验来检验是否合格：

a) 通过 6.2 的判断与 6.3.2 的测量,确定可触及零部件是否危险带电;

b) 按 6.7 的规定检查或测量电气间隙和爬电距离;

c) 6.8 的基本绝缘的介电强度试验;

d) 8.2 的外壳和挡板的刚性试验。

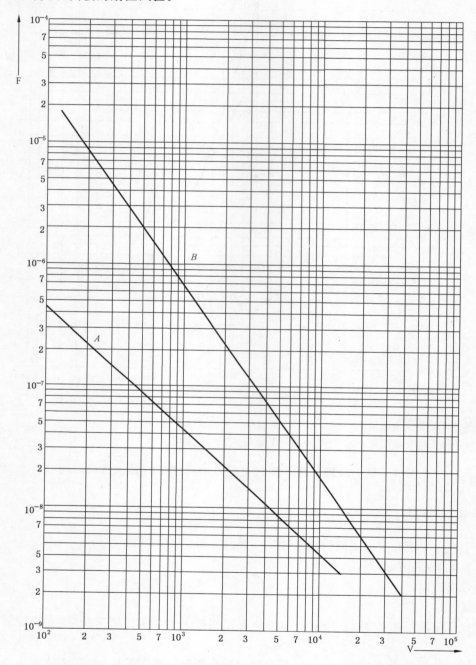

说明:

A——交流限值;

B——直流限值。

图 2　正常条件和单一故障条件下充电电容量限值

6.5 单一故障条件下的防护

6.5.1 概述

应提供附加防护,以确保在单一故障条件下防止可触及零部件成为危险带电,该附加防护应由 6.5.2~6.5.4 规定的一种或多种防护措施组成,或者在出现故障的情况下自动切断电源(见 6.5.5)。

按 6.5.2~6.5.5 的规定检验是否合格。

6.5.2 保护连接

6.5.2.1 保护连接方法

如果在 6.4 规定的初级保护装置出现单一故障的情况下可触及导电零部件会危险带电,则可触及导电零部件应与保护导体端子相连,另一种方法是应用与保护导体端子相连的导电保护屏或挡板将这些可触及零部件与危险带电的零部件隔离。

注:如果用双重绝缘或加强绝缘将可触及导电零部件与所有危险带电零部件隔离,则可触及导电零部件不必与保护导体端子相连。

按 6.5.2.2~6.5.2.4 的规定检验是否合格。

6.5.2.2 保护连接的完整性

应采用下列措施保证保护连接的完整性:

a) 保护连接应由直接的结构件,或独立的导体或者这二者组成。保护连接应能承受 9.5 规定之一的过流保护装置将工业控制计算机从输入电源上断开之前可能会经受到的所有热应力和电动应力。

b) 对承受机械应力的焊接连接应采用与焊接无关的方法进行机械固定,这种连接不能用于其他目的,例如固定结构件。螺钉连接件应紧固防止松动。

c) 如果工业控制计算机的某一部分可由操作人员来拆除,则不能使工业控制计算机剩余部分的保护连接断开。

d) 可移动的导电的连接件,例如:铰接件、滑销件等,不能成为唯一的保护连接通路,除非将它们专门设计成供电气互连用,并满足 6.5.2.4 的要求。

e) 电缆的外部金属编织物即使与保护导体端子连接也不能认为是保护连接。

f) 保护导体可以是裸导体也可以是绝缘导体,绝缘的颜色应是黄绿相间,但下列情况除外:
   1) 对接地编织线,可以是黄绿相间的也可以是无色透明的;
   2) 对内部保护导体以及和组件中的保护导体端子连接的其他导体,例如带状电缆、汇流条、软印制导线等,如果不可能因保护导体无标识而引起危险,则可以使用任何颜色。黄绿双色组合只能用于识别保护导体,而不能用于其他目的。

g) 使用保护连接的工业控制计算机应装有满足 6.5.2.3 要求的端子并应能适用于保护导体的连接。

通过目视检查来检验是否合格。

6.5.2.3 保护导体端子

保护导体端子应满足下列要求。

a) 接触表面应为金属表面;

注:选择保护连接系统的材料要能使端子与保护导体之间或与端子接触的任何其他金属之间的电化学腐蚀减小到最低限度。

b) 器具输入插座的整体式保护导体连接端应认为是保护导体端子；

c) 对装有可拆线软线的工业控制计算机以及对永久连接式工业控制计算机,其保护导体端子应位于电网电源端子的近旁；

d) 如果工业控制计算机不需要与电网电源相连,但仍然具有需要保护接地的电路或零部件,则保护导体端子应位于需保护接地的该电路端子的附近。如果该电路有外部端子,则保护导体端子也应位于外部；

e) 电网电源电路的保护导体端子其载流能力至少应与电网电源供电端子的载流能力相当；

f) 如果保护导体端子还要用于其他连接目的,则应首先用于连接保护导体,而且固定保护导体应与其他连接无关,保护导体的连接方式应确保不可能由于进行不涉及保护导体的维修而将保护导体拆除,或者应标有警告标志(见 5.2),说明拆除后需要更换保护导体；

g) 功能接地端子,如果有的话,应提供独立于保护导体连接的连接；

h) 如果保护接地端子是一种连接螺钉,则该螺钉应具有能与连接导体相应的尺寸,但不小于 M4,并至少应能啮合 3 圈螺纹。保护连接所需的接触压力应不会由于构成连接部分的材料的变形而减小。

通过目视检查来检验是否合格。还要通过下列试验来检验是否符合 g)的要求。对金属件上的螺钉或螺母,连同被固定的最不利的接地导体,以及任何配套的导线固定装置的组件,当用表 2 规定的拧紧力矩时,应能承受 3 次装配和拆卸的操作而不发生机械失效。

表 2　螺钉组件的拧紧扭矩

标称螺纹直径 mm	4.0	5.0	6.0	8.0	10.0
拧紧扭矩 N·m	1.2	2.0	3.0	6.0	10.0

6.5.2.4　保护连接阻抗

保护导体端子与规定要采用保护连接的每一个可触及零部件之间的阻抗不能超过 0.1 Ω,电源线的阻抗不构成规定的保护连接阻抗的一部分。

通过施加试验电流 1 min,然后计算阻抗来检验是否合格,试验电流取额定电流的 1.5 倍。

6.5.3　双重绝缘和加强绝缘

组成双重绝缘或加强绝缘(见附录 D)一部分的电气间隙和爬电距离应满足 6.7 的适用的要求,外壳应满足 6.9.2 的要求。

对组成加强绝缘一部分的固体绝缘应能通过 6.8 的加强绝缘的电压值进行电压试验。

按 6.7,6.8 和 6.9.2 的规定来检验是否合格。如果可能的话,双重绝缘的两个部分要分开进行试验,否则要作为加强绝缘来进行试验。安全所需的电气间隙和爬电距离可以通过测量来检验。

6.5.4　保护阻抗

为确保在单一故障条件下可触及导电零部件不会成为危险带电,保护阻抗应是下列规定的一种或一种以上的类型：

a) 元器件的组合；

b) 基本绝缘和电流或电压限制装置的组合。

元器件、导线和连接件的额定值应与正常条件和单一故障条件这两者相适应。

通过目视检查,以及在单一故障条件下(见 4.4.2.1),通过 6.3 的测量来检验是否合格。

6.5.5 工业控制计算机的自动断开

如果工业控制计算机的自动断开被用作单一故障条件下的保护,则该自动断开装置应满足下列所有要求:

a) 自动断开装置应随同设备一起提供,或者安装说明书应规定自动断开要作为设施的一部分来进行安装;

b) 自动断开装置的额定特性应规定成能在图 1 规定的时间范围内断开负载;

c) 自动断开装置的额定值应与设备的最大额定负载条件相适应。

通过目视检查自动断开装置的规范,以及如果适用检查安装说明书来检验是否合格。在有怀疑的情况下,对自动断开装置进行试验来检验其是否在要求的时间范围内断开电源。

6.6 与外部电路的连接

与外部电路的连接应不会:

a) 在正常条件和单一故障条件下使外部电路的可触及零部件变成为危险带电;

b) 或者在正常条件和单一故障条件下使设备的可触及零部件变成为危险带电。

应通过对电路的隔离来实现保护,除非将电路的隔离短路不可能产生危险。

为达到上述的要求,制造商的说明书或设备的标志应按适用的情况对每个外部端子给出以下信息:

a) 端子已设计成的能保持安全工作的额定条件(最大额定输入/输出电压,连接器特定的型号,已设计的用途等);

b) 为符合正常条件和单一故障条件下端子连接时的电击防护要求,对外部电路要求的绝缘额定值。

按下列方法来检验是否合格:

a) 通过目视检查;

b) 通过 6.2 的判定;

c) 通过 6.3 和 6.7 的测量;

d) 通过 6.8 介电强度试验(但潮湿预处理除外)。

6.7 电气间隙和爬电距离

6.7.1 概述

电气间隙和爬电距离在 6.7.2～6.7.5 中作出规定,以使能承受工业控制计算机预定要接入的系统上出现的过电压。对电气间隙和爬电距离也考虑了额定环境条件和工业控制计算机中安装的或制造商说明书中要求的保护装置。

对内部无空隙的模制零部件,包括对多层印制电路板的内部各层,没有电气间隙和爬电距离的要求。

通过目视检查和测量来检验是否合格。在确定可触及零部件的电气间隙和爬电距离时,绝缘外壳的可触及表面被认为如同在能用标准试验指(见附录 B)触及的该可触及表面任何地方包有金属箔那样是导电的。

6.7.2 一般要求

6.7.2.1 电气间隙

电气间隙被规定成要承受可能在电路中出现的,由外部事件(例如雷击或开关过渡过程)引起的,或者由工业控制计算机运行引起的最大瞬态过电压。如果瞬态过电压不可能发生,则电气间隙按最大工作电压规定。

电气间隙值取决于:

a) 绝缘类型(基本绝缘,加强绝缘等);

b) 电气间隙的微环境污染等级。

在所有情况下,污染等级2的最小电气间隙为0.2 mm。污染等级3的最小电气间隙为0.8 mm。

如果工业控制计算机被规定成能在高于2 000 m的海拔高度上工作,则其电气间隙要乘以从表3查得的系数,该系数不适用于爬电距离,但是爬电距离始终应至少等于电气间隙的规定值。

表3 海拔5 000 m内的电气间隙倍增系数

额定工作海拔高度 m	倍增系数
≤2 000	1.00
2 001~3 000	1.14
3 001~4 000	1.29
4 001~5 000	1.48

6.7.2.2 爬电距离

对于两电路之间的爬电距离,要使用施加在两个电路之间的绝缘上的实际工作电压。爬电距离采用线性内插值是允许的。爬电距离始终应至少等于电气间隙的规定值,如果计算所得的爬行距离小于电气间隙,则爬电距离应加大到电气间隙的数值。

对其涂层满足IEC 60664-3:2010的A类涂层要求的印制线路板,使用污染等级1的数值。

对加强绝缘,爬电距离应是基本绝缘规定值的两倍。就本条而言,材料按其CTI(相比漏电起痕指数)值被分为四个组别,如下:

材料组别Ⅰ 600≤CTI;

材料组别Ⅱ 400≤CTI<600;

材料组别Ⅲ a175≤CTI<400;

材料组别Ⅲ b100≤CTI<175。

上面的CTI值是指按GB/T 4207的规定,在为此目的专门制备的样品上,用溶液A来试验所获得的数值。

对玻璃、陶瓷或其他不产生漏电起痕的无机绝缘材料,爬电距离无需大于其相关的电气间隙。

附录E的表E.1规定了能用于减小污染等级的方法。

爬电距离按附录F的规定测量。

6.7.3 电网电源电路

电气间隙和爬电距离应满足表4的规定值:

表 4　电网电源电路的电气间隙和爬电距离

相线-中线电压交流有效值或直流值 V	电气间隙数值（见注1）mm	爬电距离数值 mm								
		污染等级 1		污染等级 2				污染等级 3		
		印制线路板 CTI≥ 100	所有材料组别 CTI≥ 100	印制线路板 CTI≥ 100	材料组别 Ⅰ CTI≥ 600	材料组别 Ⅱ CTI≥ 400	材料组别 Ⅲ CTI≥ 100	材料组别 Ⅰ CTI≥ 600	材料组别 Ⅱ CTI≥ 400	材料组别 Ⅲ CTI≥ 100
$50 < U \leqslant 100$	0.1	0.1	0.25	0.16	0.71	1.0	1.4	1.8	2.0	2.2
$100 < U \leqslant 150$	0.5	0.5	0.5	0.5	0.8	1.1	1.6	2.0	2.2	2.5
$150 < U \leqslant 300$	1.5	1.5	1.5	1.5	1.5	2.1	3.0	3.8	4.1	4.7

注 1：不同污染等级的最小电气间隙数值是：

污染等级 2：0.2 mm；

污染等级 3：0.8 mm。

注 2：所规定的数值是针对基本绝缘或附加绝缘的，对加强绝缘的数值是两倍基本绝缘的数值。

6.7.4　除电网电源电路以外的电路

6.7.4.1　电气间隙数值

对由电网电源供电的电路，其电气间隙应符合表 5 规定的数值。

表 5　由电网电源供电的电路的电气间隙

工作电压 V	电气间隙 mm		
交流有效值或直流值	电网电源电压 $U \leqslant 100$ V 额定脉冲电压 500 V	电网电源电压 100 V$< U \leqslant$150 V 额定脉冲电压 800 V	电网电源电压 150 V$< U \leqslant$300 V 额定脉冲电压 1 500 V
50	0.05	0.12	0.53
100	0.07	0.13	0.61
150	0.10	0.16	0.69
300	0.24	0.39	0.94
600	0.79	1.01	1.61
1 000	1.66	1.92	2.52

6.7.4.2　爬电距离数值

表 6 给出与工作电压有关的爬电距离值。

表6 爬电距离

工作电压,有效值或直流	基本绝缘或附加绝缘								
	印制线路板上		其他电路						
	污染等级		污染等级						
	1	2	1	2			3		
	材料组别			材料组别			材料组别		
	Ⅲb	Ⅲa		Ⅰ	Ⅱ	Ⅲa-b	Ⅰ	Ⅱ	Ⅲa-b（见注）
V	mm	mm	mm	mm	mm	mm	mm	mm	mm
10	0.025	0.04	0.08	0.40	0.40	0.40	1.00	1.00	1.00
12.5	0.025	0.04	0.09	0.42	0.42	0.42	1.05	1.05	1.05
16	0.025	0.04	0.10	0.45	0.45	0.45	1.10	1.10	1.10
20	0.025	0.04	0.11	0.48	0.48	0.48	1.20	1.20	1.20
25	0.025	0.04	0.125	0.50	0.50	0.50	1.25	1.25	1.25
32	0.025	0.04	0.14	0.53	0.53	0.53	1.3	1.3	1.3
40	0.025	0.04	0.16	0.56	0.80	1.10	1.4	1.6	1.8
50	0.025	0.04	0.18	0.60	0.85	1.20	1.5	1.7	1.9
63	0.040	0.063	0.20	0.63	0.90	1.25	1.6	1.8	2.0
80	0.063	0.10	0.22	0.67	0.95	1.3	1.7	1.9	2.1
100	0.10	0.16	0.25	0.71	1.00	1.4	1.8	2.0	2.2
125	0.16	0.25	0.28	0.75	1.05	1.5	1.9	2.1	2.4
160	0.25	0.40	0.32	0.80	1.1	1.6	2.0	2.2	2.5
200	0.40	0.63	0.42	1.00	1.4	2.0	2.5	2.8	3.2
250	0.56	1.0	0.56	1.25	1.8	2.5	3.2	3.6	4.0
320	0.75	1.6	0.75	1.60	2.2	3.2	4.0	4.5	5.0

注：允许使用爬电距离的内插值。

6.8 介电强度试验程序

6.8.1 参考试验地

参考试验地是电压试验的参考点,它是下面的一个或一个以上的零部件,如果是一个以上的零部件则要将它们连接在一起:

a) 任何保护导体端子或功能接地端子;

b) 任何可触及导电零部件,但对因未超过6.3.2的规定值而允许触及的任何带电零部件除外。这种带电零部件要连接在一起,但不构成参考试验地的一部分。对6.2.1的例外允许危险带电的可触及导电零部件也不包括在内;

c) 外壳的任何可触及绝缘部分,在除端子以外的每一个地方要包上金属箔。对试验电压小于或等于交流峰值10 kV或直流10 kV时,从金属箔到端子的距离要不大于20 mm,对于更高的电压,该距离要达到能防止飞弧的最小值;

d) 控制件上由绝缘材料制成的可触及零部件,包上金属箔或压上软导电材料。

6.8.2　潮湿预处理

为确保设备在潮湿条件下不会产生危险,在 6.8.4 的电压试验前,设备要进行潮湿预处理,在预处理期间设备不工作。

如果 6.8.1 要求包上金属箔,则要在完成潮湿预处理和恢复后包上金属箔。

能手动拆除的电气元器件、盖子及其他零部件要拆除,并与主机一起进行潮湿预处理。

预处理要在潮湿箱中进行,箱内空气相对湿度为 92.5％±2.5％。箱内空气温度保持在 40 ℃±2 ℃。

在加湿之前,设备要处在 42 ℃±2 ℃ 环境中。通常在进行潮湿预处理前,将其保持在该温度下至少 4 h。

箱内的空气要搅动,且箱子的设计要使得凝露不致滴落在设备上。

设备在箱内保持 48 h,取出设备后使其在 4.3.1 规定的环境条件下恢复 2 h,非通风设备的盖子要打开。

6.8.3　试验的实施

规定的试验要在潮湿处理后恢复时间结束时的 1 h 内进行和完成。试验期间设备不工作。

如果在两个电路之间或某个电路与某个可触及导电零部件之间彼此是连接在一起的,或彼此是不隔离的,则在它们之间不进行电压试验。

与被试绝缘并联的保护阻抗和限压装置要断开。

在组合使用两个或两个以上保护装置的情况下(见 6.4 和 6.5.1),对双重绝缘和加强绝缘所规定的电压就可能会加在不必承受这些电压的电路零部件上。为了避免出现这种情况,这样的零部件在试验期间可以断开,或者对要求双重绝缘或加强绝缘的电路零部件可以分开进行试验。

6.8.4　电压试验

进行电压试验要采用表 7 的规定值,不能出现击穿或重复飞弧。电晕效应和类似现象可忽略不计。

对固体绝缘,交流试验和直流试验是可任选其一的试验方法。绝缘只要通过这两种试验之一即可。在进行试验时,电压要在 5 s 或 5 s 以内逐渐升高到规定值,使电压不出现明显的跳变,然后保持 5 s。

脉冲试验是 GB/T 16927 规定的 1.2/50 μs 的试验,每一极性至少三个脉冲,间隔时间至少 1 s。如果是选择交流试验或直流试验,则对交流试验,试验的持续时间至少应为三个周期,或者对直流试验,则应为每一极性 10 ms 持续时间的三倍。

双重绝缘或加强绝缘的试验值是表 7 中对基本绝缘试验值的 1.6 倍。

注 1:在对电路进行试验时,可能难以将电气间隙的试验和独一固体绝缘的试验分开进行。

注 2:试验数显表的最大试验电流通常要加以限制,以避免由于试验而发生危险以及由于试验不合格而损坏数显表。

注 3:设法观察绝缘材料内部的局部放电也许是有用的(见 IEC 60270)。

注 4:试验后要注意释放储存的能量。

表 7　基本绝缘的试验电压

电气间隙	脉冲试验的峰值电压	交流电压有效值 (50 Hz/60 Hz)	交流电压峰值(50 Hz/60 Hz)或直流电压
mm	V	V	V
0.010	330	230	330
0.025	440	310	440
0.040	520	370	520
0.063	600	420	600
0.1	806	500	700
0.2	1 140	620	880
0.3	1 310	710	1 010
0.5	1 550	840	1 200
1.0	1 950	1 060	1 500
1.4	2 440	1 330	1 880
2.0	3 100	1 690	2 400
2.5	3 600	1 960	2 770

6.9　防电击保护的结构要求

6.9.1　概述

如果发生故障时可能会导致危险,则应采取下列措施:

a)　对承受机械应力的导线连接的固定不能仅依靠焊接;

b)　对固定可拆卸的盖子的螺钉,若其长度已确定可触及导电零部件与危险带电零部件间的电气间隙或爬电距离,则该螺钉应是不脱落的螺钉;

c)　导线、螺钉等的意外松动或脱落不能使可触及零部件成为危险带电。

下列材料不能用来作为安全目的的绝缘:

a)　容易受到损坏的材料(如漆,氧化层,阳极氧化膜);

b)　未浸渍的吸湿性材料(如纸,纤维制品和纤维材料)。

通过目视检查来检验是否合格。

6.9.2　双重绝缘或加强绝缘设备的外壳

全部用双重绝缘或加强绝缘防护的工业控制计算机应有一个包围所有金属零部件的外壳,如果诸如铭牌、螺钉或铆钉之类的小金属零件已用加强绝缘或等效方法与危险带电零部件隔离,则这一要求不适用。

由绝缘材料制成的外壳或外壳零部件应满足双重绝缘或加强绝缘的要求。

由金属制成的外壳或外壳零部件,除使用了保护阻抗的零部件外,应对其采用下述的措施之一:

a)　在外壳的内侧提供绝缘涂层或挡板,该涂层或挡板应包围所有的金属零部件,以及包围当危险带电零部件松脱可能会使其接触到外壳的金属零部件的所有空间;

b)　确保外壳与危险带电零部件之间的电气间隙和爬电距离不会因为零部件或导线的松脱而减小到小于对基本绝缘的规定值。

对具有锁紧垫圈的螺钉或螺母不认为是易于发生松动的,对用机械方法进行固定的而不只是单独用焊接方法固定的导线也不认为是易于发生松动的。

通过目视检查和测量以及通过6.8的试验来检验是否合格。

6.10 与供电电源的连接

6.10.1 电源线

下列要求适用于不可拆卸的电源线和随同工业控制计算机一起提供的可拆卸的电源线：

a) 电源线的额定值应与工业控制计算机的最大电流相适应，且所用的缆线应符合 GB/T 5023 或 GB/T 5013。经某个认可的检测机构认证或批准的电源线被认为符合这一要求；

b) 如果电源线有可能与设备外部的发热零部件接触，则该电源线应采用合适的耐热材料来制造；

c) 如果电源线是可拆卸的，则电源线和器具输入插座至少应具有这两个部件之一的最高温度；

注：对电源线和器具输入插座这两者要求具有同样的温度额定值是为了确保不可能无意中使用低温度额定值的电源线组件。

d) 与保护导体端子连接的只能使用具有黄绿双色外皮的导线；

e) 带符合 GB 17465 的连接器的可拆卸的电源线应满足 GB/T 15934 的要求，或者其额定值至少应与装在电源线上的电源连接器的电源额定值相一致。

电源线术语在图3中给出。

通过目视检查，以及如有必要，通过测量来检验是否合格。

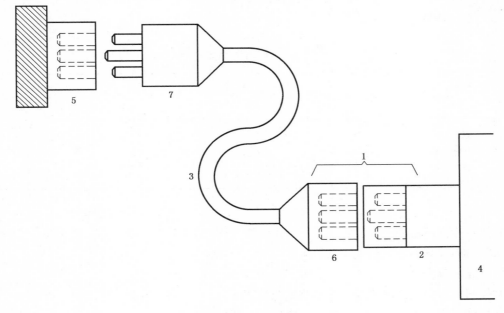

说明：

1——器具耦合器；   5——固定式电源插座；

2——器具输入插座；   6——电源连接器；

3——可拆卸电源线；   7——电源插头。

4——设备；

图 3 可拆卸电源线和连接

6.10.2 不可拆卸的电源线的安装

应采取下面的措施之一来防止电源线在电线进线口处发生磨损和锐弯：

a) 采用具有光滑倒圆开孔的进线口和套管；

b) 采用由绝缘材料制成的能可靠固定的软线护套，护套伸出进线口处至少为能安装的最大截面积电线的外径的5倍。对于扁平软线,要取其外形截面的大尺寸作为软线的外径。

通过目视检查,以及如有必要,通过测量尺寸来检验是否合格。

软线固定装置应能使工业控制计算机内连接软线处软线的导线免受应力,包括扭力,并应能防止导线的绝缘受到磨损。如果软线在其固定装置中滑脱,则其保护接地导体,如果有的话,应最后承受到应力。

软线固定装置应符合下列要求:

a) 不能用螺钉直接压在软线上来夹紧软线;

b) 不能采取在软线上打结;

c) 应不可能将软线推入工业控制计算机内达到可能引起危险的程度;

d) 在具有金属零部件的软线固定装置内,软线绝缘的损坏不能使可触及导电零部件变成危险带电;

e) 紧缩套管不能作为软线固定装置来使用,除非紧缩套管具有能夹紧符合6.10.1要求的所有型号和尺寸的电源线,且适合与所提供的端子相连接,或者该套管已设计成能端接有护套的电源线;

f) 软线固定装置的设计应保证软线的更换不会引起危险,且采用消除应力的方法应是明显的。

通过目视检查和下述的推拉力试验来检验是否合格:手动将软线尽可能地推入工业控制计算机内,然后软线使承受表8规定的稳定拉力值25次,拉力沿最不利的方向施加,每次持续1 s。然后立即承受表8规定的力矩值持续1 min。

表8 电源线的物理试验

设备质量,M kg	拉力 N	力矩 N·m
$M \leqslant 1$	30	0.10
$1 < M \leqslant 4$	60	0.35
$M > 4$	100	0.35

试验后:

a) 软线不能出现损伤;

b) 软线纵向位移不能超过2 mm;

c) 位于固定装置夹紧软线处不能有变形的迹象;

d) 电气间隙和爬电距离不能减小到规定值以下;

e) 电源线应能通过6.8的电压试验(但不进行潮湿预处理)。

6.10.3 插头和连接器

a) 将工业控制计算机连接到电源上的插头和连接器,包括用来连接可拆卸的电源线的器具耦合器,均应符合插头、插座和连接器的相关规范;

b) 如果软线连接的工业控制计算机,其设计上应保证在交流电网电源外部断接处,尽量减小因接在一次电路中的电容器贮存有电荷而产生的电击危险,则在断开电源后5 s,断接处不能危险带电。

通过目视检查来检验是否合格。对从内部电容器接收电荷的插头,要进行6.3规定的测量,以此来确定是否超过6.3.2c)的规定值。

6.11 输入电源的断开

6.11.1 概述

除 6.11.2 的规定外,不论在工业控制计算机的内部还是外部,应装有使工业控制计算机能从每一个供给能量的输入电源上断开的断开装置。断开装置应断开所有载流导体。

注:设备也可以装有用于功能目的开关或其他断开装置。

按 6.11.2～6.11.4 的规定来检验是否合格。

6.11.2 例外

如果短路或过载不会引起危险,则不需要断开装置。不需要断开装置的例子有:

a) 预定仅连接到有阻抗保护的输入电源上的工业控制计算机。这种输入电源是其阻抗值能确保一旦工业控制计算机出现过载或短路,工业控制计算机的供电条件不会超过其额定供电条件且工业控制计算机不会发生危险的一种输入电源。

b) 构成阻抗保护负载的电源。这种负载是非分立的过流或热保护的元器件,而且其阻抗能确保一旦该元器件所在的电路出现过载或短路,电路不会超过其额定值的一种元器件。

通过目视检查来检验是否合格,如有怀疑,则设置短路或过载来检验是否会发生危险。

6.11.3 按电源的类型规定的要求

6.11.3.1 永久连接式电源

对永久连接式电源应采用开关或断路器作为断开装置。如果开关不是作为电源的一部分,则电源的安装文件应规定:

a) 开关或断路器应包含在建筑物的设施中;

b) 开关应靠近电源,而且应是在操作人员易于达到的地方;

c) 开关或断路器的标志应标成是该电源用的断开装置。

通过目视检查来检验是否合格。

6.11.3.2 软线连接的电源

软线连接的电源应装有下列之一的断开装置:

a) 开关或断路器;

b) 不用工具就能断开的器具耦合器;

c) 无锁紧装置的、能与建筑物上的插座相配的可分离的插头。

通过目视检查来检验是否合格。

6.11.4 断开装置

6.11.4.1 概述

如果断开装置是作为电源的一部分,则断开装置在电路上应尽可能靠近输入电源。对产生功耗的元器件在电路上不能置于输入电源和断开装置之间。

对电磁干扰抑制电路允许置于断开装置的输入电源侧。

通过目视检查来检验是否合格。

6.11.4.2 开关和断路器

用作断开装置的设备开关或断路器应符合 GB/T 14048.1 和 GB/T 14048.3 的有关要求,并应能适用于其适用场合。

如果开关或断路器用作断开装置,则其标志应能表示出这种功能。如果仅有一个装置(一个开关或一个断路器),则用表 1 的符号 9 和符号 10 即可。

开关不能装在电源线上。

开关或断路器不能断开保护接地导体。

具有作断开用的触点和具有作其他目的用的触点的开关或断路器应符合 6.6 和 6.7 对电路之间的隔离的要求。

通过目视检查来检验是否合格。

6.11.4.3 器具耦合器和插头

如果器具耦合器或可分离插头用作断开装置,则应使操作人员能很快识别,而且应能很容易达到。器具耦合器的保护接地导体应在供电导体连接前先行连接,而在供电导体断开后再行断开。

通过目视检查来检验是否合格。

7 防机械危险

在正常条件下或单一故障条件下操作不能导致机械危险。

设备外壳上所有易于接触到的边缘、凸起物、拐角、开孔、挡板、把手等应光滑圆润,应避免在正常使用设备时造成伤害。

通过目视检查来检验是否合格。

8 耐机械冲击和撞击

8.1 概述

当工业控制计算机承受在正常使用时可能遇到的冲击和碰撞时不能引起危险。工业控制计算机应具有足够的机械强度,元器件应可靠地固定且电气连接应是牢固的。

通过进行 8.1 的试验来检验是否合格。试验期间电源不工作。对不构成外壳一部分的零部件不进行 8.1 的试验。

试验完成后,工业控制计算机应能通过 6.8 的电压试验(但不进行潮湿预处理),并且用目视检查来检验:

    a) 危险带电零部件是否变成可触及;

    b) 外壳是否出现可能会引起危险的裂纹;

    c) 电气间隙是否小于允许值,内部导线的绝缘是否受到损伤;

    d) 挡板是否损坏或松动;

    e) 是否出现可能会引起火焰蔓延的损坏。

饰面的损坏,不会使爬电距离或电气间隙减小到小于本部分规定值的小凹痕,以及对防电击或防潮不会带来不利影响的小缺口可忽略不计。对不构成外壳一部分的任何零部件的损坏可忽略不计。

8.2 外壳的刚性试验

8.2.1 静态试验

工业控制计算机要牢固地固定在刚性支撑面上并承受 30 N 的力,力通过直径 12 mm 硬棒上的半球面端部来施加。该硬棒应施加在当准备使用设备时其可触及的以及其变形可能会引起危险的外壳的每一部分。

如果对非金属外壳在高温下是否能通过本试验有怀疑,则工业控制计算机要在 40 ℃的温度下,或在最高额定温度下(如果该温度更高)工作,直至达到稳定状态后再进行本试验。在进行本试验前要先断开工业控制计算机的输入电源。

8.2.2 动态试验

预定要由操作人员来拆除和更换的底座、盖子等要用在正常使用时可能施加的力矩将其固定螺钉拧紧。工业控制计算机要牢固地固定在刚性支撑面上,试验要在正常使用时可能触及的以及如果损坏可能会引起危险的表面的任何位置进行。

对具有非金属外壳的工业控制计算机,如果额定最低环境温度低于 2 ℃,则使工业控制计算机冷却到最低额定环境温度,然后在 10 min 内完成试验。

试验使用钢球,最多试验三个点。试验能量为 5 J。

撞击元件为直径 50 mm、质量 500 g±25 g 的钢球。

试验按图 4 所示进行。对 5 J 的能量,高度 X 为 1 m。

另一种可供选择的方法是,工业控制计算机可以固定在相对于其正常位置 90°的位置上,用撞击元件来进行试验。

试验后,在已明显损坏的窗口或显示屏后面的危险带电零部件不能变成可触及,而且外壳的其他部分应符合基本绝缘的要求。

不构成外壳一部分的零部件和窗口不进行本试验:

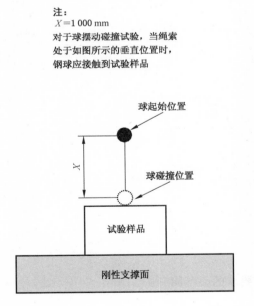
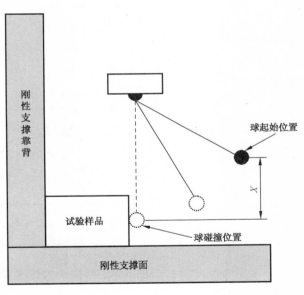

图 4　使用钢球的撞击试验

9　防止火焰蔓延

9.1　概述

在正常条件下或单一故障条件下,火焰不能蔓延到工业控制计算机的外面。图 5 是说明符合性检验方法的流程图。

至少采用下列的一种方法来检验是否合格。

a)　进行可能会导致火焰蔓延到设备外面的单一故障条件(见 4.4)下的试验。试验结果应满足
　　4.4.4.3 的符合性判据;

b)　按 9.2 的规定检验是否消除或减少设备内的引燃源;

c)　按 9.3 的规定检验能否在一旦出现着火,火焰被控制在设备内。

注:方法 b)和 c)是基于执行了规定的设计准则,相反,方法 a)则是完全依靠单一故障条件下的试验。

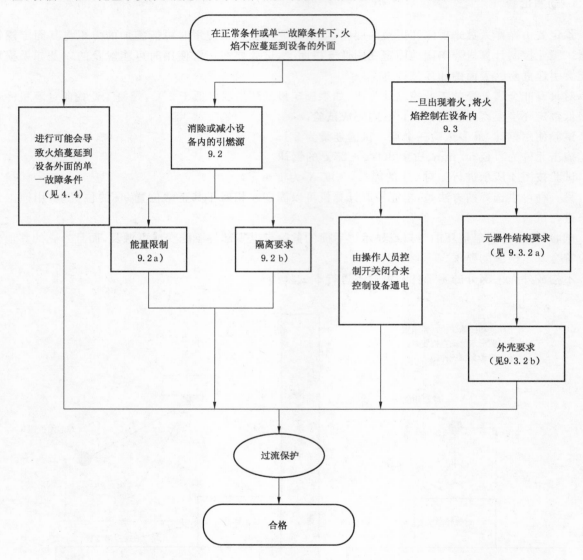

图 5　说明防止火焰蔓延要求的流程图

9.2　消除或减少设备内的引燃源

注:对设备中不能被划分成限能电路(见 9.4)的所有电路被认为是着火的引燃源,在这种情况下采用 9.1a)方法或
　　9.1c)方法。

就每一个引燃源的引燃危险而言,如果满足下列要求,则认为引燃危险和着火出现率已被减小到允
许的水平。

采取 a)或者 b)的方法:

a)　按 9.4 的规定,限制工业控制计算机的电路或零部件可获得的电压、电流和功率。按 9.4 的规
　　定,通过测量受限制的能量值来检验是否合格。

b) 不同电位的零部件之间的绝缘满足基本绝缘的要求,或能证明桥接绝缘不会导致引燃。通过目视检查,如有怀疑,通过试验来检验是否合格。

通过进行 4.4 的相关试验,采用 4.4.4.3 的判据来检验是否合格。

9.3 一旦出现着火,将火焰控制在设备内

9.3.1 概述

如果工业控制计算机满足下列的结构要求,则认为火焰蔓延到工业控制计算机外面的危险已被减小到允许的水平。

工业控制计算机和工业控制计算机的外壳符合 9.3.2 的结构要求。

通过目视检查以及按 9.3.2 的规定来检验是否合格。

9.3.2 结构要求

应符合下列结构要求。

a) 绝缘导线应具有相当于 GB/T 11020—2005 规定的 V-1 或更优的可燃性等级。连接器和安装元器件的绝缘材料应具有 GB/T 11020—2005 规定的 V-2 或更优的可燃性等级。

通过检查有关材料的数据,或对相关零部件的三个样品进行 GB/T 11020—2005 规定的 FV 试验,来检验是否合格。样品可以是下列规定的任何一种样品:

1) 整个零部件;

2) 零部件的截取部分,要包含有壁厚最薄的和有任何通风孔的部分;

3) 符合 GB/T 11020—2005 的样品。

b) 外壳应符合下列要求:

1) 外壳底部应无开孔,或应在图 7 规定的范围内装有符合图 6 规定的挡板,或应用金属材料制成,开孔符合表 9 的规定,或应是金属隔离网,其网眼中心距不超过 2 mm×2 mm,金属丝直径至少为 0.45 mm;

2) 外壳侧面包含在图 7 斜线 C 区域范围不能开孔;

3) 外壳以及任何挡板或挡火板应用金属(镁除外)材料制成,或者用可燃性等级为 GB/T 11020—2005 规定的 V-1 或更优的非金属材料制成;

4) 外壳以及任何挡板或挡火板应具有足够的刚性。

通过目视检查检验是否合格。如有怀疑,要求 b)3)的可燃性等级按照 a)中的要求进行检验。

表 9 外壳底部允许的开孔

最小厚度 mm	开孔的最大直径 mm	开孔的最小中心距 mm
0.66	1.14	1.70(233 个孔/645 mm²)
0.66	1.19	2.36
0.76	1.15	1.70
0.76	1.19	2.36
0.81	1.91	3.18(72 个孔/645 mm²)
0.89	1.90	3.18
0.91	1.60	2.77
0.91	1.98	3.18
1.00	1.60	2.77
1.00	2.00	3.00

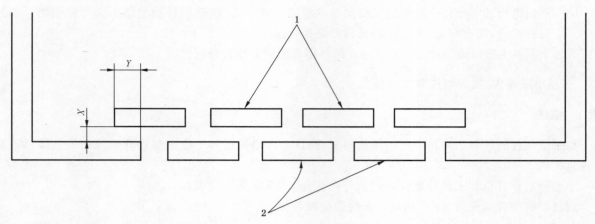

说明：

$Y=2X$，但不小于 25 mm；

1——挡板(可以位于外壳底部的下面)；

2——外壳底部。

图 6　挡板

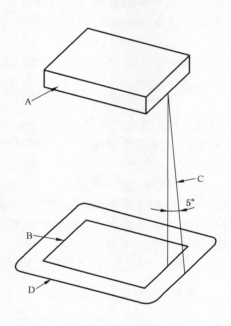

说明：

A——被认为是危险着火源的控制仪表的零部件和元器件。如果它是未另外防护的，或者是用其外壳进行局部防护的元器件的未防护部分，则该零部件和元器件包括控制仪表的整个零部件和元器件。

B——A 的轮廓线在水平面上的投影。

C——斜线，用来划出结构要符合 9.3.2b)1)和 9.3.2b)2)规定的外壳底部和侧面的最小区域。该斜线围绕 A 的周边的每一点，以及相对于垂线呈 5°夹角投射，其取向要确保能划出最大的面积。

D——结构要符合 9.3.2b)1)规定的底部的最小区域。

图 7　结构要符合 9.3.2b)1)规定的外壳底部的区域

9.4　限能电路

限能电路是符合下列所有判据的电路：

a) 出现在电路中的电位不大于 30 V 有效值和 42.4 V 峰值,或者直流 60 V。

b) 用下列之一的方法来限制能出现在电路中的电流:

　　1) 由自身限制或用阻抗限制最大可获得电流,使其不会超过表 10 的相关规定值;

　　2) 用符合表 11 规定的过流保护装置限制电流;

　　3) 用调节网络限制最大可获得电流,使其在正常条件下或在调节网络中出现的单一故障条件下不会超过表 14 的相关规定值。

c) 至少采用基本绝缘与会产生超过上述判据 a)和 b)的能量值的其他电路隔离。

　　如果使用过流保护装置,则该过流保护装置应是某种熔断器或某种不可调的非自复位机电装置。

　　通过目视检查,以及在下列条件下,通过测量出现在电路中的电位、最大可获得电流来检验是否合格:

　　1) 在使电压达到最大的负载条件下测量出现在电路中的电位;

　　2) 加上能产生最大电流值的阻性负载(包括短路),在工作 60 s 后测量输出电流。

表 10 最大可获得电流值的限值

开路输出电压(U 或者 $\hat{U}$) V			最大可获得电流 A
交流有效值	直流	峰值[a]	交流有效值或直流
$U \leqslant 2$	$U \leqslant 2$	$\hat{U} \leqslant 2.8$	50
$2 < U \leqslant 12.5$	$2 < U \leqslant 12.5$	$2.8 < \hat{U} \leqslant 17.6$	$100/U$
$12.5 < U \leqslant 18.7$	$12.5 < U \leqslant 18.7$	$17.6 < \hat{U} \leqslant 26.4$	8
$18.7 < U \leqslant 30$	$18.7 < U \leqslant 60$	$26.4 < \hat{U} \leqslant 42.4$	$150/U$

[a] 峰值($\hat{U}$)是为方便使用而提供,适用于非正弦波形的交流电和纹波超过 10% 的直流电。由于电流的有效值与发热相关,故应确定最大可获得电流的有效值。

表 11 过流保护装置的值

出现在电路中的电位(U 或者 $\hat{U}$) V			过流保护装置在不大于 120 s 后断开的电流[b,c] A
交流有效值	直流	峰值[a]	交流有效值或直流
$U \leqslant 2$	$U \leqslant 2$	$\hat{U} \leqslant 2.8$	62.5
$2 < U \leqslant 12.5$	$2 < U \leqslant 12.5$	$2.8 < \hat{U} \leqslant 17.6$	$125/U$
$12.5 < U \leqslant 18.7$	$12.5 < U \leqslant 18.7$	$17.6 < \hat{U} \leqslant 26.4$	10
$18.7 < U \leqslant 30$	$18.7 < U \leqslant 60$	$26.4 < \hat{U} \leqslant 42.4$	$200/U$

[a] 峰值($\hat{U}$)是为方便使用而提供,适用于非正弦波形的交流电和纹波超过 10% 的直流电。由于电流的有效值与发热相关,故应确定最大可获得电流的有效值。

[b] 该评估值是基于所规定的保护装置的时间—电流分断特性,与额定分断电流是有区别的(例如 ANSI/UL 248-14 的 5 A 熔断器,规定为 10 A 在 120 s 或更短时间熔断,而 IEC 60127 的 T 型 4 A 熔断器,规定为 8.4 A 在 120 s 或更短时间熔断)。

[c] 熔断器的分断电流与温度有关,如果熔断器临近的周围温度明显高于室温,则温度的影响应加以考虑。

9.5 过流保护

预定要由电网电源供电的或要与电网电源连接的工业控制计算机应用熔断器、断路器、热切断器、阻抗限制电路或类似装置来进行保护,防止设备出现故障时从电网获得过大的能量。这种保护是要限制故障的进一步发展以及着火和火焰蔓延的可能性。过流保护装置也能在故障情况下提供防电击保护。

过流保护装置不能装在保护导线上。

过流保护装置(例如熔断器)最好要装在所有供电导线上。如果使用多个熔断器作过流保护装置,则熔断器座应彼此靠近安装,这些熔断器应具有相同的额定值和特性。过流保护装置,包括电源开关最好要装在工业控制计算机中的输入电源电路的供电一侧。已认识到,在产生高频的设备中,还需要在电网电源与过流保护装置之间装上干扰抑制元件。

注:在某些工业控制计算机中,可能需要对过流保护装置的动作进行检测和指示。

工业控制计算机中的过流保护装置是可以任选的,如果不安装过流保护装置,则制造商说明书应规定在工业控制计算机预期使用的装置中要求提供过流保护装置。

如果采用过流保护装置,则应装在工业控制计算机内部。

通过目视检查来检验是否合格。

10 设备的温度限值和耐热

10.1 对防灼伤的表面温度限值

在 40 ℃ 的环境温度或最高额定环境温度下(如果温度更高),易接触表面的温度在正常条件下不能超过表 12 的规定值,或在单一故障条件下不能超过 105 ℃。

表 12 正常条件下的表面温度限值

零部件	限值/ ℃
1. 外壳的外表面	
a) 金属的	70
b) 非金属的	80
c) 正常使用是不可能被接触的小区域	100
2. 旋钮和手柄	
a) 金属的	55
b) 非金属的	70
c) 在正常使用时仅被短时间抓握的非金属零部件	85

在正常使用条件下和在 4.4.2 的适用的单一条件下,以及在由于温度过高可能导致危险的任何其他单一故障条件下,按 10.4 的规定通过测量,以及通过目视检查防护装置是否能防止意外接触表面,温度是否超过表 12 的规定值和是否不用工具就不能拆除来检验是否合格。

10.2 绕组的温度

如果因温度过高可能导致危险,则绕组绝缘材料的温度在正常条件下或单一故障条件下不能超过表 13 的规定值。

注:对内部无空隙的模制零部件,则按照 10.1 规定执行。

表 13 绕组绝缘材料的最高温度

绝缘等级 (见 GB/T 11021—2014)	正常条件 ℃	单一故障条件 ℃
A	105	150
B	130	175
E	120	165
F	155	190
H	180	210

10.3 其他温度的测量

就其他条款而言,如果适用,则要进行下列其他温度的测量。除另有规定者外,试验要在正常条件下进行。

　　a) 在进行 10.5.1 的试验时,测量非金属外壳的温度(建立供 10.5.2 的试验用的基础温度)。

　　b) 用来支撑与电网电源连接的,且用绝缘材料制成的零部件的温度(建立供 10.5.3 的试验用的温度)。

10.4 温度试验的实施

工业控制计算机应在基准试验条件下进行试验。除了另行规定特殊的单一故障条件外,要遵守制造厂说明书有关通风等规定。

最高温度可以通过在基准试验条件下测量温升,然后将该温升值加上 40 ℃,或加上最高额定环境温度(如果温度更高)来确定。

绕组绝缘材料的温度通过测量绕组线的温度和与绝缘材料接触的铁心片的温度来确定。可以采用电阻法来测量温度,也可以采用温度传感器来测量温度,温度传感器的选择和放置要使其对绕组温度的影响可忽略不计。如果绕组是不均匀的,或者测量电阻有困难,则要采用后者的测量方法。

温度要在达到稳定时测量。

10.5 耐热

10.5.1 电气间隙和爬电距离的完整性

当工业控制计算机在环境温度 40 ℃或最高额定环境温度(如果温度更高)下工作时,其电气间隙和爬电距离应符合 6.7 的要求。

如果对工业控制计算机是否产生大量的热量有怀疑,则要使工业控制计算机在 4.3 的基准试验条件下,但环境温度为 40 ℃或最高额定环境温度(如果温度更高),通过工业控制计算机工作来进行检验。在本试验后,电气间隙和爬电距离不能减小到小于 6.7 的要求值。

如果外壳是非金属材料的,则要在上述为 10.5.2 的目的而进行试验时测量外壳零部件的温度。

10.5.2 非金属外壳

非金属材料的外壳应能耐高温。

在经过下列之一的处理后,通过试验来检验是否合格。

　　a) 非工作处理。工业控制计算机不通电,在 70 ℃±2 ℃或在比 10.5.1 的试验时测得的温度高 10 ℃±2 ℃的温度下(取其较高的温度)贮存 7 h。如果工业控制计算机装有用这种处理方法可能会受到损坏的元件,则可以对空外壳进行处理,然后在处理结束时装好设备。

b) 工作处理。工业控制计算机在4.3的基准试验条件下工作,但环境温度要比40 ℃高20 ℃±
   2 ℃,或比最高额定环境温度(如果高于40 ℃)高20 ℃±2 ℃。

在经过处理后,危险带电零部件不能成为可触及,工业控制计算机应能通过8.2的试验,以及如有
怀疑,则再另外进行6.8的试验(但不进行潮湿预处理)。

10.5.3 绝缘材料

绝缘材料应有适当的耐热能力。

a) 对用来支撑与电网电源连接的且用绝缘材料制成的零部件,应采用工业控制计算机内一旦发
   生短路而不会导致危险的绝缘材料制成。

b) 如果在正常使用时,端子承载电流超过0.5 A,以及如果在不良接触的情况下散发大量的热量,
   则支撑这些端子的绝缘件应采用其软化程度不会达到可能导致危险或进一步短路的材料来
   制成。

在有怀疑的情况下,通过检查材料的数据来检验是否合格。如果材料数据不能令人确信,则要进行
下列之一的试验:

a) 采用至少2.5 mm厚的绝缘材料样品,用图8的试验装置来进行球压试验。试验在加热箱内
   进行,箱内温度为按10.3b)或10.3c)的规定测得的温度±2 ℃,或125 ℃±2 ℃,取其较高的
   温度。对被试零部件的支撑要确保使其上表面呈水平状态,然后使试验装置的球面部分以
   20 N的力压在该表面上。1 h后取下试验装置,并将样品浸入冷水中,使样品在10 s内冷却到
   接近室温。由球体引起的压痕的直径不能超过2 mm。

注1:如有必要,可以使用零部件的两个或多个截取部分来获得所要求的厚度。

注2:对骨架,仅支撑或保持端子在位的那些部分才需要进行该试验。

b) GB/T 1633—2000的方法A的维卡软化试验。维卡软化温度至少应为130 ℃。

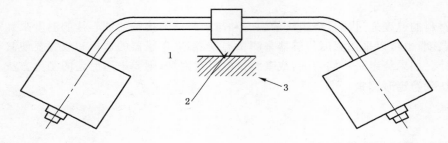

说明:

1——被试部分;

2——试验装置的球形部分;

3——支撑件。

图8 球压试验装置

11 元器件

11.1 概述

如果涉及安全,则元器件应按其规定的额定值使用,除非已作出特定的例外规定。元器件应符合下
列之一的要求:

a) 某个相关的GB或IEC标准的适用的安全要求,不要求符合该元器件标准的其他要求。如果
   对应用有必要,则元器件应承受本部分的试验,但不需要再进行已在检验元器件标准符合性时

完成的等同或等效的试验;

b) 本部分的要求,以及如果对应用有必要,相关的 GB 或 IEC 元器件标准任何附加的适用的安全要求;

c) 本部分的要求,如果无相关的 GB 或 IEC 标准;

d) 某个非 GB 或 IEC 标准的适用的安全要求。这些适用的安全要求至少要与相关的 GB 或 IEC 标准的适用的安全要求相当,只要该元器件已由经认可的检测机构按该非 GB 或 IEC 标准获得批准即可。

注:即使试验采用非 GB 或 IEC 标准,只要试验已由经认可的检测机构完成并确认符合适用的安全要求就无需重新进行试验。

11.2 风扇

当将风扇停转或堵转(见 4.4.2.7)时,会出现电击危险、温度危险或着火危险,则应采用符合 11.4 要求的过温保护装置或热保护装置来进行保护。

在 4.4.2.7 的故障条件下,按 10.2 的规定,测量单一故障条件下的温度来检验是否合格。

11.3 电池

电池的安装应确保使电池电解液的泄漏不会损害安全。通过目视检查来检验是否合格。

电池不能由于过度充电、放电或由于电池安装时极性不正确而引起爆炸或出现着火危险。如果有必要,设备中应提供防护,除非制造厂的说明书规定,该设备只能使用具有内部保护的电池。

如果由于装上错误型号的电池(例如,如果规定要装具有内部保护的电池)可能会引起爆炸或着火危险,则应在电池舱、安装支架上或在其近旁标上警告标记,而且还应在制造厂说明书中给出警告语句。可接受的标志是表 1 的符号 14。

如果设备具有能对可充电电池充电的装置,且如果不可充电电池有可能被安装和连接在电池舱内,则应在电池舱内或其近旁标上标志(见 5.2)。该标志应给出警告,防止对不可充电电池充电,同时还应标出能与充电电路一起使用的可充电电池的型号。可接受的标志是表 1 的符号 14。

电池舱的设计应做到不可能因可燃性气体的积聚而引起爆炸和着火。

为确认某一元器件失效不会导致爆炸或着火危险,通过目视检查,包括检查电池数据来检验是否合格。如有必要,在其失效有可能导致这种危险的任何一个元器件上(电池本身除外)进行短路或开路试验。

对预定要由操作人员来更换的电池,试着反极性安装一块电池,应无危险发生。

11.4 过温保护装置

过温保护装置是在单一故障条件下动作的装置,应符合下列所有要求:

a) 在结构上应做到能保证功能可靠;

b) 规定成能切断使用它们的电路中最大的电压和电流;

c) 在正常条件下不动作。

通过研究过温保护装置的动作原理,以及使电源在单一故障条件下工作时,通过下列试验来检验是否合格。动作次数如下:

a) 对自复位过温保护装置使其动作 200 次;

b) 对非自复位过温保护装置,除热熔断器外,每次动作后要复位,因此要使其这样动作 10 次;

c) 对不能复位的过温保护装置使其动作一次。

试验期间,在每次施加单一故障条件后复位装置应动作,而非复位装置应动作一次。试验后,复位装置不能出现会在下一次单一故障条件下阻碍其动作的损坏迹象。

11.5 熔断器座

对装有预定要由操作人员来更换熔断器的熔断器座在更换熔断器时应不能触及到危险带电零部件。

通过用铰接式试验指(见图 B.2)在不施加力的情况下进行试验来检验是否合格。

11.6 电网电源电压选择装置

电网电源电压选择装置在结构上应做到不会意外发生将一个电压转换到另一个电压。电压选择装置的标志在 5.1.3d)中作出规定。

通过目视检查和手动试验检验是否合格。

11.7 在设备外部试验的电源变压器

如果电源变压器在设备外部进行试验(见 4.4.2.4)可能会影响试验结果,则应在和设备内存在的相同的条件下来进行试验。

通过 4.4.2.4 规定的短路和过载试验,然后通过 4.4.4.1b)和 c)的试验来检验是否合格。如果对变压器安装在设备内能否通过 4.4.4 和 10.2 的其他试验有任何怀疑,则要重新对安装在电源内部的变压器进行试验。

11.8 印制线路板

印制线路板应采用可燃性等级为 GB/T 11020—2005 的 FV-1 或更优的材料。

本要求不适用于包含有符合 9.3 要求的限能电路的薄膜挠性印制线路板。

通过检查材料的数据来检验可燃性额定值是否合格。另一种可供选择的方法是,在三个相关零部件的样品上,通过进行 GB/T 11020—2005 规定的 FV 试验来检验是否合格。样品可以是下列规定的任一种样品:

a)　完整的印制线路板;

b)　印制线路板的截取部分;

c)　符合 GB/T 11020—2005 规定的样品。

11.9 用作瞬态过压限制装置的电路和元器件

如果在工业控制计算机内采取对瞬态过压进行抑制的措施,则任何过压限制元器件或电路应承受表 14 中适用的脉冲承受电压,10 个正极性脉冲和 10 个负极性脉冲,脉冲间隔时间最长为 1 min,脉冲由 1.2/50 μs 脉冲发生器(见 GB/T 16927)产生。该脉冲发生器应产生 1.2/50 μs 的开路电压波形和 8/20 μs的短路电流波形,且输出阻抗(峰值开路电压除以峰值短路电流)应符合表 15 的规定。

对测量电路,试验电压在表 14 中作出规定。对其他电路,试验电压与测量类别Ⅱ的规定值相同。

表 14　脉冲承受电压

电网电源标称相线-中线电压 （交流或直流） V	规定的脉冲承受电压 V		
	测量类别		
	Ⅱ	Ⅲ	Ⅳ
50	500	800	1 500
100	800	1 500	2 500

表 14（续）

电网电源标称相线-中线电压 （交流或直流） V	规定的脉冲承受电压 V		
	测量类别		
	Ⅱ	Ⅲ	Ⅳ
150	1 500	2 500	4 000
300	2 500	4 000	6 000
600	4 000	6 000	8 000
1 000	6 000	8 000	12 000

表 15　脉冲发生器的输出阻抗

测量类别	输出阻抗 Ω
Ⅲ 和 Ⅳ Ⅱ	2 12（见注）
注：可以在较低阻抗的发生器上串联电阻,使阻抗增加到该相应的数值。	

通过上面的试验来检验是否合格,试验后应没有过载迹象,或者不能出现元器件性能的劣变。

注：用来抑制在 GB 16895.11 中所规定的瞬态过压的电路或元件不能采用上述的试验方法来进行试验。

附 录 A
（规范性附录）
例 行 试 验

A.1 概述

制造商对其生产的带有危险带电零部件和可触及导电零部件的设备应 100% 的进行 A.2~A.4 的试验。

除非能清楚地表明其试验结果在后续的制造阶段是有效的，否则应使用完全组装好的设备来进行试验。进行试验时不能拆掉设备电线、改装或拆开设备，但是如果扣式盖子和摩擦紧固的旋钮对试验有影响，则应将其拆下。设备在试验期间不能通电，但其电源开关应置于通位。

设备不需要包上金属箔，也不需要进行潮湿预处理。

A.2 保护接地

在一端为器具输入插座的接地插销或插头连接式设备的电源插头的接地插销、或者永久性连接式设备的保护导体端子，以及另一端为 6.5.2 要求与保护导体端子相连的所有可触及导电零部件之间进行接地连续性试验。

注：对试验电流值不作规定。

A.3 电网电源电路

在一端为连接在一起的电网电源端子，以及另一端为连接在一起的所有可触及导电零部件之间，施加 6.8 规定的（进行潮湿预处理）对应于基本绝缘的试验电压。就本标准而言，预定要与其他设备的非带电的电路相连的任何输出端子的接触件被认为是可触及导电零部件。

试验电压应在 2 s 内升至规定值，并至少保持 2 s。

不能出现击穿或重复的飞弧，不考虑电晕效应和类似现象。

A.4 其他电路

在一端为连接在一起的在正常工作时能成为危险带电的浮地输入电路的端子，以及另一端为连接在一起的可触及导电零部件之间施加试验电压。

还要在一端为连接在一起的在正常使用时能成为带电的浮地输出电路的端子，以及另一端为连接在一起的可触及导电零部件之间施加试验电压。

对每一种情况施加的电压值为工作电压的 1.5 倍。如果电压限制（箝位）装置在低于 1.5 倍的工作电压下动作，则施加的电压值为 0.9 倍的箝位电压，但不小于工作电压。

注：在具有与保护导体端子相连的可触及导电零部件的设备中，可触及导电零部件是能与器具输入插座的接地插销或电源插头的接地插销相连的，在进行试验时，要将设备与任何外部接地装置进行电气隔离。

不能出现击穿或重复的飞弧，不考虑电晕效应和类似现象。

附　录　B
（规范性附录）
标准试验指

单位为毫米

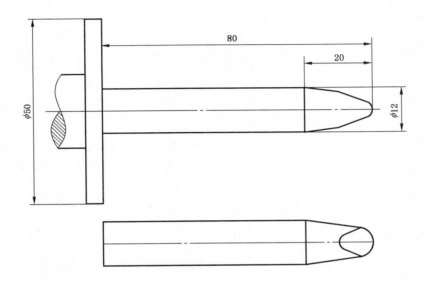

说明：
指尖的尺寸和公差见图 B.2。

图 B.1　刚性试验指（GB/T 16842—2008 的试具 11）

单位为毫米

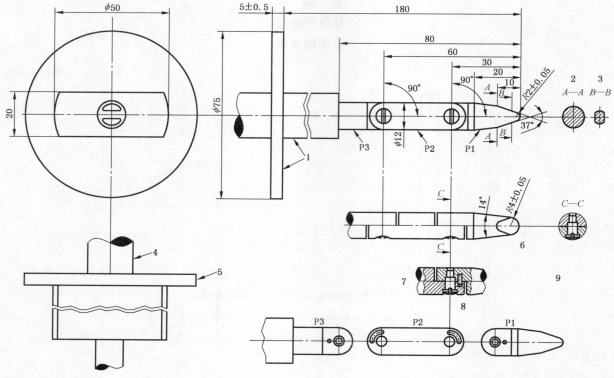

说明:

1——绝缘材料;

2——A-A 剖面;

3——B-B 剖面;

4——手柄;

5——挡板;

6——球形;

7——细节 X(示例);

8——侧视图;

9——所有边缘倒角;

未规定公差的尺寸的公差为:

——对角度: $^{0'}_{-10'}$;

——对线性尺寸:

≤25 mm 时: $^{0}_{-0.05}$ mm;

>25 mm 时:±0.2 mm。

试验指材料:经过热处理的钢材等。

该试验指的两个关节可以弯曲(90° $^{+10°}_{0°}$)但是只可以在同一平面内弯曲。

为了使弯曲角度限制在90°,采用销和槽的解决办法仅仅是各种可能解决的途径之一。由于这一原因,所以图中未给出这些细节的尺寸和公差。实际设计应保证(90° $^{+10°}_{0°}$)的弯曲角。

图 B.2　铰接式试验指(GB/T 16842—2008 的试具 B)

附　录　C
（规范性附录）
接触电流的测量电路

注：本附录是以 GB/T 12113—2003 规定的测量接触电流的程序为基础的，该标准也规定了测试电压表的特性。

C.1　频率小于或等于 1 MHz 的交流和直流的测量电路

用图 C.1 的电路测量电流，并用下面公式计算：

$$I = \frac{U}{500}$$

式中：

I ——电流，单位为安培（A）；

U——电压表指示的电压，单位为伏特（V）。

该电路代表人体阻抗和补偿人体生理反应随频率的变化。

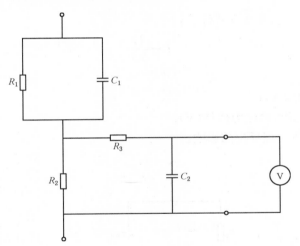

$R_1 = 1\ 500\ \Omega$

$R_2 = 500\ \Omega$

$R_3 = 10\ k\Omega$

$C_1 = 0.22\ \mu F$

$C_2 = 0.022\ \mu F$

图 C.1　频率小于或等于 1 MHz 的交流和直流测量电路

C.2　频率小于或等于 100 Hz 的正弦交流和直流的测量电路

当频率不超过 100 Hz 时，用图 C.2 的任一电路测量电流，当用电压表时，电流由下式计算：

$$I = \frac{U}{2\ 000}$$

式中：

I ——电流，单位为安培（A）；

U——电压表指示的电压,单位为伏特(V)。

该电路代表频率不超过 100 Hz 时的人体阻抗。

注:2 000 Ω 的阻值包括测量仪表的阻抗。

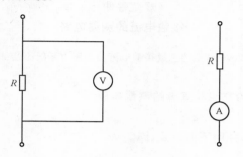

$R = 2\ 000\ \Omega$

图 C.2　频率小于或等于 100 Hz 的正弦交流和直流测量电路

C.3　高频电灼伤电流的测量电路

用图 C.3 的电路测量电流,并按下式计算:

$$I = \frac{U}{500}$$

式中:

I——电流,单位为安培(A);

U——电压表指示的电压,单位为伏特(V)。

该电路补偿高频对人体生理反应的影响。

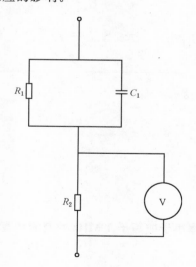

$R_1 = 1\ 500\ \Omega$
$R_2 = 500\ \Omega$
$C_1 = 0.22\ \mu F$

图 C.3　电灼伤电流测量电路

C.4 潮湿接触电流的测量电路

用图 C.4 的电路测量潮湿接触电流,并按下式计算:

$$I = \frac{U}{500}$$

式中:

I——电流,单位为安培(A);

U——电压表指示的电压,单位为伏特(V)。

该电路代表无皮肤接触电阻的人体阻抗。

$R_1 = 375\ \Omega$

$R_2 = 500\ \Omega$

$C_1 = 0.22\ \mu F$

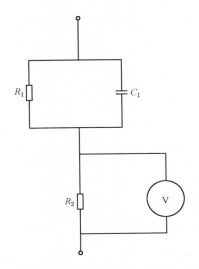

图 C.4 潮湿接触电流的测量电路

附　录　D

（规范性附录）

其间规定绝缘要求的零部件

下列符号在图 D.1～图 D.3 中用来表示：

a)　要求：

　　B　要求基本绝缘；

　　D　要求双重绝缘和加强绝缘。

b)　电路和零部件：

　　A　与保护导体端子不连接的可触及零部件；

　　H　正常条件下是危险带电的电路；

　　N　正常条件下不超过 6.3.2 限值的电路；

　　R　与基本绝缘组合形成保护阻抗的高阻抗[见 6.5.4b)]；

　　S　保护屏；

　　T　可触及的外部端子；

　　Z　次级电路的阻抗。

所给出的次级电路也可以被认为只是零部件。

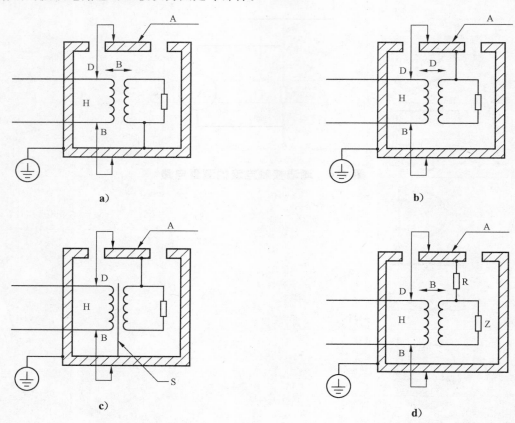

图 D.1　a)～d)危险带电电路与正常条件下不超过 6.3.2 限值且具有可触及零部件
的外部端子的电路之间的防护

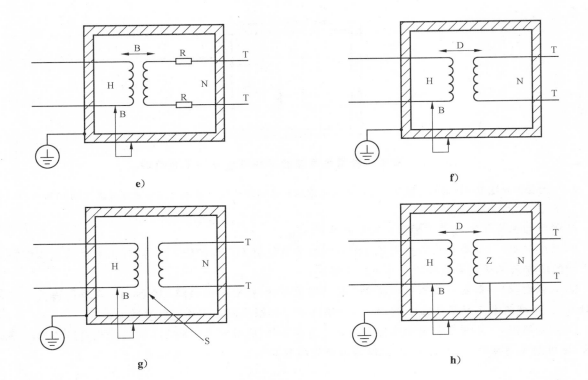

图 D.1　e)～h)危险带电电路与正常条件下不超过 6.3.2 限值且具有外部端子的其他电路之间的防护

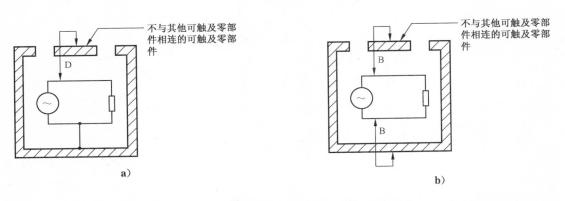

图 D.2　a)和 b)不与其他可触及零部件相连的可触及件对内部危险带电电路的防护

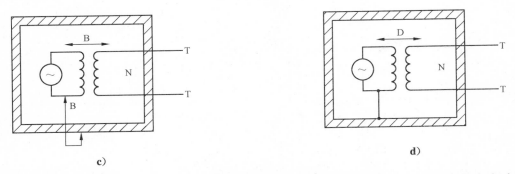

图 D.2　c)和 d)正常条件下不超过 6.3.2 限值的次级电路的可触及端子对初级危险带电电路的防护

注：图 D.2c)和 D.2d)所示的电路也可以有其他防护措施,例如保护屏、电路保护连接(见 6.5.2)和保护阻抗(见 6.5.4)。

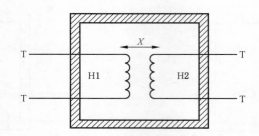

图 D.3 两个危险带电电路的外部可触及端子的防护

注：未与保护导体端子连接的可触及零部件和两个危险带电电路中任一电路之间的绝缘要求如图 D.1a)～D.1d)
所示。

X 的试验电压按下面最严酷的一种情况来确定：

B(基本绝缘)—如果危险带电电路 H1 和危险带电电路 H2 两者是已连接好的,则试验电压根据电路之间的绝缘所承受的最高额定工作电压来确定；

D(双重绝缘)—如果危险带电电路 H1 是已连接好的,危险带电电路 H2 的端子在进行连接时又是可触及的,则试验电压根据危险电路 H1 的绝缘所承受的最高额定工作电压来确定；

D(双重绝缘)—如果危险带电电路 H2 是已连接好的,危险带电电路 H1 的端子在进行连接时是可触及,则试验电压根据危险电路 H2 的绝缘所承受的最高额定工作电压来确定。

附 录 E

（规范性附录）

污染等级的降低

表 E.1　给出了通过采用附加防护使内部环境污染等级的降低

附加防护	从外部环境污染等级 2 降至	从外部环境污染等级 3 降至
采用 GB/T 4208—2008 的 IPX4 外壳	2	2
采用 GB/T 4208—2008 的 IPX5 或 IPX6 外壳	2	2
采用 GB/T 4208—2008 的 IPX7 或 IPX8 外壳	2[a]	2[a]
采用气密密封的外壳	1	1
采用连续加热	1	1
采用密封	1	1
采用使用涂层	1	2
[a] 如果设备制造时已确保其内部是低湿度的,且说明书又规定,在打开外壳后再次合上外壳时,应在湿度受控的环境中进行或者应使用干燥剂,则污染等级就能降至 1 级。		

附　录　F

（规范性附录）

电气间隙和爬电距离的测量

图 F.1 中例 1～例 11 中规定的、适用于各种实例的沟槽宽度 X 按不同的污染等级规定如下。

下面的例子中规定的尺寸 X 有一个最小值，取决于表 F.1 给出的污染等级。

表 F.1　污染登记表

污染等级	尺寸 X 最小值 mm
1	0.25
2	1.0
3	1.5

如果所涉及的电气间隙小于 3 mm，则最小尺寸 X 可减小到该电气间隙的三分之一。

测量电气间隙和爬电距离的方法在图 F.1 的例 1～例 11 中说明。这些例子不区分裂缝和沟槽也不区分绝缘的类型。

需要做出以下一些假定：

a)　如果跨越沟槽的宽度大于或等于 X，爬电距离要沿沟槽的轮廓线进行测量（见例 2）。

b)　假定任何凹槽桥接有一段长度等于 X 的绝缘连杆，而且桥接在最不利的位置（见例 3）。

c)　在相互间能处于不同位置的零部件之间测量电气间隙和爬电距离时，要在这些零部件处于最不利的位置测量。

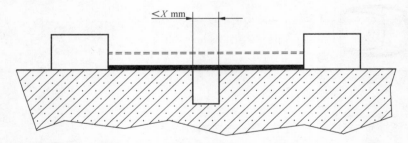

例 1 所测量的路径包含一条任意深度，宽度小于 X、槽壁平行或收敛的沟槽。

直接跨沟槽测量爬电距离和电气间隙。

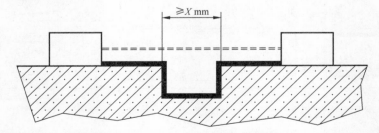

例 2 所测量的路径包含一条任意深度，宽度等于或大于 X、槽壁平行的沟槽。

电气间隙就是"视线"距离。爬电距离是沿沟槽轮廓线伸展的通路。

图 F.1　电气间隙和爬电距离测量方法的例子

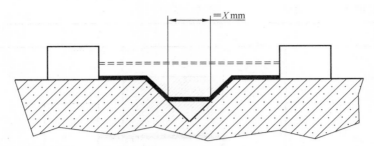

例 3 所测量的路径包含一条宽度大于 X 的 V 形沟槽。

电气间隙就是"视线"距离。

爬电距离是沿沟槽轮廓线伸展的通路,但沟槽底部用长度为 X 的连杆"短接"。

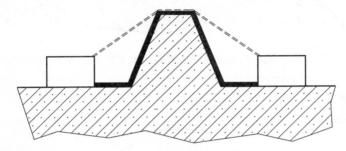

例 4 所测量的路径包含一根肋条。

电气间隙是越过肋条顶部最短直达空间通路。爬电距离是沿肋条轮廓线伸展的通路。

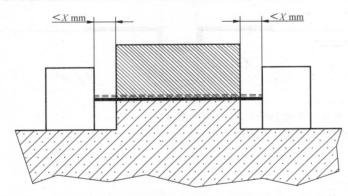

例 5 所测量的路径包含一条未粘合的接缝,该接缝的两侧各有一条宽度小于 X 的沟槽。

爬电距离和电气间隙是如图所示的"视线"的距离。

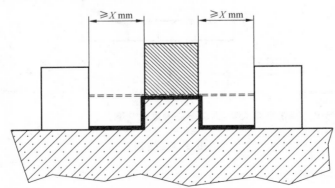

例 6 所测量的路径包含一条未粘合的接缝,该接缝的两侧各有一条宽度大于或等于 X 的沟槽。

电气间隙是"视线"的距离。

图 F.1(续)

爬电距离是沿沟槽轮廓线伸展的通路。

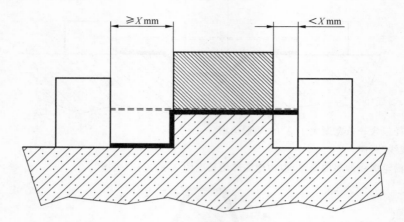

例 7 所测量的路径包含一条未粘合的接缝,该接缝的一侧有一条宽度小于 X 的沟槽,另一侧有一条宽度等于或大于 X 的沟槽。

爬电距离和电气间隙如图所示。

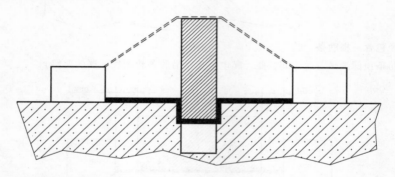

例 8 通过未粘合接缝的爬电距离小于越过挡板的爬电距离。

电气间隙是越过挡板顶部最短直达空间距离。

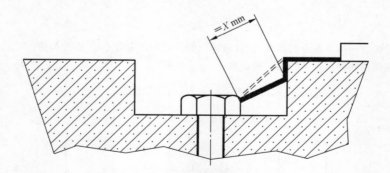

例 9 由于螺钉头与凹槽槽壁之间的空隙太窄,所以不必考虑该空隙。

图 F.1(续)

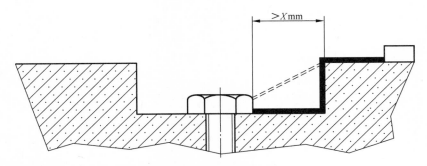

例10 由于螺钉头与凹槽槽壁之间的空隙足够宽,所以应考虑该空隙。

当该空隙的距离等于 X 时,爬电距离的测量值就是从螺钉到槽壁的距离。

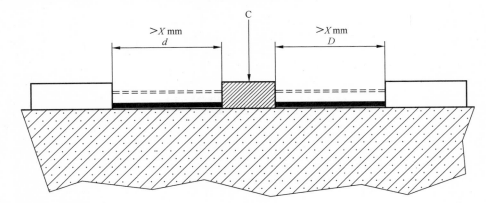

例11 C 为一浮地零部件。

电气间隙和爬电距离 $d+D$。

说明:

▬▬▬▬＝爬电距离;

======＝电气间隙。

图 F.1(续)

ICS 25.040.40
N 18

中华人民共和国国家标准

GB/T 26802.3—2011

工业控制计算机系统　通用规范
第3部分：设备用图形符号

Industrial control computer system—General specification—
Part 3：Graphical symbols for use on equipment

2011-07-29 发布

2011-12-01 实施

中华人民共和国国家质量监督检验检疫总局
中国国家标准化管理委员会　发布

前　言

GB/T 26802《工业控制计算机系统　通用规范》分为以下几部分：
——第1部分：通用要求；
——第2部分：工业控制计算机安全要求；
——第3部分：设备用图形符号；
——第4部分：文字符号；
——第5部分：场地安全要求；
——第6部分：验收大纲。

本部分是 GB/T 26802 的第3部分。

本部分由中国机械工业联合会提出。

本部分由全国工业过程测量和控制标准化技术委员会（SAC/TC 124）归口。

本部分负责起草单位：西南大学。

本部分参加起草单位：研祥智能科技股份有限公司、北京研华兴业电子科技有限公司、中国计算机学会工业控制计算机专业委员会。

本部分主要起草人：何强、李涛、吕静、钟秀蓉、黄巧莉、张建成。

本部分参加起草人：陈志列、孙伟、刘永池、林清波、杨孟飞。

工业控制计算机系统 通用规范
第3部分:设备用图形符号

1 范围

GB/T 26802 的本部分规定了工业控制计算机系统设备使用的图形符号。本部分规定的图形符号包括表示工业控制计算机系统设备的特征、操作标志、面板显示、功能状况、指示器、连接插口以及某些其他部件的图形符号。这些图形符号有助于用户操作和维护工业控制计算机系统。

本部分适用于工业控制计算机系统设备的各种操作件、指示器、连接件、连接插口的图形符号。

2 规范性引用文件

下列文件中的条款通过 GB/T 26802 的本部分的引用而成为本部分的条款。凡是注日期的引用文件,其随后所有的修改单(不包括勘误的内容)或修订版均不适用于本部分,然而,鼓励根据本部分达成协议的各方研究是否可使用这些文件的最新版本。凡是不注日期的引用文件,其最新版本适用于本部分。

GB 2894—2008 安全标志及其使用导则

GB/T 4457.4 机械制图 图样画法 图线(GB/T 4457.4—2002,eqv ISO 128-24:1999)

GB/T 4458.4 机械制图 尺寸注法

GB/T 5465.2—2008 电气设备用图形符号 第2部分:图形符号(IEC 60417 DB:2007,IDT)

GB/T 5465.11—2007 电气设备用图形符号基本规则 第1部分:原形符号的生成(IEC 80416-1:2001,IDT)

GB/T 14085—1993 信息处理系统 计算机系统配置图符号及约定(idt ISO 8790:1987)

GB/T 14691—1993 技术制图 字体(eqv ISO 3098-1:1974)

GB/T 15565.1—2008 图形符号 术语 第1部分:通用

GB/T 16273.1—2008 设备用图形符号 第1部分:通用符号(ISO 7000:2004,NEQ)

GB/T 16902.1—2004 图形符号表示规则 设备用图形符号 第1部分:原形符号

GB/T 17349.2—1998 道路车辆 汽车诊断系统 图形符号(idt ISO 7639:1985)

GB/T 23371.3 电气设备用图形符号基本规则 第3部分:应用导则

GB/T 26802.4—2011 工业控制计算机系统 通用规范 第4部分:文字符号

JB/T 5539—1991 分散型控制系统硬件设备的图形符号

YD/T 5015—2007 电信工程制图与图形符号规定

ISO 7000:2004 设备用图形符号 索引和一览表

3 术语和定义

GB/T 15565.1—2008 和 GB/T 5465.11—2007 中确立的以及下列术语和定义适用于 GB/T 26802 的本部分,为了方便使用,下面重复列出了 GB/T 15565.1—2008 和 GB/T 5465.11—2007 中的术语。

3.1

符号 symbol

表达一定事物或概念,具有简化特征的视觉形象。

[GB/T 15565.1—2008,定义 2.3]

3.2

图形符号　graphical symbol

具有特殊含义、与语言无关、用来表达信息的视觉感知图形。

[GB/T 5465.11—2007,定义 3.1]

3.3

图形符号要素　graphical symbol element

具有特殊含义的原形符号的组成部分。

[GB/T 5465.11—2007,定义 3.2]

3.4

设备用图形符号　graphical symbols for use on equipment

用于各种设备,作为操作指示或显示其功能、工作状态的图形符号。

[GB/T 15565.1—2008,定义 2.5.13]

4　图形符号的位置

图形符号应当放置在:

a)　控制器上或附近,以指示控制功能;

b)　操作面板或显示面板上,以说明机器的操作或状态;

c)　设备某些有要求的部件上。

5　设备用图形符号

工业控制计算机系统中常见设备用图形符号如表 1 所示,涉及到电气设备的图形符号应与 GB/T 5465.2—2008 配合使用,涉及到电信设备的图形符号应与 YD/T 5015—2007 配合使用。

表 1 只是给出了部分工业控制计算机系统设备用图形符号,如果有些工业控制计算机系统设备的图形符号在表 1 中未列出,允许根据图形符号或图形符号要素组合成一个新的图形符号,图形符号的组合见 GB/T 5465.11—2007 的第 5 章。

对于个别设备的图形符号(组合困难或相应国家标准未规定这些设备的图形符号等原因),可用方框(长宽比宜为 2∶1)加注文字符号的方式来表示图形符号,文字符号必须符合 GB/T 26802.4 的规定。若 GB/T 26802.4 未规定文字符号,则宜用英文缩写或汉字代替文字符号。汉字应采用国家正式颁布的汉字,字体宜采用宋体,字母字体应符合 GB/T 14691—1993 中的 A 型字体或 B 型字体,文字方向应符合 GB/T 4458.4 中的有关规定,按水平或垂直方向标注。文字与方框的最小距离应不小于边框线宽度的 2 倍,边框线宽度应符合 GB/T 4457.4 中的有关规定。

6　应用说明

工业控制计算机系统设备用图形符号的应用说明如下:

a)　图形符号的应用应遵循 GB/T 23371.3 的有关规定;

b)　本部分中的图形符号可根据需要缩小或放大,但图形符号本身的比例应保持不变;

c)　本部分给出的图形符号方位不是强制的,在不改变符号含义的前提下,符号可根据图面布置的需要旋转或成镜像倒置,但文字和指示方向不得倒置;

d)　在同一设备上,图形符号的大小和线的粗细也应基本一致。

表 1 工业控制计算机系统设备用图形符号

编号	图形符号	名　称	说　明
01		帮助；询问 Assistance；query	GB/T 16273.1—2008(122)
02		保护接地 Protective earth； protective ground	GB/T 5465.2—2008(5019)
03		彩色视频输出 Colour video output	GB/T 5465.2—2008(5530)
04		彩色视频输出，模拟式 Colour video output，analogue	GB/T 5465.2—2008(5530-1)
05		彩色视频输出，数字式 Colour video output，digital	GB/T 5465.2—2008(5530-2)
06		彩色视频输入 Colour video input	GB/T 5465.2—2008(5526)
07		彩色视频输入，模拟式 Colour video input，analogue	GB/T 5465.2—2008(5526-1)
08		彩色视频输入，数字式 Colour video input，digital	GB/T 5465.2—2008(5526-2)
09		彩色视频输入/输出 Colour video input/output	GB/T 5465.2—2008(5522)
10		彩色视频输入/输出，模拟式 Colour video input/output，ana-logue	GB/T 5465.2—2008(5522-1)
11		彩色视频输入/输出，数字式 Colour video input/output，digit-al	GB/T 5465.2—2008(5522-2)

表 1（续）

编号	图形符号	名　　称	说　　明
12		插头和插座；插塞连接件 Plug and socket； plug connection，general	GB/T 16273.1—2008(088)
13	IOIOI	串行接口 Serial interface	GB/T 5465.2—2008(5850) 标识串行数据连接的连接器
14		垂直同步 Vertical synchronization	GB/T 5465.2—2008(5062)
15		垂直图像幅度 Vertical picture amplitude	GB/T 5465.2—2008(5066)
16		垂直图像位移 Vertical picture shift	GB/T 5465.2—2008(5064)
17		磁带机 Tape drive	GB/T 14085—1993(3.1.2.2.1)
18		磁盘媒体 Disc media	GB/T 5465.2—2008(5986) 标识磁盘驱动器的控制，或指示磁盘 媒体已经被插入或访问
19		存储盘 Memory disk	GB/T 5465.2—2008(5884) 用于标识盒式磁盘的控制，例如软盘 或光盘，或指示插入该盘的状态
20		打印机 Printer	GB/T 5465.2—2008(5193)
21		打印机连接；并行接口 Printer connection；Parallel inter- face	GB/T 5465.2—2008(5851) 用于标识并行数据连接的接头，或者 用于指出打印功能

表 1（续）

编号	图形符号	名称	说明
22		打印屏幕；硬拷贝 Print screen；hard copy	ISO 7000：2004（2027）
23		待机 Stand-by	GB/T 5465.2—2008（5009） 标识开关或开关位置，表示设备部分 已接通处于待机状态
24		当心触电 Danger！electric shock	GB 2894—2008（2-7）
25		电池校验 Battery check	GB/T 5465.2—2008（5546） 标识对一次电池或二次电池状况检 验的控制或电池状况指示器
26		电话；电话适配器 Telephone；telephone adapter	GB/T 5465.2—2008（5090） 标识连接电话适配器的端子，也可表 示电话间
27		电话线 Telephone line	GB/T 5465.2—2008（5989） 标识 RJ11 接口或任何连接到电话线 上的通信设备终端
28		电源插头 Power plug	GB/T 5465.2—2008（5534）
29		调制解调器 Modem	GB/T 5465.2—2008（5262）
30		对比度 Contrast	GB/T 5465.2—2008（5057）
31		防火墙 Firewall	YD/T 5015—2007（4-10）

表1（续）

编号	图形符号	名　称	说　明
32		放大器 Amplifier	GB/T 5465.2—2008(5084) 标识放大器的接线端和控制
33		负号、负极 Minus；negative polarity	GB/T 5465.2—2008(5006)
34		功能性接地 Functional　earthing；functional grounding	GB/T 5465.2—2008(5018) 表式功能性接地端子，例如为避免设备发生故障而专门设计的一种接地系统
35		光纤交换机 Optical switch	YD/T 5015—2007(5-3)
36		盒式磁带驱动器 Cassette tape drive	JB/T 5539—1991(4)
37		会议电话 Conference	GB/T 5465.2—2008(5250) 应用范围：用于电话设备，标识选通所选用户发言的控制
38		集线器、交换机 Hub；switch	YD/T 5015—2007(4-9)
39		计算机网络 Computer network	GB/T 5465.2—2008(5988) 标识计算机网络本身或指示计算机网络的连接终端
40		键盘 Keyboard	GB/T 5465.2—2008(5991)
41		交流/直流变换器；整流器；电源转接器 A. C. /D. C. converter；rectifier；substitute power supply	GB/T 5465.2—2008(5003)
42		交流电 Alternating current	GB/T 5465.2—2008(5032)
43		交直流两用 Both direct and alternating current	GB/T 5465.2—2008(5033)

表 1（续）

编号	图形符号	名　称	说　明
44		接地 Earth；ground	GB/T 5465.2—2008(5017)
45		接地壳；接机架 Frame or chassis	GB/T 5465.2—2008(5020) 标识连接机壳、机架的端子
46		仅在运行期间才能操作 Actuate only during operation	GB/T 16273.1—2008(119)
47		紧急停止 Emergency stop	GB/T 5465.2—2008(5638)
48		警告 Caution	GB/T 16273.1—2008(123)
49		静音 Sound muting	GB/T 5465.2—2008(5436)
50		可充电电池 Rechargeable battery	GB/T 5465.2—2008(5639)
51		亮度 Brightness	GB/T 5465.2—2008(5056)
52		铃 Bell	GB/T 5465.2—2008(5013)

表 1（续）

编号	图 形 符 号	名 称	说 明
53		路由器 Router	YD/T 5015—2007(4-11)
54		起动；动作的开始 Start；start of action	GB/T 5465.2—2008(5104)
55		取消铃 Bell cancel	GB/T 5465.2—2008(5576)
56		色饱和度 Colour saturation	GB/T 5465.2—2008(5058)
57		色调 Hue	GB/T 5465.2—2008(5060)
58		视频输出 Video output	GB/T 5465.2—2008(5529)
59		视频输入 Video input	GB/T 5465.2—2008(5525)
60		手持话筒 Handheld microphone	GB/T 5465.2—2008(5913)
61		手动控制 Manual control	GB/T 16273.1—2008(103)
62		输出 Output	GB/T 5465.2—2008(5035)

表1（续）

编号	图形符号	名　称	说　明
63		输入 Input	GB/T 5465.2—2008(5034)
64		输入/输出 Input/output	GB/T 5465.2—2008(5448)
65		鼠标 Mouse	GB/T 5465.2—2008(5990)
66		水平同步 Horizontal synchronization	GB/T 5465.2—2008(5061)
67		水平图像幅度 Horizontal picture amplitude	GB/T 5465.2—2008(5065)
68		水平图像位移 Horizontal picture shift	GB/T 5465.2—2008(5063)
69		锁定,大写字母 Locking,capitals;caps-lock	GB/T 5465.2—2008(5993)
70		锁定,滚动;滚动锁定 Locking,scroll;scroll lock	GB/T 5465.2—2008(5994)
71		锁定,数字 Locking,numerals;num-lock	GB/T 5465.2—2008(5992)

表 1（续）

编号	图形符号	名　称	说　明
72		天线 Aerial(Antenna)	GB/T 5465.2—2008(5039)
73		添加/装入磁盘 Add/load diskette	ISO 7000:2004(1947)
74		停机(动作的停止) Stop	GB/T 5465.2—2008(5110)
75		通风机(鼓风机；风扇等) Air impeller;blower;fan	GB/T 5465.2—2008(5015) 标识操纵通风机的开关或控制装置。 如电影机或幻灯机上的风扇、室内 风扇
76		头戴耳机 Headphones	GB/T 5465.2—2008(5077) 标识头戴耳机插座、接线端或开关
77		头戴送、受话器 Headset	GB/T 5465.2—2008(5079) 标识头戴送、受话器插座、接线端或 开关
78		图像尺寸调整 Picture size adjustment	GB/T 5465.2—2008(5067)
79		图形记录器 Graphical recorder	GB/T 5465.2—2008(5192)
80		网关 Gateway	YD/T 5015—2007(4-7)

表 1（续）

编号	图形符号	名　　称	说　　明
81		危险电压 Dangerous voltage	GB/T 5465.2—2008(5036)
82		蓄电池 Battery	GB/T 17349.2—1998(3.3.41)
83		扬声器 Loudspeaker	GB/T 5465.2—2008(5080)
84		遥控 Remote control	GB/T 16273.1—2008(083)
85		遥控关闭 Remote control switch off	GB/T 16273.1—2008(085)
86		遥控开启 Remote control switch on	GB/T 16273.1—2008(084)
87		一般故障;失效;一般符号 Malfunction;general;failure	GB/T 16273.1—2008(164)
88		印出;打印出 Print out	GB/T 16273.1—2008(109)
89		硬盘 Hard disk	GB/T 5465.2—2008(5987)

表 1（续）

编号	图形符号	名　称	说　明
90		钥匙开关 Key switch	GB/T 16273.1—2008(108)
91		运行期间不允许操作 Do not actuate during operation	GB/T 16273.1—2008(118)
92		正号、正极 Plus;positive polarity	GB/T 5465.2—2008(5005)
93		直流电 Direct current	GB/T 5465.2—2008(5031)
94		主存储器 Main memory	GB/T 14085—1993(3.1.1)
95		自动控制(闭环) Automatic control(closed loop)	GB/T 16273.1—2008(102)
96		DVI(数字视频接口) Digital video interface	GB/T 5465.2—2008(5051)
97		USB 接口 Universal serial bus interface	USB 2.0 规范(6.5)
98		VGA(CRT)	GB/T 5465.2—2008(5053)

参 考 文 献

[1] Universal Serial Bus Revision 2. 0 specification[EB/OL]. 2000[2008-06-04]. http://www.
usb. org/developers/docs

索　引

汉语拼音索引

GB/T 26802.3—2011

英文对应词索引

ICS 25.040.40

N 18

中华人民共和国国家标准

GB/T 26802.4—2011

工业控制计算机系统 通用规范
第4部分：文字符号

Industrial control computer system—General specification—
Part 4：Letter symbol

2011-07-29 发布

2011-12-01 实施

中华人民共和国国家质量监督检验检疫总局
中国国家标准化管理委员会 发布

前　言

GB/T 26802《工业控制计算机系统　通用规范》分为以下几部分：

——第1部分：通用要求；

——第2部分：工业控制计算机安全要求；

——第3部分：设备用图形符号；

——第4部分：文字符号；

——第5部分：场地安全要求；

——第6部分：验收大纲。

本部分是 GB/T 26802 的第4部分。

本部分由中国机械工业联合会提出。

本部分由全国工业过程测量和控制标准化技术委员会（SAC/TC 124）归口。

本部分负责起草单位：西南大学、深圳市研祥通讯终端技术有限公司。

本部分参加起草单位：北京研华兴业电子科技有限公司、中国计算机学会工业控制计算机专业委员会。

本部分主要起草人：祁虔、李涛、黄巧莉、杨颂华、何强、陈志列、耿稳强。

本部分参加起草人：刘永池、林清波、杨孟飞。

工业控制计算机系统 通用规范
第4部分:文字符号

1 范围

GB/T 26802 的本部分规定了工业控制计算机系统用的主要文字符号。

本部分适用于工业控制计算机系统的各类技术文件。

2 规范性引用文件

下列文件中的条款通过 GB/T 26802 的本部分的引用而成为本部分的条款。凡是注日期的引用文件,其随后所有的修改单(不包括勘误的内容)或修订版均不适用于本部分,然而,鼓励根据本部分达成协议的各方研究是否可使用这些文件的最新版本。凡是不注日期的引用文件,其最新版本适用于本部分。

GB/T 4365—2003 电工术语 电磁兼容(IEC 60050(161):1990,IDT)

GB/T 17212—1998 工业过程测量和控制 术语和定义(idt IEC 60902:1987)

GB/T 20001.2—2001 标准编写规则 第2部分:符号

GB/T 26802.1—2011 工业控制计算机系统 通用规范 第1部分:通用要求

3 术语和定义

下列术语和定义适用于 GB/T 26802 的本部分。

3.1

文字符号 letter symbol

用字母、数字、汉字等或它们的组合来表达一定事务或概念的符号。

[GB/T 20001.2—2001,定义3.3]

4 工业控制计算机系统文字符号

工业控制计算机系统文字符号见表1。

表 1 工业控制计算机系统文字符号

编号	名 称	符号	说 明
001	报警 Alarm	AL	
002	报警控制台 Alarm Console	ALC	
003	报警指示器 Alarm Indicator	ALI	
004	被控系统 Controlled System	COS	
005	比特误码率 Bit Error Rate	BER	

表 1（续）

编号	名　称	符号	说　明
006	不间断电源 Uninterrupted Power Supply	UPS	
007	打印机接口 Line Print Terminal	LPT	
008	操作系统 Operational System	OS	
009	采样开关 Sampling Switch	SAS	
010	采样周期 Sampling Period	SAP	
011	操作变量 Manipulated Variable	MV	
012	操作员站 Operator's Station	OPS	
013	插箱 Card Case	CCA	
014	差分曼彻斯特码 Differential Manchester Encoding	DME	
015	传输线 Transmission Line	TL	
016	磁带机 Magnetic Tape Drive	MTD	
017	串模抑制 Serial Mode Rejection	SMR	系统或装置抑制串模输入信号对其输出影响的能力。见 GB/T 17212—1998 的 P2.1.1.11
018	串模抑制比 Serial Mode Rejection Ratio	SMRR	引起输出信息给定变化的串模信号值对产生输出信息相同变化所需的预期信号增量之比。见 GB/T 17212—1998 的 P2.1.1.12
019	打印机 Printer	PRT	
020	低电平过程接口单元 Low Lever Process Interface Unit	LLPIU	
021	低电平信号 Low Level Signal	LLS	
022	低速通信网络 Low Speed Communication Network	LSCN	

表1（续）

编号	名　称	符号	说　明
023	地 Ground	GND	
024	点插板箱 Point Card File Assembly	PCFA	
025	电擦除可编程只读存储器 Electrical Erasable Programmable ROM	EEPROM	
026	电源 Power Supply	PWR	
027	电源插箱 Power Supply Case	PSC	
028	电磁干扰 Electro Magnetic Interference	EMI	电磁骚扰引起的设备、传输通道或系统性能的下降。见 GB/T 4365—2003 的 2.1
029	电磁兼容性 Electro Magnetic Compatibility	EMC	设备或系统在其电磁环境中能正常工作且不对该环境中任何事务构成不能承受的电磁骚扰的能力。见 GB/T 4365—2003 的 2.1
030	多路转换器 Multiplexer	MUX	
031	发光二极管 Light Emitting Diode	LED	
032	阀门 Valve	V	
033	阀门定位器 Valve Positioner	VPR	
034	阀位 Valve Position	VP	
035	分布式处理单元 Distributed Processing Unit	DPU	
036	分布式数据库 Distributed Data Base	DDB	
037	蜂鸣器 Buzzer	BUZ	
038	高电平过程接口单元 High Level Process Interface Unit	HLPIU	

表 1（续）

编号	名　称	符号	说　明
039	高电平信号 High Level Signal	HLS	
040	高速通信网络 High Speed Communication Network	HSCN	
041	干线电缆 Trunk Cable	TRC	
042	共模抑制 Common Mode Rejection	CMR	系统或装置抑制共模输入信号对其输出影响的能力。见 GB/T 17212—1998 的 P2.1.1.08
043	共模抑制比 Common Mode Rejection Ratio	CMRR	系统或装置输入端上的规定共模电压信号与产生相同输出信号所需的具有相同特性型式差动输入信号之比。见 GB/T 17212—1998 的 P2.1.1.09
044	共享存储器 Shared Memory	SHM	
045	工程师操作站 Engineer's Operating Station	ENOS	
046	工业控制计算机 Industrial Control Computer	ICC	
047	工业控制计算机系统 Industrial Control Computer System	ICCS	
048	光笔显示器 Light Pen Display	LPD	
049	光端机 Optical Electrical Terminal	OET	
050	光缆 Fiber Optic Cable	FOCA	
051	光纤 Fiber Optic	FO	
052	光纤通信 Fiber Optic Communication	FOC	
053	过程变量 Process Variable	PV	
054	后备手操作器 Backup Manual Operation Device	BMOD	

表 1（续）

编号	名　称	符号	说　明
055	绘图仪 Plotter	PLOT	
056	火线 Live Line	L	
057	火线接口 1394 Interface	1394	
058	基本控制器 Basic Controller	BC	
059	机箱 Chassis	CHASSIS	
060	计算机辅助测试 Computer Aided Test	CAT	
061	计算机辅助设计 Computer Aided Design	CAD	
062	计算机辅助制造 Computer Aided Manufacturing	CAM	
063	计算机辅助装备 Computer Aided Equipment	CAE	
064	计算机控制方式 Computer Control Mode	CCM	
065	计算机手动后备 Computer Manual Backup	CMB	
066	计算机网关 Computer Gateway	CGW	
067	计算机自动-手动后备 Computer Automatic-Manual Backup	CAMB	
068	监控级 Supervision Level	SL	
069	监控计算机 Supervision Computer	SC	
070	监控站 Supervision Station	SS	
071	看门狗定时器 Watchdog Timer	WDT	
072	监视器 Monitor	MON	

表 1（续）

编号	名　称	符号	说　明
073	节点 Node	ND	
074	接口 Interface	IF	
075	局部操作站 Local Operator's Station	LOS	
076	局部控制网络 Local Control Network	LCN	
077	局部批量操作站 Local Batch Operator Station	LBOS	
078	局部通信接口 Local Communication Interface	LCI	
079	局域网 Local Area Network	LAN	
080	开放系统互连 Open System Interface	OSI	
081	可编程逻辑控制器 Programmable Logic Controller	PLC	
082	控制台 Console	CON	
083	控制网络模件 Control Network Module	CNM	
084	控制系统 Control System	CS	
085	宽带局域网 Broad Band LAN	BRLAN	
086	宽带同轴电缆 Broad Band Coaxial Cable	BBC	
087	扩充网关 Extension Gateway	XG	
088	浪涌保护器 Surge Protection	SPR	
089	历史数据趋势画面 Historical Trend Panel	HTP	

表 1（续）

编号	名　称	符号	说　明
090	零线 Neutral Line	N	
091	智能变送器接口 Smart Transmitter Interface	STI	
092	令牌 Token	TO	
093	令牌环 Token Ring	TOR	
094	令牌总线 Token Bus	TOB	
095	路由器 Router	RO	
096	曼彻斯特编码 Manchester Encoding	ME	
097	模板 Module	MO	
098	模拟量输出 Analog Output	AO	
099	模拟量输出模板 Analog Output Module	AOM	
100	模拟量输入 Analog Input	AI	
101	模拟量输入模板 Analog Input Module	AIM	
102	模数转换器 Analog/Digital Converter	A/D	
103	满量程范围 Full Scale Range	FSR	
104	内存插槽 Dual Inline Memory Module	DIMM	
105	批量处理单元 Batch Processing Unit	BPU	
106	批量控制 Batch Control	BAC	

表 1（续）

编号	名　　称	符号	说　　明
107	批量控制站 Batch Control Station	BCS	
108	PC 机串行接口 Personal Computer Serial Interface	PCSI	
109	PLC 网关 PLC Gateway	PLCG	
110	频分多路转换器 Frequency Division Multiplexer	FDM	
111	平均无故障工作时间 Mean Time Between Failures	MTBF	
112	平均修复时间 Mean Time To Repair	MTTR	
113	热电偶 Thermocouple	TC	
114	热电阻 Resistance Temperature Detector	RTD	
115	冗余计算机系统 Redundancy Computer System	RCS	
116	冗余控制模件 Redundancy Control Module	RCM	
117	软盘驱动器 Floppy Disk Drive	FDD	
118	软手操 Soft Manual	SM	
119	设定值 Set Point	SP	
120	设定值控制 Set Point Control	SPC	
121	实时控制系统 Real Time Control System	RTCS	
122	实时趋势画面 Real Time Trend Panel	RTTP	
123	时分多路转换器 Time Division Multiplexer	TDM	

表 1（续）

编号	名　　称	符号	说　　明
124	顺控串级 Sequence Cascade	SCA	
125	顺控手动 Sequence Manual	SMA	
126	顺控自动 Sequence Automatic	SAU	
127	顺序控制系统 Sequence Control System	SCS	
128	手动/自动 Manual/Automatic	M/A	
129	输入/输出模板 I/O Module	IOM	
130	输入/输出通道 I/O Channel	IOC	
131	数模转换器 Digital/Analog Converter	D/A	
132	数据采集站 Data Acquisition Station	DAS	
133	数据集中分配器 Data Concentrator	DCO	
134	数据链路 Data Link	DL	
135	数据终端设备 Data Terminal Equipment	DTE	
136	数字化输入板 Digitizer Tablet	DT	
137	数字量输出 Digital Output	DO	
138	数字量输出设备 Digital Output Device	DOD	
139	数字量输入 Digital Input	DI	
140	数字量输入输出 Digital I/O	DIO	

表 1（续）

编号	名 称	符号	说 明
141	数字量输入输出系统 Digital I/O System	DIOS	
142	数字量输入设备 Digital Input Device	DID	
143	数字锁相环 Digital Phase Lock Loop	DPLL	
144	数字显示器 Digital Display	DD	
145	数据通信设备 Data Communication Equipment	DCE	
146	数据库 Database	DB	
147	设备集成插座 Integrated Device Electronics	IDE	
148	双口存储器 Dual Port Memory	DPM	
149	调节阀 Control Valve	CV	
150	通信接口 Communication Interface	CI	
151	通信信道 Communication Channel	CCH	
152	通用工作站 Universal Work Station	UWS	
153	通用计算机接口 General Purpose Computer Interface	GPCI	
154	通用控制网络 Universal Control Network	UCN	
155	图形打印机 Graphic Printer	GRP	
156	图形显示 Graphic Display	GRD	
157	通用串行总线 Universal Serial Bus	USB	

表 1（续）

编号	名　称	符号	说　明
158	外部接口适配器 Peripheral Interface Adapter	PIA	
159	稳压电源 Voltage Regulator	VR	
160	网关 Gateway	GW	
161	网络接口模件 Network Interface Module	NIM	
162	网桥 Bridge	BR	
163	网络控制系统 Network Control System	NCS	
164	外围部件互连总线 Peripheral Component Interconnect	PCI	
165	现场总线 Field Bus	FBUS	
166	现场总线控制系统 Field Bus Control System	FCS	
167	现场端子组件 Field Termination Assemblies	FTA	
168	现场总线本质安全概念 Fieldbus Intrinsically Safe Concept	FISCO	
169	现场总线不点燃概念 Fieldbus Non-Incendive Concept	FNICO	
170	信号公共端 Signal Common	SGC	
171	循环冗余校验 Cyclic Redundancy Check	CRC	
172	液晶显示器 Liquid Crystal Display	LCD	
173	移频键控 Frequency Shift Keying	FSK	
174	硬手操 Hard Manual	HM	

表 1（续）

编号	名　称	符　号	说　明
175	音频 Audio	AUDIO	
176	诊断测试设备 Diagnostic Test Set	DTS	
177	增强型操作站 Enhanced Operator Station	EOS	
178	支线电缆 Branch Cable	BRC	
179	执行器 Actuator	ACT	
180	直接数字控制 Direct Digital Control	DDC	
181	直接数字控制站 Direct Digital Control Station	DDCS	
182	直接数值控制 Direct Numerical Control	DNC	
183	主机 Host	HOST	
184	主站 Master Station	MS	
185	专用键盘 Dedicated Function Keyboard	DFK	
186	自动 Automatic	AUTO	
187	自动控制系统 Automatic Control System	ACS	
188	中央处理器 Central Processing Unit	CPU	
189	总线 Bus	BUS	
190	组态 Configuration	CONF	
191	SATA 接口 Serial Advanced Technology Attachment	SATA	

英 文 索 引

S

T

U

V

W

X

———————————

ICS 25.040.40
N 18

中华人民共和国国家标准

GB/T 26802.5—2011

工业控制计算机系统　通用规范
第5部分：场地安全要求

Industrial control computer system—General specification—
Part 5：Safety requirements for field

2011-07-29 发布

2011-12-01 实施

中华人民共和国国家质量监督检验检疫总局
中国国家标准化管理委员会 发布

前　言

GB/T 26802《工业控制计算机系统　通用规范》分为以下几部分：
——第1部分：通用要求；
——第2部分：工业控制计算机安全要求；
——第3部分：设备用图形符号；
——第4部分：文字符号；
——第5部分：场地安全要求；
——第6部分：验收大纲。
本部分是 GB/T 26802 的第5部分。
本部分由中国机械工业联合会提出。
本部分由全国工业过程测量和控制标准化技术委员会(SAC/TC 124)归口。
本部分负责起草单位：深圳市研祥通讯终端技术有限公司、西南大学。
本部分参加起草单位：北京研华兴业电子科技有限公司、中国计算机学会工业控制计算机专业委员会。
本部分主要起草人：陈志列、陈锋、钟秀蓉、李涛、潘东波、吕静、黄巧莉。
本部分参加起草人：刘学东、刘永池、杨孟飞。

工业控制计算机系统 通用规范
第5部分：场地安全要求

1 范围

GB/T 26802 的本部分规定了工业控制计算机系统安装场地的安全要求。

本部分适用于工业控制计算机系统各种安装要求。

2 规范性引用文件

下列文件中的条款通过 GB/T 26802 的本部分的引用而成为本部分的条款。凡是注日期的引用文件，其随后所有的修改单（不包括勘误的内容）或修订版均不适用于本部分，然而鼓励根据本部分达成协议的各方研究是否可使用这些文件的最新版本。凡是不注日期的引用文件，其最新版本适用于本部分。

GB/T 156—2007 标准电压（IEC 60038:2002,MOD）

GB/T 2887—2000 电子计算机场地通用规范

GB 4717 火灾报警控制器

GB 8702 电磁辐射防护规定

GB 12348 工业企业厂界环境噪声标准

GB/T 17214.2—2005 工业过程测量和控制装置的工作条件 第 2 部分：动力（IEC 60654-2:1979,IDT）

GB/T 17214.3—2000 工业过程测量和控制装置的工作条件 第 3 部分：机械影响（IEC 60654-3:1983,IDT）

GB/T 17214.4—2005 工业过程测量和控制装置 第 4 部分：腐蚀和侵蚀影响（IEC 60654-4:1987,IDT）

GB 22337 社会生活环境噪声排放标准

GB 50016 建筑设计防火规范

GB 50057 建筑物防雷设计规范

3 术语和定义

下列术语和定义适用于本部分。

3.1

工业控制计算机系统场地 field of industrial control computer system

安放工业控制计算机系统物理设备的场所，包括工业控制计算机系统生产现场、供电等配套设施以及系统维修和工作人员的工作场所。

3.2

抗震设防标准 anti-seismic level

衡量抗震设防要求的尺度，由抗震设防烈度和建筑使用功能的重要性确定。

4 安全级别

4.1 安全级别分类

安全级别要求见表1。

A 级:有严格的要求或性能指标,有相应完善的安全措施。

B 级:有较严格的要求或性能指标,有相应较完善的安全措施。

C 级:有基本的要求或性能指标,有相应基本的安全措施。

4.2 安全级别的执行

根据工业控制计算机系统的场地气候条件和性能要求,场地安全可按某一级执行,也可按某些级综合执行。

注:综合执行是指工业控制计算机系统的某一气候条件下其场地安全可按某些级执行,如某气候条件按照要求可选:电磁干扰 A 级,火灾自动报警系统 B 级。

表 1 安全级别要求

项　　目	级　　别		
	A 级	B 级	C 级
场地	★	□	—
结构防火	★	□	—
火灾自动报警系统	★	□	—
人工报警系统	□	□	□
自动灭火系统	★	—	—
灭火器	★	□	□
供配电系统	★	□	□
通风	★	□	□
防水	★	□	—
防静电	★	□	—
防电磁干扰	★	□	—
抗腐蚀	★	□	□
防噪声	★	□	—
防鼠害	□	□	□
视频监控系统	★	□	—
集中监控系统	□	—	—
防雷击	★	□	—

注:表中"★"为要求并可有附加要求;"□"为要求;"—"为无需要求。

5 场地

5.1 场地选择

5.1.1 工业控制计算机系统场地位置

工业控制计算机系统安装场地的位置要求:

a) 应远离可能产生强大电磁场干扰的设备(如电力变压器,大电流断路器,电动机,发电机,卷扬机等)以及可能产生强烈电磁辐射的设备;

b) 应远离高温设备和火源;

c) 应远离噪声源以及可能产生强烈振动和冲击的设备;

d) 应远离有害气体源,易于产生尘埃及存放腐蚀、易燃、易爆物品的区域;

e) 应远离鼠害频繁的场所;

f) 应避开重盐害地区；

g) 应避开低洼、潮湿、落雷区域和地震频繁的地方。

5.1.2 A 级场地选址

场地选址为 A 级必须按 5.1.1 的要求执行并可有附加要求。

5.1.3 B 级场地选址

场地选址为 B 级应按 5.1.1 的要求执行。

5.1.4 C 级场地选址

场地选址为 C 级宜参照 5.1.1 的要求执行。

注：上述各条如无法避免，应采取相应的安全措施。

5.2 场地抗震设防标准

A 级工业控制计算机系统场地抗震设防标准应符合或高于当地抗震设防标准；B 级或 C 级工业控制计算机系统场地抗震设防标准应符合当地抗震设防标准。

5.3 场地振动

5.3.1 低频振动

A 级工业控制计算机系统场地低频振动范围应符合 GB/T 17214.3—2000 中表 1 的 V.L.1 级，B 级工业控制计算机系统场地至少达到 V.L.2 级，C 级工业控制计算机系统场地应达到 V.L.4 级以上。

5.3.2 高频振动

A 级工业控制计算机系统场地高频振动范围应符合 GB/T 17214.3—2000 中表 2 的 V.H.1 级，B 级工业控制计算机系统场地至少达到 V.H.2 级，C 级工业控制计算机系统场地应达到 V.H.4 级以上。

5.3.3 振动的严酷性

A 级工业控制计算机系统场地振动的严酷性应符合 GB/T 17214.3—2000 中表 3 的 V.C.1 级，B 级工业控制计算机系统场地应符合 V.C.1 或 V.C.2 级规定，C 级工业控制计算机系统场地应达到 V.C.3 级以上。

5.3.4 振动时间

振动时间应符合 GB/T 17214.3—2000 中表 4 的 V.T.1 的规定。

5.4 场地楼板负荷

场地楼板负荷要求如下

a) A 级工业控制计算机系统场地楼板负荷应不低于 500 kg/m²，符合 GB/T 2887—2000 的规定；

b) B 级和 C 级工业控制计算机系统场地楼板负荷应不低于 300 kg/m²，符合 GB/T 2887—2000 的规定；

c) A 级、B 级、C 级工业控制计算机系统场地的空调设备、供电设备用房的楼板负荷应依设备重量而定，一般应大于或等于 1 000 kg/m² 或采取加固措施，符合 GB/T 2887—2000 的规定。

6 防火

6.1 结构防火

6.1.1 结构防火要求

结构防火的室内工业控制计算机系统场地，其建筑物的耐火等级应不低于该建筑物所对应的设计防火规范中规定的二级耐火等级，具体要求应符合 GB 50016 的有关规定。

6.1.2 A 级结构防火

A 级结构防火必须按 6.1.1 的要求执行并可有附加要求。

6.1.3 B 级结构防火

B 级结构防火应按 6.1.1 的要求执行。

6.1.4 C 级结构防火

C 级结构防火宜参照 6.1.1 的要求执行。

6.2 火灾报警及消防措施

火灾报警及消防措施如下：

a) A 级应设立自动火灾报警装置和自动灭火系统；B 级应设立自动火灾报警装置或人工报警系统；A 级、B 级、C 级安全级别应设立人工报警系统。火险报警的其余事项应符合 GB 4717 的规定。

b) A 级、B 级、C 级安全级别应配备卤代烷灭火器。除纸介质等易燃物质外，禁止使用水、干粉或泡沫等易产生二次破坏的灭火剂。

7 供配电系统

A 级、B 级、C 级供配电系统要求如下：

a) 电源标准电压应符合 GB/T 156—2007 的规定，电源性能参数应符合 GB/T 17214.2—2005 的规定，电源性能参数等级可根据制造厂家的要求进行选择；

b) 电源开关应能控制物理设备的所有电源，主控制电源开关要放在安装场地的主要出口处，并设有应急装置；

c) 根据实际可能，可按 GB/T 2887—2000 中 4.6 的规定选择其中一种供电方式，但都需要选用合适的稳压器为物理设备供电；

d) 为保证可靠供电，应配置不间断电源；

e) 对大电流电源，应隔离或屏蔽；

f) 供电系统应有良好的接地，且系统直流地，交流工作地，安全保护地，防雷保护地必须遵照产品安装手册的具体要求连接。其接地电阻应符合 GB/T 2887—2000 的规定，也可根据制造厂家的要求协商解决。

8 通风

对通风条件不好的场地应安置通风设施。

9 防水

防水注意事项如下

a) 各种水汽管线不应敷设于物理设备的上方。当安装场地位于用水设备下层时应有防水的天花板，并设有漏水检测装置。

b) 物理设备的放置要远离潮湿的柱子和铝制管线结构柱，不允许在物理设备附近设置水龙头。

10 防静电

防静电要求如下

a) A 级安全要求的应安装抗静电地板或铺设抗静电地面；设备安装场地应置备静电消除器和静电消除剂。

b) 按本部分的第 7 章中 f)的规定定期检查接地情况。

c) 工业控制计算机系统的维修人员，在工作时应戴接地手环。

11 防电磁干扰

防电磁干扰环境场强应满足 GB 8702 的有关要求。当场地的电磁场干扰强度超过要求时，应采取屏蔽措施，具体要求应符合 GB 8702 的规定。

12 抗腐蚀

A 级抗腐蚀应符合 GB/T 17214.4—2005 表 1 的 1 级要求，B 级抗腐蚀达到 GB/T 17214.4—2005 表 1 的 2 级以上要求，C 级达到 GB/T 17214.4—2005 表 1 的 3 级以上要求。特殊情况可与制造商自行协商解决。

13 防噪声

安全噪声应满足 GB 22337 或 GB 12348 的规定。当场地的噪声强度超过要求时,应采取降噪措施。

14 防鼠害

在易受鼠害的场所,安装场地内的电缆和电线上应涂敷驱鼠药剂;安装场地设置捕鼠器具或驱鼠装置。

15 安全管理

制定相应的安全管理措施(如设立视频监控系统或集中监控系统)和制度以防止意外事故的发生;定期组织人员培训安全管理知识,提高安全意识。

16 防雷击

在雷电频繁区域应装设浪涌电压吸收装置,具备 GB 50057 中规定的防雷措施。

17 传输线路的安全措施

工业控制计算机系统数据传输电缆的铺设,一般信号电缆上方走向时设电缆槽,下方走向时设电缆沟。将信号线与电力线隔离,并应远离电磁辐射源,以避免由于干扰引起数据传输错误。

ICS 25.040.40
N 18

中华人民共和国国家标准

GB/T 26802.6—2011

工业控制计算机系统　通用规范
第6部分：验收大纲

Industrial control computer system—General specification—
Part 6：Regulation of acceptance

2011-07-29 发布

2011-12-01 实施

中华人民共和国国家质量监督检验检疫总局
中国国家标准化管理委员会　发布

前　言

GB/T 26802《工业控制计算机系统　通用规范》分为以下几部分：
——第1部分：通用要求；
——第2部分：工业控制计算机安全要求；
——第3部分：设备用图形符号；
——第4部分：文字符号；
——第5部分：场地安全要求；
——第6部分：验收大纲。

本部分是 GB/T 26802 的第6部分。

本部分由中国机械工业联合会提出。

本部分由全国工业过程测量和控制标准化技术委员会(SAC/TC 124)归口。

本部分负责起草单位：西南大学。

本部分参加起草单位：研祥智能科技股份有限公司、北京研华兴业电子科技有限公司、中国计算机学会工业控制计算机专业委员会。

本部分主要起草人：李涛、黄伟、吕静、张建成、黄仁杰。

本部分参加起草人：陈志列、廖宇晖、刘学东、刘永池、杨孟飞。

工业控制计算机系统　通用规范
第6部分:验收大纲

1　范围

GB/T 26802 的本部分规定了对工业控制计算机系统进行鉴定验收和考核验收的内容及方法。

本部分适用于一般工作条件下使用的工业控制计算机系统的鉴定验收及考核验收。

本部分不适用于工业控制计算机系统中的功能模板、外围设备、配套仪表及装置的单板或单机的验收。

2　规范性引用文件

下列文件中的条款通过 GB/T 26802 的本部分的引用而成为本部分的条款。凡是注日期的引用文件,其随后所有的修改单(不包括勘误的内容)或修订版均不适用于本部分,然而,鼓励根据本部分达成协议的各方研究是否可使用这些文件的最新版本。凡是不注日期的引用文件,其最新版本适用于本部分。

GB/T 15532　计算机软件测试规范

GB/T 17212　工业过程测量和控制　术语和定义(GB/T 17212—1998,idt IEC 60902:1987)

GB/T 18271.1—2000　过程测量和控制装置　通用性能评定方法和程序　第1部分:总则(idt IEC 61298-1:1995)

GB/T 26802.1—2011　工业控制计算机系统　通用规范　第1部分:通用要求

3　术语和定义

GB/T 17212 和 GB/T 26802.1—2011 确立的以及下列术语和定义适用于 GB/T 26802 的本部分。

3.1

鉴定验收　acceptance for qualification

新研制、开发的工业控制计算机系统试制完成后,由鉴定委员会或上级主管部门在全面评审相关技术文档的基础上,对系统功能和性能进行测试和评估,从而作出鉴定结论的过程。

3.2

考核验收　acceptance for examination

已经通过鉴定验收的工业控制计算机系统,用户在审查随机文件完整性的基础上,对系统功能按出厂检验规定的检验测试项目,进行试验室或现场运行考核,确认是否予以接收的过程。

3.3

检测程序　program of testing

由研制单位提供的检测工业控制计算机系统功能和性能指标的检测程序。检测程序应具备调用和启动方便、使用灵活、能给出运行正常的标志信息,对故障状态能提供明确的显示和打印结果等特点。

4　鉴定验收

4.1　总则

鉴定验收在工业控制计算机系统试制完成后进行。

4.2 鉴定验收的申报与组织

4.2.1 申报条件与程序

鉴定验收的申报条件与程序为：

a) 生产厂商根据上级部门下达的技术任务书研制完成的工业控制计算机系统；

b) 生产厂商自主研制的工业控制计算机系统或符合 GB/T 26802.1—2011 中 7.1.5.1.1 规定的型式检验所列情形；

c) 通过了半年以上试运行；

d) 在上述前提下，研制单位或部门方可向上级部门提出鉴定验收申请，同时呈报表 1 所列资料；

e) 经上级部门审批后，方可组织鉴定验收。

4.2.2 鉴定委员会的组织

鉴定委员会的组成为：

a) 鉴定验收组织单位应当聘请同行和相关专业的专家 5 人～15 人（含专业科技管理干部）组成鉴定委员会；

b) 鉴定委员会受鉴定组织单位的委托主持鉴定验收工作，并作出鉴定结论；

c) 对于第三方的鉴定验收，研制单位可向鉴定验收组织单位提出鉴定委员会的建议人选，但研制单位参加鉴定委员会的人员不得超过鉴定委员会成员总数的五分之一；

d) 负责或参与本项目的研究人员不得进入鉴定委员会。

4.3 文件评审

4.3.1 文件完整性

研制单位应向鉴定验收组织提交表 1 规定的各种技术文件。

表 1 研制单位应向鉴定验收组织提交的文件

序号	文 件 名 称	文 件 类 别
01	项目合同或技术任务书	△
02	需求分析报告	△
03	技术设计说明书	△
04	基本性能检测报告	△
05	系统综合性能评估报告	△
06	型式检验报告	△
07	鉴定验收大纲	△
08	试运行报告	△
09	软件	△
10	用户手册	△
11	标准化审查报告	△
12	项目效益分析报告	＋
13	电路图、逻辑图、系统配置图	＋
注：表中"△"表示必备文件，"＋"表示可选文件。		

4.3.2 文件的基本要求

文件集应符合 GB/T 26802.1—2011 中 5.6 和 6.3.7.1 的有关规定。

文件资料除纸质文本外，还应有电子文档，而且是与提交验收的工业控制计算机系统完全一致的发布版。

4.3.3 文件评审范围及要点

4.3.3.1 项目合同或技术任务书

上级下达的研制、开发新型工业控制计算机系统的项目合同或技术任务书包含对系统的功能和性能指标要求,及任务来源和项目编号等。

4.3.3.2 需求分析报告

根据项目合同或技术任务书要求和工业控制现场工艺等,进行功能和性能的详细需求分析。

4.3.3.3 技术设计说明书

按照项目合同或技术任务书和需求分析报告制定的技术设计说明书应体现和包含:

a) 系统总体设计方案符合 GB/T 26802.1—2011 中 5.1 的规定;

b) 硬件设计方案符合 GB/T 26802.1—2011 中 5.2 的规定;

c) 软件设计方案符合 GB/T 26802.1—2011 中 5.3 的规定;

d) 结构设计符合 GB/T 26802.1—2011 中 5.4 的规定;

e) 安全设计符合 GB/T 26802.1—2011 中 5.5 的规定;

f) 文档符合 GB/T 26802.1—2011 中 5.6 的规定;

g) 功能和技术指标符合 4.3.3.1。

4.3.3.4 基本性能检测报告

基本性能检测报告应体现和包含:

a) 输入/输出性能符合 GB/T 26802.1—2011 中 6.2.3 的规定;

b) 外观符合 GB/T 26802.1—2011 中 6.2.4 的规定;

c) 安全性能符合 GB/T 26802.1—2011 中 6.2.5 的规定;

d) 电源适应能力符合 GB/T 26802.1—2011 中 6.2.6 的规定;

e) 共模与串模抗扰度符合 GB/T 26802.1—2011 中 6.2.7 的规定;

f) 电磁兼容抗扰度符合 GB/T 26802.1—2011 中 6.2.8 的规定;

g) 环境影响符合 GB/T 26802.1—2011 中 6.2.9 的规定;

h) 倾跌影响符合 GB/T 26802.1—2011 中 6.2.10 的规定;

i) 抗运输环境影响符合 GB/T 26802.1—2011 中 6.2.11 的规定;

j) 抗腐蚀性气体性能符合 GB/T 26802.1—2011 中 6.2.12 的规定;

k) 长时间运行符合 GB/T 26802.1—2011 中 6.2.13 的规定;

l) 噪声符合 GB/T 26802.1—2011 中 6.2.14 的规定;

m) 电磁发射符合 GB/T 26802.1—2011 中 6.2.15 的规定;

n) 可靠性符合 GB/T 26802.1—2011 中 6.2.16 的规定。

4.3.3.5 系统综合性能评估报告

系统综合性能评估报告应体现和包含:

a) 系统特性符合 GB/T 26802.1—2011 中 6.3.1 的规定;

b) 系统功能性符合 GB/T 26802.1—2011 中 6.3.2 的规定;

c) 系统性能符合 GB/T 26802.1—2011 中 6.3.3 的规定;

d) 系统可信性符合 GB/T 26802.1—2011 中 6.3.4 的规定;

e) 系统可操作性符合 GB/T 26802.1—2011 中 6.3.5 的规定;

f) 系统安全性符合 GB/T 26802.1—2011 中 6.3.6 的规定;

g) 与任务无关的系统特性符合 GB/T 26802.1—2011 中 6.3.7 的规定。

4.3.3.6 型式检验报告

型式检验报告应具备法定检测部门提供的检测证明。

型式检验报告应体现和包含：

a) 检验依据及检验方法符合产品企业标准的有关规定；

b) 检验项目及检验记录齐全；

c) 测试设备具有足够精度并具备计量检验合格证；

d) 研制单位对工业控制计算机系统产品进行的质量分析。

4.3.3.7 鉴定验收大纲

鉴定验收大纲应体现和包含：

a) 提出的检测项目：

    1) 符合 4.3.3.1、4.3.3.2、4.3.3.3；

    2) 符合 GB/T 26802.1—2011 中表 6 的规定；

    3) 符合 GB/T 15532。

b) 有与检测项目对应的检测记录表。

c) 对在鉴定验收前已检测过并具有相应检测报告（如：试运行报告等）而又不宜在鉴定时再进行检测的项目，应列出检测报告文件的名称及编号。

d) 应提出鉴定验收过程中需要使用的测试设备的详细清单。清单中包括测试设备的名称、型号、规格及数量等。而且拟使用的测试设备应具有计量合格证。

4.3.3.8 试运行报告

工业控制计算机系统产品鉴定验收前，应经过试运行阶段，并有相应的试运行报告，其中包括：

a) 试运行产品的型号名称；

b) 试运行环境及试运行情况；

c) 用户对产品技术性能、功能的评价；

d) 用户对产品改进提出的合理化建议及其他要求。

4.3.3.9 软件

软件及其文档应符合 GB/T 26802.1—2011 的 5.6 中有关要求，并且：

a) 完整具备以下文档：

    1) 软件项目开发计划书；

    2) 软件需求说明书（包括：功能需求、性能指标需求、数据需求）；

    3) 软件设计说明书（包括：概要设计、详细设计、数据库设计）；

    4) 软件模块规格说明书；

    5) 软件质量保证计划；

    6) 软件配置管理计划；

    7) 模块开发宗卷；

    8) 用户手册；

    9) 操作手册；

    10) 程序维护手册；

    11) 测试计划；

    12) 测试结果分析报告；

    13) 安装实施过程。

b) 软件文档应具备可读性。

c) 软件测试计划和测试结果分析报告应符合 GB/T 15532 规定。

d) 软件应注明名称、版本、类别、用途、数量及载体型号等。

e) 软件应当是与提交验收的工业控制计算机系统完全一致的发布版。

4.3.3.10 用户手册

用户手册应：

a) 内容完整，包括安装说明、使用说明、维护说明等内容；

b) 应提供用户安装、试用、维护所需的图纸、图号明细表；

c) 应提供包括以下内容的系统配置明细表：

1) 所用功能模板的名称、型号、规格及数量；

2) 所用外围设备的名称、型号、规格及数量；

3) 所用配套仪表或装置的名称、型号、规格及数量；

4) 各类备品、备件的名称、型号、规格和数量；

5) 软件清单。包括软件的名称、版本、类别、用途、数量及载体型号等。

4.3.3.11 标准化审查报告

标准化审查报告应包括：

a) 应具有相应的企业产品标准；

b) 企业产品标准应符合且高于相关国家标准或国际标准要求；

c) 提交鉴定的产品符合标准化要求；

d) 对企业标准的正确性、合理性、完整性的评价。

4.3.3.12 项目效益分析报告

若研发项目合同或技术任务书有要求，则应提供相应的项目效益分析报告，其中应包含：

a) 项目的直接经济效益；

b) 项目的间接经济效益；

c) 项目的社会效益。

4.3.3.13 电路图、逻辑图、系统配置图

提交项目合同或技术任务书要求提供的电路图、逻辑图和系统配置图等图纸。

4.4 验收测试

4.4.1 硬件测试

4.4.1.1 总则

若研制单位提交的型式检验报告中不具备法定检测部门提供的检测证明，则应对提交鉴定的工业控制计算机系统硬件进行 GB/T 26802.1—2011 中表 6 规定的型式检验，以重新认定型式检验报告。

检验应遵循 GB/T 18271.1—2000 中第 5 章给出的一般准则。

4.4.1.2 检测条件

检测条件应符合 GB/T 26802.1—2011 中 7.1.3 的规定。

4.4.1.3 检测项目及方法

在鉴定委员会主持下，按 GB/T 26802.1—2011 中 7.1.5.1 规定的型式检验和 GB/T 26802.1—2011 中表 6 规定的检验项目、技术要求和检验方法进行检测，并按 4.3.3.7 规定作好检测记录。

4.4.1.4 检测结果分析与评定

研制单位应在 4.4.1.3 完成后，在预定时间之内，对检测记录作出分析评定，并重新形成符合4.3.3.6 要求的型式检验报告。

4.4.2 软件测试

4.4.2.1 总则

软件功能的测试验收分以下几种情况：

a) 如果软件已通过了国家认定的软件测试机构的测评，并具有合格证书，一般不再进行软件功能测试；

b) 在系统试运行报告及软件文档通过评审合格后，一般不再单独进行软件的验收测试。如果鉴

定委员会认为有必要进行软件测试,则:

1) 研制单位应负责提出测试计划并协助鉴定委员会完成软件测试;

2) 在进行软件的验收测试前,鉴定委员会应和研制单位商定对测试予以验收的准则。

4.4.2.2 测试条件

测试条件应符合 GB/T 26802.1—2011 中 7.1.3 的规定。

4.4.2.3 测试项目及方法

4.4.2.3.1 总则

软件设计应符合 4.3.3.1 和 4.3.3.9 中有关文件的要求以及 GB/T 26802.1—2011 中 5.3 的规定。

软件的功能性应符合 GB/T 26802.1—2011 的 6.3.1 中 a)和 GB/T 26802.1—2011 中 6.3.2 规定的原则。

软件的性能应符合 GB/T 26802.1—2011 的 6.3.1 中 b)和 GB/T 26802.1—2011 中 6.3.3 规定的原则。

软件的验收测试在鉴定委员会主持下,按照软件测试计划进行,并作好测试记录。

4.4.2.3.2 软件功能测试项目和测试方法

4.4.2.3.2.1 软件功能测试

按照 GB/T 15532,软件功能测试主要包括:

a) 功能性:

1) 适应性。检测软件功能是否符合设计要求。

2) 准确性。检测软件数据处理的速度、精度是否符合设计要求。

3) 互操作性。检测软件的人机界面、通信接口、I/O 接口功能及数据格式是否符合设计要求。

4) 安全保密性。检测软件对于系统及其数据访问的可控制性是否符合设计要求。

b) 可靠性:

1) 容错性。检测软件的自诊断、容错纠错、紧急事件中断响应和处理功能是否符合设计要求。

2) 易恢复性。检测软件的运行状态、参数、数据的存储、备份、恢复能力是否符合设计要求。

c) 易用性。检测软件的各项功能菜单、人机界面、数据格式是否准确无误并便于理解,是否提供在线帮助和操作提示便于学习和操作。

d) 可维护性。软件安装、备份是否方便可行。

4.4.2.3.2.2 数据处理实时性的测试

数据处理实时性测试主要包括:

a) 信号采样周期及系统响应和数据处理时间是否符合设计要求;

b) 紧急事件的中断响应及处理时间是否符合设计要求。

4.4.2.3.2.3 I/O 通道接口程序功能检查

I/O 通道接口程序功能检查:

a) 输入通道接口程序功能是否符合设计要求;

b) 输出通道接口程序功能是否符合设计要求。

4.4.2.3.2.4 人机界面功能检查

人机界面功能检查包括:

a) 操作员权限及操作功能检查;

b) 系统维护人员权限及操作功能检查。

4.4.2.3.2.5 显示功能检查

显示功能检查包括：

a) 检查显示画面的种类及数量,是否符合设计要求;

b) 检查显示画面的更新频率和画面更新数据量,是否符合设计要求;

c) 检查显示分区(窗口)的划分、使用方法及其功能,是否符合设计要求。

4.4.2.3.2.6 打印和制表功能检查

打印和制表功能检查包括：

a) 检查定时制表的类型、数量、数据内容和格式,是否符合设计要求;

b) 检查随机制表的内容和格式是否符合设计要求。

4.4.2.3.2.7 系统通讯功能检查

检查系统与现场设备,系统与上位机、系统中不同工作站之间的数据通讯功能是否设计要求。

4.4.2.3.2.8 事件顺序记录和事故追忆功能的检查

检查打印的系统运行日志、操作员工作日志、系统维护日志的内容、时间和时间分辨率是否符合设计要求。

4.4.2.3.2.9 历史数据存储及检索功能检查

检查数据区存储内容、存储容量、时间分辨率和数据检索功能是否符合设计要求。

4.4.2.3.2.10 容错能力的测试

人为设置运行或操作错误事件,检查容错能力是否符合设计要求。

4.4.2.4 软件测试结果分析报告

研制单位应在 4.4.2.3.2.1～4.4.2.3.2.10 完成后,在预定时间之内,对测试记录作出分析评定,并重新形成测试结果分析报告。

4.4.3 质询与解答

在文件评审和鉴定验收测试过程中,鉴定委员会有权提出质询,研制单位应进行相应解答。

4.4.4 缺陷及其处理

缺陷的认定及其处理按 GB/T 26802.1—2011 中 7.1.5.4 规定执行。

4.4.5 判定准则

判定准则遵照 GB/T 26802.1—2011 中 7.1.5.5 规定。

4.4.6 验收测试的评定

只要重新进行了硬件或软件测试,都必须按 GB/T 26802.1—2011 中 7.2 规定的原则重新进行系统综合性能评估,并重新形成符合 4.3.3.5 要求的系统综合性能评估报告。

4.5 鉴定结论

在完成 4.3 和 4.4 后,鉴定委员会应组织全体成员进行讨论并提出鉴定结论。

鉴定结论应包含以下内容：

a) 对 4.3 所规定的文件进行评审后的评价。

b) 对 4.4 所规定的硬件和软件功能和性能进行测试后的评价。

c) 对产品在实现标准化综合要求方面(包括产品继承性、标准化、系列化、通用化程度分析及预期效果等)的评价。

d) 对产品质量和技术水平的评价。

e) 对产品的改进意见和建议。

f) 对验收通过与否提出明确意见。对不予验收的产品,应详细写明不予验收的理由。

g) 鉴定委员会的鉴定结论必须以记名投票方式进行表决,当三分之二以上成员投票赞同合格时,鉴定结论才是合格。

h) 鉴定委员会成员,都必须在鉴定书中签字。

i) 已经通过鉴定验收合格的产品,由鉴定验收组织单位颁发鉴定证书。

5 考核验收

5.1 总则

需方向供方购买已经通过鉴定验收的工业控制计算机系统产品时,需方有权提出进行考核验收。考核验收按 GB/T 26802.1—2011 中的 7.1.5.2 规定的出厂检验进行。

5.2 考核验收组织

考核验收小组由供、需双方组成。

5.3 随机文件检查

供方向需方提交的工业控制计算机系统应具备以下随机文件:

a) 用户手册,且用户手册应符合 4.3.3.10 要求;

b) 鉴定合格证书,且鉴定合格证书应有鉴定检验部门签章;

c) 装箱单。

5.4 装箱清点

按照装箱单进行清点。软件、硬件等应与装箱单相符。

5.5 外观检查

用目测法进行外观检查,检查结果应符合 GB/T 26802.1—2011 的 6.2.4。

5.6 运行检测

5.6.1 硬件检测

在 GB/T 26802.1—2011 的 6.2.13 规定的工作条件下,按 GB/T 26802.1—2011 中表 6 规定的出厂检验项目、技术要求和检验方法进行检测,并按 4.3.3.7 规定作好检测记录。

实验室或生产现场运行检测时工业控制计算机系统的 MTBF 指标体系见 GB/T 26802.1—2011 的表 5。

判定准则遵照 GB/T 26802.1—2011 中 7.1.5.5 的规定。

5.6.2 软件检测

在实验室运行检测程序或生产现场运行控制系统程序,系统工作正常。

5.7 验收

运行检查合格后,由供、需双方在验收合格单上签字确认。

_____

ICS 25.040.40
N 18

中华人民共和国国家标准

GB/T 26803.1—2011

工业控制计算机系统　总线
第 1 部分：总论

Industrial control computer system—Bus—
Part 1：General description

2011-07-29 发布

2011-12-01 实施

中华人民共和国国家质量监督检验检疫总局
中国国家标准化管理委员会

发布

前　言

GB/T 26803《工业控制计算机系统　总线》分为以下部分：
——第1部分：总论；
——第2部分：系统外部总线　串行接口通用技术条件；
——第3部分：系统外部总线　并行接口通用技术条件。

本部分是 GB/T 26803 的第1部分。

本部分由中国机械工业联合会提出。

本部分由全国工业过程测量和控制标准化技术委员会(SAC/TC 124)归口。

本部分负责起草单位：北京康拓科技开发总公司。

本部分参加起草单位：深圳市研祥通讯终端技术有限公司、北京研华兴业电子科技有限公司、西南大学、中国计算机学会工业控制计算机专业委员会。

本部分主要起草人：刘鑫、刘晖、马飞、张伟艳。

本部分参加起草人：陈志列、耿稳强、刘永池、刘学东、刘朝晖、吕静、黄伟、刘枫、黄巧莉、潘东波、杨孟飞。

工业控制计算机系统　总线
第1部分：总论

1　范围

GB/T 26803 的本部分规定了适用于工业控制计算机的设计和制造过程中有关工业控制计算机局部总线、系统总线和外部总线的定义、结构及基本要求等。

本部分适用于一般工作条件下工业控制计算机系统中的总线。

2　规范性引用文件

下列文件中的条款通过 GB/T 26803 的本部分的引用而成为本部分的条款。凡是注日期的引用文件，其随后所有的修改单（不包括勘误的内容）或修订版均不适用于本部分，然而，鼓励根据本部分达成协议的各方研究是否可使用这些文件的最新版本。凡是不注日期的引用文件，其最新版本适用于本部分。

GB/T 26802.1　工业控制计算机系统　通用规范　第1部分：通用要求

GB/T 26806.1　工业控制计算机系统　工业控制计算机基本平台　第1部分：通用技术条件

GB/T 26803.2　工业控制计算机系统　总线　第2部分：系统外部总线　串行接口通用技术条件

GB/T 26803.3　工业控制计算机系统　总线　第3部分：系统外部总线　并行接口通用技术条件

3　术语和定义

下列术语和定义适用于 GB/T 26803 的本部分。

3.1

总线　bus

工业控制计算机系统的总线是一组信号线的集合，是一种传送规定信息的公共通道，通过它可以把各种数据和命令传送到各自要去的地方。总线是通信的工具和手段，包括不同工业控制计算机之间，或一台工业控制计算机内部各模板模块之间的信息传送。

GB/T 26803 的本部分定义的总线包括工业控制计算机系统的局部总线、系统总线和外部总线。

3.2

系统总线　system bus

GB/T 26803 的本部分定义的系统总线将多台工业控制计算机互连组成更大规模的工业控制计算机系统的数据通信网络，和（或）将单台工业控制计算机同一个或多个外部独立智能 I/O 单元（或模块）互连的数据通信网络叫做工业控制计算机系统的系统总线。

3.3

外部总线　external bus

GB/T 26803 的本部分定义的工业控制计算机的外部总线是将单台工业控制计算机同一个或多个系统外部设备互连的数据通信网络。

3.4

局部总线　local bus

工业控制计算机的局部总线将处理器模板与各功能模板或模块联系起来，以实现各部件之间的数据信息、地址信息和控制信息的传递。局部总线是工业控制计算机内的板级互连总线。

4 符号和缩略语

下列符号和缩略语适用于 GB/T 26803 的本部分。

PCI(Peripheral Component Interconnect),外围部件互连总线

ISA(Industry Standard Architecture),工业标准结构

CompactPCI(Compact Peripheral Component Interconnect),紧凑型 PCI

PCI Express,高速外围部件互连总线

PC/104-*plus*,国际 PC/104 嵌入式协会制定的一种小型化嵌入式计算机标准总线

PXI(PCI eXtensions for Instrumentation),PCI 面向仪器扩展总线

VME(Versa Module European),欧洲卡总线标准

VXI(VME eXtensions for Instrumentation),VME 面向仪器扩展总线

5 工业控制计算机系统的总线结构

5.1 总线结构的定义

利用总线来实现工业控制计算机内部部件及内部与外部之间的信息传输的标准结构。它是现代工业控制计算机系统开放性系统结构的基础。

工业控制计算机处理器模板、输入/输出通道模板(或模块)、人机接口组成单台工业控制计算机装置。多个工业控制计算机装置互连组成工业控制计算机系统。工业控制计算机系统的定义见GB/T 26802.1。

5.2 总线的层次结构

5.2.1 总线的分类

按照工业控制计算机系统结构将总线分为局部总线和系统总线两层。每个层次的总线都包括三个组成部分:数据总线、地址总线、控制总线。

数据总线上传送的是信息,地址总线传送的是相互通信的设备地址,控制总线是用来确定信息流时间序列的。

5.2.2 局部总线结构

局部总线是主板与 I/O 扩展插槽(或插座)之间互连的一层总线。处理器模板和各功能模板(或模块)通过插入对应的 I/O 扩展插槽(或插座)实现电气连接,组成一个基本工业控制计算机装置。一块处理器模板不通过局部总线也可以单独组成一个基本工业控制计算机装置。

5.2.3 系统总线结构

工业控制计算机装置之间可以通过系统总线扩展成更大规模的工业控制计算机系统。

5.2.4 总线结构图

工业控制计算机系统内的总线结构分单总线结构和双总线结构两种,单总线结构图见图 1,双总线结构图见图 2。本部分规定的单总线结构适用于局部总线和系统总线,双总线结构只用于系统总线。

6 工业控制计算机系统的总线基本要求

6.1 总线数据宽度

6.1.1 并行总线数据宽度以总线可同时传输数据的位数表示,单位:位(bit)。工业控制计算机产品应明确标识支持的总线数据宽度。

6.1.2 串行总线要明确规定串行总线数据宽度,单位:位(bit)。

6.2 总线带宽

数据传输率,单位时间内总线上可传送的数据总量,即每秒钟传送多少字节的最大稳态数据传输速率,单位:字节/秒(byte/s)。总线带宽的理论值可以通过总线数据宽度与时钟频率计算出来。工业控制计算机产品应明确标识支持的总线带宽。

6.3 总线时钟频率

总线工作频率,以每秒的时钟周期数表示,它由一个用于同步各种操作的时钟或者振荡器控制。单位:赫兹(Hz)。总线的时钟频率可以是系统支持的其他总线时钟频率。工业控制计算机产品应明确标识总线支持的时钟频率,允许用户根据需要选用。

6.4 电气特性

规定总线的信号定义、逻辑关系、时序要求、信号表示方法、电路驱动、逻辑电平、噪声容限及负载能力等。

6.5 机械特性

规定总线接插件的机械尺寸、规格及位置等。

6.6 通信协议

6.6.1 通信协议概述

为保证总线之间通信双方能有效,可靠通信而必须共同遵守的一系列规约即通信协议。

6.6.2 通信协议的要素

协议的要素为:语法、语义、同步。规定包括数据的格式,顺序和速率,数据传输的确认或拒收,差错检测,重传控制和询问等操作。

按照同一总线标准设计的功能模板或模块应遵循统一的通信协议,以便实现互相兼容。

6.7 开放性

本标准推荐的系统总线可以采用国际标准或事实上的国际标准,但优先考虑采用国家标准。

本标准推荐的局部总线可以采用国际标准或事实上的国际标准。本标准推荐的局部总线与 PCI、PCI Express、CompactPCI、PXI、PC/104-*plus*、VME、VXI 总线标准兼容。

工业控制计算机系统外部总线串行接口的有关描述见 GB/T 26803.2,工业控制计算机系统外部总线并行接口的有关描述见 GB/T 26803.3。

6.8 环境适应性

环境适应性包括电磁环境适应性,气候环境适应性,机械环境适应性,为适应外界干扰,需进行相应抗扰、加固设计。工业控制计算机产品应遵循 GB/T 26806.1 的有关规定。

6.9 故障检测

对于可能出现的故障,总线应具备故障检测功能,提高总线的抗干扰能力。

6.10 热插拔

建议支持热插拔技术,使工业控制计算机系统模板或模块可以在不切断电源的情况下更换,便于在工业现场快速维修与维护。

6.11 支持即插即用

建议支持即插即用技术,使设备更换、升级相对简单,增加工业控制计算机系统灵活性。

6.12 扩展性

总线应具备一定的扩展能力,以提高系统的可扩展性。

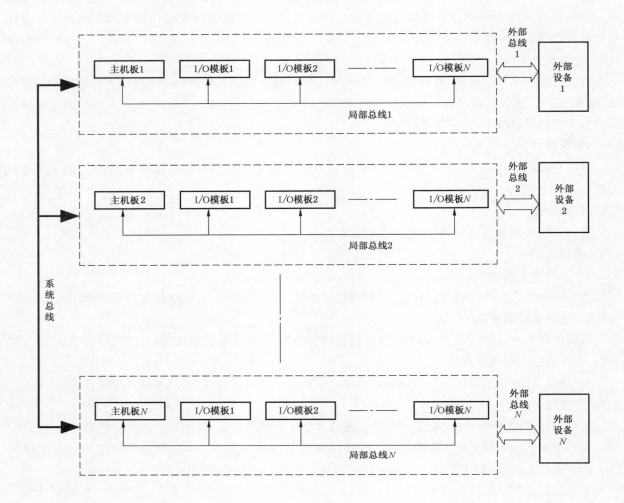

图 1　单总线结构图

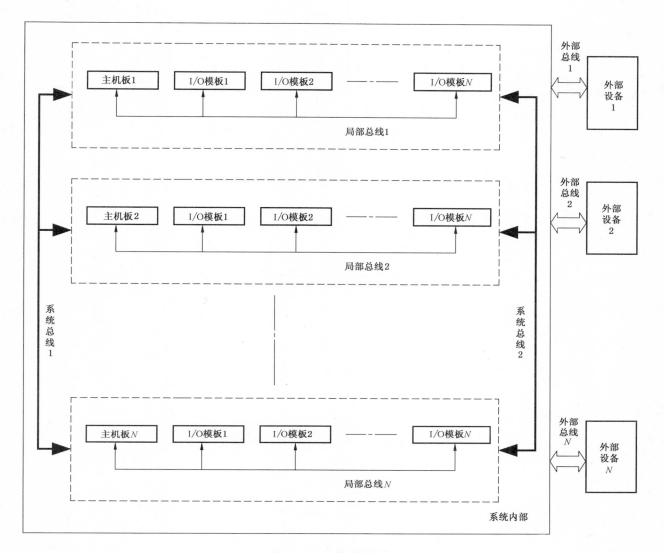

图 2 双总线结构图

参 考 文 献

[1] PICMG 1. 0 R2. 0 Specification

[2] PICMG 1. 2 R1. 0 Specification

[3] PICMG 1. 3 System Host Board PCI Express Specification

[4] PICMG 2. 0 R3. 0 CompactPCI Specification

[5] PC/104 Specification Version 2. 5

[6] PC/104-*Plus* Specification Version 2. 2

[7] PCI-104 Specification Version 1. 0

[8] PCI/104-Express & PCIe/104 Specification Version 1. 0

[9] PICMG 3. 0 Short Form Specification

ICS 25.040.40
N 18

中华人民共和国国家标准

GB/T 26803.2—2011

工业控制计算机系统　总线
第2部分：系统外部总线
串行接口通用技术条件

Industrial control computer system—Bus—

Part 2:System external bus—General specification for serial interface

2011-07-29 发布

2011-12-01 实施

中华人民共和国国家质量监督检验检疫总局
中国国家标准化管理委员会　发布

前　言

GB/T 26803《工业控制计算机系统　总线》分为以下部分：

——第 1 部分：总论；

——第 2 部分：系统外部总线　串行接口通用技术条件；

——第 3 部分：系统外部总线　并行接口通用技术条件。

本部分是 GB/T 26803 的第 2 部分。

本部分由中国机械工业联合会提出。

本部分由全国工业过程测量和控制标准化技术委员会(SAC/TC 124)归口。

本部分负责起草单位：深圳市研祥通讯终端技术有限公司。

本部分参加起草单位：南京菲尼克斯电气有限公司、北京研华兴业电子科技有限公司、西南大学、中国计算机学会工业控制计算机专业委员会。

本部分主要起草人：陈志列、墙登平。

本部分参加起草人：刘朝晖、马飞、刘永池、刘学东、张伟艳、刘鑫、吕静、李涛、张渝、赵亦欣、黄仁杰、杨孟飞。

工业控制计算机系统 总线
第2部分:系统外部总线 串行接口通用技术条件

1 范围

GB/T 26803 的本部分规定了工业控制计算机系统之系统外部总线串行接口的设计要求、技术要求等。

本部分适用于工业控制计算机系统中使用串行接口进行二进制数据交换的电子计算机和各种外部设备之间的互连,亦可用于设备与设备之间的互连。本部分列举了工业控制计算机系统中常用的 4 种串行接口实例。

2 规范性引用文件

下列文件中的条款通过 GB/T 26803 的本部分的引用而成为本部分的条款。凡是注日期的引用文件,其随后所有的修改单(不包括勘误的内容)或修订版均不适用于本部分,然而,鼓励根据本部分达成协议的各方研究是否可使用这些文件的最新版本。凡是不注日期的引用文件,其最新版本适用于本部分。

GB 3836.1—2010 爆炸性环境 第1部分:设备 通用要求(IEC 60079-0:2007,MOD)

GB 4208—2008 外壳防护等级(IP 代码)(IEC 60529:2001,IDT)

GB 4793.1—2007 测量、控制和实验室用电气设备的安全要求 第1部分:通用要求(IEC 61010-1:2001,IDT)

GB/T 6107—2000 使用串行二进制数据交换的数据终端设备和数据电路终接设备之间的接口(idt EIA/TIA-232-E)

GB/T 11014—1989 平衡电压数字接口电路的电气特性(eqv EIA-RS422A:1978)

GB/T 12057—1989 使用串行二进制数据交换的数据终端设备和数据电路终接设备之间的通用37 插针和 9 插针接口(eqv EIA RS449:1977)

GB/T 15479—1995 工业自动化仪表绝缘电阻、绝缘强度技术要求和试验方法

GB/T 17212—1998 工业过程测量和控制 术语和定义(idt IEC 60902:1987)

GB/T 17214.1—1998 工业过程测量和控制装置工作条件 第1部分:气候条件(idt IEC 60654-1:1993)

GB/T 17214.3—2000 工业过程测量和控制装置的工作条件 第 3 部分:机械影响(idt IEC 60654-3:1983)

GB/T 17626.2—2006 电磁兼容 试验和测量技术 静电放电抗扰度试验(IEC 61000-4-2:2001,IDT)

GB/T 17626.3—2006 电磁兼容 试验和测量技术 射频电磁场辐射抗扰度试验(IEC 61000-4-3:2002,IDT)

GB/T 17626.4—2008 电磁兼容 试验和测量技术 电快速瞬变脉冲群抗扰度试验(IEC 61000-4-4:2004,IDT)

GB/T 17626.5—2008 电磁兼容 试验和测量技术 浪涌(冲击)抗扰度试验(IEC 61000-4-5:2005,IDT)

GB/T 17626.6—2008 电磁兼容 试验和测量技术 射频场感应的传导骚扰抗扰度(IEC 61000-4-6：2006，IDT)

GB/T 17626.8—2006 电磁兼容 试验和测量技术 工频磁场抗扰度试验(IEC 61000-4-8：2001，IDT)

GB/T 17799.2—2003 电磁兼容 通用标准 工业环境中的抗扰度试验(IEC 61000-6-2：1999，IDT)

3 术语和定义

GB/T 6107—2000、GB/T 17212—1998 确立的和本系列标准的其他部分确立的术语和定义适用于GB/T 26803 的本部分。

4 设计要求

4.1 外观

串行接口表面应光洁、完好、无毛刺、无剥落、无划痕、无断裂、无锈蚀、无机械损伤；表面如有说明功能的文字、符号和标志，均应清晰、端正、牢固并与设计要求相符；连接器金属表面的镀层应光亮、无气泡。

4.2 材料

选用的元器件、金属材料、塑料材料、电镀材料、印刷线路板等应符合国家有关标准。结构件应具有足够的机械强度，非金属材料应具有良好的耐油、耐老化要求。电触点表面镀金层厚度不小于 $0.2~\mu m$，基层镀镍厚度不小于 $1.2~\mu m$；绝缘基座材料应该至少选用 UL94-V2 级阻燃材料，并应满足电气特性及防霉菌要求；优先选择符合环保要求的材料，尽量考虑可回收利用等环境保护因素。

4.3 连接紧固性要求

为满足工业环境的应用，串行接口应采取必要的安装紧固件设计手段，防止接口连接的偶然脱落，如振动与冲击设计。紧固件安装固定后，不得有松动、脱落和损伤等现象；可动部件应可灵活安装和拆卸并连接可靠。

4.4 防护要求

串行接口应该有一定的防护，避免裸露接口的氧化、腐蚀；应能防误插使用，确保接口实现电接触前得到准确的定位。尽量考虑快速连接卡口的接口形式，以方便维护与使用。

4.5 布局要求

串行接口组装后，应高低有序，纵横排列整齐；接口周围应有一定的自由空间，不应与其他接口、装置相干涉，并应符合人机工程学特点，每个端口应该都有标识。

4.6 互换性

电气特性相同的串行接口，使用相同连接器时应保证其外形、连接、装配上完全互换。

5 性能要求

5.1 串行接口电气特性

5.1.1 概述

接口的电气特性规定了信号定义、逻辑电平、电路驱动、噪声容限、负载能力等。互连的设备通过满足某种电气特性的总线进行信息传递。

5.1.2 RS232 电气特性

5.1.2.1 RS232 的电气特性

RS232 的电气特性应符合 GB/T 6107—2000 第 2 章的要求。

5.1.2.2 RS232 DB9 形式的连接器信号定义

RS232 DB9 形式的连接器信号定义应符合 GB/T 12057—1989 的规定。

5.1.2.3 RS232 RJ45 形式的接口定义

RS232 RJ45 形式的接口定义见表1规定。

表 1 RS232 RJ45 形式的接口定义

引脚标识数	信号名称	信号简称
1	请求发送	RTS
2	准备好数据终端	DTR
3	发送数据	TXD
4	信号地	GND
5	信号地	GND
6	接收数据	RXD
7	数据设备准备好	DSR
8	清零发送	CTS

5.1.3 RS422 电气特性

5.1.3.1 RS422 电气特性

RS485 电气特性应符合 GB/T 11014—1989 的要求。

5.1.3.2 RS422 DB9 插针接口形式的接口定义

RS422 DB9 插针接口形式的接口定义见表2的规定。

表 2 RS422 DB9 插针接口形式接口定义

引脚标识数	信号名称	信号简称
1	发送数据—	TXD—
2	发送数据+	TXD+
3	接收数据+	RXD+
4	接收数据—	RXD—
5	信号地	GND
6	不连接	NC
7	不连接	NC
8	不连接	NC
9	不连接	NC

5.1.4 RS485 电气特性

5.1.4.1 RS485 电气特性

RS485 电气特性应符合 EIA-485 的要求。

5.1.4.2 DB9 插针接口形式的接口定义

RS485 DB9 插针接口形式的接口定义见表3规定。

表 3 RS485 DB9 插针接口形式接口定义

引脚标识数	信号名称	信号简称
1	数据—	Data—
2	数据＋	Data＋
3	不连接	NC
4	不连接	NC
5	信号地	GND
6	不连接	NC
7	不连接	NC
8	不连接	NC
9	不连接	NC

5.1.5 USB 电气特性

USB 电气特性和接口形式及定义应参考《Universal Serial Bus Specification Revision 2.0》的要求。

5.2 连接器尺寸要求

串行接口的连接器尺寸应符合相关标准的规定,连接器应能满足通用的串行总线设备互连要求。特殊结构、尺寸的连接器由厂商与用户协商确定,并在产品标准中明确。

5.3 连接器电气要求

5.3.1 概述

连接器是串行总线设备间连接的媒介,在串行接口之间进行电气连接和信号传递,在电气方面要求其接触良好,工作可靠。

5.3.2 RS232、RS422、RS485 连接器电气要求

RS232、RS422、RS485 连接器电气要求如下:

a) 接触电阻不大于 10 MΩ;

b) 绝缘电阻不小于 1 000 MΩ;

c) 抗电强度要求 1 000 V(A.C.)。

5.3.3 USB 连接器电气要求

USB 连接器电气要求如下:

a) 接触电阻不大于 30 MΩ;

b) 绝缘电阻不小于 1 000 MΩ;

c) 抗电强度 500 V(A.C.);

d) 接触电容小于 2 pF。

5.3.4 连接器的其他特殊要求,根据应用需要,由制造商和用户共同商定。

5.4 互连电缆特性

5.4.1 互连电缆通用要求

串行接口信号所使用的电缆类型和长度,必须能够保持特定应用所需要的信号质量。此外,平衡电缆必须使发送和接收端均能保持可以接受的串扰电平。

5.4.2 RS232 互连电缆特性

RS232 互连电缆特性参见 GB/T 6107—2000 附录 A。

5.4.3 RS422、RS485 互连电缆特性

RS422、RS485 互连电缆特性参见 GB/T 11014—1989 附录 A1 的要求。

5.4.4 USB 互连电缆特性

USB 互连电缆特性参见《Universal Serial Bus Specification Revision 2.0》,Chapter 6.6:Cable Mechanical Configuration and Material Requirements。

5.5 安全设计要求

5.5.1 串行接口设计

串行接口设计应满足 GB 4793.1—2007 的相关要求。当应用行业有强制性安全标准时,应遵照其标准执行。

5.5.2 产品采用的材料和元器件要求

产品采用的材料和元器件应符合有关元器件的国家、行业标准或 IEC 标准中与安全有关的要求。元器件应按额定值正确使用,额定值不应大于表 4 要求。

表 4 元器件额定值

接口种类	电压	电流
RS323,RS422,RS485	60 V(A.C.)	3 A
USB	30 V(A.C.)	1 A

5.5.3 与外部电路的连接应当不会出现的情况

与外部电路的连接应当不会出现下列情况:

——在正常条件和单一故障条件下,使外部电路可触及零部件变成为危险带电;

——或者在正常条件和单一故障条件下,使产品本身的可触及零部件变成为危险带电。

5.5.4 电气间隙和爬电距离要符合相关安全标准规定

电气间隙的尺寸应使得进入产品的瞬态过电压和产品内部产生的峰值电压不能使其击穿。爬电距离的尺寸应使得绝缘在给定的工作电压和污染等级下不会产生飞弧或击穿(起痕);最小值不应低于 1 mm(针/针);1.2 mm(针/地)。

5.5.5 串行接口的外壳设计

串行接口的外壳设计应符合整个工业控制计算机系统的安全要求。外壳的防护性能根据应用要求由 GB 4208—2008 中选择防护等级,并按其规定进行设计。

5.5.6 绝缘电阻

接口与外壳之间施加直流电压进行绝缘电阻试验。施加的直流试验电压值和应达到的绝缘电阻值由 GB/T 15479—1995 中表 2 规定。

5.5.7 其他安全要求

用户提出的其他安全要求由制造商和用户商定。

5.6 电磁兼容抗扰度

5.6.1 电磁兼容抗扰度项目选择

串行接口应具有良好的电磁兼容性,满足供工业控制计算机整体系统的电磁兼容要求。电磁兼容抗扰度试验包括下列条款所列项目,试验项目的选择见 GB/T 17799.2—2003。

5.6.2 射频电磁场辐射抗扰度

在 80 MHz～1 000 MHz 射频范围内,根据系统使用的电磁场环境,从 GB/T 17626.3—2006 的表 1 中选择等级进行试验,串行接口应正常工作。

保护(设备)抵抗数字无线电话射频辐射干扰的试验等级,从 GB/T 17626.3—2006 的表 2 中选择。

电磁场辐射环境分为:

a) 1 级:低电平电磁辐射环境;

b) 2 级:中等的电磁辐射环境;

c) 3 级:严重电磁辐射环境;

d) X 级:是一个开放的等级,可在产品规范中规定。

5.6.3 工频磁场抗扰度

工频磁场是由导体中的工频电流产生的,或极少量的由附近的其他装置(如变压器的漏磁通)所产生。

根据系统应用环境在 GB/T 17626.8—2006 中选择试验等级,确定磁场强度进行试验,根据系统和应用要求,串行接口应正常工作。

应用环境分为:

a) 1 级:有电子束的敏感装置能使用的环境;

b) 2 级:保护良好的环境;

c) 3 级:保护的环境;

d) 4 级:典型的工业环境;

e) 5 级:严酷的工业环境;

f) X 级:是一个开放的等级,可在产品规范中规定。

5.6.4 静电放电抗扰度

根据系统安装环境条件(如相对湿度等)和产品材料,在 GB/T 17626.2—2006 的表 1(并参照 GB/T 17626.2—2006 表 A.1)中选择试验等级进行。

接触放电或空气放电(不能使用接触放电场合时选用空气放电试验方式)试验,串行接口应正常工作。

5.6.5 电快速瞬变脉冲群抗扰度

电快速瞬变脉冲群抗扰度是工业控制计算机系统对诸如来自切换瞬态过程(切换感性负载、继电器触点弹跳等)的各种类型瞬变骚扰的抗扰度。

根据系统应用场所环境,在 GB/T 17626.4—2008 的表 1 中选择试验等级,确定开路试验电压和脉冲重复频率进行试验,串行接口应正常工作。

应用场所环境分为:

a) 1 级:具有保护良好的环境;

b) 2 级:受保护的环境;

c) 3 级:典型的工业环境;

d) 4 级:严酷的工业环境;

e) X 级:是一个开放的等级,可在产品规范中规定。

5.6.6 浪涌(冲击)抗扰度

浪涌(冲击)抗扰度是工业控制计算机系统对由开关和雷电瞬变过程电压引起的单极性浪涌(冲击)的抗扰度。

根据系统安装类别,在 GB/T 17626.5—2008 的表 1(并参照 GB/T 17626.5—2008 表 A.1)中选择试验等级,确定开路试验电压进行试验,串行接口应正常工作。

安装类别分为:

a) 0 类:保护良好的电气环境,常常在一间专用房间内;

b) 1 类:有部分保护的电气环境;

c) 2 类:电缆隔离良好,甚至短走线也隔离良好的电气环境;

d) 3 类:电源电缆和信号电缆平行敷设的电气环境;

e) 4 类:互连线按户外电缆沿电源电缆敷设并且这些电缆被作为电子和电气线路的电气环境;

f) 5 类:在非人口稠密区电子设备与通信电缆和架空电力线路连接的电气环境;

g) X 类:在产品技术要求中规定的特殊环境。

5.6.7 射频感应的传导骚扰抗扰度

射频感应的传导骚扰抗扰度是工业控制计算机系统对来自 9 kHz~80 MHz 频率范围内射频发射机电磁场骚扰的传导抗扰度。射频感应是通过电缆(如电源线、信号线、地连接线等)与射频场相耦合而引起的。

根据系统应用场所环境，在 GB/T 17626.6—2008 表 1 中选择试验等级，进行试验，串行接口应正常工作。

应用场所环境分为：

a) 1 级：低电平电磁辐射环境；

b) 2 级：中等的电磁辐射环境；

c) 3 级：严重电磁辐射环境；

d) X 级：是一个开放的等级，可在产品规范中规定。

5.7 环境影响

5.7.1 环境温度影响

根据工业控制计算机系统安装环境，在 GB/T 17214.1—1998 中选择温度，当温度在其范围变化时，串行接口应正常工作。

5.7.2 相对湿度影响

在试验温度为 40 ℃±2 ℃，相对湿度在 93%±3% 之间，保持 48 h 后进行测试，串行接口应正常工作。

5.7.3 振动影响

根据应用场所，按照 GB/T 17214.3—2000 中选择振动频率、振动严酷度和振动时间等级，经过三个互相垂直的方向（其中一个为铅垂方向）进行振动试验，串行接口应正常工作。

5.8 抗运输环境影响

5.8.1 抗运输高温影响

产品在运输包装条件下，高温为 40 ℃±3 ℃或 55 ℃±3 ℃的运输环境下进行温度试验后，串行接口应正常工作。

5.8.2 抗运输低温影响

产品在运输包装条件下，低温为 5 ℃±3 ℃、−25 ℃±3 ℃或−40 ℃±3 ℃的运输环境下进行温度试验后，串行接口应正常工作。

5.8.3 抗运输湿热影响

产品在运输包装条件下，高温为 50 ℃±3 ℃和相对湿度为 93%±3% 的运输环境下进行交变湿热试验后，串行接口应正常工作。

5.8.4 抗运输碰撞影响

产品在运输包装条件下，选择加速度：100 m/s²±10 m/s²；相应脉冲持续时间：11 ms±2 ms；脉冲重复频率：60 次/min～100 次/min；采用近似半正弦波的脉冲波形，进行 1 000 次±10 次的试验。试验后，串行接口应正常工作。

5.9 抗腐蚀性气体性能

应用于具有腐蚀性气体环境的工业控制计算机系统的串行接口应具有在腐蚀性气体环境条件下工作、贮存、运输的能力。其连接器和线缆应具有防腐蚀性能，应根据防腐蚀要求进行处理。

5.10 防爆要求

安装运行于爆炸性气体环境的工业控制计算机系统串行接口应满足 GB 3836.1—2010 的规定。

工业控制计算机系统的相关防爆产品应由国家授权的防爆产品监督检验机构检验并颁发防爆合格证。

ICS 25.040.40
N 18

中华人民共和国国家标准

GB/T 26803.3—2011

工业控制计算机系统　总线
第 3 部分:系统外部总线
并行接口通用技术条件

Industrial control computer system—Bus—
Part 3:System external bus—General specification for parallel interface

2011-07-29 发布

2011-12-01 实施

中华人民共和国国家质量监督检验检疫总局
中国国家标准化管理委员会　发布

前　言

GB/T 26803《工业控制计算机系统　总线》分为以下部分：

——第 1 部分：总论；

——第 2 部分：系统外部总线　串行接口通用技术条件；

——第 3 部分：系统外部总线　并行接口通用技术条件。

本部分是 GB/T 26803 的第 3 部分。

本部分由中国机械工业联合会提出。

本部分由全国工业过程测量和控制标准化技术委员会(SAC/TC 124)归口。

本部分负责起草单位：深圳市研祥通讯终端技术有限公司。

本部分参加起草单位：北京研华兴业电子科技有限公司、南京菲尼克斯电气有限公司、西南大学、中国计算机学会工业控制计算机专业委员会。

本部分主要起草人：陈志列、张景庆。

本部分参加起草人：刘永池、刘学东、刘朝晖、马飞、张伟艳、刘鑫、吕静、张渝、黄巧莉、杨颂华、赵亦欣、杨孟飞。

工业控制计算机系统 总线
第3部分：系统外部总线
并行接口通用技术条件

1 范围

GB/T 26803 的本部分规定了工业控制计算机系统的系统外部总线并行接口设计要求、性能要求等。

本部分适用于工业控制计算机系统使用并行接口和打印机或各种外部设备之间的互连。

2 规范性引用文件

下列文件中的条款通过 GB/T 26803 的本部分的引用而成为本部分的条款。凡是注日期的引用文件，其随后所有的修改单（不包括勘误的内容）或修订版均不适用于本部分，然而，鼓励根据本部分达成协议的各方研究是否可使用这些文件的最新版本。凡是不注日期的引用文件，其最新版本适用于本部分。

GB 3836.1—2010 爆炸性环境 第1部分：设备 通用要求（IEC 60079-0:2007，MOD）

GB 4208—2008 外壳防护等级（IP 代码）（IEC 60529:2001，IDT）

GB 4793.1—2007 测量、控制和实验室用电气设备的安全要求 第1部分：通用要求（IEC 61010-1:2001，IDT）

GB/T 15479—1995 工业自动化仪表绝缘电阻、绝缘强度技术要求和试验方法

GB/T 17214.1—1998 工业过程测量和控制装置工作条件 第1部分：气候条件（idt IEC 60654-1:1993）

GB/T 17214.3—2000 工业过程测量和控制装置的工作条件 第3部分：机械影响（idt IEC 60654-3:1983）

GB/T 17626.2—2006 电磁兼容 试验和测量技术 静电放电抗扰度试验（IEC 61000-4-2:2001，IDT）

GB/T 17626.3—2006 电磁兼容 试验和测量技术 射频电磁场辐射抗扰度试验（IEC 61000-4-3:2002，IDT）

GB/T 17626.4—2008 电磁兼容 试验和测量技术 电快速瞬变脉冲群抗扰度试验（IEC 61000-4-4:2004，IDT）

GB/T 17626.5—2008 电磁兼容 试验和测量技术 浪涌（冲击）抗扰度试验（IEC 61000-4-5:2005，IDT）

GB/T 17626.6—2008 电磁兼容 试验和测量技术 射频场感应的传导骚扰抗扰度（IEC 61000-4-6:2006，IDT）

GB/T 17626.8—2006 电磁兼容 试验和测量技术 工频磁场抗扰度试验（IEC 61000-4-8:2001，IDT）

GB/T 17799.2—2003 电磁兼容 通用标准 工业环境中的抗扰度试验（IEC 61000-6-2:1999，IDT）

GB/T 26802.1 工业控制计算机系统 通用规范 第1部分：通用要求

3 术语和定义

GB/T 26803.1确立的以及下列术语和定义适用于本部分。

3.1

双向操作 bidirectional operation

外设和主机都用正向和反向通道通信。半字节和字节模式与兼容模式联合提供双向操作,ECP和EPP支持双向通信。

3.2

Centronics 接口 Centronics interface

并行接口的流行名称,被并行打印机用做并口接口并被大多数"MS-DOS compatible"个人电脑支持。该名称出自引入该接口的打印机制造商 Centronics Data Computer Corporation。

3.3

Centronics 连接器 Centronics connector

36针带状接触型连接器,通常被打印机并行接口使用。该标准里参考 IEEE 1284-B 连接器。

3.4

命令集 command set

设备ID信息里的一个字段,定义了外设期望的数据类型。例如:打印机可以使用该字段报告它支持的页面描述语言。

3.5

兼容设备 compatible device

支持任何指定范围的流行各种 Centronics 接口的设备。兼容设备与使用设备仅在兼容模式下可以互操作。

3.6

适用设备 compliant device

设备支持1类或2类电气接口加上兼容和半字节模式操作及这两种模式之间转变的协商阶段。

3.7

设备驱动 device driver

运行在主机里管理发送和从外设接受信息的程序。

3.8

设备 ID device ID

用于识别外设制造商,命令集和型号的结构化的,可变长度 ASCⅡ码消息。也可包括附加的信息。

3.9

正向通道 forward channel

从主机到外设的数据通路。

3.10

主机 host

一个设备,典型如个人电脑,控制与其相连的外设的通讯。

3.11

IEEE 1284-A 连接器 IEEE 1284-A connector

25针 D 型连接器插头或插座。用于 MS-DOS compatible PC 并行接口。

3.12

IEEE 1284-B 连接器 IEEE 1284-B connector

36针带状连接器 A 插头或插座。也称为 Centronics 连接器。

3.13

IEEE 1284-C 连接器　IEEE 1284-C connector

小型 36 针带状连接器 A 插头或插座。

3.14

1 类设备　level 1 device

支持 1 类电气接口的设备。

3.15

2 类设备　level 2 device

支持 2 类电气接口的设备。

3.16

链接　link

在主机和外设间传输数据的物理连接和电气硬件。

3.17

n＋信号名称　n＋signal name

在随后为大写信号名称时,指示该信号为负的真逻辑(如:nAck)。

3.18

PC 并口　PC parallel port

大多数打印机用做并行接口,多数个人电脑支持的并行打印机口。该接口被不同的 PC 和外设制造商大量定义。

3.19

外设　peripheral

通过通讯连接到主机的设备。

3.20

外设个性　peripheral personality

外设解释送给它的命令和数据的语言处理器或操作环境特性。

3.21

反向通道　reverse channel

从外设到主机的数据通路。

3.22

请求状态　solicited status

外设发出的响应主机命令的信息。

3.23

状态　status

描述由外设发出的反映外设当前操作状态的数据。

3.24

状态线　status lines

从外设到主机的单向信号,在兼容模式里的定义是握手数据和报告错误状态。在其他模式里用作控制、数据或状态。

3.25

协商阶段　negotiation phase

信号握手以改变信号方式从兼容模式到半字节,字节,ECP,EPP 模式。

4 并口工作模式

4.1 兼容模式

数据和状态信号根据初始定义的同步字节宽度正向通迅,兼容模式作为所有兼容接口的通用基本模式向后兼容大多数存在的设备,包括 PC 并口。兼容模式的兼容性是最好的,但是速度也比较慢。

4.2 半字节模式

在主机控制下的同步,反向(外设到主机)通道,数据字节使用四个外设到主机的状态线分两个四位半字节传输,和兼容方式一起构成双向并口,且两个模式不能同时激活。

4.3 字节模式

字节方式的反向同步数据传输(外设到 PC 机),使用 8 个数据线传输数据,控制状态线作为握手信号,和兼容方式一起构成双向并口,当主机和外设同时支持使用数据线的双向传输时,传输方向由主机控制,两个模式不能同时激活。

4.4 EPP 模式

增强并行口,由主机控制的同步字节双向通道,此模式通过 8 根数据线提供分离的地址和数据周期。

4.5 ECP 模式

扩展并行口,同步字节双向通道,互锁的握手取代兼容模式下的最小时序要求。提供一根控制线区分命令和数据传输。可选的命令指示单字节数据压缩或通道地址。

ECP 协议是由 Hewlett Packard、Microsoft 公司提出,除了具有 EPP 相同特性外,ECP 模式还支持DMA 传输和数据压缩,并可实现双向高速通信,ECP 采用双向全双工数据传输,传输速率高于 EPP。

4.6 IEEE-1284 并口模式

IEEE-1284 并口模式见表 1。

表 1 IEEE-1284 并口模式

并口模式	方向	传输率
半字节(4 位)	只输入	50 kB/s
字节(8 位)	只输入	150 kB/s
兼容	只输出	150 kB/s
EPP(增强型并口)	输入/输出	500 kB/s～2 MB/s
ECP(扩充能力端口)	输入/输出	500 kB/s～2 MB/s

5 设计要求

5.1 外观

并行接口表面应光洁、完好、无毛刺、无剥落、无划痕、无断裂、无锈蚀、无机械损伤;表面如有说明功能的文字、符号和标志,均应清晰、端正、牢固并与设计要求相符;连接器金属表面的镀层应光亮、无气泡。

5.2 材料

选用的元器件、金属材料、塑料材料、电镀材料、印刷线路板等应符合国家有关标准。结构件应具有足够的机械强度,非金属材料应具有良好的耐油、耐老化要求。电触点表面镀金层厚度不小于 0.2 μm,基层镀镍厚度不小于 1.2 μm;绝缘基座材料应该至少选用 UL94-V2 级阻燃材料,并应满足电气特性及防霉菌要求;优先选择符合环保要求的材料,尽量考虑可回收利用等环境保护因素。

5.3 连接紧固性要求

为满足工业环境的应用,并行接口应采取必要的安装紧固件设计手段,防止接口连接的偶然脱落,如振动与冲击设计。紧固件安装固定后,不得有松动、脱落和损伤等现象;可动部件应可灵活安装和拆卸并连接可靠。

5.4 防护要求

并行接口应该有一定的防护,避免裸露接口的氧化、腐蚀;应能防误插使用,确保接口实现电接触前得到准确的定位。尽量考虑快速连接卡口的接口形式,以方便维护与使用。

5.5 布局要求

并行接口组装后,应高低有序,纵横排列整齐;接口周围应有一定的自由空间,不应与其他接口、装置相干涉,并应符合人机工程学特点,每个端口应该都有标识。

5.6 互换性

电气特性相同的并行接口,使用相同连接器时应保证其外形、连接、装配上完全互换。

6 性能要求

6.1 并行接口电气特性

并行接口电平为 5 V,接口电压范围为 0 V~5 V,正电压峰值不能超过 5.5 V,负电压不能低于 —0.5 V。

具体要求参考 IEEE 1284 的规定。

6.2 连接器

并行接口的连接器尺寸应符合相关标准的规定,连接器应能满足通用的串行总线设备互连要求。特殊结构、尺寸的连接器由厂商与用户协商确定,并在产品使用说明中明确。

连接器是并行总线设备间连接的媒介,在并行接口之间进行电气连接和信号传递,在电气方面要求其接触良好,工作可靠。

连接器的尺寸见图 1、图 2 和图 3 所示。

单位为毫米

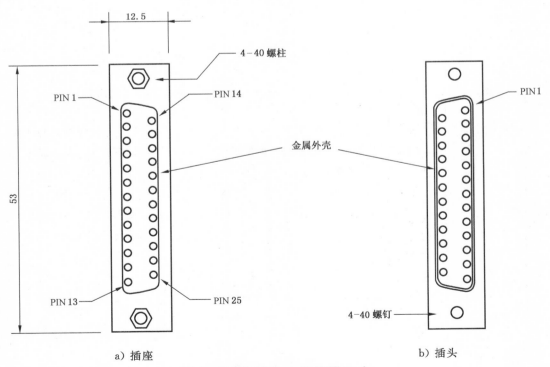

a) 插座　　　　　　　　　　　　b) 插头

图 1 IEEE 1284-A 连接器尺寸

单位为毫米

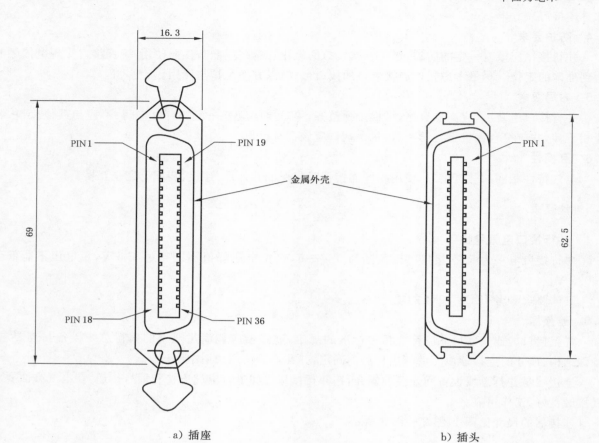

a）插座

b）插头

图 2　IEEE 1284-B 连接器尺寸

单位为毫米

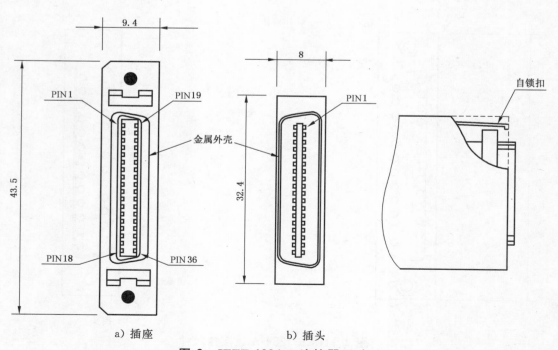

a）插座

b）插头

图 3　IEEE 1284-C 连接器尺寸

6.3 信号分配

6.3.1 IEEE 1284-A 连接器信号分配

IEEE 1284-A 连接器信号分配见表 2。

表 2 IEEE 1284-A 连接器信号分配

引脚标识数	数据源	兼容模式	半字节模式	字节模式	ECP 模式	EPP 模式
1	主机	nStrobe	HostClk	HostClk	HostClk	nWrite
2	双向	Data 1(最低有效位)				AD1
3	双向	Data 2				AD2
4	双向	Data 3				AD3
5	双向	Data 4				AD4
6	双向	Data 5				AD5
7	双向	Data 6				AD6
8	双向	Data 7				AD7
9	双向	Data 8(最高有效位)				AD8
10	外设	nAck	PtrClk	PtrClk	PeriphClk	Intr
11	外设	Busy	PtrBusy	PtrBusy	PeriphAck	nWait
12	外设	PError	AckDataReq	AckDataReq	nAckReverse	用户自定义1
13	外设	Select	Xflag	Xflag	Xflag	用户自定义3
14	主机	nAutoFd	HostBusy	HostBusy	HostAck	nDStrb
15	外设	nFault	nDataAvail	nDataAvail	nPeriphRequest	用户自定义2
16	主机	nInit	nInit	nInit	nReverseRequest	nInit
17	主机	nSelectIn	IEEE 1284 Active	IEEE 1284 Active	IEEE 1284 Active	nAStrb
18	信号地(nStrobe)					
19	信号地(Data 1 and Data 2)					
20	信号地(Data 3 and Data 4)					
21	信号地(Data 5 and Data 6)					
22	信号地(Data 7 and Data 8)					
23	信号地(Busy and nFault)					
24	信号地(PError,Select,and nAck)					
25	信号地(nAutoFd,nSelectIn,and nInit)					

6.3.2 IEEE 1284-B 连接器信号分配

IEEE 1284-B 连接器信号分配见表 3。

表 3　IEEE 1284-B 连接器信号分配

引脚标识数	数据源	兼容模式	半字节模式	字节模式	ECP 模式	EPP 模式
1	主机	nStrobe	HostClk	HostClk	HostClk	nWrite
2	双向	Data 1(最低有效位)				AD1
3	双向	Data 2				AD2
4	双向	Data 3				AD3
5	双向	Data 4				AD4
6	双向	Data 5				AD5
7	双向	Data 6				AD6
8	双向	Data 7				AD7
9	双向	Data 8(最高有效位)				AD8
10	外设	nAck	PtrClk	PtrClk	PeriphClk	Intr
11	外设	Busy	PtrBusy	PtrBusy	PeriphAck	nWait
12	外设	PError	AckDataReq	AckDataReq	nAckReverse	用户自定义 1
13	外设	Select	Xflag	Xflag	Xflag	用户自定义 3
14	主机	nAutoFd	HostBusy	HostBusy	HostAck	nDStrb
15		未定义				
16		逻辑地				
17		机壳地				
18	主机	外设逻辑高				
19		信号地(nStrobe)				
20		信号地(Data 1)				
21		信号地(Data 2)				
22		信号地(Data 3)				
23		信号地(Data 4)				
24		信号地(Data 5)				
25		信号地(Data 6)				
26		信号地(Data 7)				
27		信号地(Data 8)				
28		信号地(PError,Select,nAck)				
29		信号地(Busy,nFault)				
30		信号地(nAutoFd,nSelectIn,nInit)				
31	主机	nInit	nInit	nInit	nReverseRequest	nInit
32	外设	nFault	nDataAvail	nDataAvail	nPeriphRequest	用户自定义 2
33		未定义				
34		未定义				
35		未定义				
36	主机	nSelectIn	IEEE 1284 Active	IEEE 1284 Active	IEEE 1284 Active	nAStrb

6.3.3 IEEE 1284-C 连接器信号分配

IEEE 1284-C 连接器信号分配见表 4。

表 4　IEEE 1284-C 连接器信号分配

引脚标识数	数据源	兼容模式	半字节模式	字节模式	ECP 模式	EPP 模式
1	外设	Busy	PtrBusy	PtrBusy	PeriphAck	nWait
2	外设	Select	Xflag	Xflag	Xflag	用户自定义 3
3	外设	nAck	PtrClk	PtrClk	PeriphClk	Intr
4	外设	nFault	NDataAvail	nDataAvail	nPeriphRequest	用户自定义 2
5	外设	PError	AckDataReq	AckDataReq	nAckReverse	用户自定义 1
6	双向	Data 1（最低有效位）				AD1
7	双向	Data 2				AD2
8	双向	Data 3				AD3
9	双向	Data 4				AD4
10	双向	Data 5				AD5
11	双向	Data 6				AD6
12	双向	Data 7				AD7
13	双向	Data 8（最高有效位）				AD8
14	主机	nInit	NInit	nInit	nReverseRequest	NInit
15	主机	nStrobe	HostClk	HostClk	HostClk	NWrite
16	主机	nSelectIn	IEEE 1284 Active	IEEE 1284 Active	IEEE 1284 Active	NAStrb
17	主机	nAutoFd	HostBusy	HostBusy	HostAck	NDStrb
18	主机	Host Logic High				
19		信号地（Busy）				
20		信号地（Select）				
21		信号地（nAck）				
22		信号地（nFault）				
23		信号地（PError）				
24		信号地（Data 1）				
25		信号地（Data 2）				
26		信号地（Data 3）				
27		信号地（Data 4）				
28		信号地（Data 5）				
29		信号地（Data 6）				
30		信号地（Data 7）				
31		信号地（Data 8）				
32		信号地（nInit）				
33		信号地（nStrobe）				
34		信号地（nSelectIn）				
35		信号地（nAutoFd）				
36	外设	外设逻辑高				

6.4 信号定义

6.4.1 信号名称的说明

以下圆括号里的信号名称为兼容模式定义,使用特定模式信号名称暗指接口操作在该模式。

6.4.2 HostClk/nWrite(nStrobe):主机驱动

兼容模式:设置 active 低传输数据到外设输入闩锁,nStrobe 低时数据有效。

协商阶段:设定低电平有效以传输延伸请求值到外设输入闩锁,在 HostClk 上升(下降)边缘数据有效。

反向数据传输阶段:半字节模式,设定为高电平在传输中以避免闩锁数据进外设;字节模式:在传输中为低脉冲以确认从外设来的数据传输,外设应确保该脉冲不传输新数据字节到外设输入闩锁。

ECP 模式:用在一个与 PeriphAck(Busy)的闭环握手以传输数据从主机到外设。

EPP 模式:设定为低电平以指示地址或数据写操作到外设,设定为高电平以指示地址或数据读操作从外设。

6.4.3 AD1…AD8(Data 1…Data 8)

兼容模式和协商阶段由主机驱动,半字节模式下未使用,其他模式下为双向数据。

所有模式:Data 1 是最低有效位(bit 0),Data 8 是最高有效位(bit 7)。

兼容模式:正向数据通道。

协商阶段:延伸请求值。

反向数据传输阶段:半字节模式,未使用(主机可能仍驱动总线);字节模式,反向通道数据。

ECP 模式:主机到外设或外设到主机地址或数据。

EPP 模式:主机到外设或外设到主机地址或数据。

6.4.4 PtrClk/PeriphClk/Intr(nAck):外设驱动

兼容模式:外设低脉冲确认从主机传输数据。

协商阶段:设为低电平确认支持 IEEE 1284,然后设置高电平指示 Xflag(Select)和数据有效标志可以被读。

反向数据传输阶段:半字节模式和字节模式,用来 qualify 数据被送到主机。

反向空闲阶段:被外设设为低电平然后高电平导致一个指示主机数据有效的中断。

ECP 模式:用在一个与 HostAck(nAutoFd)的闭环握手以传输数据从外设到主机。

EPP 模式:被外设使用以中断主机,该信号为一个最小 500 ns 的脉冲信号,在预定前必须被升高至少 1 μs。

6.4.5 PtrBusy/PeriphAck/nWait(busy):外设驱动

兼容模式:驱动为高电平指示外设未准备好接收数据。

协商阶段:反映外设正向通道的当前状态。

反向数据传输阶段:半字节模式,数据位 3 然后 7,然后正向通道忙状态;字节模式,正向通道忙状态。

反向空闲阶段:正向通道忙状态。

ECP 模式:在反向方向外设驱动该信号为流控制,PeriphAck 也提供一个第九数据位被用来决定反向方向数据信号当前是命令还是数据信息。

EPP 模式:该信号应被驱动为无效作为外设来的肯定确认数据或地址传输结束。该信号低电平有效,当设备准备接收下一个地址或数据传输时应被驱动为有效。

6.4.6 AckDataReq/nAckReverse(PError):外设驱动

兼容模式:驱动为高电平以指示外设纸路径(Paper path)出现错误,该信号的含义随外设变化。当

PError 被设定为高电平时外设应该设定 nFault 为低电平。

协商阶段：设为高电平指示 IEEE 1284 支持，然后紧跟 nDataAvail(nFault)。

反向数据传输阶段：半字节模式，数据为 2 然后 6；字节模式，等同于 nDataAvail(nFault)。

反向空闲阶段：设为高电瓶指导主机请求数据传输然后紧跟 nDataAvail(nFault)。

ECP 模式：外设驱动该信号为低电平确认 nReverseRequest。主机依赖 nAckReverse 决定何时允许驱动数据信号。

EPP 模式：(用户自定义 1)该信号为厂商定义规格，超出了本标准范围。

6.4.7 Xflag(Select)：外设驱动

兼容模式：设为高电平指示外设在线。

协商阶段：该名称 Xflag 针对延伸性标志。在协商阶段被外设使用来回应主机发送的请求延伸字节。该信号电瓶被用来指示确定的回应对每一个各自的延伸字节。

反向数据传输阶段：半字节模式，数据位 1 然后 5；字节模式，定义与协商阶段相同。

反向空闲阶段：定义与协商阶段相同。

ECP 模式：定义与协商阶段相同。

EPP 模式：(用户自定义 3)该信号为厂商定义规格，超出了本标准范围。

6.4.8 HostBusy/HostAck/nDStrb(nAutoFd)：主机驱动

兼容模式：该信号的解释随外设变化，被主机设为低电平以使某些打印机进入自动换行进纸模式，也可被用做第九位数据，校验位或者命令/数据控制位。

协商阶段：设为低电平连同 IEEE 1284 Active(nSelectIn)被设定为高电平以请求 IEEE 1284 模式。然后在外设设定 PtrClk(nAck)为低电平后设为高电平。

反向数据传输阶段：半字节模式，设为低电平以指示主机可以解手外设到主机的数据。然后设为高电平以确认接受半字节模式。字节模式，与半字节模式相同请求和确认字节，紧跟反向通道传输，当 HostBusy(nAutoFd)被设为低电平并且外设无有效数据时接口转为空闲阶段。

反向空闲阶段：设为高电平在响应一个 PtrClk(nAck)低脉冲以重新进入反向数据传输阶段。

假如设为高电平并且 IEEE 1284 Active(nSelectIn)设为低电平，IEEE 1284 空前阶段停止并且接口返回到兼容模式。

ECP 模式：在反向方向主机驱动该信号为流控制，被用在与 PeriphClk(nAck)的互锁握手，HostAck 也提供一个第九数据位被用来决定正向方向数据信号当前是命令还是数据信息。

EPP 模式：该信号低电平有效，用来指示一个数据周期。

6.4.9 Peripheral Logic High：外设驱动

设为高电平指示所有从外设来的其他信号在有效状态，设为低电平指示外设已关机或者要不然外设驱动的接口信号在无效状态。外设制造商可以，但不是必须使用该信号提供 5 伏电源给一个连接的设备。在任何状况下，外设应该限制短时电流最大为 1.0 A 并且当外设电源关闭时应该提供电路以确保一个有效的逻辑低电平在该信号上。

6.4.10 nReverseRequest(nInit)：主机驱动

兼容模式：低电平脉冲连同 IEEE 1284 Active 低电平以重置接口并且强迫返回兼容模式空闲阶段。

协商阶段：设为高电平。

反向数据传输阶段：设为高电平。

ECP 模式：该信号被驱动为低电平以使通道为反向方向，而在 ECP 模式，当 nReverseRequest 为低电平并且 IEEE 1284 Active 为高电平时，外设仅允许驱动双向数据信号。

EPP 模式：该信号低电平有效。当驱动有效(低电平)，该信号初始化一个终结周期结果使接口返回兼容模式。

6.4.11 nDataAvail/nPeriphRequest(nFault)：外设驱动

兼容模式：被外设设为低电平以指示错误发生，该信号的含义随外设不同变化。

协商阶段：设为高电平以确认 IEEE 1284 兼容模式。在半字节模式或字节模式下，随后设置为低电平以指示外设到主机数据有效紧跟着主机设置 HostBusy(nAutoFd)为高电平。

反向数据传输阶段：半字节模式，设置为低电平指示外设有数据准备传输到主机。然后被用来传输数据位 0 然后数据位 4。字节模式，用来指示数据有效。

反向空闲阶段：用来知识数据有效。

ECP 模式：在 ECP 模式中，外设应该驱动该引脚为低电瓶以请求与主机通信。该信号提供一个点对点的通信途径。该信号典型被用于产生一个到主机的中断。该信号在正向反向方向均有效。

EPP 模式：(用户自定义 2)该信号为厂商定义规格，超出了本标准范围。

6.4.12 1284 Active/nAStrb(nSelectIn)：主机驱动

兼容模式：被主机设定为低电平以选择外设。

协商阶段：设定高电平连同主机忙设定为低电平以请求一个 IEEE 1284 模式。

反向数据传输阶段：设定为高电平指示总线方向为外设到主机，设定为低电平终止 IEEE 1284 模式以设定总线方向为主机到外设。

反向空闲阶段：与反向数据传输阶段定义相同。

ECP 模式：在 ECP 模式被主机驱动为高电平。被主机设置为低电平以结束 ECP 模式并且返回链接到兼容模式。

EPP 模式：该信号被用来指示一个地址周期，低电平有效。

6.4.13 Host Logic High：主机驱动

设定为高电平指示主机来的所有其他信号在有效状态，设定为低电平指示主机以关机或者或者外设驱动的接口信号在无效状态。主机制造商可以，但不是必须使用该信号提供 5 伏电源给一个连接的设备。在任何状况下，外设应该限制短时电流最大为 1.0 A 并且当外设电源关闭时应该提供电路以确保一个有效的逻辑低电平在该信号上。

6.5 IEEE 1284 延伸性请求值

IEEE 1284 延伸性请求值——位分配见表5。

表 5　IEEE 1284 延伸性请求值——位分配表

定　义	延伸值	Xflag 确认响应
请求延伸链接	1000 0000	High
请求 EPP 模式	0100 0000	High
带 RLE 的请求 ECP 模式	0011 0000	High
请求 ECP 模式	0001 0000	High
保留	0000 1000	High
请求设备 ID；返回数据用半字节模式反向通道	0000 0100	High
字节模式反向通道传输	0000 0101	High
不带 RLE 的 ECP 模式传输	0001 0100	High
带 RLE 的 ECP 模式传输	0011 0100	High
保留	0000 0010	High
字节模式反向通道传输	0000 0001	High
半字节模式反向通道传输	0000 0000	Low
注：RLE——Run Length Encoding。		

6.6 电缆

6.6.1 线缆特性

a) 最小线径为约 0.08 mm（♯28AWG）；

b) 每对信号和地的特性非平衡阻抗应该为 62 Ω±6 Ω（频率：4 MHz～16 MHz）；

c) 在 1 MHz 下每对电缆的电容不能超过 107 pF/m；

d) 每根导线的最大直流阻抗 0.232 Ω/m(20 ℃)；

e) 最大端对端的衰减不能超过 1.5 dB(5 MHz)；

f) 线缆的最大传播延迟为 58 ns；

g) 成对线缆的最大传播延迟差为 2.5 ns；

h) 最大零到峰值交调失真信噪测量（近端和远端）应用 5 ns/2 MHz 方波。每对线都要用其特性阻抗终结；

i) 线缆铝箔外至少应有 85% 金属网屏蔽；

j) 线缆屏蔽应该使用 360°同心方式低阻抗连接到连接器后壳；

k) 每对信号线应双绞至少每米 36 次。

6.6.2 电缆组成

电缆组成见图 4。

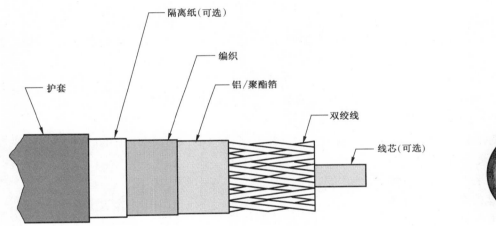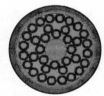

图 4　电缆组成

6.6.3 线缆的应用

线缆应用双绞线或扁平电缆，当采用双绞线时，其中一根线接信号脚，另一根线（返回线）接信号地，以减小传输中的干扰，采用扁平电缆时，接主要信号脚的导线之间应有接地线。

6.7 安全设计要求

6.7.1 并行接口设计要求

并行接口设计应满足 GB 4793.1—2007 的相关要求。当应用行业有强制性安全标准时，应遵照其标准执行。

6.7.2 产品采用的材料和元器件安全设计的要求

产品采用的材料和元器件应符合有关元器件的国家、行业标准或 IEC 标准中与安全有关的要求。元器件应按额定值正确使用，额定值不应大于表 6 的要求。

表 6　元器件额定值

接口种类	电压	电流
并口	30 V(A.C.)	1 A

6.7.3 与外部电路的连接应当不会出现的情况

与外部电路的连接应当不会出现以下的情况：

——在正常条件和单一故障条件下，使外部电路可触及零部件变成为危险带电；

——或者在正常条件和单一故障条件下，使产品本身的可触及零部件变成为危险带电。

6.7.4 电气间隙和爬电距离要符合相关安全标准规定

电气间隙的尺寸应使得进入产品的瞬态过电压和产品内部产生的峰值电压不能使其击穿。爬电距离的尺寸应使得绝缘在给定的工作电压和污染等级下不会产生飞弧或击穿（起痕）；最小值不应低于1 mm（针/针）；1.2 mm（针/地）。

6.7.5 并行接口的外壳设计的安全要求

并行接口的外壳设计应符合整个工业控制计算机系统的安全要求。外壳的防护性能根据应用要求由 GB 4208—2008 中选择防护等级，并按其规定进行设计。

6.7.6 绝缘电阻

接口与外壳之间施加直流电压进行绝缘电阻试验。施加的直流试验电压值和应达到的绝缘电阻值由 GB/T 15479—1995 中表 2 规定。

6.7.7 其他安全要求

用户提出的其他安全要求由制造商和用户商定。

6.8 电磁兼容抗扰度

6.8.1 电磁兼容抗扰度项目选择

并行接口应具有良好的电磁兼容性，满足供工业控制计算机整体系统的电磁兼容要求。电磁兼容抗扰度试验包括下列条款所列项目，试验项目的选择见 GB/T 17799.2—2003。

6.8.2 射频电磁场辐射抗扰度

在 80 MHz～1 000 MHz 射频范围内，根据系统使用的电磁场环境，从 GB/T 17626.3—2006 的表 1 中选择等级进行试验，并行接口应正常工作。

保护（设备）抵抗数字无线电话射频辐射干扰的试验等级，从 GB/T 17626.3—2006 的表 2 中选择。

电磁场辐射环境分为：

a) 1 级：低电平电磁辐射环境；

b) 2 级：中等的电磁辐射环境；

c) 3 级：严重电磁辐射环境；

d) X 级：是一个开放的等级，可在产品规范中规定。

6.8.3 工频磁场抗扰度

工频磁场是由导体中的工频电流产生的，或极少量的由附近的其他装置（如变压器的漏磁通）所产生。

根据系统应用环境在 GB/T 17626.8—2006 中选择试验等级，确定磁场强度进行试验，根据系统和应用要求，并行接口应正常工作。

应用环境分为：

a) 1 级：有电子束的敏感装置能使用的环境；

b) 2 级：保护良好的环境；

c) 3 级：保护的环境；

d) 4 级：典型的工业环境；

e) 5 级：严酷的工业环境；

f) X 级：是一个开放的等级，可在产品规范中规定。

6.8.4 静电放电抗扰度

根据系统安装环境条件（如相对湿度等）和产品材料，在 GB/T 17626.2—2006 的表 1（并参照

GB/T 17626.2—2006 表 A.1)中选择试验等级进行。

接触放电或空气放电(不能使用接触放电场合时选用空气放电试验方式)试验,并行接口应正常工作。

6.8.5 电快速瞬变脉冲群抗扰度

电快速瞬变脉冲群抗扰度是工业控制计算机系统对诸如来自切换瞬态过程(切换感性负载、继电器触点弹跳等)的各种类型瞬变骚扰的抗扰度。

根据系统应用场所环境,在 GB/T 17626.4—2008 的表 1 中选择试验等级,确定开路试验电压和脉冲重复频率进行试验,并行接口应正常工作。

应用场所环境分为:

a) 1 级:具有保护良好的环境;

b) 2 级:受保护的环境;

c) 3 级:典型的工业环境;

d) 4 级:严酷的工业环境;

e) X 级:是一个开放的等级,可在产品规范中规定。

6.8.6 浪涌(冲击)抗扰度

浪涌(冲击)抗扰度是工业控制计算机系统对由开关和雷电瞬变过程电压引起的单极性浪涌(冲击)的抗扰度。

根据系统安装类别,在 GB/T 17626.5—2008 的表 1(并参照 GB/T 17626.5—2008 表 A.1)中选择试验等级,确定开路试验电压进行试验,并行接口应正常工作。

安装类别分为:

a) 0 类:保护良好的电气环境,常常在一间专用房间内;

b) 1 类:有部分保护的电气环境;

c) 2 类:电缆隔离良好,甚至短走线也隔离良好的电气环境;

d) 3 类:电源电缆和信号电缆平行敷设的电气环境;

e) 4 类:互连线按户外电缆沿电源电缆敷设并且这些电缆被作为电子和电气线路的电气环境;

f) 5 类:在非人口稠密区电子设备与通信电缆和架空电力线路连接的电气环境;

g) X 类:在产品技术要求中规定的特殊环境。

6.8.7 射频感应的传导骚扰抗扰度

射频感应的传导骚扰抗扰度是工业控制计算机系统对来自 9 kHz~80 MHz 频率范围内射频发射机电磁场骚扰的传导抗扰度。射频感应是通过电缆(如电源线、信号线、地连接线等)与射频场相耦合而引起的。

根据系统应用场所环境,在 GB/T 17626.6—2008 表 1 中选择试验等级,进行试验,并行接口应正常工作。

应用场所环境分为:

a) 1 级:低电平电磁辐射环境;

b) 2 级:中等的电磁辐射环境;

c) 3 级:严重电磁辐射环境;

d) X 级:是一个开放的等级,可在产品规范中规定。

6.9 环境影响

6.9.1 环境温度影响

根据工业控制计算机系统安装环境,在 GB/T 17214.1—1998 中选择温度,当温度在其范围变化时,并行接口应正常工作。

6.9.2 相对湿度影响

在试验温度为 40 ℃±2 ℃,相对湿度在 93%±3% 之间,保持 48 h 后进行测试,并行接口应正常工作。

6.9.3 振动影响

根据应用场所,按照 GB/T 17214.3—2000 中选择振动频率、振动严酷度和振动时间等级,经过三个互相垂直的方向(其中一个为铅垂方向)进行振动试验,并行接口应正常工作。

6.10 抗运输环境影响

6.10.1 抗运输高温影响

产品在运输包装条件下,高温为 40 ℃±3 ℃ 或 55 ℃±3 ℃ 的运输环境下进行温度试验后,并行接口应正常工作。

6.10.2 抗运输低温影响

产品在运输包装条件下,低温为 5 ℃±3 ℃、−25 ℃±3 ℃ 或 −40 ℃±3 ℃ 的运输环境下进行温度试验后,并行接口应正常工作。

6.10.3 抗运输湿热影响

产品在运输包装条件下,高温为 50 ℃±3 ℃ 和相对湿度为 93%±3% 的运输环境下进行交变湿热试验后,并行接口应正常工作。

6.10.4 抗运输碰撞影响

产品在运输包装条件下,选择加速度:100 m/s²±10 m/s²;相应脉冲持续时间:11 ms±2 ms;脉冲重复频率:60 次/min～100 次/min;采用近似半正弦波的脉冲波形,进行 1 000 次±10 次的试验。试验后,并行接口应正常工作。

6.11 抗腐蚀性气体性能

应用于具有腐蚀性气体环境的工业控制计算机系统的并行接口应具有在腐蚀性气体环境条件下工作、贮存、运输的能力。其连接器和线缆应具有防腐蚀性能,应根据防腐蚀要求进行处理。

6.12 防爆要求

安装运行于爆炸性气体环境的工业控制计算机系统并行接口应满足国家或行业相关标准规定,例如安装运行于爆炸性气体环境的工业控制计算机系统并行接口应满足 GB 3836.1—2010 的规定。

工业控制计算机系统的相关防爆产品应由国家授权的防爆产品监督检验机构检验认证。

参 考 文 献

[1]　IEEE Std-1284—2000：IEEE Standard Signaling Method for a Bidirectional Parallel Peripheral Interface for Personal Computers.

[2]　IEEE Std-1284. 3—2000：Interface and Protocol Extensions to IEEE 1284-Compliant Peripherals and Host Adapters-a protocol to allow sharing of the parallel port by multiple peripherals (daisy chaining).

[3]　IEEE Std-1284. 4—2000：Data Delivery and Logical Channels for IEEE 1284 Interfaces-allows a device to carry on multiple,concurrent exchanges of data.

ICS 25.040.40
N 18

中华人民共和国国家标准

GB/T 26804.1—2011

工业控制计算机系统 功能模块模板
第1部分：处理器模板通用技术条件

Industrial control computer system—Function module—
Part 1:General specification for processor module

2011-07-29 发布　　　　　　　　　　　　　　　　2011-12-01 实施

中华人民共和国国家质量监督检验检疫总局
中国国家标准化管理委员会　发布

前　言

　　GB/T 26804《工业控制计算机系统　功能模块模板》分以下部分:
　　——第1部分:处理器模板通用技术条件;
　　——第2部分:处理器模板性能评定方法;
　　——第3部分:模拟量输入输出通道模板通用技术条件;
　　——第4部分:模拟量输入输出通道模板性能评定方法;
　　——第5部分:数字量输入输出通道模板通用技术条件;
　　——第6部分:数字量输入输出通道模板性能评定方法。
　　本部分是 GB/T 26804 的第1部分。
　　本部分的附录 A 为规范性附录,附录 B 为资料性附录。
　　本部分由中国机械工业联合会提出。
　　本部分由全国工业过程测量和控制标准化技术委员会(SAC/TC 124)归口。
　　本部分负责起草单位:研祥智能科技股份有限公司。
　　本部分参加起草单位:北京康拓科技开发总公司、北京研华兴业电子科技有限公司、西南大学、中国计算机学会工业控制计算机专业委员会。
　　本部分主要起草人:陈志列、庞观士、廖宇晖。
　　本部分参加起草人:马飞、张伟艳、刘鑫、叶剑波、刘永池、刘学东、刘朝晖、吕静、杨颂华、黄伟、李涛、祝培军、杨孟飞。

工业控制计算机系统 功能模块模板
第1部分:处理器模板通用技术条件

1 范围

GB/T 26804 的本部分规定工业控制计算机系统处理器模板主要设计要求、主要技术性能、电源适应性、环境适应性要求、可靠性要求、标志、包装、贮存等。

本部分适用于工业控制计算机处理器模板的设计、制造及验收。

2 规范性引用文件

下列文件中的条款通过 GB/T 26804 的本部分的引用而成为本部分的条款。凡是注日期的引用文件,其随后所有的修改单(不包括勘误的内容)或修订版均不适用于本部分,然而,鼓励根据本部分达成协议的各方研究是否可使用这些文件的最新版本。凡是不注日期的引用文件,其最新版本适用于本部分。

GB/T 1988 信息技术 信息交换用七位编码字符集(eqv ISO/IEC 646:1991)

GB 2312 信息交换用汉字编码字符集 基本集

GB 4943—2001 信息技术设备的安全

GB 5007.1—2010 信息技术 汉字编码字符集(基本集) 24 点阵字型

GB 5199—2010 信息技术 汉字编码字符集(基本集) 15×16 点阵字型

GB 6345.1—2010 信息技术 汉字编码字符集(基本集) 32 点阵字型 第 1 部分:宋体

GB 6345.2—2008 信息技术 汉字编码字符集(基本集) 32 点阵字型 第 2 部分:黑体

GB 6345.4—2008 信息技术 汉字编码字符集(基本集) 32 点阵字型 第 4 部分:仿宋体

GB 9254—2008 信息技术设备的无线电骚扰限值和测量方法

GB/T 9969—2008 工业产品使用说明书 总则

GB 12041.4—2008 信息技术 汉字编码字符集(基本集) 48 点阵字型 第 4 部分:仿宋体

GB 12345—1990 信息交换用汉字编码字符集 辅助集

GB 13000—2010 信息技术 通用多八位编码字符集(UCS)(ISO/IEC 10646:2003,IDT)

GB 16793.1—2010 信息技术 通用多八位编码字符集(CJK 统一汉字) 24 点阵字型 第 1 部分:宋体

GB 16794.1—2010 信息技术 通用多八位编码字符集(CJK 统一汉字) 48 点阵字型 第 1 部分:宋体

GB/T 17212 工业过程测量和控制 术语和定义(idt IEC 902:1987)

GB/T 17626.2—2006 电磁兼容 试验和测量技术 静电放电抗扰度试验(IEC 61000-4-2:2001,IDT)

GB/T 17626.3—2006 电磁兼容 试验和测量技术 射频电磁场辐射抗扰度试验(IEC 61000-4-3:2002,IDT)

GB/T 17626.4—2008 电磁兼容 试验和测量技术 电快速瞬变脉冲群抗扰度试验(IEC 61000-4-4:2005,IDT)

GB/T 17626.5—2008 电磁兼容 试验和测量技术 浪涌(冲击)抗扰度试验(IEC 61000-4-5:2005,IDT)

GB/T 17626.6—2008 电磁兼容 试验和测量技术 射频场感应的传导骚扰抗扰度(IEC 61000-4-6:2006,IDT)

GB/T 17626.8—2006　电磁兼容　试验和测量技术　工频磁场抗扰度试验(IEC 61000-4-8：2001，IDT)

GB 18030—2005　信息技术　中文编码字符集

GB/T 26802.1—2011　工业控制计算机系统　通用规范　第1部分：通用要求

GB/T 26803.2—2011　工业控制计算机系统　总线　第2部分：系统外部总线　串行接口通用技术条件

GB/T 26803.3—2011　工业控制计算机系统　总线　第3部分：系统外部总线　并行接口通用技术条件

GB/T 26805.3—2011　工业控制计算机系统　软件　第3部分：文档管理指南

GB/T 26805.4—2011　工业控制计算机系统　软件　第4部分：工程化文档规范

GB/T 26805.5—2011　工业控制计算机系统　软件　第5部分：用户软件文档

SJ/T 11193—1998　微型数字电子计算机多媒体性能规范

SJ/T 11363—2006　电子信息产品中有毒有害物质的限量要求

3　术语和定义

GB/T 17212、GB/T 26802.1—2011确立的以及下列术语和定义适用于GB/T 26804的本部分。

3.1

处理器模板　processor module

以工业控制计算机主处理器(CPU)为核心的硬件模块，可以包括内存或内存插槽、固件、总线及输入输出接口等。

3.2

看门狗　watchdog

用于产生复位或中断信号，以防止死机或防止程序发生死循环的定时器电路。

3.3

固态盘　solid state disk

以固态电子存储芯片制成的存储设备。

3.4

固件　firmware

完成一个系统最基础、最底层工作的软件，是固化在集成电路内部的程序代码。

3.5

底/背板　backplane

需要搭配处理器模板才能使用，且带有扩展功能的硬件模块。

4　主要设计要求

4.1　硬件要求

设计产品时，除满足功能性设计要求外，还应进行软硬件兼容性、可靠性、易用性、维修性、电磁兼容性和安全性设计。如果设计系列化产品，应遵循系列化、标准化、模块化和向上兼容的原则，并应符合有关国家标准。

处理器模板应该具有系统自恢复功能，应该具有看门狗定时器功能。

4.2　固件要求

固件应与硬件系统的硬件资源相适应，具有一定的自检、资源配置功能。字符集编码及字形应符合相应国家标准。

4.3 结构和外观要求

结构设计应遵循标准化、系列化的要求。满足相应标准的安装尺寸。总线接口外形尺寸应符合有关总线标准规定。自带的所有输入输出接口要符合相应的国家标准或行业标准。

处理器模板的外观应符合下列要求：

——产品表面必须没有明显的凹痕、划伤、裂缝、变形和污染等。表面涂镀层应均匀、不应起泡、龟裂、脱落和磨损，金属零部件不得有锈蚀及其他机械损伤。

——产品表面说明功能的文字符号标志应清晰端正牢固并符合相应的国家标准，不应残缺和污损。如：铭牌、文字数字和标志。

——产品的零部件必须坚固无松动，安装可抽换部件的接插件必须灵活可靠，布局必须方便使用。

4.4 文档和软件要求

文档和软件要求如下：

——必须随产品提供简体中文文档，文档应该能指导模块的正确安装、使用、维护和编程；

——应该提供相应的驱动程序和应用软件；定制系统软件等需要提供相关的软件文档，应符合相应的国家标准；

——说明文档应符合 GB/T 9969—2008 的要求，软件文档应符合 GB/T 26805.3—2011、GB/T 26805.4—2011 和 GB/T 26805.5—2011 的要求；

——配置的软件应与硬件系统的资源相适应，便于掌握和操作；

——模板上固化的软件、程序应可升级。

4.5 中文信息处理

4.5.1 字符集

产品应采用国家标准规定的字符集，优先在下列范围内选用：

——GB 18030—2005 或 GB 13000—2010；

——GB 2312；

——GB 2312 和 GB 12345—1990；

——GB/T 1988；

其他有关少数民族文字编码字符集。

4.5.2 汉字字型

产品应采用国家标准规定的点阵汉字字型，优先采用下述标准点阵：

——15×16 (GB 5199—2010)一般用于显示；

——24×24 (GB 5007.1—2010、GB 16793.1—2010)可用于显示或打印；

——32×32 (GB 6345.1—2010、GB 6345.4—2008、GB 6345.2—2008)可用于打印；

——48×48 (GB 12041.4—2008、GB 16794.1—2010)可用于打印。

4.6 安全、环保、节能要求

4.6.1 安全

安全要求如下：

——产品的发热保护应符合 GB 4943—2001 中的要求，具体温升值在产品标准中规定；

——产品采用的材料和元器件应符合有关元器件的国家、行业标准中或 IEC 标准中与安全有关的要求；元器件应按额定值正确使用。

4.6.2 环保

选用的元器件、结构材料、印刷电路板材料、互连材料等应符合国家有关标准并在生命周期内是环保的；模板环保设计建议符合 SJ/T 11363—2006 的规定。

4.6.3 功耗

产品应根据实际应用，在正常的工作情况下，处理器模板最低功耗应适应表 1 中的相应范围，模板应该尽量节能。

表 1 功耗等级

功耗等级	最低功耗
1	≤6 W
2	6 W～15 W
3	15 W～40 W
4	>40 W

5 主要技术性能

5.1 电气特性

产品使用说明中明确规定 CPU 类型与工作频率、总线速度、存储器、输入输出控制器、外围设备控制器、网络特性等,产品功能必须与说明书相符合。

5.2 机械特性

机械特性应遵循标准化、系列化的要求,根据行业内认可的标准设计。模板的外形尺寸、安装孔位、不同区域限高等应该根据规范设计。模板应该能够互换,应符合人机工程的特点。模板与底板、背板间接口和扩展总线接插件的外形尺寸应符合有关总线标准规定。所有输入输出接口结构尺寸要符合相应的国家标准或行业标准。

行业内认可的标准结构尺寸,如:

——ETX;

——COM Express;

——PICMG 1.0、1.2、1.3;

——CPCI;

——PC/104,PC/104-plus,PCI-104,PCI/104-Express,PCIe/104;

——EBX,EPIC,3.5";

——ATX,MicroATX,mini-ITX;

——POS;

——EPI。

详细结构尺寸见附录 A,参见附录 B。

5.3 总线及接口

5.3.1 处理器模板与底板、背板总线接口

5.3.1.1 ETX

参考《ETX Specification Document Revision 3.02》。

5.3.1.2 COM Express

参考《PICMG COM.0 R1.0 Computer On Module Specification》。

5.3.1.3 PICMG 1.0、1.2、1.3

参考《PICMG1.0 R2.0 Specification》、《PICMG1.2 R1.0 Specification》、《PICMG1.3 System Host Board PCI Express Specification》。

5.3.1.4 CPCI

参考《PICMG 2.0 R3.0 Compact PCI Specification》

5.3.1.5 PC/104,PC/104-plus,PCI-104,PCI/104-Express,PCIe/104

参考《PC/104 Specification Version2.5》、《PC/104-Plus Specification Version2.2》、《PCI-104 Specification Version 1.0》、《PCI/104-Express & PCIe/104 Specification Version 1.0》

5.3.1.6 其他

参考后附参考文献中的相关文件。

5.3.2 外部总线接口

5.3.2.1 外部串行总结接口

符合 GB/T 26803.2—2011 的要求。

5.3.2.2 外部并行总线接口

符合 GB/T 26803.3—2011 的要求。

5.3.3 输入输出接口

可以根据实际应用选择相关内部接口,部分接口定义和尺寸内容可参考《Front Panel I/O Connectivity Design Guide Version 2.2》,如以下接口:

——PS/2 键盘、鼠标接口;

——通用 RJ45 网口;

——1394 总线接口;

——CF 卡接口;

——VGA、LVDS、DVI、TTL、TV-out、S-vedio 等显示设备接口;

——IDE、SATA、SCSI 接口。

5.4 基本功能

5.4.1 数据处理功能

处理器模板应具有对数据的采集、存储、检索、加工、变换和传输等功能。

5.4.2 存储功能

处理器模板对数据、信息应具有内部和外部存储功能。

5.4.3 输入、输出功能

处理器模板应具有通过不同的总线接口、内外部接口、输入设备等接收各种数据信号、状态信号、控制信号的输入;并且能把处理后的数据通过相应的总线接口、内外部接口、输出设备等输出。

5.4.4 工业控制串行通信功能

处理器模板可通过串行口获得外部的数据,作为过程输入,数据处理后输出。

5.4.5 状态检测功能

为保证处理器模板正常工作,应具备对处理器模板工作状态检测功能,如:处理器温度、环境温度、电压等状态的监测功能。当处理器温度超过设定极限时,应有相应的报警输出,方便排除故障。

5.4.6 系统自恢复功能

用于控制的计算机的处理器模板,要求具有看门狗定时器功能。能在定时器超时(预编程时间到)事件发生时,向系统发出中断,或者复位信号,使系统能通过预定的办法排除故障,恢复系统的正常运行。根据需要,可以禁止或使能看门狗定时器功能。

5.5 可选功能

5.5.1 远程唤醒功能

处理器模板根据实际应用可通过网络接口或 COM 接口接收远程信号从待机、睡眠、关机状态下唤醒。

5.5.2 固态盘存储功能

处理器模板根据实际应用可支持不同的固态盘存储设备,如:CF 卡、ADC、DOM 等。

5.5.3 多媒体功能

处理器模板根据实际应用可支持多媒体功能,工业控制计算机应符合 SJ/T 11193—1998 的规定。

5.5.4 工业控制网络通信要求

处理器模板可以通过网络接口在英特网、局域网等各种网络中与其他网络通信设备进行数据传输。

5.5.5 信息安全保护功能

处理器模板根据实际应用可支持信息安全保护功能。

5.5.6 系统管理功能

处理器模板在相应硬件、软件支持下,应该能实现远程故障判断,方便升级维护。

6 电源适应能力

要求能在电压标称值±5%、纹波/杂讯标称值0.1%的条件下正常工作,标称值在产品标准中规定。对于电源有特殊要求的单元应在产品标准中加以说明。如:ATX电源的电源适应范围参考表2,纹波/杂讯范围参考表3。

表 2 电源适应范围

输入	范围	最小	正常	最大	单位
+12 VDC	±5%	+11.4	+12.00	+12.60	V
+5 VDC	±5%	+4.75	+5.00	+5.25	V
+3.3 VDC	±5%	+3.14	+3.30	+3.47	V
−12 VDC	±10%	−10.80	−12.00	−13.20	V
+5 VSB	±5%	+4.75	+5.00	+5.25	V

表 3 纹波/杂讯

输入	最大纹波 & 杂讯/mVpp
+12 VDC	120
+5 VDC	50
+3.3 VDC	50
−12 VDC	120
+5 VSB	50

7 环境适应要求

7.1 环境温度影响

温度特性分工作温度、贮存温度。处理器模板在表4规定的工作温度范围内应能正常工作,在无包装、不通电时置于试验箱内,达到规定的贮存温度严酷等级下至少保持48 h,之后立即进行测试,应能无元器件损坏,能正常工作。

表 4 工作和贮存运输温度

级别	工作温度/℃	贮存温度/℃
1	0～60	−25～75
2	−15～65	−25～75
3	−25～70	−40～85
4	−40～85	−55～95
注:低温工作允许有局部自加热设备。		

7.2 环境湿度影响

处理器模板在表5规定的工作湿度条件下,应能满足规定的绝缘电阻要求,工作正常,且表面无锈痕、无污染,在无包装、不通电时置于试验箱内,在达到规定的贮存湿热严酷等级下至少保持48 h,之后湿度恢复正常再进行测试,应能无元器件损坏,能正常工作。

表 5 湿热条件

级别	工作湿热条件	贮存湿热条件
	相对湿度/%	相对湿度/%
1	20％～75％(40 ℃)	20％～80％(40 ℃)
2	20％～80％(40 ℃)	20％～95％(40 ℃)
3	20％～95％(40 ℃)	20％～95％(40 ℃)

7.3 振动、冲击影响

经组装的处理器模板在表 6 的正弦振动条件、表 7 的随机振动条件、表 8 的冲击条件下,应无机械损伤和零部件松动等现象,功能特性、电气特性应符合原规定。

表 6 正弦振动条件

级别	正弦振动				
	频率/Hz	加速度/(m/s²)	振幅/mm	振动方向	单向振动时间/min
1	20～60 不工作	10		1	7
2	5～15		0.4	1～3	7
	15～200	15			
3	15～30		0.4	3	7
	30～50	15			
	50～500	42			
4	5～30		0.5	3	7
	30～50	15			
	50～500	42			

表 7 随机振动条件

级别	振动谱型	总均方根加速度/(m/s²)	振动方向	每方向振动时间
1	20～500 Hz,0.1 g²/Hz	6.9	3	5 min/向
2	5～200 Hz,0.02 g²/Hz 200～1 000 Hz,3 dB/oct	32.2	3	5 min/向
3	10～50 Hz,＋3 dB/oct 50～500 Hz,0.16 g²/Hz 500～2 000 Hz,6 dB/oct	116.6	3	5 min/向

表 8 冲击条件

级别	冲击				
	加速度/(m/s²)	持续时间/ms	波形	振动方向	每方向次数
1	50 不加电	8～15	半正弦波	1	3
2	100	8～15	半正弦波	3	3
3	150	8～15	半正弦波	3～6	3
4	200	8～15	半正弦波	3～6	3

7.4 跌落影响

经包装的处理器模板在表9规定的自由跌落条件下,产品和运输包装均应无明显的变形和损伤,且产品加电应能正常工作。

表 9 自由跌落条件

包装件质量/kg	跌落高度/mm
≤15	1 000
15~30	800
30~40	600
40~45	500
45~50	400
>50	300

7.5 抗运输环境影响

7.5.1 抗运输高温影响

产品在运输包装条件下,高温为 40 ℃±3 ℃或 55 ℃±3 ℃的运输环境下进行温度试验后,处理器模板正常工作。

7.5.2 抗运输低温影响

产品在运输包装条件下,低温为 5 ℃±3 ℃、—25 ℃±3 ℃或—40 ℃±3 ℃的运输环境下进行温度试验后,处理器模板正常工作。

7.5.3 抗运输湿热影响

产品在运输包装条件下,高温为 40 ℃±3 ℃或 55 ℃±3 ℃和相对湿度为 93%+2/−3 的运输环境下进行交变湿热试验后,工业控制计算机基本平台正常工作。

7.5.4 抗运输碰撞影响

产品在运输包装条件下,选择加速度:100 m/s²±10 m/s²;相应脉冲持续时间:11 ms±2 ms;脉冲重复频率;60 次/min~100 次/min;采用近似半正弦波的脉冲波形,进行 1 000 次±10 次的运输冲击试验。试验后,工业控制计算机基本平台性能仍应符合产品标准要求。

7.5.5 抗腐蚀性气体影响检查

应用于具有腐蚀性气体环境的工业控制计算机基本平台应具有在腐蚀性气体环境条件下工作、贮存、运输的能力。其硬件应具有防腐蚀性能,应根据防腐蚀要求进行处理。

8 电磁兼容性要求

8.1 无线电骚扰

处理器模板所产生的电磁场对外部的影响。该要求适用的频率范围为 30 MHz~1 000 MHz。对于尚未规定限值的频段,不作要求。

产品的无线电骚扰限值符合 GB 9254—2008 的规定,在产品标准中明确规定选用 A 级或 B 级所规定的无线电骚扰限值。

8.2 电磁兼容抗扰度

8.2.1 射频电磁场辐射抗扰度

在 80 MHz~1 000 MHz 射频范围内,根据处理器模板使用的电磁场环境(1 级:低电平电磁辐射环境;2 级:中等的电磁辐射环境;3 级:严重电磁辐射环境;X 级:是一个开放的等级,可在产品规范中规定),在 GB/T 17626.3—2006 的表1 中选择试验等级进行试验。

保护(设备)抵抗数字无线电话射频辐射干扰的试验等级,在 GB/T 17626.3—2006 的表 2 中选择。制造商的技术规范中可以规定对处理器模板的影响哪些可以忽略哪些可以接受。

8.2.2 工频磁场抗扰度

根据处理器模板应用环境,在 GB/T 17626.8—2006 中选择试验等级(1级:有电子束的敏感装置能使用的环境;2级:保护良好的环境;3级:保护的环境;4级:典型的工业环境;5级:严酷的工业环境;X级:是一个开放的等级,可在产品规范中规定),确定磁场强度。一般工业环境选择 4 级(稳定持续磁场其磁场强度为 30 A/m,1 s～3 s 的短时磁场强度为 300 A/m),严酷工业环境选择 5 级(稳定持续磁场其磁场强度为 100 A/m,1 s～3 s 的短时磁场强度为 1 000 A/m)进行试验。

制造商的技术规范中可以规定对处理器模板的影响哪些可以忽略哪些可以接受。

8.2.3 静电放电抗扰度

根据处理器模板安装环境条件(如相对湿度等)和产品材料,在 GB/T 17626.2—2006 的表 1 中选择试验等级进行接触放电或空气放电试验。

制造商的技术规范中可以规定对处理器模板的影响哪些可以忽略哪些可以接受。

8.2.4 电快速瞬变脉冲群抗扰度

根据处理器模板应用场所环境(1级:具有保护良好的环境;2级:受保护的环境;3级:典型的工业环境;4级:严酷的工业环境;X级:是一个开放的等级,可在产品规范中规定),在 GB/T 17626.4—2008 的表 1 中选择试验等级,确定开路试验电压和脉冲重复频率进行试验。

制造商的技术规范中可以规定对处理器模板的影响哪些可以忽略哪些可以接受。

8.2.5 浪涌(冲击)抗扰度

根据处理器模板安装类别(0 类:保护良好的电气环境,常常在一间专用房间内;1 类:有部分保护的电气环境;2 类:电缆隔离良好,甚至短走线也隔离良好的电气环境;3 类:电源电缆和信号电缆平行敷设的电气环境;4 类:互连线按户外电缆沿电源电缆敷设并且这些电缆被作为电子和电气线路的电气环境;5 类:在非人口稠密区电子设备与通信电缆和架空电力线路连接的电气环境;X 类:在产品技术要求中规定的特殊环境),在 GB/T 17626.5—2008 的表 1 中选择试验等级,确定开路试验电压进行试验。

制造商的技术规范中可以规定对处理器模板的影响哪些可以忽略哪些可以接受。

8.2.6 射频感应的传导骚扰抗扰度

根据处理器模板应用场所环境等级如表 10,在 GB/T 17626.6—2008 的表 1 中选择试验等级,进行试验。

表 10　应用场所环境等级

级别	射频感应的传导骚扰抗扰度
1	低电平电磁辐射环境
2	中等的电磁辐射环境
3	严重电磁辐射环境
X	一个开放的等级

制造商的技术规范中可以规定对处理器模板的影响哪些可以忽略哪些可以接受。

9　可靠性要求

模板的设计应考虑降额、冗余、散热等可靠性方面的要求,以提高系统的可靠性。

9.1　可靠性特征量

工业控制计算机处理器模板可靠性特征量采用:

   a)　平均故障间隔时间 MTBF(即平均无故障工作时间),作为工业控制计算机处理器模板的主要可靠性特征量;

   b)　平均修复时间 MTTR;

   c)　平均可用度。

9.2 可靠性(MTBF)等级

9.2.1 采用平均无故障时间(MTBF)衡量处理器模板的可靠性(MTBF)设计水平,分为 4 级如表 11,要求不低于 1 级。

表 11 可靠性(MTBF)等级

级别	平均无故障时间 MTBF/h
1	20 000
2	60 000
3	100 000
4	>1 000 000

9.2.2 处理器模板平均修复时间(MTTR)不应大于 30 min。

10 标志、包装、贮存

10.1 标志

处理器模板的适当位置上,应固定有相应标示:

a) 标记、型号、名称;

b) 制造厂名或厂标;

c) 制造编号;

d) 制造年月。

10.2 包装

处理器模板包装应附带如下随机文件:

a) 产品安装、使用、维护文档;

b) 驱动光盘;

c) 其他可选文件。

对产品包装的要求。

10.3 贮存

处理器模板应贮存在原包装箱内,存放在产品适应的贮存环境温度和湿度下。存放环境不允许有各种有害气体、易燃、易爆炸的物品及有腐蚀性的化学物品,并且无强烈的机械振动、冲击和强磁场作用。包装箱应垫离地面至少 10 cm,距离墙壁、热源、冷源、窗口或空气入口至少 50 cm。

附 录 A

（规范性附录）

处理器模板尺寸规范

A.1 ETX 系列处理器模板尺寸规范如图 A.1。

单位为毫米

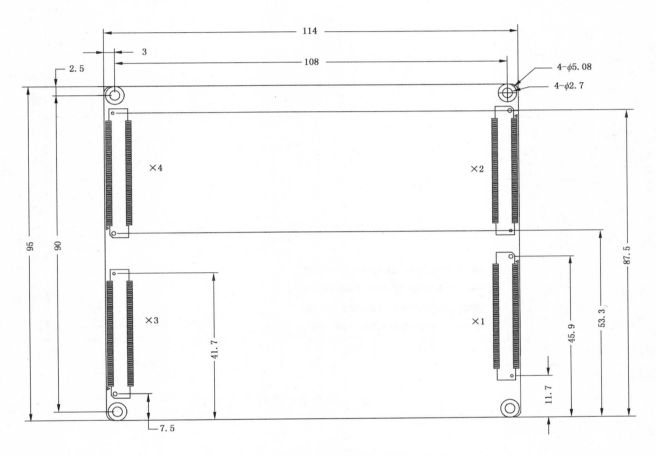

图 A.1 ETX 系列处理器模板尺寸规范

A.2 COM Express 系列处理器模板尺寸规范如图 A.2。

单位为毫米

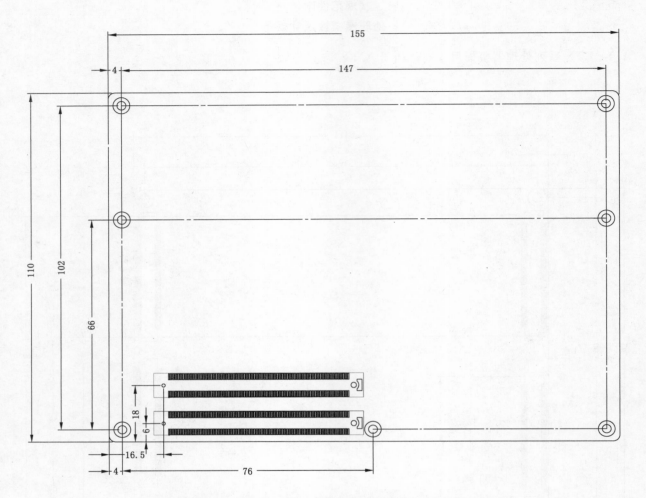

图 A.2 COM Express 系列处理器模板尺寸规范

A.3 PICMG-1.0 全长系列处理器模板尺寸规范如图 A.3。

单位为毫米

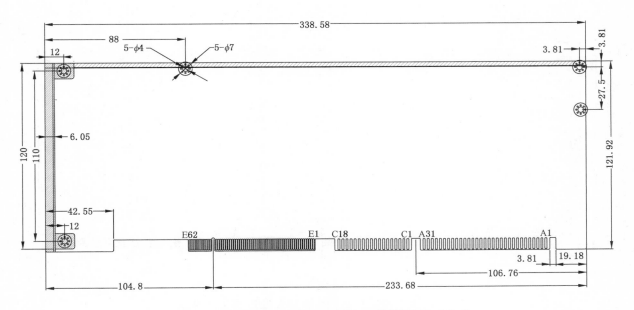

图 A.3 PICMG-1.0 全长系列处理器模板尺寸规范

A.4 PICMG-1.2 全长系列处理器模板尺寸规范如图 A.4。

单位为毫米

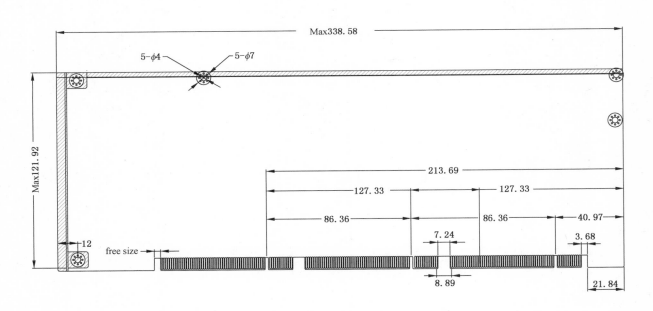

图 A.4 PICMG-1.2 全长系列处理器模板尺寸规范

A.5 PICMG-1.3 全长系列处理器模板尺寸规范如图 A.5。

单位为毫米

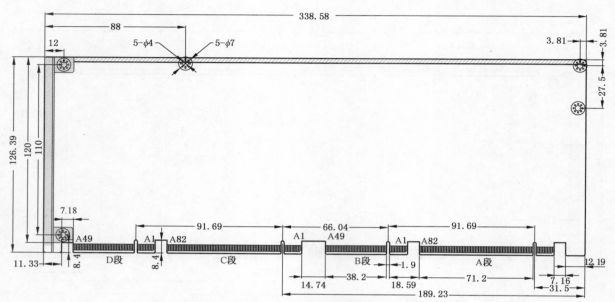

图 A.5　PICMG-1.3 全长系列处理器模板尺寸规范

A.6 ISA 总线半长卡系列处理器模板尺寸规范如图 A.6。

单位为毫米

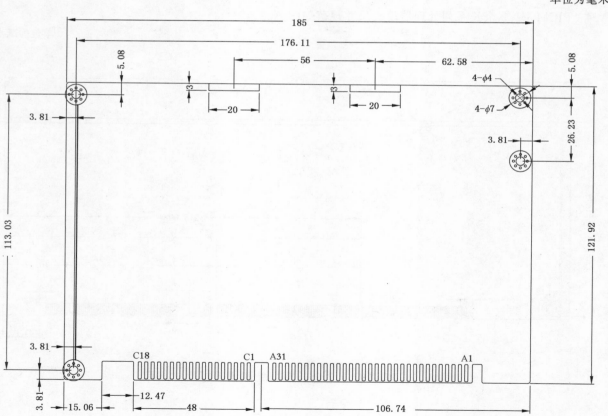

图 A.6　ISA 总线半长卡系列处理器模板尺寸规范

A.7　PCI 总线半长卡系列处理器模板尺寸规范如图 A.7。

单位为毫米

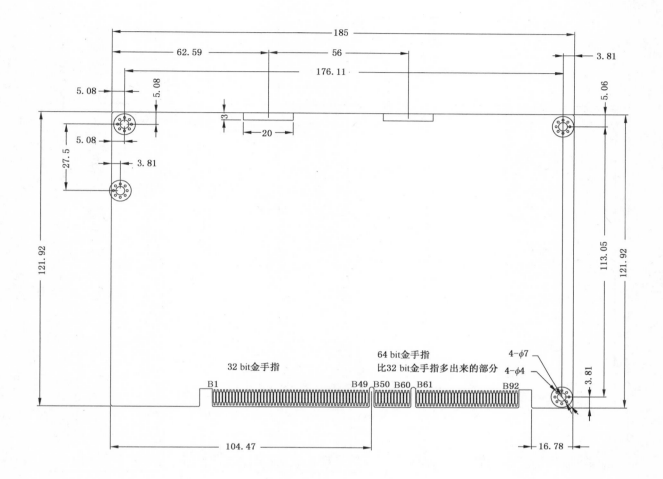

图 A.7　PCI 总线半长卡系列处理器模板尺寸规范

A.8 PICMG1.3 半长卡系列处理器模板尺寸规范如图 A.8。

单位为毫米

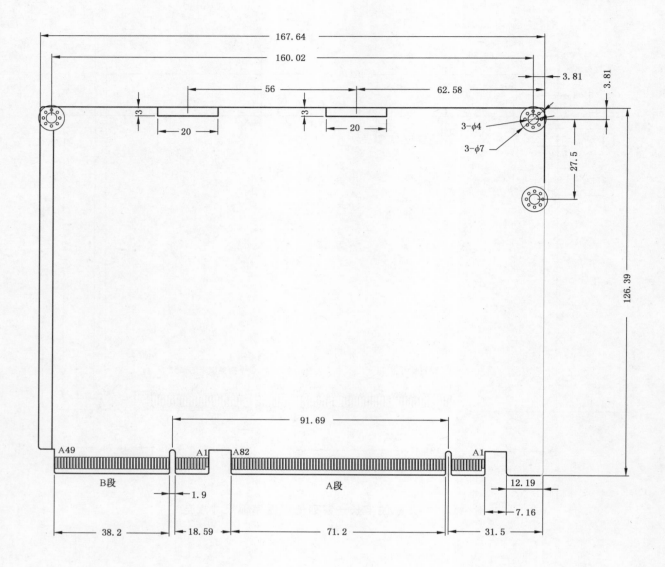

图 A.8 PICMG1.3 半长卡系列处理器模板尺寸规范

A.9 CPCI 系统处理器模板尺寸规范(3U)如图 A.9。

单位为毫米

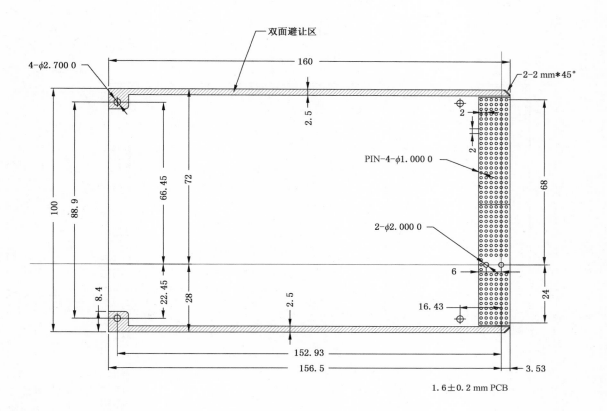

图 A.9 CPCI 系统处理器模板尺寸规范(3U)

A.10　CPCI 系统处理器模板尺寸规范(6U)如图 A.10。

单位为毫米

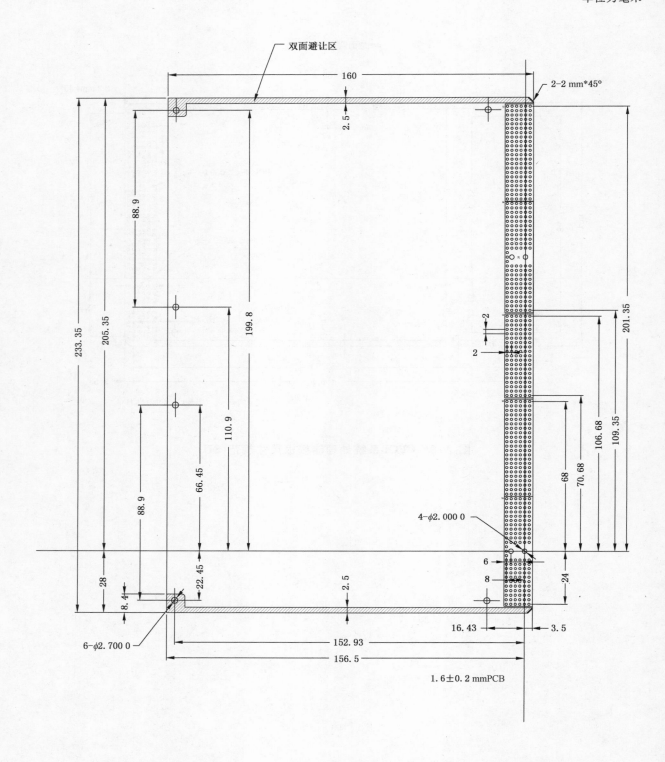

图 A.10　CPCI 系统处理器模板尺寸规范(6U)

A.11 PC/104 或 PC/104-Plus 系列处理器模板尺寸规范如图 A.11。

单位为毫米

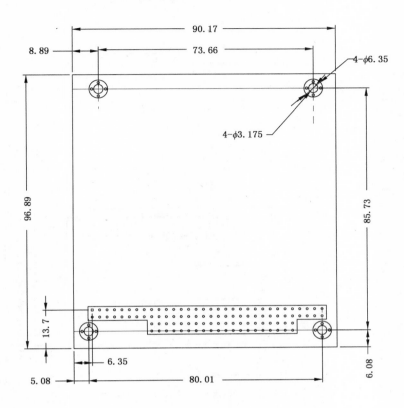

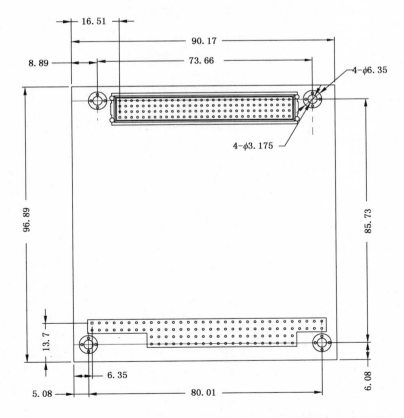

图 A.11 PC/104 或 PC/104-Plus 系列处理器模板尺寸规范

A.12 EBX(5.25″)系列处理器模板尺寸规范如图 A.12。

单位为毫米

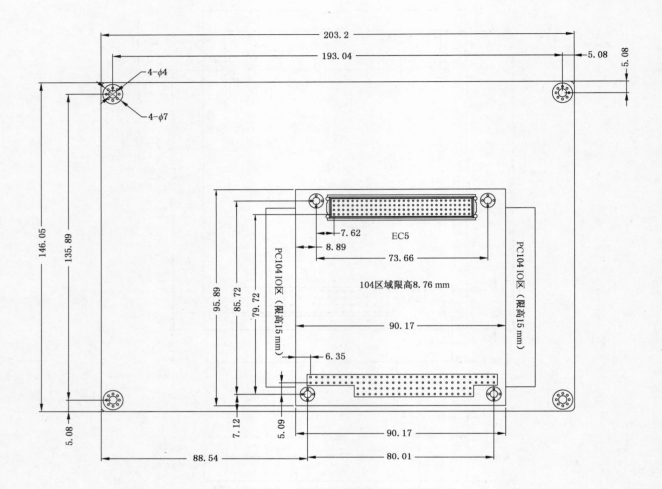

图 A.12 EBX(5.25″)系列处理器模板尺寸规范

A.13 EPIC 系统处理器模板尺寸规范如图 A.13。

单位为毫米

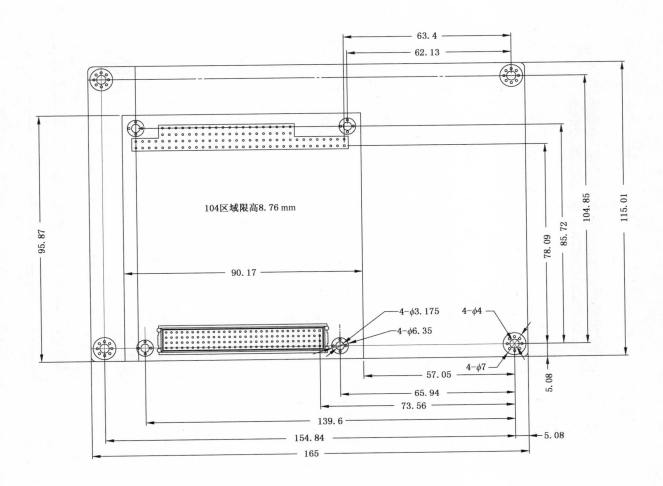

图 A.13 EPIC 系统处理器模板尺寸规范

A.14 3.5″系列处理器模板尺寸规范如图 A.14。

单位为毫米

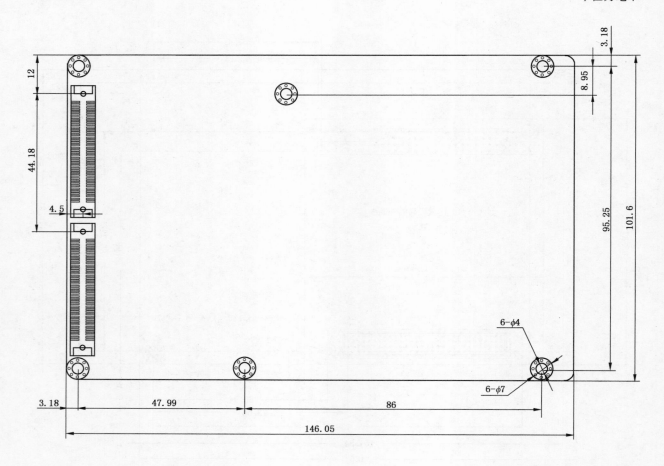

图 A.14 3.5″系列处理器模板尺寸规范

A.15 ATX系列处理器模板尺寸规范如图A.15。

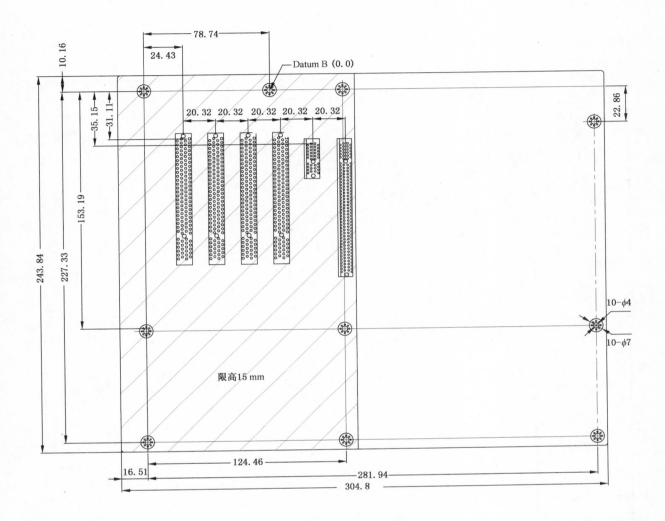

图 A.15 ATX系列处理器模板尺寸规范

A. 16 MicroATX 系列处理器模板尺寸规范如图 A.16。

单位为毫米

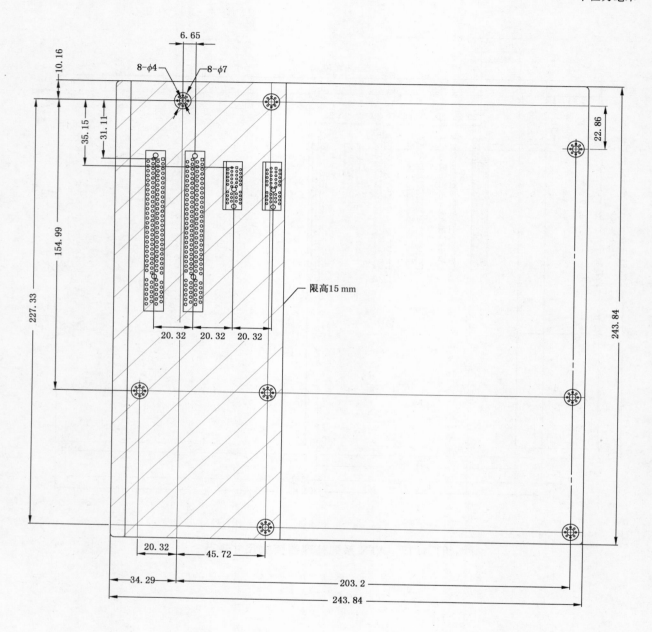

图 A. 16　MicroATX 系列处理器模板尺寸规范

A.17 POS 系列处理器模板尺寸规范如图 A.17。

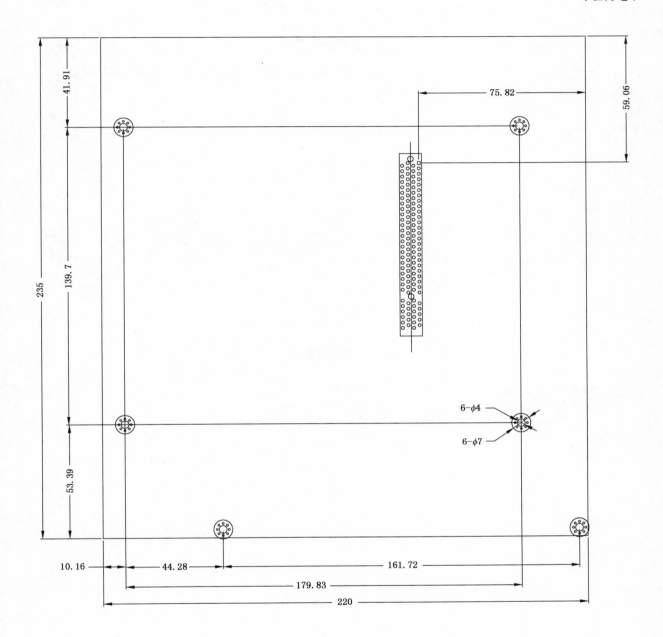

图 A.17 POS 系列处理器模板尺寸规范

A.18 EPI 系列处理器模板尺寸规范如图 A.18。

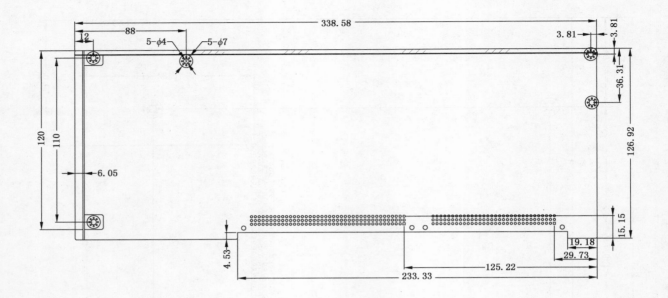

图 A.18 EPI 系列处理器模板尺寸规范

附　录　B
（资料性附录）
处理器模板尺寸规范（划分 IO 接口区及限高区）

B.1　ETX 系列处理器模板尺寸规范如图 B.1。

单位为毫米

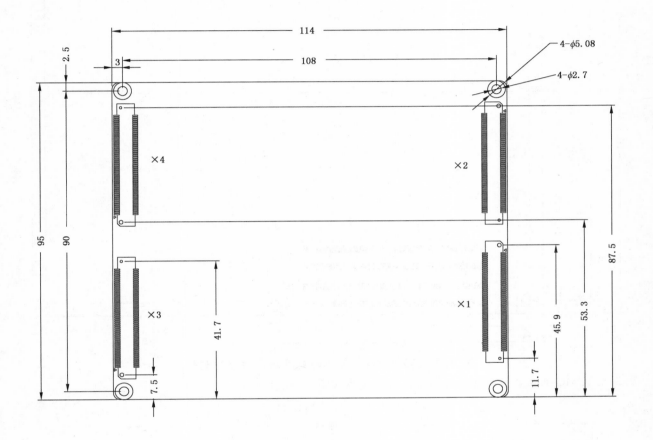

图 B.1　ETX 系列处理器模板尺寸规范

B.2 COM Express 系列处理器模板尺寸规范如图 B.2。

单位为毫米

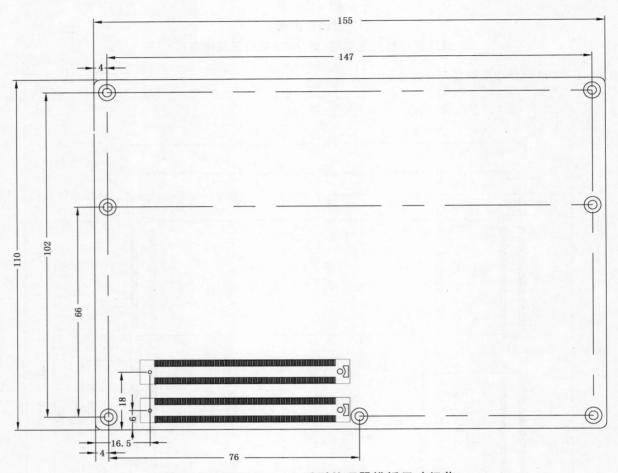

图 B.2　COM Express 系列处理器模板尺寸规范

B.3 PICMG-1.0 全长系列处理器模板尺寸规范如图 B.3。

单位为毫米

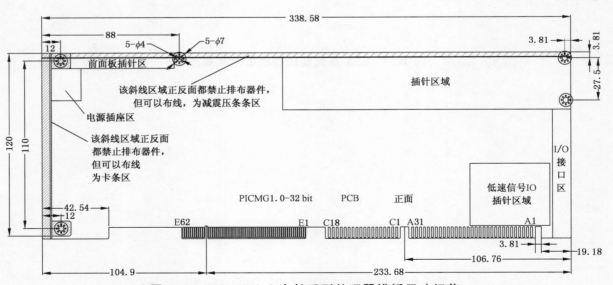

图 B.3　PICMG-1.0 全长系列处理器模板尺寸规范

B.4 PICMG-1.2 全长系列处理器模板尺寸规范如图 B.4。

单位为毫米

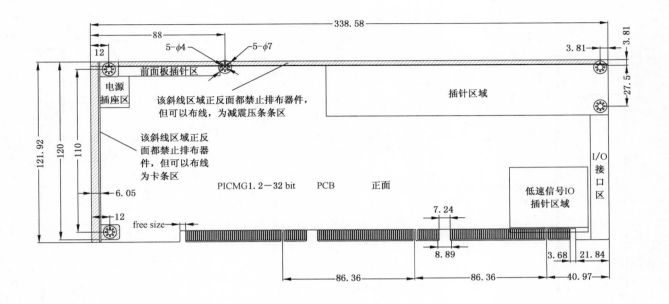

图 B.4 PICMG-1.2 全长系列处理器模板尺寸规范

B.5 PICMG-1.3 全长系列处理器模板尺寸规范如图 B.5。

单位为毫米

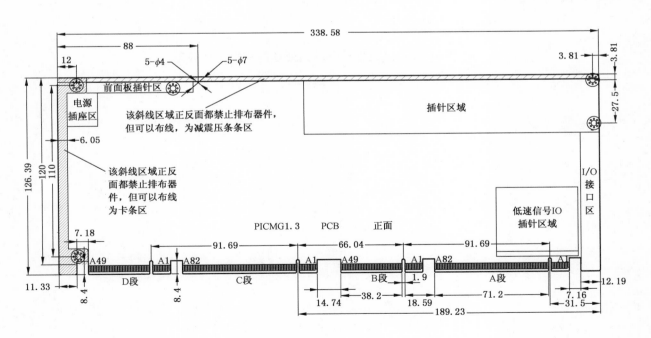

图 B.5 PICMG-1.3 全长系列处理器模板尺寸规范

B.6 ISA 总线半长卡系列处理器模板尺寸规范如图 B.6。

单位为毫米

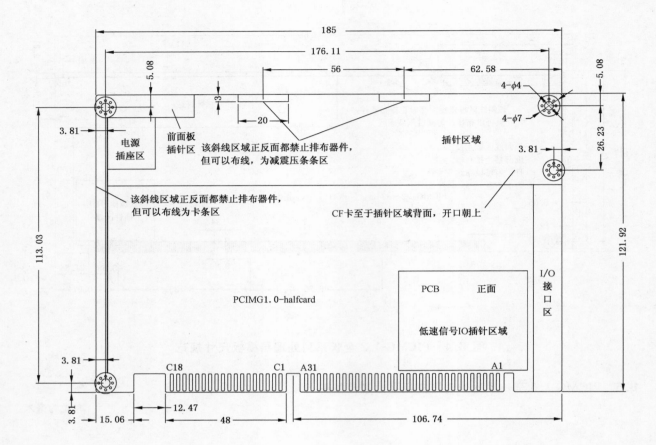

图 B.6 ISA 总线半长卡系列处理器模板尺寸规范

B.7 PCI总线半长卡系列处理器模板尺寸规范如图 B.7。

单位为毫米

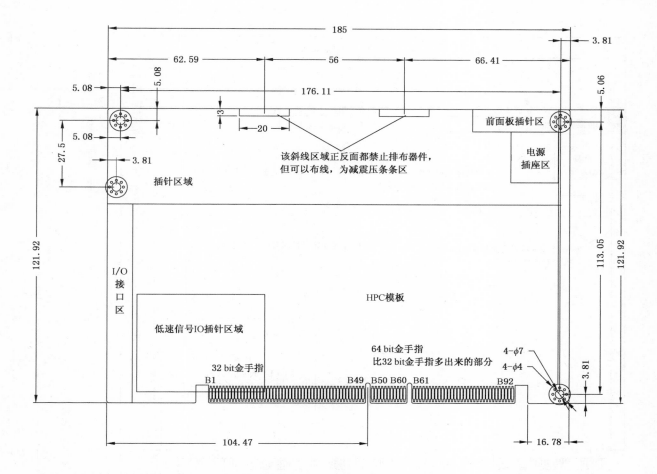

图 B.7 PCI总线半长卡系列处理器模板尺寸规范

B.8 PICMG1.3 半长卡系列处理器模板尺寸规范如图 B.8。

单位为毫米

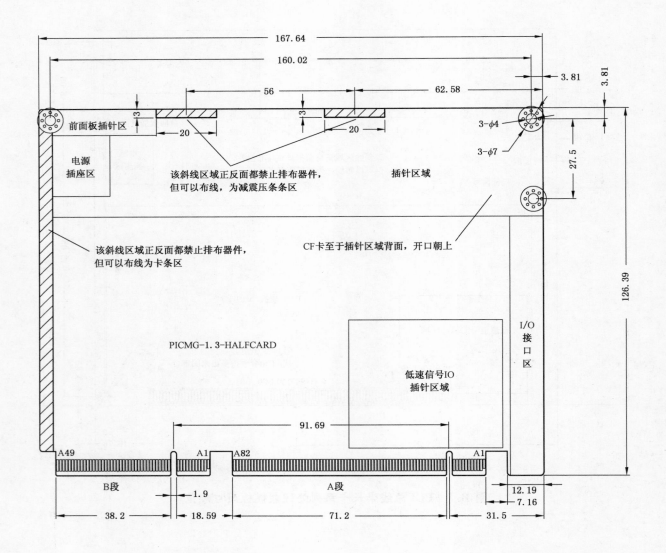

图 B.8 PICMG1.3 半长卡系列处理器模板尺寸规范

B.9 CPCI 系统处理器模板尺寸规范(3U)如图 B.9。

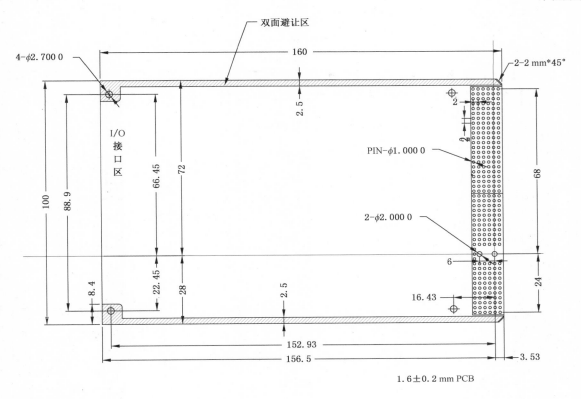

图 B.9 CPCI 系统处理器模板尺寸规范(3U)

B.10 CPCI 系统处理器模板尺寸规范(6U)如图 B.10。

单位为毫米

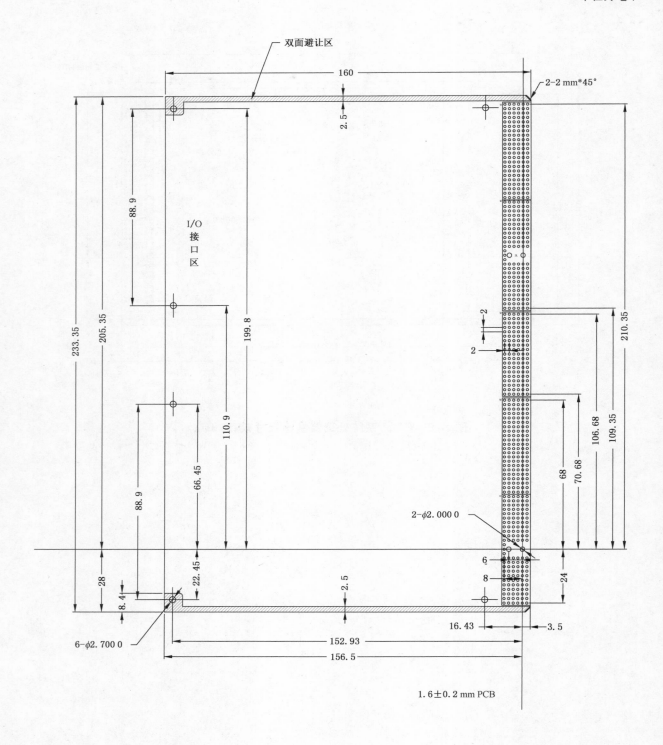

图 B.10 CPCI 系统处理器模板尺寸规范(6U)

B.11 PC/104 或 PC/104-Plus 系列处理器模板尺寸规范如图 B.11。

单位为毫米

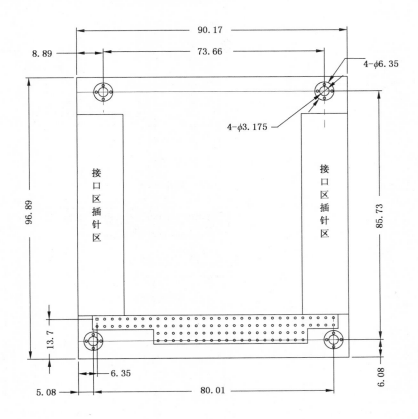

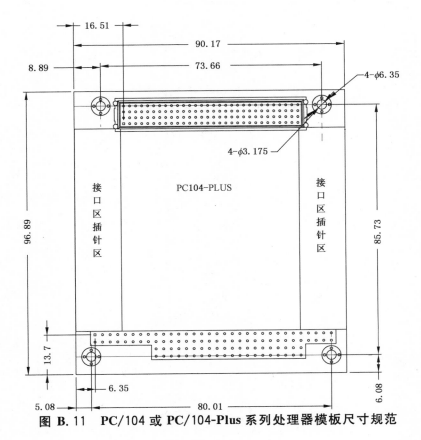

图 B.11 PC/104 或 PC/104-Plus 系列处理器模板尺寸规范

B.12 EBX(5.25″)系列处理器模板尺寸规范如图B.12。

单位为毫米

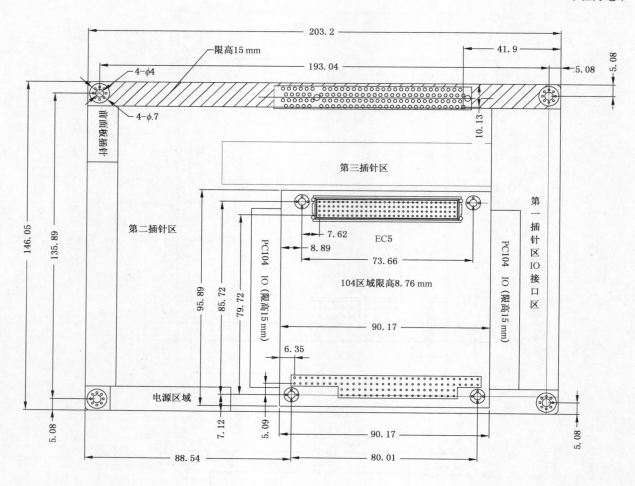

图 B.12 EBX(5.25″)系列处理器模板尺寸规范

B.13 EPIC 系统处理器模板尺寸规范如图 B.13。

单位为毫米

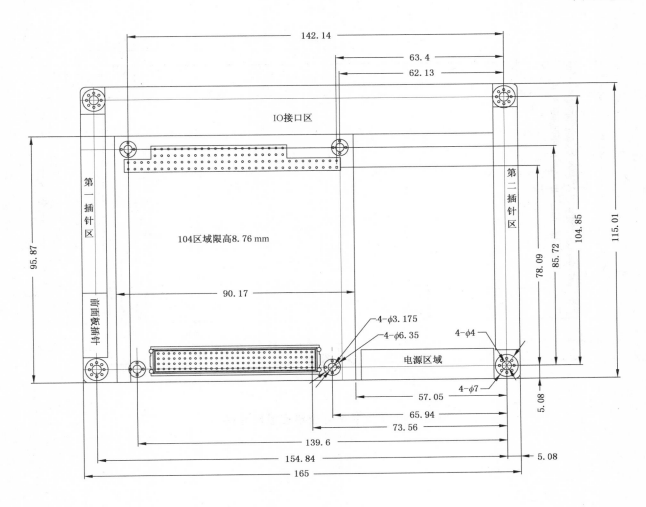

图 B.13 EPIC 系统处理器模板尺寸规范

B.14 3.5″系列处理器模板尺寸规范如图 B.14。

单位为毫米

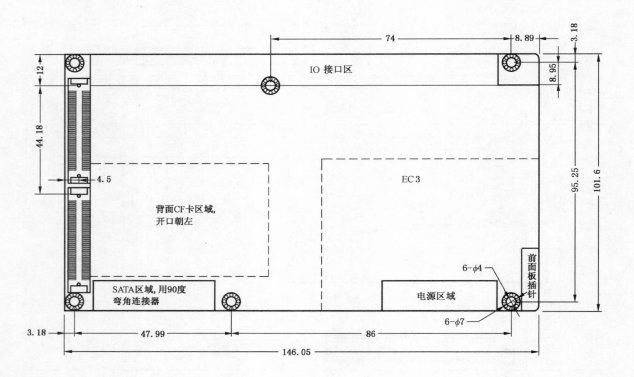

图 B.14 3.5″系列处理器模板尺寸规范

B. 15　ATX 系列处理器模板尺寸规范如图 B.15。

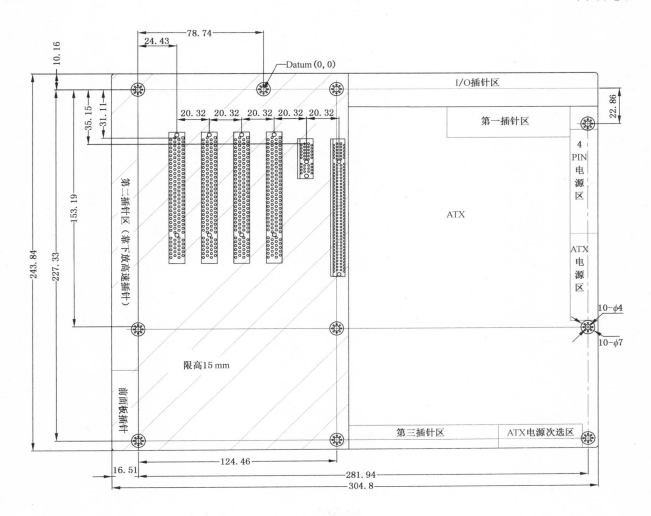

图 B.15　ATX 系列处理器模板尺寸规范

B.16 MicroATX 系列处理器模板尺寸规范如图 B.16。

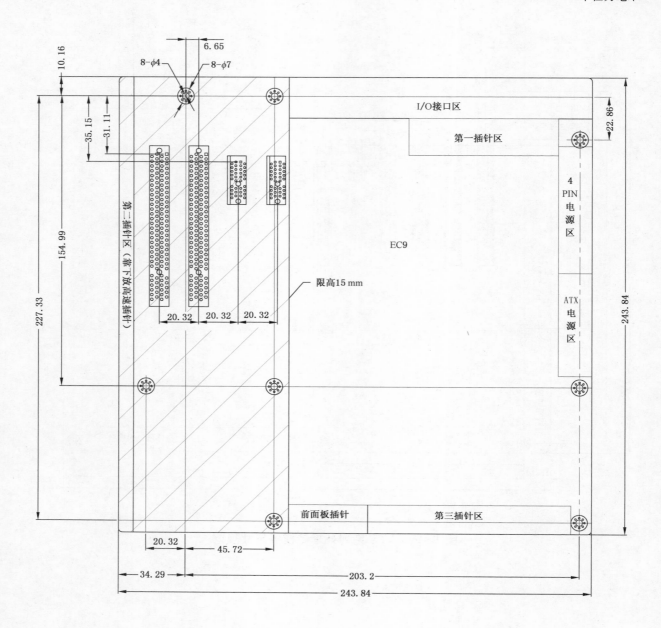

图 B.16　MicroATX 系列处理器模板尺寸规范

B.17 POS 系列处理器模板尺寸规范如图 B.17。

单位为毫米

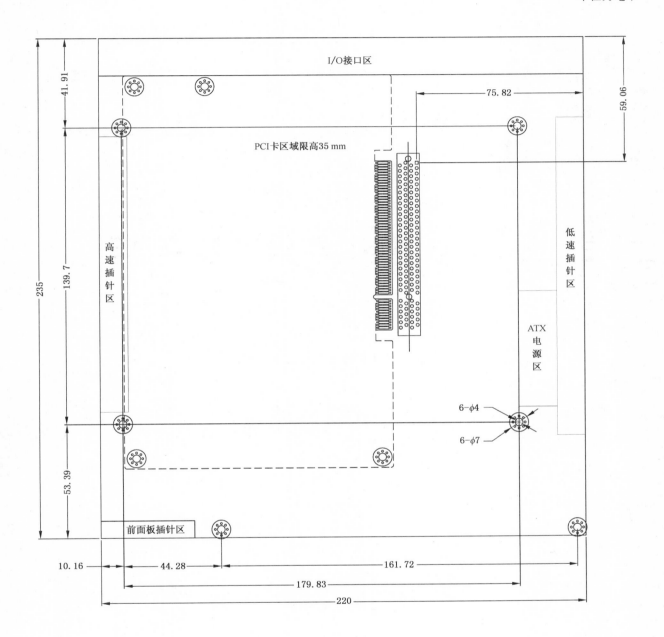

图 B.17 POS 系列处理器模板尺寸规范

B.18 EPI 系列处理器模板尺寸规范如图 B.18。

单位为毫米

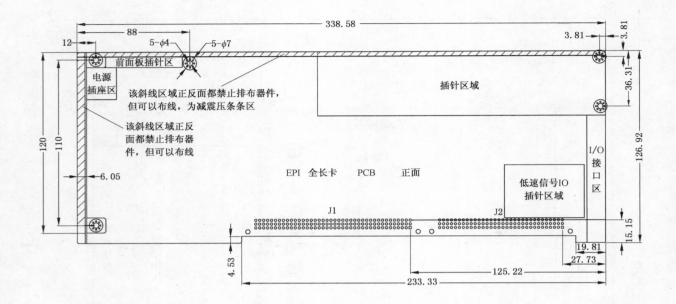

图 B.18 EPI 系列处理器模板尺寸规范

参 考 文 献

[1] ETX Specification Document Revision 3. 02

[2] PICMG COM. 0 R1. 0 Computer On Module Specification

[3] PICMG 1. 0 R2. 0 Specification

[4] PICMG 1. 2 R1. 0 Specification

[5] PICMG 1. 3 System Host Board PCI Express Specification

[6] IPCMG 2. 0 R3. 0 Compact PCI Specification

[7] PC/104 Specification Version 2. 5

[8] PC/104-Plus Specification Version 2. 2

[9] PCI-104 Specification Version 1. 0

[10] PCI/104-Express & PCIe/104 Specification Version 1. 0

[11] EBX Specification(Embedded Board,eXpandable)Version 2. 0

[12] EPIC & EPIC Express Specification Version 3. 0

[13] ATK Specification Version 2. 2

[14] microATX Motherboard Interface Specification Version 1. 2

[15] Front Panel I/O Connectivity Design Guide Version 2. 2

[16] PICMG 3. 0 Short Form Specification

ICS 25.040.40
N 18

中华人民共和国国家标准

GB/T 26804.3—2011

工业控制计算机系统　功能模块模板
第 3 部分：模拟量输入输出通道模板
通用技术条件

Industrial control computer system—Function module—
Part 3：General specification for analogue input/output channel module

2011-07-29 发布
2011-12-01 实施

中华人民共和国国家质量监督检验检疫总局
中国国家标准化管理委员会　发布

前　言

GB/T 26804《工业控制计算机系统　功能模块模板》分为以下几部分：
——第1部分：处理器模板通用技术条件；
——第2部分：处理器模板性能评定方法；
——第3部分：模拟量输入输出通道模板通用技术条件；
——第4部分：模拟量输入输出通道模板性能评定方法；
——第5部分：数字量输入输出通道模板通用技术条件；
——第6部分：数字量输入输出通道模板性能评定方法。

本部分是 GB/T 26804 的第3部分。

本部分由中国机械工业联合会提出。

本部分由全国工业过程测量和控制标准化技术委员会(SAC/TC 124)归口。

本部分负责起草单位：研祥智能科技股份有限公司。

本部分参加起草单位：中国四联仪器仪表集团有限公司、北京研华科技股份有限公司、北京康拓科技开发总公司、重庆工业自动化仪表研究所、西南大学、中国计算机学会工业控制计算机专业委员会。

本部分主要起草人：陈志列、孙伟、江隆业。

本部分参加起草人：刘渝新、黄毅普、刘永池、刘学东、刘鑫、张伟艳、张凌、刘小莉、祁虔、杨颂华、何强、祝培军、赵亦欣、杨孟飞。

工业控制计算机系统 功能模块模板
第3部分:模拟量输入输出通道模板
通用技术条件

1 范围

GB/T 26804 的本部分规定了工业控制计算机系统中模拟量输入输出通道模板的通用技术条件,主要内容包括规范性引用文件、术语、设计要求、技术要求、标志、包装和贮存等。

本部分适用于工业控制计算机系统中的模拟量输入输出通道模板。

2 规范性引用文件

下列文件中的条款通过 GB/T 26804 的本部分的引用而成为本部分的条款。凡是注日期的引用文件,其随后所有的修改单(不包括勘误的内容)或修订版均不适用于本部分,然而,鼓励根据本部分达成协议的各方研究是否可使用这些文件的最新版本。凡是不注日期的引用文件,其最新版本适用于本部分。

GB/T 9969 工业产品使用说明书 总则

GB/T 13384 机电产品包装通用技术条件

GB/T 15479—1995 工业自动化仪表绝缘电阻、绝缘强度技术要求和试验方法

GB/T 17214.3—2000 工业过程测量和控制装置的工作条件 第3部分:机械影响(idt IEC 60654-3:1983)

GB/T 17626.2—2006 电磁兼容 试验和测量技术 静电放电抗扰度试验(IEC 61000-4-2:2001,IDT)

GB/T 17626.4—2008 电磁兼容 试验和测量技术 电快速瞬变脉冲群抗扰度试验(IEC 61000-4-4:2004,IDT)

GB/T 17626.5—2008 电磁兼容 试验和测量技术 浪涌(冲击)抗扰度试验(IEC 61000-4-5:2005,IDT)

GB/T 17626.6—2008 电磁兼容 试验和测量技术 射频场感应的传导骚扰抗扰度(IEC 61000-4-6:2006,IDT)

GB/T 17626.8—2006 电磁兼容 试验和测量技术 工频磁场抗扰度试验(IEC 61000-4-8:2001,IDT)

GB/T 26802.1—2011 工业控制计算机系统 通用规范 第1部分:通用要求

3 术语和定义、缩略语

3.1 术语和定义

GB/T 26802.1—2011 确立的以及以下术语和定义适用于 GB/T 26804 的本部分。

3.1.1

模拟量 analogue

随时间连续变化的电信号。

3.1.2

模拟量输入通道 analogue input channel

将模拟量转换成计算机可以接收的信号的通道。

3.1.3

模拟量输出通道　analogue output channel

把计算机输出的信号转换成对应的模拟量的通道。

3.1.4

模拟量输入输出通道模板　analogue input/output channel modules

实现模拟量输入/输出特定功能(包括辅助功能)的设备。

3.2　缩略语

AI(analogue input)　模拟量输入

AO(analogue output)　模拟量输出

AI/AO(analogue input/analogue output)　模拟量输入/模拟量输出

FSR(full scale range)　满量程范围

SPS(sample per second)　每秒采样点数

4　设计要求

4.1　硬件设计要求

AI/AO 通道模板的硬件设计应满足 GB/T 26802.1—2011 中 5.2 的相关要求。

4.2　软件设计要求

AI/AO 通道模板的软件设计应满足 GB/T 26802.1—2011 中 5.3 的相关要求。

4.3　结构设计要求

AI/AO 通道模板的结构设计应满足 GB/T 26802.1—2011 中 5.4 的相关要求。

4.4　安全设计要求

AI/AO 通道模板的安全设计应满足 GB/T 26802.1—2011 中 5.5 的相关要求。

4.5　文档要求

AI/AO 通道模板的文档应满足 GB/T 26802.1—2011 中 5.6 的相关要求。

5　AI/AO 通道模板分类

5.1　按输入输出信号分类

AI 通道模板:单端输入、差分输入、伪差分输入;

AO 通道模板:单端输出、差分输出。

5.2　按输入输出功能分类

AI 通道模板:仅有模拟量输入功能的模板;

AO 通道模板:仅有模拟量输出功能的模板;

混合通道模板:同时具有模拟量输入和输出功能的模板。

6　技术要求

6.1　AI/AO 通道模板功能

6.1.1　基本功能

6.1.1.1　寻址功能

模拟量输入输出通道模板的任一通道都能被正确寻址。

6.1.1.2　输入输出功能

接受规定形式的模拟量输入/实现规定形式的模拟量输出的功能。

6.1.1.3　校准功能

AI/AO 通道模板具有对模拟量输入或输出结果进行校准的功能。

6.1.2 隔离功能

AI/AO 通道模板可采用隔离措施对模板的信号和电源进行处理,实现 AI/AO 通道模板的电气隔离。

6.1.3 自诊断功能

主要包括:

a) 故障诊断和报警;

b) 产品标准规定的其他自诊断功能。

6.1.4 其他功能

产品标准规定的其他功能。

6.2 AI 通道模板基本性能

6.2.1 输入范围

电压输入范围:0 V～2.5 V、0 V～5 V、1 V～5 V、0 V～10 V、−1 V～+1 V、−2.5 V～+2.5 V、−5 V～+5 V、−10 V～+10 V。

电流输入范围:0 mA～10 mA、0 mA～20 mA、4 mA～20 mA、−20 mA～+20 mA。

对于特殊的输入范围,应符合有关的产品标准。

6.2.2 精确度

AI 通道模板的精确度分为:±0.01% FSR、±0.02% FSR、±0.05% FSR、±0.1% FSR、±0.2% FSR、±0.5% FSR、±1% FSR。

6.2.3 采样速度

AI 通道模板的采样速度划分为三个等级,如表1所示。

表 1 模板转换速度等级表

等 级	转 换 速 度
1	<250 SPS
2	250 K SPS～10 M SPS
3	>10 M SPS

6.2.4 输入阻抗

AI 通道模板的输入阻抗应符合相关产品标准的规定。

6.3 AO 通道模板基本性能

6.3.1 输出范围

电压输出范围:0 V～2.5 V、0 V～5 V、0 V～10 V、−2.5 V～+2.5 V、−5 V～+5 V、−10 V～+10 V。

电流输出范围:0 mA～10 mA、0 mA～20 mA、4 mA～20 mA。

对于特殊的输入范围,应符合有关的产品标准。

6.3.2 精确度

AO 通道模板的精确度分为:±0.01% FSR、±0.02% FSR、±0.05% FSR、±0.1% FSR、±0.2% FSR、±0.5% FSR、±1% FSR。

6.3.3 建立时间

AO 通道模板的建立时间是表示模拟量输出转换快慢的指标,划分为三个等级,如表2所示。

表 2 模板建立时间等级表

等 级	建 立 时 间
1	>4 μs
2	0.1 μs～4 μs
3	<0.1 μs

6.3.4 带载能力

AO 通道模板的带载能力应符合相关产品标准的规定。

6.4 结构尺寸和外观

6.4.1 结构尺寸

AI/AO 通道模板的外形尺寸由产品标准确定。总线连接器的规格和引脚排列应符合所采用的总线规范的规定。

6.4.2 外观

外观应符合下列基本要求：

  a) AI/AO 通道模板的外观应光洁、无划痕、无断裂、无机械损伤，元器件和固件不应松动和脱落，插件应可靠接触；

  b) AI/AO 通道模板表面的型号、文字、符号应字迹清晰，无损伤、无脱字。

6.5 电源适应能力

AI/AO 通道模板应能适应外界电源变化的影响，包括电源电压暂降影响、电源电压短时中断影响、电源电压变化影响。

6.5.1 电源电压暂降影响

电源电压降至额定工作电压的 70%，连续进行三次低降试验，三次低降的持续时间可分别为 5、25、50 个周期，两次试验的间隔小于 10 s。电源恢复后，AI/AO 通道模板应正常工作。

6.5.2 电源电压短时中断影响

电源电压降至额定工作电压的 0%，连续进行三次中断试验，三次中断的持续时间可分别为 1、10、40 个周期，两次试验的间隔小于 10 s。电源恢复后，AI/AO 通道模板应正常工作。

6.5.3 电源电压变化影响

电源电压以 ±10% 短期变化，其变化的时间定为：电压降低需时间 2 s±0.4 s，降低后电压维持时间 1 s±0.2 s，电压增加所需时间 2 s±0.4 s。进行三次试验，试验之间间隔 10 s。AI/AO 通道模板应正常工作。

6.6 共模、串模抗扰度

6.6.1 共模抗扰度

共模抗扰度仅适用于信号输入或输出对地绝缘的 AI/AO 通道模板：

  a) 直流共模抗扰度：共模电压为 50 V 直流干扰电压，以正、反两个方向作用进行试验，AI/AO 通道模板应正常工作；

  b) 交流共模抗扰度：共模电压为 250 V 的正弦波交流干扰电压，频率为 50 Hz，相位为 0°~360°，改变相位进行试验，AI/AO 通道模板应正常工作。

6.6.2 串模抗扰度

串模抗扰度要求如下：

  a) 直流串模抗扰度：直流串模骚扰电压幅值应取 50 mV、100 mV、500 mV、1 V，如果制造厂未作具体规定时，直流串模骚扰电压幅值应取 1 V，以正、反两个方向作用进行试验，AI/AO 通道模板应正常工作；

  b) 交流串模抗扰度：交流串模骚扰电压最大幅值应取 50 mV、100 mV、500 mV、1 V，如果制造厂未作具体规定时，交流串模骚扰电压最大幅值应取 1 V，频率为 50 Hz，相位为 0°~360°，改变相位进行试验，AI/AO 通道模板应正常工作。

6.7 环境影响

6.7.1 环境温度影响

在相对湿度为 65%±5% 的条件下，根据产品安装环境条件选择温度范围，当温度在试验范围内变化时，AI/AO 通道模板应正常工作。

6.7.2 相对湿度影响

在试验温度为 40 ℃±2 ℃,相对湿度在 93%±3% 保持 48 h 后进行测试,AI/AO 通道模板应正常工作。

6.7.3 振动影响

当用户与制造商决定进行检验时,根据应用场所,按照 GB/T 17214.3—2000 中的第 4 章选择振动频率、振动严酷度和振动时间等级,经过三个相互垂直的方向(其中一个为铅垂方向)进行振动试验,AI/AO 通道模板应正常工作。

6.8 电磁兼容抗扰度

6.8.1 电磁兼容抗扰度项目选择

电磁兼容抗扰度包括下列条款所列项目,带外壳的功能模板应做全部项目试验,其他功能模板应做 6.8.5、6.8.6、6.8.7 三项试验。制造商还可根据需要,选择其他电磁兼容抗扰度项目,并根据有关标准进行试验。

6.8.2 射频电磁场辐射抗扰度

在 80 MHz~1 000 MHz 射频范围内,根据产品使用的电磁场环境,选用 1 V/m、3 V/m 或 10 V/m 射频电磁场辐射强度进行试验,AI/AO 通道模板应正常工作。

如选择其他射频范围,由制造商和用户共同确定。

6.8.3 工频磁场抗扰度

工频磁场是由导体中的工频电流产生的,或极少量的由附近的其他装置(如变压器的漏磁通)所产生。

根据应用场所,按照 GB/T 17626.8—2006 中的第 5 章选择试验等级和确定磁场强度,进行工频磁场干扰试验,AI/AO 通道模板应正常工作。

一般工业环境试验等级选择 4 级(稳定持续磁场其磁场强度为 30 A/m;1 s~3 s 的短时磁场,其磁场强度为 300 A/m)。严酷工业环境试验等级选择 5 级(稳定持续磁场其磁场强度为 100 A/m;1 s~3 s 的短时磁场,其磁场强度为 1 000 A/m)。

6.8.4 静电放电抗扰度

根据系统安装环境条件(如相对湿度等)和产品材料,在 GB/T 17626.2—2006 的表 1(并参照附录 A 中表 A.1)中选择试验等级进行接触放电或空气放电(不能使用接触放电场合时选用空气放电试验方式)试验。根据系统和应用要求,应达到以下要求之一:

 a) 正常工作;

 b) 功能或性能暂时降低或丧失,但能自行恢复。

6.8.5 电快速瞬变脉冲群抗扰度

电快速瞬变脉冲群抗扰度是 AI/AO 通道模板对诸如来自切换瞬态过程(切换感性负载、继电器触点弹跳等)的各种类型瞬变骚扰的抗扰度。

根据应用场所环境(见 GB/T 17626.4—2008 附录 A 中 A.2),在 GB/T 17626.4—2008 的表 1 中选择所选等级的开路试验电压和脉冲重复频率,对 AI/AO 通道模板的对外端口进行试验,AI/AO 通道模板应正常工作。

6.8.6 浪涌(冲击)抗扰度

浪涌(冲击)抗扰度是 AI/AO 通道模板对由开关和雷电瞬变过程电压引起的单级性浪涌(冲击)的抗扰度。

根据安装类别(见 GB/T 17626.5—2008 附录 B 中 B.3),在 GB/T 17626.5—2008 的表 1(并参照附录 A 中表 A.1)中选择所选等级的开路试验电压,对 AI/AO 通道模板的对外端口进行试验。根据系统和应用要求,应达到以下要求之一:

 a) 正常工作;

　　b) 功能或性能暂时降低或丧失,但能自行恢复。

6.8.7 射频感应的传导骚扰抗扰度

　　射频感应的传导骚扰抗扰度是 AI/AO 通道模板对来自 9 kHz~80 MHz 频率范围内射频发射机电磁场骚扰的传导抗扰度。射频感应是通过电缆(如电源线、信号线、地连接线等)与射频场相耦合而引起的。

　　根据应用场所环境(见 GB/T 17626.6—2008 附录 C),在 GB/T 17626.6—2008 表 1 中选择试验等级,进行试验,AI/AO 通道模板应正常工作。

6.9 电磁干扰

　　AI/AO 通道模板的电磁干扰,由制造商和用户参考有关标准共同确定。

6.10 抗运输环境影响

6.10.1 抗运输高温影响

　　产品进行运输包装后,在高温为 55 ℃±3 ℃的运输环境下进行温度试验后,AI/AO 通道模板外观应满足 6.4 的要求,并能正常工作。

6.10.2 抗运输低温影响

　　产品进行运输包装后,在低温为 −40 ℃±3 ℃的运输环境下进行温度试验后,AI/AO 通道模板外观应满足 6.4 的要求,并能正常工作。

6.10.3 抗运输湿热影响

　　产品进行运输包装后,在高温为 55 ℃±3 ℃和相对湿度为 93%±3%的运输环境下进行交变湿热试验后,AI/AO 通道模板外观应满足 6.4 的要求,并能正常工作。

6.10.4 抗运输自由跌落影响

　　产品进行运输包装后,从表 3 中选取跌落高度,水平状态自由落体方式跌落 4 次后,AI/AO 通道模板外观应满足 6.4 的要求,并能正常工作。

表 3　模板跌落环境等级表

包装件质量 kg	跌落高度 mm
$m \leqslant 2$	$\geqslant 500$
$m > 2$	由制造商和用户共同确定

6.11 特殊性能

6.11.1 抗腐蚀和侵蚀性能

　　应用于具有腐蚀和侵蚀环境的 AI/AO 通道模板,还应具有防腐蚀和侵蚀性能,应根据环境条件和严酷度采取预防措施。

6.11.2 防爆性能

　　防爆型模板应符合爆炸性气体环境用电气设备有关国家标准的规定。

6.11.3 安全性能

　　应用于执行安全功能的 AI/AO 通道模板应满足功能安全有关国家标准的规定。

6.11.3.1 绝缘电阻

　　在一般试验大气条件下,根据额定电压和标称电路电压,AI/AO 通道模板的绝缘电阻应达到 GB/T 15479—1995 中 4.1 所要求的相应值。

6.11.3.2 绝缘强度

　　在一般试验大气条件下,根据额定电压和标称电路电压,AI/AO 通道模板的绝缘强度应达到 GB/T 15479—1995 中 4.2 所要求的相应值。

6.12 可靠性

　　AI/AO 通道模板的 MTBF 从 GB/T 26802.1—2011 的表 3 中选择,不得低于 A1 级。

6.13 长时间运行考核

在参比试验大气条件或正常工作大气条件下,连续运行不少于72 h,AI/AO通道模板应正常工作。

7 标志、包装、说明书和贮存

7.1 标志

必须标出产品型号和制造商标识,其他标识由产品标准确定。

7.2 包装

主要有以下方面:

a) AI/AO通道模板包装应符合GB/T 13384的有关规定;

b) 对需要防静电的AI/AO通道模板,包装时应考虑防静电措施。

7.3 说明书

产品说明书的编制应符合GB/T 9969的要求。

7.4 贮存

产品应贮存在环境温度5 ℃～40 ℃,相对湿度为30%～85%的通风室内。室内不允许有各种有害气体、易燃、易爆的产品及有腐蚀性的化学物品,并且应无强烈的机械振动、冲击和强磁场作用及人为、鼠害、虫害等环境因素的影响。若无其他规定时,贮存期一般应不超过六个月。若在生产厂存放超过六个月时,则应重新进行交收检验。

ICS 25.040.40
N 18

GB/T 26804.4—2011

中华人民共和国国家标准

工业控制计算机系统　功能模块模板
第 4 部分：模拟量输入输出通道模板
性能评定方法

Industrial control computer system—Function modules—

Part 4：Methods of evaluating the performance for analogue input/output
channel module

2011-07-29 发布　　　　　　　　　　　　　2011-12-01 实施

中华人民共和国国家质量监督检验检疫总局
中国国家标准化管理委员会　　发布

前　言

GB/T 26804《工业控制计算机系统　功能模块模板》分为以下几部分：

——第1部分:处理器模板通用技术条件；

——第2部分:处理器模板性能评定方法；

——第3部分:模拟量输入输出通道模板通用技术条件；

——第4部分:模拟量输入输出通道模板性能评定方法；

——第5部分:数字量输入输出通道模板通用技术条件；

——第6部分:数字量输入输出通道模板性能评定方法。

本部分是 GB/T 26804 的第4部分。

本部分由中国机械工业联合会提出。

本部分由全国工业过程测量和控制标准化技术委员会(SAC/TC 124)归口。

本部分负责起草单位:北京康拓科技开发总公司。

本部分参加起草单位:北京研华科技股份有限公司、重庆工业自动化仪表研究所、研祥智能科技股份有限公司、西南大学、中国计算机学会工业控制计算机专业委员会。

本部分主要起草人:张伟艳、马飞。

本部分参加起草人:刘永池、刘学东、孙怀义、刘琴、陈志列、庞观士、祁虔、何强、黄仁杰、钟秀蓉、祝培军、杨孟飞。

工业控制计算机系统　功能模块模板
第4部分：模拟量输入输出通道模板
性能评定方法

1　范围

GB/T 26804 的本部分规定了工业控制计算机系统中模拟量输入输出通道模板（以下简称 AI/AO 通道模板）的性能评定方法，主要内容包括试验方法和检验规则等。

本部分适用于工业控制计算机系统中的 AI/AO 通道模板。

2　规范性引用文件

下列文件中的条款通过 GB/T 26804 的本部分的引用而成为本部分的条款。凡是注日期的引用文件，其随后所有的修改单（不包括勘误的内容）或修订版均不适用于本部分，然而，鼓励根据本部分达成协议的各方研究是否可使用这些文件的最新版本。凡是不注日期的引用文件，其最新版本适用于本部分。

GB/T 15479　工业自动化仪表绝缘电阻、绝缘强度技术要求和试验方法

GB/T 17212—1998　工业过程测量和控制　术语和定义（idt IEC 902：1987）

GB/T 17626.2　电磁兼容　试验和测量技术　静电放电抗扰度试验（GB/T 17626.2—2006，IEC 61000-4-2：2001，IDT）

GB/T 17626.3—2006　电磁兼容　试验和测量技术　射频电磁场辐射抗扰度试验（IEC 61000-4-3：2002，IDT）

GB/T 17626.4—2008　电磁兼容　试验和测量技术　电快速瞬变脉冲群抗扰度试验（IEC 61000-4-4：2005，IDT）

GB/T 17626.5—2008　电磁兼容　试验和测量技术　浪涌（冲击）抗扰度试验（IEC 61000-4-5：2005，IDT）

GB/T 17626.6—2008　电磁兼容　试验和测量技术　射频场感应的传导骚扰抗扰度（IEC 61000-4-6：2006，IDT）

GB/T 17626.8—2006　电磁兼容　试验和测量技术　工频磁场抗扰度试验（IEC 61000-4-8：2001，IDT）

GB/T 17626.11—2008　电磁兼容　试验和测量技术　电压暂降　短时中断和电压变化的抗扰度试验（IEC 61000-4-11：2004，IDT）

GB/T 18271.3—2000　过程测量和控制装置　通用性能评定方法和程序　第3部分：影响量影响的试验（idt IEC 61298—3：1998）

GB/T 26804.3—2011　工业控制计算机系统　功能模块模板　第3部分：模拟量输入输出通道模板通用技术条件

JB/T 9329—1999　仪器仪表运输、运输贮存基本环境条件及试验方法

3　术语和定义

3.1　定义

GB/T 17212—1998 及 GB/T 26804.3—2011 确立的术语和定义适用于本部分。

3.2 缩略语

AI （analogue input)模拟量输入

AO （analogue output)模拟量输出

CMRR （common-mode rejection ratio)共模抑制比

SMRR （series-mode rejection ratio)串模抑制比

E_{cm} 共模电压

E_{sm} 串模电压

i 表示某一通道

j 表示某一测试点

m 某一通道模板通道的数量

n 某一通道试验点的个数

δ_i 电流稳定度

δ_v 电压稳定度

S 量程

4 试验条件

4.1 环境条件

4.1.1 参比试验大气条件

通道的参比功能应在下述的大气条件下进行试验：

温度：20 ℃±2 ℃；

相对湿度：65%±5%；

大气压力：86 kPa～106 kPa。

用于热带、亚热带或其他特殊环境的 AI/AO 通道模板，其参比大气条件按有关标准规定。

4.1.2 一般试验大气条件

当试验不可能或无必要在参比试验大气条件下进行时，推荐采用下述大气条件：

温度：15 ℃～35 ℃；

相对湿度：45%～75%；

大气压力：86 kPa～106 kPa。

任何试验期间，允许温度最大变化率为 1 ℃/10 min，并在测试报告中注明实际的大气条件。

4.1.3 其他环境条件

外界磁场：除地磁场外，应使其他外界磁场小到可以忽略不计；

机械振动：应使机械振动减少到可以忽略不计；

模板测试地点应无爆炸危险，不含腐蚀性气体及导电尘埃。

4.2 动力条件

电压：±1%；

交流电源谐波含量：<5%；

直流电源纹波：<0.1%。

4.3 其他条件

4.3.1 测量系统的精确度要求

供测试用的测量系统的精确度应不低于被测通道模板所规定精确度的 4 倍。

连接测量系统后，测量系统本身不应对被测通道模板的输入、输出信号产生干扰或影响实际的输入、输出值。

4.3.2 通道模板的预热

通道模板在接通电源后,按制造厂规定的时间进行预热。

4.4 试验前准备

在试验开始前允许校准零点和满量程值,记录实际情况。

5 AI通道模板的功能和基本性能检验

5.1 基本功能检查

5.1.1 寻址功能检查

对被测通道模板的某一通道输入90%量程的被测信号,其他通道都输入零信号,然后使用测试检查程序进行测试,并在显示设备上观察,结果只有该通道有信号,其他通道均为零。按上述方法对每一通道都测试一遍,确认寻址功能正常。

5.1.2 校准功能检查

采用制造商规定的方法进行校准。

5.2 自诊断功能检查

人为设置故障,运行自诊断检查程序,检查自诊断功能。

5.3 基本性能检验

5.3.1 精确度检验

AI通道模板的精确度为实测的平均误差与3倍均方根误差之和。

试验电路如图1所示,试验中若采用数字式标准信号源则不必使用信号源监测设备进行监测。

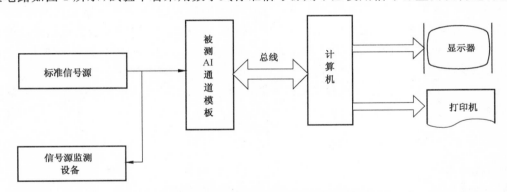

图 1 AI通道模板精确度检查试验电路示意图

试验中,采样速度应取被测通道模板产品说明书的规定值。

试验中,应根据被测AI通道模板各通道的量程大小,分别选定若干值为试验点,每一通道试验点数至少5个,要求均匀分布在整个量程范围内,同时各通道的试验点数还应与被测通道模板的精确度要求相称。

例如:某AI通道模板某一通道的测量范围为0 V~5 V,精确度为±0.2%FSR,则其量程为5 V,试验点可选定为量程的0%,5%,20%,40%,50%,60%,80%,95%,100%共计9个点。

精确度检查步骤如下:

a) 任选一通道,先后加入选定的不同输入信号真值;

b) 使用测试检查程序,对每个测试点分别重复L次测试,重复次数L可以从32,64,128,256,512,1 024中任选一种,然后根据测得的数据,按公式(1)~公式(4)计算,分别计算每个测试点的平均误差与均方根误差。

$$\overline{X}_{ij} = \frac{\sum_{k=1}^{L} X_{ijk}}{L} \quad \cdots\cdots\cdots\cdots\cdots\cdots\cdots (1)$$

$$\gamma_{ij} = \left| \frac{\overline{X_{ij}} - X_{ijo}}{S} \right| \times 100\% \qquad \cdots\cdots\cdots\cdots\cdots\cdots\cdots\cdots\cdots (2)$$

$$\alpha_{ij} = \frac{\sqrt{\dfrac{\sum\limits_{k=1}^{L}(X_{ijk} - \overline{X_{ij}})^2}{L-1}}}{S} \qquad \cdots\cdots\cdots\cdots\cdots\cdots\cdots\cdots\cdots (3)$$

$$\lambda_{ij} = \gamma_{ij} + 3\alpha_{ij} \qquad \cdots\cdots\cdots\cdots\cdots\cdots\cdots\cdots\cdots (4)$$

式中：

$\overline{X_{ij}}$——第 i 通道第 j 试验点测试共 L 次的平均值；

X_{ijk}——第 i 通道第 j 试验点第 k 次实测值；

L——重复测试次数；

γ_{ij}——第 i 通道第 j 试验点的平均误差；

X_{ijo}——第 i 通道第 j 试验点输入信号真值；

α_{ij}——第 i 通道第 j 试验点的均方根误差；

λ_{ij}——第 i 通道第 j 试验点精确度。

按照上述方法,对各通道进行测试,若有可能也可以多通道同时测试。

根据测试计算结果,选择各通道各测试点中的 λ_{ij} 的最大值表示该模板的精确度。

当以平均误差评定通道模板性能时,应选择测试结果中最大的平均误差来表示。

5.3.2 采样速度检验

任选两个通道(对于单通道模板可选择一个通道进行检查),在测量范围下限值的基础上,分别加入量程的 5% 和 95% 输入信号,以制造厂规定的最高采样速度进行交替采样测试,测试结果应符合规定精确度指标要求。用测量设备测定 AI 通道模板进行一次采样所用的时间,其倒数为采样速度。

5.3.3 输入阻抗检验

按照图 1 所示的电路,进行检验,由标准信号源给出一适当大小信号,由信号源监测设备监测到的模板输入端电压和电流之比为输入阻抗。

6 AO 通道模板的功能和基本性能检验

6.1 基本功能检查

6.1.1 寻址功能检查

对被测 AO 通道模板某一通道送适当数据,其他各通道都送零数据,用检测设备进行检测,使用测试检查程序进行测试,结果应只有某一通道有相应的输出,其他通道均为零输出。按上述方法对每一通道都测试一遍,确认寻址功能正常。

6.1.2 校准功能检查

采用制造商规定的方法进行校准。

6.2 自诊断功能检查

人为设置故障,运行自诊断检查程序,检查自诊断功能。

6.3 基本性能检验

6.3.1 精确度检验

使用测试检查程序测试检查基本误差。试验电路如图 2 所示。

对被测 AO 通道模板的各通道均依次加入使输出信号的真值分别为量程的 0%,5%,10%,20%,30%,40%,50%,60%,70%,80%,90%,95%,100% 的数值量设定信号。在被测 AO 通道模板的输出端接上相应位数的检测设备(如果采用带打印机的数字万用表可将输出打印),显示输出并记录实际数据,计算各点误差值,上述方法重复测量 3 次或 4 次。取测的最大一个误差值作为被测通道模板的基本误差。

对于电压输出的 AO 通道模板,负载电阻 R_L 取允许范围的最小值。

对于电流输出的 AO 通道模板,负载电阻 R_L 取允许范围的最大值。

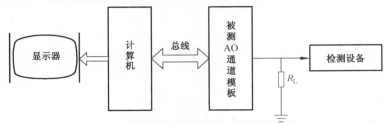

图 2　AO 通道模板精确度检查试验电路示意图

6.3.2　建立时间的检验

输入阶跃变化的数据使输出模拟量按满量程跳变,用检测设备观察建立时间。

6.3.3　带载能力的检验

6.3.3.1　检验说明

对于带载能力的检验,本标准只给出输出负载影响的检验方法,由电压(或电流)稳定度衡量。带载能力的其他指标由制造商规定检验方法。

6.3.3.2　电压输出型

首先,把被测 AO 通道模板的某一通道输出电压调整到量程或范围的 50%(对于单极性 AO 通道模板调整到量程的 50%,对于双极性 AO 通道模板调整到范围上限值的 50%)。

试验时使输出负载电阻 R_L 在允许的范围内变化。取最小负载作为一个测试点,重复测量输出电压 4 次,计算平均值 $\overline{X}_1$,然后取最大负载作为另一个测试点,重复测量输出电压 4 次,计算平均值 $\overline{X}_2$。根据上述测试结果按式(5)计算 AO 通道模板输出电压的稳定度 δ_v。

$$\delta_v = \left| \frac{\overline{X}_2 - \overline{X}_1}{S} \right| \times 100\% \qquad \cdots\cdots\cdots\cdots\cdots\cdots\cdots\cdots\cdots (5)$$

6.3.3.3　电流输出型

首先,把被测 AO 通道模板的某一通道输出电流调整到量程的 50%。

试验时使输出负载 R_L 在允许范围内变化。取最小负载作为一个测试点,重复测量输出电流 4 次,计算平均值 $\overline{X}_1$,然后取最大输出负载作为一个测试点,重复测量输出电流 4 次,计算平均值 $\overline{X}_2$。

根据上述测试结果,按式(6)计算 AO 通道模板输出电流的稳定度 δ_i。

$$\delta_i = \left| \frac{\overline{X}_2 - \overline{X}_1}{S} \right| \times 100\% \qquad \cdots\cdots\cdots\cdots\cdots\cdots\cdots\cdots\cdots (6)$$

AO 通道模板的其余各通道用同样方法检查输出负载影响,确认是否符合产品标准所规定的技术指标。

7　结构尺寸和外观检查

7.1　结构尺寸检查

用测量法进行检查。

7.2　外观检查

用目测法进行检查。

8　电源适应能力试验

8.1　电源电压暂降影响试验

按 GB/T 17626.11—2008 规定的程序和方法进行试验。

8.2 电源电压短时中断影响试验

按 GB/T 17626.11—2008 规定的程序和方法进行试验。

8.3 电源电压变化影响试验

按 GB/T 17626.11—2008 规定的程序和方法进行试验。

9 共模、串模抗扰度试验

9.1 共模抗扰度试验

9.1.1 直流共模抗扰度

按 GB/T 18271.3—2000 规定的方法进行试验。

9.1.2 交流共模抗扰度

按 GB/T 18271.3—2000 规定的方法进行试验。

9.2 串模抗扰度试验

9.2.1 直流串模抗扰度

按 GB/T 18271.3—2000 规定的方法进行试验。

9.2.2 交流串模抗扰度

按 GB/T 18271.3—2000 规定的方法进行试验。

10 环境影响试验

10.1 环境温度影响试验

按 GB/T 18271.3—2000 规定的程序和方法进行试验。

10.2 相对湿度影响试验

按 GB/T 18271.3—2000 规定的程序和方法进行试验。

10.3 振动影响试验

按 GB/T 18271.3—2000 规定的程序和方法进行试验。

11 电磁兼容抗扰度试验

11.1 射频电磁场辐射抗扰度试验

按 GB/T 17626.3 规定的程序和方法进行试验。

11.2 工频磁场抗扰度试验

按 GB/T 17626.8—2006 规定的程序和方法进行试验。

11.3 静电放电影响试验

按 GB/T 17626.2 规定的程序和方法进行试验。

11.4 电快速瞬变脉冲群抗扰度试验

按 GB/T 17626.4—2008 规定的程序和方法进行试验。

11.5 浪涌(冲击)抗扰度试验

按 GB/T 17626.5—2008 规定的程序和方法进行试验。

11.6 射频感应的传导骚扰抗扰度试验

按 GB/T 17626.6—2008 规定的程序和方法进行试验。

12 电磁干扰试验

AI/AO 通道模板的电磁干扰试验方法,由制造商和用户参考有关标准共同确定。

13 抗运输环境影响试验

13.1 抗运输高温影响试验

在包装条件下按 JB/T 9329—1999 规定的程序和方法进行试验。

13.2 抗运输低温影响试验

在满足 GB/T 包装条件下按 JB/T 9329—1999 规定的程序和方法进行试验。

13.3 抗运输湿热影响试验

在包装条件下按 JB/T 9329—1999 规定的程序和方法进行试验。

13.4 抗运输自由跌落影响试验

在包装条件下按 JB/T 9329—1999 规定的程序和方法进行试验。

14 特殊性能的检验

14.1 抗腐蚀和侵蚀性能检验

由具备试验条件的检测机构进行检测。

14.2 防爆性检验

由国家授权的防爆检测机构进行检验认证。

14.3 安全性检验

14.3.1 绝缘电阻检验

按 GB/T 15479 规定的程序和方法进行试验。

14.3.2 绝缘强度检验

按 GB/T 15479 规定的程序和方法进行试验。

15 可靠性检验

由国家或行业授权的可靠性认证机构进行认证。

16 长时间运行考核

在参比试验大气条件或正常工作大气条件下,运行考核程序,连续运行时间不少于 72 h,考核期间模板正常工作。

17 检验规则

17.1 型式检验的条件

有下列情况之一的应进行型式检验:

a) 新试制的产品定型时或老产品转产时;

b) 正常生产的产品,当结构、材料、工艺有较大改变,可能影响产品性能时;

c) 连续生产的产品,4~5 年进行一次型式检验;

d) 国家有关部门提出型式检验要求时。

除非另有规定,型式检验应按本部分规定中除特殊要求项目以外的全部项目进行检验。

型式检验项目见表 1 中的"型式检验"。

可靠性认证在批量生产阶段单独进行。

17.2 出厂检验

每块 AI/AO 通道模板在出厂前应按表 1 中出厂检验项目进行检验。

17.3 随机抽样检验

根据需要可对生产的 AI/AO 通道模板进行随机抽样检验。随机抽样检验项目由制造商或制造商与提出抽样检验方协商确定。

表 1 检验分类及项目

检验项目	出厂检验	型式检验	技术要求条文号 (GB/T 26804.3—2011)	检验方法条文号 (本部分)
寻址功能	○	○	6.1.1.1	5.1.1　6.1.1
校准功能	○	○	6.1.1.3	5.1.2　6.1.2
自诊断功能	△	○	6.1.3	5.2　6.2
精确度	○	○	6.2.2　6.3.2	5.3.1　6.3.1
AI 通道模板采样速度 (AO 通道模板转换速度)	○	○	6.2.3　6.3.3	5.3.2　6.3.2
AI 通道模板输入阻抗 (AO 通道模板带载能力)	○	○	6.2.4　6.3.4	5.3.3　6.3.3
结构尺寸	○	○	6.4.1	7.1
外观	○	○	6.4.2	7.2
电源电压暂降		○	6.5.1	8.1
电源电压短时中断		○	6.5.2	8.2
电源电压变化		○	6.5.3	8.3
共模抗扰度		○	6.6.1	9.1
串模抗扰度		○	6.6.2	9.2
环境温度影响		○	6.7.1	10.1
相对湿度影响		○	6.7.2	10.2
振动		△	6.7.3	10.3
射频电磁场辐射抗扰度		△	6.8.2	11.1
工频磁场抗扰度		△	6.8.3	11.2
静电放电抗扰度		△	6.8.4	11.3
电快速瞬变脉冲群抗扰度		○	6.8.5	11.4
浪涌(冲击)抗扰度		○	6.8.6	11.5
射频感应的传导骚扰抗扰度		○	6.8.7	11.6
电磁干扰		△	6.9	12
抗运输高温影响		○	6.10.1	13.1
抗运输低温影响		○	6.10.2	13.2
抗运输湿热影响		○	6.10.3	13.3
抗运输自由跌落影响		○	6.10.4	13.4
抗腐蚀性和侵蚀性能		△	6.11.1	14.1

表 1（续）

检 验 项 目	出厂检验	型式检验	技术要求条文号 （GB/T 26804.3—2011）	检验方法条文号 （本部分）
防爆性能		△	6.11.2	14.2
绝缘电阻	△	○	6.11.3.1	14.3.1
绝缘强度	△	○	6.11.3.2	14.3.2
可靠性		○	6.12	15
长时间运行考核		○	6.13	16
注：表中"○"为需要检验的项目；"△"为需要时检验，由制造商和用户商定。				

ICS 25.040.40
N 18

中华人民共和国国家标准

GB/T 26804.5—2011

工业控制计算机系统　功能模块模板
第 5 部分：数字量输入输出通道模板
通用技术条件

Industrial control computer system—Function modules—
Part 5：General specification for digital input/output channel modules

2011-07-29 发布

2011-12-01 实施

中华人民共和国国家质量监督检验检疫总局
中国国家标准化管理委员会　发 布

前　言

GB/T 26804《工业控制计算机系统　功能模块模板》分为以下几部分：
——第1部分：处理器模板通用技术条件；
——第2部分：处理器模板性能评定方法；
——第3部分：模拟量输入输出通道模板通用技术条件；
——第4部分：模拟量输入输出通道模板性能评定方法；
——第5部分：数字量输入输出通道模板通用技术条件；
——第6部分：数字量输入输出通道模板性能评定方法。

本部分是 GB/T 26804 的第5部分。

本部分由中国机械工业联合会提出。

本部分由全国工业过程测量和控制标准化技术委员会(SAC/TC 124)归口。

本部分负责起草单位：重庆工业自动化仪表研究所。

本部分参加起草单位：北京研华科技股份有限公司、北京康拓科技开发总公司、研祥智能科技股份有限公司、西南大学、中国计算机学会工业控制计算机专业委员会。

本部分主要起草人：孙怀义、刘琴、余武。

本部分参加起草人：刘永池、刘学东、张伟艳、刘鑫、陈志列、朱军、祁虔、黄仁杰、钟秀荣、张建成、杨孟飞。

工业控制计算机系统 功能模块模板
第5部分：数字量输入输出通道模板
通用技术条件

1 范围

GB/T 26804 的本部分规定了数字量输入输出通道模板的设计要求、技术要求和产品标志、包装、贮存。

本部分适用于工业控制计算机系统的数字量输入输出通道模板。

2 规范性引用文件

下列文件中的条款通过 GB/T 26804 的本部分的引用而成为本部分的条款。凡是注日期的引用文件，其随后所有的修改单（不包括勘误的内容）或修订版均不适用于本部分，然而，鼓励根据本部分达成协议的各方研究是否可使用这些文件的最新版本。凡是不注日期的引用文件，其最新版本适用于本部分。

GB/T 9969 工业产品使用说明书 总则

GB/T 13384 机电产品包装通用技术条件

GB/T 15479—1995 工业自动化仪表绝缘电阻、绝缘强度技术要求和试验方法

GB/T 17214.3—2000 工业过程测量和控制装置的工作条件 第3部分：机械影响(idt IEC 60654-3:1983)

GB/T 17626.4—2008 电磁兼容 试验和测量技术 电快速瞬变脉冲群抗扰度试验(IEC 61000-4-4:2004,IDT)

GB/T 17626.5—2008 电磁兼容 试验和测量技术 浪涌(冲击)抗扰度试验(IEC 61000-4-5:2005,IDT)

GB/T 17626.6—2008 电磁兼容 试验和测量技术 射频场感应的传导骚扰抗扰度(IEC 61000-4-6:2006,IDT)

GB/T 17626.8—2006 电磁兼容 试验和测量技术 工频磁场抗扰度试验(IEC 61000-4-8:2001,IDT)

GB/T 26802.1—2011 工业控制计算机系统 通用规范 第1部分：通用要求

3 术语和定义

3.1 定义

GB/T 26802.1—2011 确立的以及以下术语和定义适用于 GB/T 26804 的本部分。

3.1.1

数字量输入输出通道模板 digital I/O modules

将与被测控参数对应的开关、频率、脉冲等信号转换成工业控制计算机所能接收的数字信号输入，或/和把工业控制计算机输出的数字信号转换成相对应的开关、频率、脉冲信号输出的功能单元的总称（简称 DI/DO 通道模板）。

3.1.2

半隔离型通道模板 half-isolated channel modules

指输入(或输出)路与路之间不隔离,仅对工业控制计算机系统地隔离的通道模板。

3.1.3

全隔离型通道模板 all-isolated channel modules

指输入(或输出)不仅与工业控制计算机系统地隔离,而且各路之间也隔离的通道模板。

3.1.4

数字量 digital

与数字对应的离散(多位状态)量。

3.1.5

脉冲量 impulse

用脉冲的宽度或脉冲的个数所表示的量。

3.1.6

频率量 frequency

用等时间间隔的连续变化量的个数所表示的量。

3.2 **缩略语**

I/O(input/output)   输入/输出

DI(digital input)   数字量输入

DO(digital output)   数字量输出

4 设计要求

4.1 硬件设计要求

DI/DO 通道模板的硬件设计应满足 GB/T 26802.1—2011 中 5.2 的相关要求。

4.2 软件设计要求

DI/DO 通道模板的软件设计应满足 GB/T 26802.1—2011 中 5.3 的相关要求。

4.3 结构设计要求

DI/DO 通道模板的结构设计应满足 GB/T 26802.1—2011 中 5.4 的相关要求。

4.4 安全设计要求

DI/DO 通道模板的安全设计应满足 GB/T 26802.1—2011 中 5.5 的相关要求。

4.5 文档要求

DI/DO 通道模板的文档应满足 GB/T 26802.1—2011 中 5.6 的相关要求。

5 DI/DO 通道模板分类

5.1 按输入输出信号分类

DI:开关量输入(触点输入、电平输入)、脉冲量输入(脉冲累计、频率测量、脉冲宽度测量);

DO:开关量输出(触点输出、电平输出)、脉冲量输出。

5.2 按功能分类

非智能型:具有 DI 或/和 DO 通道模板基本功能的模板;

智能型:采用微处理器,除具有 DI 或/和 DO 通道模板的基本功能外,同时还具有 6.1 所要求的其他部分或全部功能的模板。

5.3 按输入输出能力分类

单一型:仅有单一种类输入或单一种类输出能力的模板;

复合型:具有两种以上(含两种)种类输入或/和输出能力的模板。

6 技术要求

6.1 DI/DO 通道模板功能

6.1.1 基本功能

6.1.1.1 初始化功能

初始化是由制造商在出厂前已完成的参数设定,无需用户重复进行。

6.1.1.2 寻址功能

DI/DO 通道模板的任何一个通道都应能正确接受处理器模板寻址。

6.1.1.3 输入输出功能

接受规定形式的数字量输入和/或实现规定形式的数字量输出的功能。

6.1.2 自诊断功能

自诊断功能主要包括:

a) 故障报警;

b) 产品标准规定的其他自诊断功能。

6.1.3 组态功能

组态功能主要包括:

a) 输入、输出方式选择;

b) 工程单位选择;

c) 中断设置;

d) 产品标准规定的其他组态功能。

6.1.4 通信功能

当系统要求时,应能支持所要求的通信功能。

6.2 DI 通道模板基本性能

6.2.1 DI 信号及输入动作

6.2.1.1 DI 信号

在 TTL 电平、直流电平、触点、脉冲中选择。

6.2.1.2 输入动作

输入动作主要包括:

a) 触点输入信号的"开"、"关"状态应能明确区分,其"接通"状态的接点电阻应小于 0.5 Ω,"断开"状态的接点电阻应大于 10 MΩ;

b) DI 电平信号的"1"与"0"应与对应的电压范围相符;

c) 脉冲量输入的信号频率、脉冲宽度等由产品标准确定;

d) 其他输入信号由产品标准确定。

6.2.2 绝缘电阻

在一般试验大气条件下,根据额定电压或标称电路电压,DI 通道模板的绝缘电阻应达到 GB/T 15479—1995 中 4.1 所要求的相应值。

6.2.3 绝缘强度

在一般试验大气条件下,根据额定电压或标称电路电压,DI 通道模板的绝缘强度应达到 GB/T 15479—1995 中 4.2 所要求的相应值。

6.3 DO 通道模板基本性能

6.3.1 DO 信号及输出动作

6.3.1.1 DO 信号

在 TTL 电平、直流电平、触点、达林顿等信号中选择。

6.3.1.2 输出动作

主要包括：

a) 触点输出信号的"开"、"关"状态应能明确区分,其"接通"状态的接点电阻应小于 0.5 Ω,"断开"状态的接点电阻应大于 10 MΩ;

b) DO 电平信号的"1"与"0",应与对应的电压范围相符;

c) 脉冲量输出信号频率、脉冲宽度等由产品标准确定;

d) 其他输出信号由产品标准确定。

6.3.2 绝缘电阻

在一般试验大气条件下,根据额定电压或标称电路电压,DO 通道模板的绝缘电阻应达到GB/T 15479—1995 中 4.1 所要求的相应值。

6.3.3 绝缘强度

在一般试验大气条件下,根据额定电压或标称电路电压,DO 通道模板的绝缘强度应达到GB/T 15479—1995 中 4.2 所要求的相应值。

6.4 结构尺寸和外观

6.4.1 结构尺寸

DI/DO 通道模板的外形尺寸由产品标准确定。总线连接器的规格和引脚排列应符合所采用的总线规范的规定。

6.4.2 外观

外观应符合下列基本要求:

a) DI/DO 通道模板的外观应光洁、无划痕、无断裂、无机械损伤,元器件和固件不应松动和脱落,插件应可靠接触;

b) DI/DO 通道模板表面的型号、文字、符号应字迹清晰,无损伤、无脱字。

6.5 电源适应能力

DI/DO 通道模板应能适应外界电源变化的影响,包括:

6.5.1 电源电压暂降影响

电源电压降至额定工作电压的 70%,连续进行三次低降试验,三次低降的持续时间可分别为 5、25、50 个周期,两次试验的间隔小于 10 s。电源恢复后,DI/DO 通道模板应正常工作。

6.5.2 电源电压短时中断影响

电源电压降至额定工作电压的 0%,连续进行三次中断试验,三次中断的持续时间可分别为 1、10、40 个周期,两次试验的间隔小于 10 s。电源恢复后,DI/DO 通道模板应正常工作。

6.5.3 电源电压变化影响

电源电压短期变化(交流电压±10%,频率±1 Hz;直流电压±5%),其变化的时间定为:电压降低需时间 2 s±0.4 s,降低后电压维持时间 1 s±0.4 s,电压增加所需时间 2 s±0.4 s。连续以 10 s 的间隔变化三次,DI/DO 通道模板应正常工作。

6.6 共模抗扰度

隔离型(包括半隔离型和全隔离型)电平输入/输出的 DI/DO 通道模板需作共模抗扰度试验,通道模板应正常工作。

a) 直流共模抗扰度:共模电压为 50 V 直流干扰电压,以正、反两个方向作用进行试验;

b) 交流共模抗扰度:共模电压为 250 V 的正弦波交流干扰电压,频率为 50 Hz,相位为 0~360°,改变相位进行试验。

6.7 环境影响

6.7.1 环境温度影响

根据产品安装环境条件选择温度范围,当温度在试验范围内变化时,满足 6.1、6.4 的要求,DI/DO

通道模板应正常工作。

6.7.2 相对湿度影响

在试验温度为 40 ℃±2 ℃,相对湿度在 93％±3％保持 48 h 后进行测试,满足 6.1、6.4 的要求,DI/DO 通道模板应正常工作。

6.7.3 振动影响

当用户与制造商决定进行检验时,根据应用场所,按照 GB/T 17214.3—2000 中的第 4 章选择振动频率、振动严酷度和振动时间等级,经过三个相互垂直的方向(其中一个为铅垂方向)进行振动试验,满足 6.1、6.4 的要求,DI/DO 通道模板应正常工作。

6.8 电磁兼容抗扰度

6.8.1 电磁兼容抗扰度项目选择

电磁兼容抗扰度包括下列条款所列项目,带外壳的功能模块应做全部项目试验,功能模板应做 6.8.5、6.8.6、6.8.7 三项试验。制造商还可以根据需要,选择其他电磁兼容抗扰度项目,并根据有关标准进行试验。

6.8.2 射频电磁场辐射抗扰度

在 80 MHz～1 000 MHz 射频范围内,根据产品使用的电磁场环境,选用 1 V/m、3 V/m 或 10 V/m 射频电磁场辐射强度进行试验,根据系统和应用要求,DI/DO 通道模板应达到以下要求之一:

 a) 正常工作;

 b) 功能或性能暂时降低或丧失,但能自行恢复。

如选择其他射频范围,由制造商和用户共同确定。

6.8.3 工频磁场抗扰度

工频磁场是由导体中的工频电流产生的,或极少量的由附近的其他装置(如变压器的漏磁通)所产生。

根据应用场所,按照 GB/T 17626.8—2006 中的第 5 章选择试验等级和确定磁场强度,进行工频磁场干扰试验,根据系统和应用要求,DI/DO 通道模板应达到以下要求之一:

 a) 正常工作;

 b) 功能或性能暂时降低或丧失,但能自行恢复。

一般工业环境试验等级选择 4 级(稳定持续磁场其磁场强度为 30 A/m;1 s～3 s 的短时磁场,其磁场强度为 300 A/m)。严酷工业环境试验等级选择 5 级(稳定持续磁场其磁场强度为 100 A/m;1 s～3 s 的短时磁场,其磁场强度为 1 000 A/m)。

6.8.4 静电放电抗扰度

根据系统安装环境条件(如相对湿度等)和产品材料,在 GB/T 17626.2—2006 的表 1(并参照附录 A 中表 A.1)中选择试验等级进行接触放电或空气放电(不能使用接触放电场合时选用空气放电试验方式)试验。根据系统和应用要求,DI/DO 通道模板应达到以下要求之一:

 a) 正常工作;

 b) 功能或性能暂时降低或丧失,但能自行恢复。

6.8.5 电快速瞬变脉冲群抗扰度

电快速瞬变脉冲群抗扰度是 DI/DO 通道模板对诸如来自切换瞬态过程(切换感性负载、继电器触点弹跳等)的各种类型瞬变骚扰的抗扰度。

根据应用场所环境(见 GB/T 17626.4—2008 附录 B),在 GB/T 17626.4—2008 的表 1 中选择所选等级的开路试验电压和脉冲重复频率,对 DI/DO 通道模板的对外端口进行试验,根据系统和应用要求,DI/DO 通道模板应达到以下要求之一:

 a) 正常工作;

 b) 功能或性能暂时降低或丧失,但能自行恢复。

6.8.6 浪涌(冲击)抗扰度

浪涌(冲击)抗扰度是 DI/DO 通道模板对由开关和雷电瞬变过程电压引起的单极性浪涌(冲击)的抗扰度。

根据安装类别(见 GB/T 17626.5—2008 附录 B 中 B.3),在 GB/T 17626.5—2008 的表1(并参照附录 A 中的表 A.1)中选择所选等级的开路试验电压,对 DI/DO 通道模板的对外端口进行试验。根据系统和应用要求,DI/DO 通道模板应达到以下要求之一:

    a) 正常工作;

    b) 功能或性能暂时降低或丧失,但能自行恢复。

6.8.7 射频感应的传导骚扰抗扰度

射频感应的传导骚扰抗扰度是 DI/DO 通道模板对来自 9 kHz～80 MHz 频率范围内射频发射机电磁场骚扰的传导抗扰度。射频感应是通过电缆(如电源线、信号线、地连接线等)与射频场相耦合而引起的。

根据应用场所环境(见 GB/T 17626.6—2008 附录 C),在 GB/T 17626.6—2008 的表1中选择试验等级,进行试验,根据系统和应用要求,DI/DO 通道模板应达到以下要求之一:

    a) 正常工作;

    b) 功能或性能暂时降低或丧失,但能自行恢复。

6.9 抗运输环境影响

6.9.1 抗运输高温

产品进行运输包装后,在高温为 55 ℃±3 ℃的运输环境下进行温度试验后,满足 6.4 的要求,DI/DO 通道模板应正常工作。

6.9.2 抗运输低温

产品进行运输包装后,在低温为 −50 ℃±5 ℃的运输环境下进行温度试验后,满足 6.4 的要求,DI/DO 通道模板应正常工作。

6.9.3 抗运输环境湿热

产品进行运输包装后,在温度为 −25 ℃～30 ℃和相对湿度为 93%±3%的运输环境下进行交变湿热试验后,满足 6.4 的要求,DI/DO 通道模板应正常工作。

6.9.4 抗运输自由跌落

产品进行运输包装,根据包装件质量选择跌落高度(包装件质量≤2 kg,跌落高度≥500 mm;包装件质量>2 kg,跌落高度由制造商和用户共同确定),水平状态自由落体方式跌落 4 次后,满足 6.4 的要求,DI/DO 通道模板应正常工作。

6.10 特殊性能

6.10.1 抗腐蚀和侵蚀性能

应用于具有腐蚀和侵蚀环境的 DI/DO 通道模板,还应具有防腐蚀和侵蚀性能,应根据环境条件和严酷度采取预防措施。

6.10.2 防爆性能

应用于爆炸性环境的 DI/DO 通道模板应满足国家或行业防爆标准规定。防爆 DI/DO 通道模板应由国家授权的防爆产品监督检验机构检验认证。

6.10.3 安全性能

应用于执行安全功能的 DI/DO 通道模板还应满足功能安全有关国家标准的规定。

6.11 可靠性

DI/DO 通道模板的 MTBF 从 GB/T 26802.1—2011 的表3中选择,不得低于 A1 级。

6.12 长时间运行考核

在参比试验大气条件或正常工作大气条件下,连续运行不少于 72 h,DI/DO 通道模板应正常工作。

7 标志、包装、说明书和贮存

7.1 标志

必须标出产品型号和制造商标识,其他标识由产品标准确定。

7.2 包装

DI/DO 通道模板包装应符合 GB/T 13384 的有关规定;对需要防静电的 DI/DO 通道模板,包装时应考虑防静电措施。

7.3 说明书

产品说明书的编制应符合 GB/T 9969 的要求。

7.4 贮存

产品应贮存在环境温度 5 ℃～40 ℃,相对湿度为 30%～85%的通风室内。室内不允许有各种有害气体、易燃、易爆的产品及有腐蚀性的化学物品,并且应无强烈的机械振动、冲击和强磁场作用。若无其他规定时,贮存期一般应不超过六个月。若在生产厂存放超过六个月时,则应重新进行交收检验。

ICS 25.040.40
N 18

中华人民共和国国家标准

GB/T 26804.6—2011

工业控制计算机系统 功能模块模板
第6部分：数字量输入输出通道模板
性能评定方法

Industrial control computer system—Function modules—
Part 6：Methods of evaluating the performance for
digital input/output channel modules

2011-07-29 发布

2011-12-01 实施

中华人民共和国国家质量监督检验检疫总局
中国国家标准化管理委员会 发布

前　言

GB/T 26804《工业控制计算机系统 功能模块模板》分以下部分：
——第 1 部分：处理器模板通用技术条件；
——第 2 部分：处理器模板性能评定方法；
——第 3 部分：模拟量输入输出通道模板通用技术条件；
——第 4 部分：模拟量输入输出通道模板性能评定方法；
——第 5 部分：数字量输入输出通道模板通用技术条件；
——第 6 部分：数字量输入输出通道模板性能评定方法。
本部分是 GB/T 26804 的第 6 部分。
本部分由中国机械工业联合会提出。
本部分由全国工业过程测量和控制标准化技术委员会(SAC/TC 124)归口。
本部分负责起草单位：重庆工业自动化仪表研究所。
本部分参加起草单位：北京研华科技股份有限公司、北京康拓科技开发总公司、研祥智能科技股份有限公司、西南大学、中国计算机学会工业控制计算机专业委员会。
本部分主要起草人：张凌、刘琴、余武。
本部分参加起草人：刘永池、刘学东、张伟艳、刘鑫、陈志列、孙伟、祁虔、钟秀蓉、黄仁杰、何强、杨孟飞。

工业控制计算机系统 功能模块模板
第6部分:数字量输入输出通道模板
性能评定方法

1 范围

GB/T 26804 的本部分规定了数字量输入输出通道模板的试验检查方法和检验规则。

本部分适用于工业控制计算机系统数字量输入输出通道模板的性能评定。

2 规范性引用文件

下列文件中的条款通过 GB/T 26804 的本部分的引用而成为本部分的条款。凡是注日期的引用文件,其随后所有的修改单(不包括勘误的内容)或修订版均不适用于本部分,然而,鼓励根据本部分达成协议的各方研究是否可使用这些文件的最新版本。凡是不注日期的引用文件,其最新版本适用于本部分。

GB/T 2423.4 电工电子产品环境试验 第2部分:试验方法 试验Db 交变湿热(12 h+12 h循环)(GB/T 2423.4—2008,IEC 60068-2-30:2005,IDT)

GB/T 15479—1995 工业自动化仪表绝缘电阻、绝缘强度技术要求和试验方法

GB/T 17626.2 电磁兼容 试验和测量技术 静电放电抗扰度试验(GB/T 17626.2—2006,IEC 61000-4-2:2001,IDT)

GB/T 17626.3 电磁兼容 试验和测量技术 射频电磁场辐射抗扰度试验(GB/T 17626.3—2006,IEC 61000-4-3:2002,IDT)

GB/T 17626.4 电磁兼容 试验和测量技术 电快速瞬变脉冲群抗扰度试验(GB/T 17626.4—2008,IEC 61000-4-4:2004,IDT)

GB/T 17626.5 电磁兼容 试验和测量技术 浪涌(冲击)抗扰度试验(GB/T 17626.5—2008,IEC 61000-4-5:2005,IDT)

GB/T 17626.6 电磁兼容 试验和测量技术 射频场感应的传导骚扰抗扰度试验(GB/T 17626.6—2008,IEC 61000-4-6:2006,IDT)

GB/T 17626.8 电磁兼容 试验和测量技术 工频磁场抗扰度试验(GB/T 17626.8—2006,IEC 61000-4-8:2001,IDT)

GB/T 17626.11 电磁兼容 试验和测量技术 电压暂降、短时中断和电压变化的抗扰度试验(GB/T 17626.11—2008,IEC 61000-4-11:2004,IDT)

GB/T 18271.3—2000 过程测量和控制装置 通用性能评定方法和程序 第3部分:影响量影响的试验(idt IEC 61298-3:1998)

GB/T 26802.1—2011 工业控制计算机系统 通用规范 第1部分:通用要求

GB/T 26804.5—2011 工业控制计算机系统 功能模块模板 第5部分 数字量输入输出通道模板通用技术条件

3 术语和定义

3.1 定义

GB/T 26802.1—2011 和 GB/T 26804.5—2011 确立的以及下列术语和定义适用于本部分。

3.1.1

阈值 threshold value

逻辑电路的开门电平或关门电平。

4 试验条件

4.1 环境条件

4.1.1 参比试验大气条件

温   度:20 ℃±2 ℃;

相对湿度:65%±5%;

大气压力:86 kPa～106 kPa;

用于热带、亚热带或其他特殊环境的 DI/DO 通道模板,其参比大气条件按有关标准规定。

4.1.2 一般试验大气条件

当试验不可能或无必要在参比试验条件下进行时,推荐采用下列大气条件。

温   度:15 ℃～35 ℃;

相对湿度:45%～75%;

大气压力:86 kPa～106 kPa。

4.1.3 其他环境条件

外界磁场:除地磁场外,应使其他外界磁场小到可以忽略不计;

机械振动:应使机械振动减少到可以忽略不计;

周围空气中不含有对铬、镍镀层、有色金属及其合金起腐蚀作用的介质,以及易燃易爆的物质。

4.2 动力条件

4.2.1 公称值

由制造商与用户根据有关标准协商确定。

4.2.2 电源允差

直流供电电源电压:±1%;

直流供电电源纹波:<0.1%;

交流供电电源谐波含量:<5%;

电源频率:±1%。

5 DI 通道模板功能及基本性能检验

5.1 功能检查

5.1.1 初始化功能检查

通过对相关功能和技术性能的测试,检查验证初始化功能。

5.1.2 寻址功能检查

运行检查程序,对预先设定好的各路数字量信号输入的地址进行程序寻址,并显示或打印,检查寻址功能是否正常。

5.1.3 自诊断功能检查

人为设置故障,运行自诊断检查程序,检查自诊断功能。

5.1.4 组态功能检查

通过对相关功能和性能的测试,检查验证组态功能。

5.1.5 通信功能检查

把 DI 通道模板连于测试系统,运行通信检查程序,检查通信功能。

5.2 性能检验

5.2.1 输入动作检验

5.2.1.1 开关量输入动作检验

开关量输入通道模板测试电路见图1。

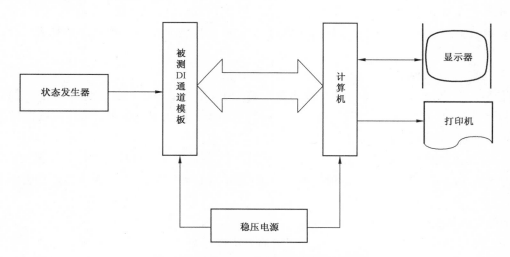

图 1 开关量输入通道模板测试电路图

a) 触点输入型

按照图1将被测通道模板与测试设备连接。

通过状态发生器对被测DI通道模板各路反复置予不同的状态,运行测试程序,检查显示的触点信号是否与对应点所置状态相符,并打印测试结果。

b) 电平输入型

按照图1将被测通道模板与测试设备连接。

通过状态发生器对被测DI通道模板各路反复输入"0"电平、"1"电平相对应的阈值信号,运行测试程序,检查显示的信号是否与相对应的电压范围相符,并打印测试结果。

5.2.1.2 脉冲量输入动作检验

5.2.1.2.1 概述

脉冲量输入通道模板测试电路见图2。

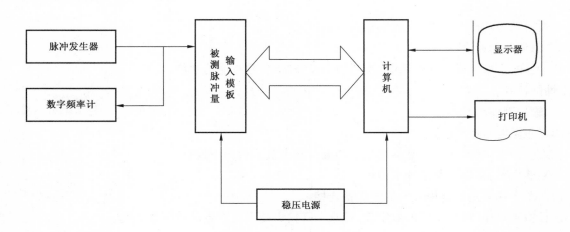

图 2 脉冲量输入通道模板测试电路图

将脉冲发生器产生的脉冲信号送入被测模板,同时用数字频率计进行监测,运行测试程序,检查显示的脉冲信号是否与对应点输入的脉冲信号相符,并打印测试结果。

输入脉冲信号的频率、脉冲宽度、信号电平均应符合产品标准规定。输入信号取值应包括标准规定的上下限在内最少3点以上,并均匀分布在规定的范围内。

5.2.1.2.2 脉冲累计检验

脉冲信号发生器接到被测DI通道模板的输入端子上,在通道模板计数容量的范围内,加入4种到8种不同频率的脉冲信号,运行测试程序进行测试,显示并打印测量结果。确认误差是否符合产品标准的规定。

5.2.1.2.3 频率测量检验

脉冲信号发生器接到被测DI通道模板的输入端子上,在通道模板设计的频率范围内加入4种到8种频率信号,运行测试程序进行测试,显示并打印测量结果。确认误差是否符合产品标准的规定。

5.2.1.2.4 脉冲宽度测量检验

脉冲信号发生器接到被测DI通道模板的输入端子上,在通道模板设计的脉冲宽度范围内改变输入信号,重复测试4次到8次,运行测试程序进行测试,显示并打印测量结果。确认误差是否符合产品标准的规定。

5.2.2 绝缘电阻检查

按GB/T 15479—1995中5.1、5.2、5.3规定的方法进行检查。

5.2.3 绝缘强度检查

按GB/T 15479—1995中5.1、5.2、5.4规定的方法进行检查。

6 DO通道模板功能及基本性能检验

6.1 功能检查

6.1.1 寻址功能检查

运行检查程序,对预先设定好的各路数字量信号输出的地址进行程序寻址,并显示或打印,确认寻址功能是否正常。

6.1.2 初始化功能检查

通过对相关功能和技术性能的测试,检查验证初始化功能。

6.1.3 自诊断功能检查

人为设置故障,运行自诊断检查程序,检查自诊断功能。

6.1.4 组态功能检查

通过对相关功能和性能的测试,检查验证组态功能。

6.1.5 通信功能检查

把DO通道模板连于测试系统,运行通信检查程序,检查通信功能。

6.2 性能检验

6.2.1 输出动作检验

DO通道模板测试电路见图3。

触点输出型:在接入由产品标准规定的最大触点负载条件下检查。

电平输出型:在满负载条件下检查。

按照图3将被测通道模板与测试设备连接。

运行检查程序,输出不同的数字量,检查DO输出是否与设定的数字量相符。

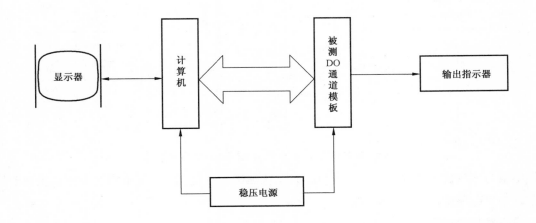

图 3　DO 通道模板测试电路图

6.2.2　绝缘电阻检查

按 GB/T 15479—1995 中 5.1、5.2、5.3 规定的方法进行检查。

6.2.3　绝缘强度检查

按 GB/T 15479—1995 中 5.1、5.2、5.4 规定的方法进行检查。

7　结构尺寸和外观检查

7.1　结构尺寸检查

用测量法进行检查。

7.2　外观检查

用目测法进行检查。

8　电源适应能力试验

8.1　电源电压暂降影响试验

按 GB/T 17626.11 规定的程序和方法进行试验。

8.2　电源电压短时中断影响试验

按 GB/T 17626.11 规定的程序和方法进行试验。

8.3　电源电压变化影响试验

按 GB/T 17626.11 规定的程序和方法进行试验。

9　共模抗扰度试验

9.1　DI 通道模板共模抗扰度试验

对 DI 通道模板的隔离型电平输入通道按下述方法进行共模抗扰度试验。试验电路见图 4。

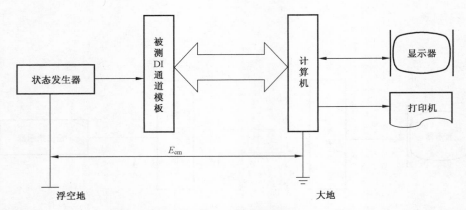

图 4 隔离型 DI 通道抗共模干扰测试电路图

在浮空地与计算机地之间加共模电压(E_{cm}),运行测试程序,检查 DI 通道模板寻址功能和动作功能是否正常。共模电压值按产品标准规定。

9.2 DO 通道模板共模干扰影响试验

对 DO 通道模板的隔离型电平输出通道按下述方法进行共模抗扰度试验。在浮空地与计算机地之间加共模电压(共模电压值按产品标准规定),运行测试程序,检查 DO 通道模板寻址功能和动作功能是否正常。

10 环境影响试验

10.1 环境温度影响试验

按 GB/T 18271.3—2000 中第 5 章规定的方法进行试验。

10.2 环境相对湿度影响试验

按 GB/T 18271.3—2000 中第 6 章规定的方法进行试验。

10.3 振动影响试验

按 GB/T 18271.3—2000 中第 7 章规定的方法进行试验。

11 电磁兼容抗扰度试验

11.1 射频电磁场辐射抗扰度试验

按 GB/T 17626.3 规定的程序和方法进行试验。

11.2 工频磁场抗扰度试验

按 GB/T 17626.8 规定的程序和方法进行试验。

11.3 静电放电抗扰度试验

按 GB/T 17626.2 规定的程序,根据模板的具体情况,可选用空气放电或接触放电的方法进行试验。

11.4 电快速瞬变脉冲群抗扰度试验

按 GB/T 17626.4 规定的程序和方法进行试验。

11.5 浪涌(冲击)抗扰度试验

按 GB/T 17626.5 规定的程序和方法进行试验。

11.6 射频场感应的传导骚扰抗扰度试验

按 GB/T 17626.6 规定的程序和方法进行试验。

12 抗运输环境影响试验

12.1 抗运输高温影响试验
DI/DO 通道模板在包装条件下按 GB/T 18271.3—2000 规定的方法进行试验。

12.2 抗运输低温影响试验
DI/DO 通道模板在包装条件下按 GB/T 18271.3—2000 规定的方法进行试验。

12.3 抗运输湿热影响试验
DI/DO 通道模板在包装条件下按 GB/T 2423.4 规定的方法进行试验。

12.4 抗运输自由跌落影响试验
DI/DO 通道模板在包装条件下按 GB/T 18271.3—2000 规定的方法进行试验。

13 特殊性能试验认证

13.1 抗腐蚀和侵蚀性能试验
当制造商和用户决定进行抗腐蚀和侵蚀性能试验时,选择在具备试验条件的检测机构进行试验。

13.2 防爆性能检验
根据防爆要求,由国家授权的防爆检测机构进行检验并颁发防爆合格证。

13.3 功能安全认证
根据功能安全要求,由安全检测机构进行检验认证。

14 可靠性认证
由国家或行业授权的可靠性认证机构进行认证和评定。

15 长时间运行考核
在参比试验大气条件或正常工作大气条件下,运行考核程序,连续运行时间不少于 72 h,考核期间
DI/DO 通道模板应正常工作。

16 检验规则

16.1 型式检验
有下列情况之一的应进行型式检验:
a) 新试制的产品定型时或老产品转产时;
b) 正常生产的产品,当结构、材料、工艺有较大改变,可能影响产品性能时;
c) 连续生产的产品,4～5 年进行一次型式检验;
d) 国家有关部门提出型式检验要求时。
除非另有规定,型式检验应按本部分规定中除特殊要求项目以外的全部项目进行检验。
型式检验项目见表 1 中的"型式检验"。
可靠性认证在批量生产阶段单独进行。

16.2 出厂检验
DI/DO 通道模板须经制造商质量检验部门检验合格后附产品合格证方能出厂。出厂检验项目见
表 1 中的"出厂检验"。

表 1 检查项目

检验项目	出厂检验		型式检验		技术要求条文号 (GB/T 26804.5 —2011)		检验方法条文号 (本部分)	
	非智能型	智能型	非智能型	智能型	DI	DO	DI	DO
寻址功能	○	○	○	○	6.1.1.2		5.1.2	6.1.1
初始化功能	○	○	○	○	6.1.1.1		5.1.1	6.1.2
自诊断功能		○		○	6.1.2		5.1.3	6.1.3
组态功能		○		○	6.1.3		5.1.4	6.1.4
通信功能		△		△	6.1.4		5.1.5	6.1.5
DI(或 DO)输入(或输出)								
动作	○	○	○	○	6.2.1.2	6.3.1.2	5.2.1	6.2.1
绝缘电阻	○	○	○	○	6.2.2	6.3.2	5.2.2	6.2.2
绝缘强度	○	○	○	○	6.2.3	6.3.3	5.2.3	6.2.3
结构尺寸、外观	○	○	○	○	6.4		7	
电源电压暂降			○	○	6.5.1		8.1	
电源短时中断			○	○	6.5.2		8.2	
电源电压变化			○	○	6.5.3		8.3	
共模干扰			○	○	6.6		9.1	9.2
环境温度影响			○	○	6.7.1		10.1	
相对湿度影响			○	○	6.7.2		10.2	
振动影响			○	○	6.7.3		10.3	
射频电磁场			○	○	6.8.2		11.1	
工频磁场			○	○	6.8.3		11.2	
静电放电			○	○	6.8.4		11.3	
抗运输环境								
高温			○	○	6.9.1		12.1	
低温			○	○	6.9.2		12.2	
湿热			○	○	6.9.3		12.3	
自由跌落			○	○	6.9.4		12.4	
抗腐蚀和侵蚀			△	△	6.10.1		13.1	
防爆			△	△	6.10.2		13.2	
功能安全			△	△	6.10.3		13.3	
长时间运行考核			○	○	6.12		15	

注:表中"○"为需要检验的项目;"△"为需要时检验,由制造商和用户商定。

ICS 25.040.40
N 18

中华人民共和国国家标准

GB/T 26804.7—2017

工业控制计算机系统　功能模块模板
第 7 部分：视频采集模块
通用技术条件及评定方法

Industrial control computer system—Function module—
Part 7：General technical conditions and evaluation methods for
video capture module

2017-07-12 发布

2018-02-01 实施

中华人民共和国国家质量监督检验检疫总局
中国国家标准化管理委员会　发布

前　言

GB/T 26804《工业控制计算机系统　功能模块模板》分为以下几部分：

——第 1 部分:处理器模板通用技术条件；

——第 3 部分:模拟量输入输出通道模板通用技术条件；

——第 4 部分:模拟量输入输出通道模板性能评定方法；

——第 5 部分:数字量输入输出通道模板通用技术条件；

——第 6 部分:数字量输入输出通道模板性能评定方法；

——第 7 部分:视频采集模块通用技术条件及评定方法。

本部分是 GB/T 26804 的第 7 部分。

本部分按照 GB/T 1.1—2009 给出的规则起草。

本部分由中国机械工业联合会提出。

本部分由全国工业过程测量控制和自动化标准化技术委员会（SAC/TC 124)归口。

本部分起草单位:研祥智能科技股份有限公司、西南大学、厦门安东电子有限公司、杭州盘古自动化系统有限公司、西安东风机电有限公司、南京优倍电气有限公司、重庆市伟岸测器制造股份有限公司、重庆宇通系统软件有限公司、北京研华兴业电子科技有限公司。

本部分主要起草人:庞观士、任军民、潘东波、张新国、肖国专、郭豪杰、邢江林、屈科兵、许宁、董健、唐田、欧文辉、岳周、刘学东、阮赐元、吕春放、卜琰、李振中、祝培军、祁虔。

工业控制计算机系统　功能模块模板
第7部分:视频采集模块
通用技术条件及评定方法

1　范围

GB/T 26804 的本部分规定了工业控制计算机系统功能模块视频采集模块的分类、技术要求、试验方法、检验规则及标志、包装、贮存等。

本部分适用于工业控制计算机系统 功能模块 视频采集模块的设计、制造及验收。

2　规范性引用文件

下列文件对于本文件的应用是必不可少的。凡是注日期的引用文件,仅注日期的版本适用于本文件。凡是不注日期的引用文件,其最新版本(包括所有的修改单)适用于本文件。

GB/T 191　包装储运图示标志

GB/T 2828.1　计数抽样检验程序　第 1 部分:按接收质量限(AQL)检索的逐批检验抽样计划

GB 3836.15　爆炸性气体环境用电气设备　第 15 部分:危险场所电气安装(煤矿除外)

GB 3836.16　爆炸性气体环境用电气设备　第 16 部分:电气装置的检查和维护(煤矿除外)

GB/T 6882　声学　声压法测定噪声源声功率级　消声室和半消声室精密法

GB/T 9254　信息技术设备的无线电骚扰限值和测量方法

GB/T 9969　工业产品使用说明书　总则

GB/T 17212　工业过程测量和控制　术语和定义

GB/T 17214.1—1998　工业过程测量和控制装置的工作条件　第 1 部分:气候条件

GB/T 17214.3—2000　工业过程测量和控制装置的工作条件　第 3 部分:机械影响

GB/T 17214.4—2005　工业过程测量和控制装置的工作条件　第 4 部分:腐蚀和侵蚀影响

GB/T 17626.2—2006　电磁兼容　试验和测量技术　静电放电抗扰度试验

GB/T 17626.3—2006　电磁兼容　试验和测量技术　射频电磁场辐射抗扰度试验

GB/T 17626.4—2008　电磁兼容　试验和测量技术　电快速瞬变脉冲群抗扰度试验

GB/T 17626.5—2008　电磁兼容　试验和测量技术　浪涌(冲击)抗扰度试

GB/T 17626.6—2008　电磁兼容　试验和测量技术　射频场感应的传导骚扰抗扰度

GB/T 17626.8—2006　电磁兼容　试验和测量技术　工频磁场抗扰度试验

GB/T 18271.3　过程测量和控制装置　通用性能评定方法和程序　第 3 部分:影响量影响的试验

GB 20815—2006　视频安防监控数字录像设备

GB/T 26802.1—2011　工业控制计算机系统　通用规范　第 1 部分:通用要求

3　术语和定义、符号和缩略语

3.1　术语和定义

GB/T 17212 界定的以及下列术语和定义适用于本文件。为了便于使用,以下列出了 GB 20815—

2006 中的一些术语和定义。

3.1.1

视频采集模块 video capture module

将视频信号或者视频音频混合信号经过采样和解码后,再按要求编码成视频数据输入计算机处理、存储,实现这样功能的电路。

3.1.2

视频采集卡 video capture card

视频采集卡是视频采集模块的特殊载体形式,通过工业标准总线与计算机系统实现连接。

3.1.3

图像质量 video image quality

图像信息的完整性,包括图像帧内对原始信息记录的完整性和图像帧间连续性的完整性。它通常按照如下指标进行扫描:像素构成、信噪比、原始完整性(如色彩还原、位置毗邻关系、运动关系等)。

[GB 20815—2006,定义 3.2]

3.1.4

数字图像格式 video data format

单帧数字图像的像素总数,如 $320 \times 240, 352 \times 288, 640 \times 480, 704 \times 576, 768 \times 576$ 等。

[GB 20815—2006,定义 3.3]

3.1.5

分辨率 resolution

分辨率指数字录像设备回放出来的一帧图像能被人眼分辨出的像素数。

[GB 20815—2006,定义 3.4]

3.1.6

图像的连续性 video continuity

符合人眼视觉暂留特性的图像中活动内容的连贯性和流程性。

[GB 20815—2006,定义 3.9]

3.1.7

帧率 frame rate

记录和回放的图像序列中每秒所包含的图像帧数。

[GB 20815—2006,定义 3.10]

3.1.8

压缩比 compression ratio

数字信号压缩处理前后的数据量之比。

[GB 20815—2006,定义 3.11]

3.1.9

码流 data rate

比特率 bit rate

指视频文件在单位时间内使用的数据流量,二进制连续数据流。码流的大小用码率(比特率)来表示,它是指每秒钟通过指定端口的二进制连续数据流的数量。

[GB 20815—2006,定义 3.12]

3.2 符号和缩略语

下列符号和缩略语适用于本文件。

HDMI(High Definition Multimedia Interface)高清晰度多媒体接口

Mini PCI　缩小规格 PCI

PCI (Peripheral Component Interconnect) 局部总线接口

PCI-E(PCI-Express)PCI 扩展总线接口

PC104 工业计算机 104 总线

USB (Universal Serial Bus) 通用串行总线

VGA(Video Graphics Array)视频图形阵列

1394 接口（Institute of Electrical and Electronics Engineers，IEEE 1394)电气和电子工程师协会，IEEE 1394

4　分类

4.1　按用途分类

可以分为广播级视频采集模块、专业级视频采集模块和民用级视频采集模块。

4.2　按视频信号输入输出接口分类

可分为 1394 视频采集模块、USB 视频采集模块、HDMI 视频采集模块、VGA 视频采集模块、PCI 视频采集模块、PCI-E 视频采集模块、PC104、Mini PCI 等。

4.3　按照视频信号源分类

可分为数字视频采集模块(使用数字接口)和模拟视频采集模块。

4.4　按照视频压缩方式分类

可分为软解压模块(消耗计算机内部资源)和硬解压模块。

4.5　按照安装链接方式分类

可分为外置视频采集模块(盒)和内置式视频采集模块(卡)。

5　工作环境条件

视频采集模块的正常工作环境条件：

温度：0 ℃～60 ℃

相对湿度：20%～95%，非凝露

大气压：86 kPa～106 kPa

其他特殊情况，应由产品标准或产品资料给出。

6　要求

6.1　基本要求

6.1.1　总线

视频模块可采用的总线包括：PCI、PCI-E、PC104 等。本标准不对具体的设计总线做出规定，但产品所采用的总线应在产品标准中明确，并在产品技术文件中明示。

6.1.2 视频信号

视频模块可采用的视频信号包括：标准 PAL、NTSC 等。本标准不对具体的视频信号做出规定，但产品所采用的视频信号应在产品标准中明确，并在产品技术文件中明示。

6.1.3 分辨率

视频模块可采用的分辨率包括：768X576、720X576、720X480、640X480 等。本标准不对具体的分辨率做出规定，但产品所支持的分辨率应在产品标准中明确，并在产品技术文件中明示。

6.1.4 图像格式

视频模块可采用的图像格式包括：RGB32bit、RGB24bit；YUV4：3：2；黑白 Y8bit 等。本标准不对具体的图像格式做出规定，但产品所支持的图像格式应在产品标准中明确，并在产品技术文件中明示。

6.1.5 音频输入

视频模块可采用的音频输入包括：S/PDIF、HDMI 等。本标准不对具体的音频输入做出规定，但产品所支持的音频输入应在产品标准中明确，并在产品技术文件中明示。

6.1.6 功耗

视频模块功耗描述方式：12 V 的小于 6 W、3.3 V 的小于 6.6 W、5 V 的小于 5 W、−5 V 的小于 0.2 W 等。本标准不对具体的功耗做出规定，但产品实际功耗应在产品标准中明确，并在产品技术文件中明示。

6.1.7 操作系统

视频模块支持的操作系统包括：Windows/Linux 等。本标准不对具体的操作系统做出规定，但产品所支持的操作系统应在产品标准中明确，并在产品技术文件中明示。

6.2 结构尺寸和外观要求

6.2.1 结构尺寸

视频采集模块的外形尺寸由产品标准确定。总线连接器的规格和引脚排列应符合所采用的总线规范的规定。

6.2.2 外观

外观应符合下列基本要求：
a) 视频采集模块的外观应光洁、无划痕、无断裂、无机械损伤，元器件和固件不应松动和脱落，插件应可靠接触；
b) 视频采集模块表面的型号、文字、符号应字迹清晰，无损伤、无脱字。

6.3 环境适应性要求

6.3.1 环境温度影响

根据视频采集模块安装环境条件，应能承受在 GB/T 17214.1—1998 中表 1 的温度要求，当温度在其范围内变化时，视频采集模块应能正常工作。

6.3.2 相对湿度影响

根据视频采集模块安装环境条件,应能承受在 GB/T 17214.1—1998 中表 1 的湿度要求,当湿度在规定的严酷等级下进行测试,视频采集模块应正常工作。

6.3.3 机械振动影响

根据视频采集模块操作环境,按照 GB/T 17214.3—2000 的第 4 章中选择振动频率、振动严酷度和振动时间等级,经过三个互相垂直的方向进行振动试验,视频采集模块应能正常工作。

6.3.4 冲击影响

根据视频采集模块操作环境,按照 GB/T 17214.3—2000 的第 5 章中选择加速度、持续时间、自由跌落高度、冲击重复率等级的冲击试验后,视频采集模块应能正常工作。

6.4 电磁兼容性要求

6.4.1 电磁兼容无线电骚扰

视频采集模块所产生的电磁场对外部的影响。该要求适用的频率范围为 30 MHz～1 000 MHz。对于尚未规定限值的频段,不作要求。

产品的无线电骚扰限值符合 GB/T 9254 的规定,在产品标准中明确规定选用 A 级或 B 级所规定的无线电骚扰限值。

6.4.2 电磁兼容抗扰度

6.4.2.1 射频电磁场辐射抗扰度

在 80 MHz～1 000 MHz 射频范围内,根据视频采集模块使用的电磁场环境(1 级:低电平电磁辐射环境;2 级:中等的电磁辐射环境;3 级:严重电磁辐射环境;X 级:是一个开放的等级,可在产品规范中规定),在 GB/T 17626.3—2006 的表 1 中选择试验等级进行试验。

保护(设备)抵抗数字无线电话射频辐射干扰的试验等级,在 GB/T 17626.3—2006 的表 2 中选择。

制造商的技术规范中可以规定对视频采集模块的影响哪些可以忽略哪些可以接受。

6.4.2.2 工频磁场抗扰度

根据视频采集模块操作环境,在 GB/T 17626.8—2006 中选择试验等级(1 级:有电子束的敏感装置能使用的环境;2 级:保护良好的环境;3 级:保护的环境;4 级:典型的工业环境;5 级:严酷的工业环境;X 级:是一个开放的等级,可在产品规范中规定),确定磁场强度。一般工业环境选择 4 级(稳定持续磁场其磁场强度为 30 A/m,1 s～3 s 的短时磁场强度为 300 A/m),严酷工业环境选择 5 级(稳定持续磁场其磁场强度为 100 A/m,1 s～3 s 的短时磁场强度为 1 000 A/m)进行试验。

制造商的技术规范中可以规定对视频采集模块的影响哪些可以忽略哪些可以接受。

6.4.2.3 静电放电抗扰度

根据视频采集模块安装环境条件(如相对湿度等)和产品材料,在 GB/T 17626.2—2006 的表 1 中选择试验等级进行接触放电或空气放电试验。

制造商的技术规范中可以规定对视频采集模块的影响哪些可以忽略哪些可以接受。

6.4.2.4 电快速瞬变脉冲群抗扰度

根据视频采集模块操作环境(1 级:具有保护良好的环境;2 级:受保护的环境;3 级:典型的工业环

境;4级:严酷的工业环境;X级:是一个开放的等级,可在产品规范中规定),在 GB/T 17626.4—2008 的
表 1 中选择试验等级,确定开路试验电压和脉冲重复频率进行试验。

制造商的技术规范中可以规定对视频采集模块的影响哪些可以忽略哪些可以接受。

6.4.2.5 浪涌(冲击)抗扰度

根据视频采集模块安装类别(0 类:保护良好的电气环境,常常在一间专用房间内;1 类:有部分保护
的电气环境;2 类:电缆隔离良好,甚至短走线也隔离良好的电气环境;3 类:电源电缆和信号电缆平行敷
设的电气环境;4 类:互连线按户外电缆沿电源电缆敷设并且这些电缆被作为电子和电气线路的电气环
境;5 类:在非人口稠密区电子设备与通信电缆和架空电力线路连接的电气环境;X 类:在产品技术要求
中规定的特殊环境),在 GB/T 17626.5—2008 的表 1 中选择试验等级,确定开路试验电压进行试验。

制造商的技术规范中可以规定对视频采集模块的影响哪些可以忽略哪些可以接受。

6.4.2.6 射频场感应的传导骚扰抗扰度

根据视频采集模块操作环境等级如表 3,在 GB/T 17626.6—2008 表 1 中选择试验等级,进行试验。

表 1 操作环境等级

级　　别	射频感应的传导骚扰抗扰度
1	低电平电磁辐射环境
2	中等的电磁辐射环境
3	严重电磁辐射环境
X	一个开放的等级

6.5 其他要求

6.5.1 连续运行要求

对视频采集模块进行连续 72 h 通电运行,视频采集模块正常工作。

6.5.2 抗腐蚀性气体影响

应用于腐蚀性气体环境的视频采集模块,应具有在腐蚀性气体环境条件下工作、贮存、运输的能力。
其硬件应具有防腐蚀性能,应根据防腐蚀要求进行处理。

6.5.3 运行可靠性要求

视频采集模块运行可靠性满足 GB/T 26802.1—2011 中 6.2.16.2 的要求,具体数值见表 2。

表 2 可靠性 MTBF 指标

可靠性特征量	指　　标			
	可靠性等级			
	A1	B1	C1	D1
MTBF(h)	2×10^4	6×10^4	1×10^5	$>1\times10^5$

根据实际情况,也可采用统计方法进行可靠性验证。

本部分规定视频采集模块硬件系统的平均修复时间(MTTR)不应大于 30 min。

6.5.4 噪声

视频采集模块的噪声要求分为四级,见表3。但对于部分用于特殊场合的产品,其噪声要求在产品标准中另行规定。

表 3 噪声值

等级	1	2	3	4
噪声值(dB)	≤45	46～50	51～55	56～60

7 试验方法

7.1 试验条件

除另有规定外,试验均在下述条件下进行。

温度:15 ℃～35 ℃

相对湿度:25%～75%

大气压:86 kPa～106 kPa

任何试验期间,允许温度最大变化率为 1 ℃/10 min,并在测试报告中注明实际的大气条件。

7.2 基本要求检查

7.2.1 视频输入接口检查

采用标准视频接口连接,应能正常连接,且功能正常。

7.2.2 音频输入接口检查

采用标准音频接头连接,应能正常连接,且功能正常。

7.3 机构尺寸和外观检查

7.3.1 结构尺寸检查

用测量法进行检查。

7.3.2 外观检查

用目测法进行检查。

7.4 环境适应性检查

7.4.1 环境温度影响试验

按 GB/T 18271.3 规定的程序和方法进行试验。

7.4.2 相对湿度影响试验

按 GB/T 18271.3 规定的程序和方法进行试验。

7.4.3 振动影响试验

按 GB/T 18271.3 规定的程序和方法进行试验。

7.4.4 冲击影响试验

按 GB/T 18271.3 规定的程序和方法进行试验。

7.5 电磁兼容性检查

7.5.1 无线电骚扰限值和测量方法

按 GB/T 9254 规定的程序和方法进行试验。

7.5.2 电磁抗扰度试验

7.5.2.1 射频电磁场辐射抗扰度影响试验

按 GB/T 17626.3—2006 规定的程序和方法进行试验。

7.5.2.2 工频磁场抗扰度试验

按 GB/T 17626.8—2006 规定的程序和方法进行试验。

7.5.2.3 静电放电抗扰度试验

按 GB/T 17626.2—2006 规定的程序和方法进行试验。

7.5.2.4 电快速瞬变脉冲群抗扰度试验

按 GB/T 17626.4—2008 规定的程序和方法进行试验。

7.5.2.5 浪涌(冲击)抗扰度试验

按 GB/T 17626.5—2008 规定的程序和方法进行试验。

7.5.2.6 射频场感应的传导骚扰抗扰度试验

按 GB/T 17626.6—2008 规定的程序和方法进行试验。

7.6 其他要求试验

7.6.1 连续运行考核试验

运行考核程序,试验后,受试样品应正常。

7.6.2 抗腐蚀性气体影响检查

由制造商和用户根据操作环境按照 GB/T 17214.4—2005 选择腐蚀环境的分类和环境条件严酷等级,制定检验方法,进行检验。

7.6.3 运行可靠性试验

由国家或行业授权的可靠性试验机构进行试验与评定。

7.6.4 噪声试验

按 GB/T 6882 规定的程序和方法进行试验。

8 检验规则

8.1 检验分类

检验分为:型式检验、出厂检验、随机抽样检验。

8.2 型式检验

8.2.1 总则

有下列情况之一的应进行型式检验:

——新试制的产品定型时;

——正常生产的产品,当结构、材料、工艺有较大改变,可能影响产品性能时;

——连续生产的产品,定期型式检验;

——国家有关部门提出型式检验要求时。

8.2.2 检验样品数

同一型号同一批次任意抽取 2 台～3 台。

8.2.3 型式检验项目

型式检验项目规定如下:

——除非另有规定,产品的型式检验应按本部分规定中,除特殊要求情况下进行检验的项目以外的项目进行检验。

——产品型式检验项目见表 4 中的"型式检验"。

——可靠性试验,在批量生产阶段另行单独进行。

8.2.4 型式检验合格判定

在型式检验中有两台以上(包括两台)视频采集模块不合格时,则判定该批产品不合格。有一台视频采集模块不合格时,则应加倍抽取该批产品对不合格项进行复检。仍有不合格时,则判定该批产品为不合格;若加倍抽样产品全部合格,则该批产品应判定为合格。

型式试验数量选取应符合 GB/T 2828.1 的要求。

8.3 出厂检验

每台视频采集模块须经过制造商质量检验部门检验合格后,附产品合格证方能出厂。出厂检验项目见表 4 中的"出厂检验"。

8.4 随机抽样检验

根据需要可对生产的产品进行随机抽样检验,除非另有规定,随机抽样检验项目按"型式检验"项目进行。抽样台数由制造商与提出抽样检验方协商确定,但不应少于型式检验台数。抽样应符合 GB/T 2828.1 规定的要求。

表 4 检验项目

检验项目	出厂检验	型式检验	技术要求条文号	检验方法条文号
基本要求	○	○	6.1	7.2
结构尺寸和外观	○	○	6.2	7.3
环境温度影响试验		○	6.3.1	7.4.1
相对湿度影响试验		○	6.3.2	7.4.2
振动影响试验		○	6.3.3	7.4.3
冲击影响试验		○	6.3.4	7.4.4
无线电和测量方法骚扰限值	△	○	6.4.1	7.5.1
射频电磁场辐射抗扰度影响试验		○	6.4.2.1	7.5.2.1
工频磁场抗扰度试验		○	6.4.2.2	7.5.2.2
静电放电抗扰度试验		○	6.4.2.3	7.5.2.3
电快速瞬变脉冲群抗扰度试验		○	6.4.2.4	7.5.2.4
浪涌(冲击)抗扰度试验		○	6.4.2.5	7.5.2.5
射频场感应的传导骚扰抗扰度试验		○	6.4.2.6	7.5.2.6
连续运行考核试验	○	○	6.5.1	7.6.1
抗腐蚀性气体影响检查		△	6.5.2	7.6.2
运行可靠性试验	△	○	6.5.3	7.6.3
噪声试验	○	○	6.5.4	7.6.4
注：表中"○"为需要检验的项目；"△"为特殊要求情况下进行检验的项目。				

9 标志、包装、贮存和使用说明书

9.1 标志

适当位置上,应固定有相应标示：
——型号、名称；
——制造厂名或厂标；
——制造编号；
——制造年月。

9.2 包装

包装应符合防潮、防尘、防震的要求,包装内应有明细表、检验合格证,备附件及有关的随机文件,应符合 GB/T 191。

包装应附带如下随机文件,应符合 GB/T 9969 要求。
——产品安装、使用、维护文档；
——驱动载体可是光盘、软盘等方式提供；
——其他可选文件。

9.3　贮存

产品贮存时应存放在原包装盒(箱)内,仓库环境温度为 0 ℃~40 ℃,相对湿度为 30%~85%,仓库内不允许有各种有害气体、易燃、易爆的产品及有腐蚀性的化学物品,并且应无强烈的机械振动、冲击和磁场作用。包装箱应垫离地面至少 10 cm,距墙壁、热源、冷源、窗口或空气入口至少 50 cm。若无其他规定时,贮存期一般应为六个月。若在生产厂存放超过六个月时,则应重新进行逐批检验。

9.4　使用说明书

使用说明书按 GB/T 9969 的要求进行编制。

其中与安装和维护有关的内容须符合 GB 3836.15 和 GB 3836.16 的要求。

ICS 25.040.40

N 18

中华人民共和国国家标准

GB/T 26806.1—2011

工业控制计算机系统
工业控制计算机基本平台
第1部分:通用技术条件

Industrial control computer system—
Industrial control computer system basic platform—
Part 1:General specification

2011-07-29 发布

2011-12-01 实施

中华人民共和国国家质量监督检验检疫总局
中国国家标准化管理委员会　发布

GB/T 26806.1—2011

前　言

GB/T 26806《工业控制计算机系统　工业控制计算机基本平台》分为以下几部分：
——第1部分：通用技术条件；
——第2部分：性能评定方法。
本部分是 GB/T 26806 的第1部分。
本部分由中国机械工业联合会提出。
本部分由全国工业过程测量和控制标准化技术委员会(SAC/TC 124)归口。
本部分负责起草单位：研祥智能科技股份有限公司、西门子(中国)有限公司。
本部分参加起草单位：北京研华兴业电子科技有限公司、菲尼克斯电气有限公司、北京康拓科技开发总公司、西南大学、中国计算机学会工业控制计算机专业委员会。
本部分主要起草人：陈志列、朱军、顾京明、窦连旺。
本部分参加起草人：刘学东、刘永池、刘朝晖、杜品圣、刘鑫、张伟艳、黄巧莉、李涛、张渝、吕静、杨孟飞。

工业控制计算机系统
工业控制计算机基本平台
第1部分：通用技术条件

1 范围

GB/T 26806 的本部分规定了工业控制计算机基本平台的定义、通用技术条件及标志、使用说明书要求、包装和贮存条件等。

本部分适用于工业控制计算机基本平台产品，可作为制定工业控制计算机基本平台产品评定的依据。

2 规范性引用文件

下列文件中的条款通过 GB/T 26806 的本部分的引用而成为本部分的条款。凡是注日期的引用文件，其随后所有的修改单（不包括勘误的内容）或修订版均不适用于本部分，然而，鼓励根据本部分达成协议的各方研究是否可使用这些文件的最新版本。凡是不注日期的引用文件，其最新版本适用于本部分。

GB 4208　外壳防护等级（IP 代码）（GB 4208—2008，IEC 60529:2001，IDT）

GB 9254　信息技术设备的无线电骚扰限值和测量方法（GB 9254—2008，IEC/CISPR 22:2006，IDT）

GB/T 9969　工业产品使用说明书　总则

GB/T 13384　机电产品包装通用技术条件

GB/T 15479—1995　工业自动化仪表绝缘电阻、绝缘强度技术要求和试验方法

GB 15934　电器附件　电线组件和互连电线组件（GB 15934—2008，IEC 60799:1998，IDT）

GB/T 17214.1—1998　工业过程测量和控制装置　工作条件　第 1 部分:气候条件（idt IEC 60654-1:1993）

GB/T 17214.3—2000　工业过程测量和控制装置的工作条件　第 3 部分:机械影响（idt IEC 60654-3:1983）

GB/T 17626.2—2006　电磁兼容　试验和测量技术　静电放电抗扰度试验（IEC 61000-4-2:2001，IDT）

GB/T 17626.3—2006　电磁兼容　试验和测量技术　射频电磁场辐射抗扰度试验（IEC 61000-4-3:2002，IDT）

GB/T 17626.4—2008　电磁兼容　试验和测量技术　电快速瞬变脉冲群抗扰度试验（IEC 61000-4-4:2004，IDT）

GB/T 17626.5—2008　电磁兼容　试验和测量技术　浪涌（冲击）抗扰度试（IEC 61000-4-5:2005，IDT）

GB/T 17626.6—2008　电磁兼容　试验和测量技术　射频场感应的传导骚扰抗扰度（IEC 61000-4-6:2006，IDT）

GB/T 17626.8—2006　电磁兼容　试验和测量技术　工频磁场抗扰度试验（IEC 61000-4-8:2001，IDT）

GB/T 26802.1—2011　工业控制计算机系统　通用规范　第 1 部分:通用要求

GB/T 26803.1—2011　工业控制计算机系统　总线　第1部分:总论

GB/T 26803.2—2011　工业控制计算机系统　总线　第2部分:系统外部总线　串行接口通用技术条件

GB/T 26803.3—2011　工业控制计算机系统　总线　第3部分:系统外部总线　并行接口通用技术条件

GB/T 26804.1—2011　工业控制计算机系统　功能模块模板　第1部分:处理器模板通用技术条件

3　术语和定义

GB/T 26802.1—2011确立的以及下列术语和定义适用于GB/T 26806的本部分。

3.1

工业控制计算机基本平台　industrial control computer system basic platform

由机箱、电源、处理器模板和显示器、键盘/鼠标、通信接口、存储器等组成的集成环境。

3.2

安全特低电压　safety extra-low voltage

用安全隔离变压器或具有独立绕组的变流器与供电干线隔离开的电路中,含有电子器件的仪表为导体之间或任何一个导体与地之间有效值不超过50 V的交流电压,不含有电子器件的电测量指示和记录仪表为导体之间有效值不超过42 V的,或三相线路中导体和中线间不超过24 V的交流电压。

4　要求

4.1　基本功能要求

4.1.1　处理器模板要求

工业控制计算机基本平台处理器模板的技术要求由GB/T 26804.1—2011进行规定。

4.1.2　总线功能要求

工业控制计算机基本平台总线应符合GB/T 26803.1—2011规定的参数,外部总线接口应符合GB/T 26803.2—2011和GB/T 26803.3—2011规定的参数。

4.2　电源

4.2.1　电源条件

电源条件应满足:

    a)　对于交流供电的产品,交流电压允差±10%;频率公称值50 Hz,允差±1 Hz,谐波含量≤5.0%;

    b)　对于直流供电的产品,直流电压允差±5%,电压标称值在产品标准中规定;

    c)　对于电源有特殊要求的单元应在产品标准中加以说明;

    d)　电源适应能力要求符合4.5中的规定。

4.2.2　电源线组件

电源线组件的参数要求应该符合GB 15934的规定。

4.3　外观要求

产品表面不应有明显的凹痕、划伤、裂痕、变形和污渍等。表面涂镀层应均匀,不应起泡、龟裂、脱落和磨损。金属零部件不应有锈蚀及其他机械损伤。

4.4　电气安全要求

4.4.1　基本要求

产品应具有良好的接地系统,逻辑地和保护地端子必须与交流地分开(依靠安全特低电压供电的工业控制计算机基本平台产品除外)。

4.4.2 绝缘电阻

在不同的试验条件下(一般大气试验条件),工业控制计算机基本平台在其与地绝缘的端子同外壳(或与地)之间,施加直流电压进行绝缘电阻试验。其施加的直流试验电压值和应达到的绝缘电阻值由GB/T 15479—1995 中表 1 规定。

4.4.3 绝缘强度

在不同的试验条件下(一般大气试验条件),工业控制计算机基本平台,在其与地绝缘的端子同外壳(或与地)之间,应能承受 GB/T 15479—1995 中表 3 规定的、与主电源频率相同的正弦交流试验电压。

4.4.4 外壳防护

工业控制计算机基本平台产品外壳的防护性能应满足 GB 4208 的有关规定。

外壳防护等级和防护方式由产品标准确定。

4.5 电源适应能力要求

4.5.1 电源电压暂降影响

电源电压降至额定工作电压的 70%,连续低降三次,三次低降的持续时间可分别为 5、25、50 个周期,两次低降的间隔不小于 10 s,电源恢复后,工业控制计算机基本平台应能正常工作。

4.5.2 电源电压短时中断影响

电源电压降至额定工作电压的 0%,连续中断三次,三次中断的持续时间可分别为 1、10、40 个周期,两次中断的间隔不小于 10 s,电源恢复后,工业控制计算机基本平台应能正常工作。

4.5.3 电源电压变化影响

电源电压以 ±10% 短期变化,其变化的时间定为:电压降低需时间 (2 ± 0.4) s,降低后电压维持时间 (1 ± 0.2) s,电压增加所需时间 (2 ± 0.4) s。连续以 10 s 的间隔变化三次,工业控制计算机基本平台应能正常工作。

4.6 电磁兼容性要求

4.6.1 无线电骚扰

该要求适用的频率范围为 30 MHz～1 000 MHz。对于尚未规定限值的频段,不作要求。

产品的无线电骚扰限值符合 GB 9254 的规定,在产品标准中明确规定选用 A 级或 B 级所规定的无线电骚扰限值。

4.6.2 电磁兼容抗扰度

4.6.2.1 射频电磁场辐射抗扰度

在 80 MHz～1 000 MHz 射频范围内,根据工业控制计算机基本平台使用的电磁场环境:

a) 1 级:低电平电磁辐射环境;

b) 2 级:中等的电磁辐射环境;

c) 3 级:严重电磁辐射环境;

d) X 级:是一个开放的等级,可在产品规范中规定。

在 GB/T 17626.3—2006 的表 1 中选择试验等级进行试验。

保护(设备)抵抗数字无线电话射频辐射干扰的试验等级,在 GB/T 17626.3—2006 的表 2 中选择。

制造商的产品标准中可以规定对工业控制计算机基本平台的影响哪些可以忽略哪些可以接受。

4.6.2.2 工频磁场抗扰度

根据工业控制计算机基本平台应用环境,在 GB/T 17626.8—2006 中选择试验等级:

a) 1 级:有电子束的敏感装置能使用的环境;

b) 2 级:保护良好的环境;

c) 3 级:保护的环境;

d) 4 级:典型的工业环境;

e) 5 级:严酷的工业环境;

f) X 级:是一个开放的等级,可在产品规范中规定。

制造商的产品标准中可以规定对工业控制计算机基本平台的影响哪些可以忽略,哪些可以接受。

4.6.2.3 静电放电抗扰度

根据工业控制计算机基本平台安装环境条件(如相对湿度等)和产品材料,在 GB/T 17626.2—2006 的表 1 中选择试验等级进行接触放电或空气放电试验。

制造商的产品标准中可以规定对工业控制计算机基本平台的影响哪些可以忽略,哪些可以接受。

4.6.2.4 电快速瞬变脉冲群抗扰度

根据工业控制计算机基本平台应用场所环境:

a) 1 级:具有保护良好的环境;

b) 2 级:受保护的环境;

c) 3 级:典型的工业环境;

d) 4 级:严酷的工业环境;

e) X 级:是一个开放的等级,可在产品规范中规定。

在 GB/T 17626.4—2008 的表 1 中选择试验等级,确定开路试验电压和脉冲重复频率进行试验。

制造商的产品标准中可以规定对工业控制计算机基本平台的影响哪些可以忽略,哪些可以接受。

4.6.2.5 浪涌(冲击)抗扰度

根据工业控制计算机基本平台安装类别:

a) 0 类:保护良好的电气环境,常常在一间专用房间内;

b) 1 类:有部分保护的电气环境;

c) 2 类:电缆隔离良好,甚至短走线也隔离良好的电气环境;

d) 3 类:电源电缆和信号电缆平行敷设的电气环境;

e) 4 类:互连线按户外电缆沿电源电缆敷设并且这些电缆被作为电子和电气线路的电气环境;

f) 5 类:在非人口稠密区电子设备与通信电缆和架空电力线路连接的电气环境;

g) X 类:在产品技术要求中规定的特殊环境)。

在 GB/T 17626.5—2008 的表 1 中选择试验等级,确定开路试验电压进行试验。

制造商的产品标准中可以规定对工业控制计算机基本平台的影响哪些可以忽略,哪些可以接受。

4.6.2.6 射频感应的传导骚扰抗扰度

根据工业控制计算机基本平台应用场所环境:

a) 1 级:低电平电磁辐射环境;

b) 2 级:中等的电磁辐射环境;

c) 3 级:严重电磁辐射环境;

d) X 级:是一个开放的等级,可在产品规范中规定。

在 GB/T 17626.6—2008 表 1 中选择试验等级,进行试验。

制造商的产品标准中可以规定对工业控制计算机基本平台的影响哪些可以忽略,哪些可以接受。

4.7 环境适应性要求

4.7.1 环境温度影响

根据工业控制计算机基本平台安装环境条件,应能承受在 GB/T 17214.1—1998 中表 1 的温度要求,当温度在其范围内变化时,工业控制计算机基本平台应能正常工作。

4.7.2 相对湿度影响

根据工业控制计算机基本平台安装环境条件,应能承受在 GB/T 17214.1—1998 中表 1 的湿度要求,当湿度在规定的严酷等级下进行测试,工业控制计算机基本平台应正常。

4.7.3 倾跌影响

工业控制计算机基本平台在承受距台面 25 mm、50 mm、100 mm,或使受试设备底面与台面成 30°

夹角的倾跌试验后,工业控制计算机基本平台应能正常工作。

4.7.4 振动影响

根据工业控制计算机基本平台应用场所,按照 GB/T 17214.3—2000 的第 4 章中选择振动频率、振动严酷度和振动时间等级,经过三个互相垂直的方向进行振动试验,工业控制计算机基本平台应能正常工作。

4.7.5 冲击影响

根据工业控制计算机基本平台应用场所,按照 GB/T 17214.3—2000 的第 5 章中选择加速度、持续时间、自由跌落高度、冲击重复率等级的冲击试验后,工业控制计算机基本平台应能正常工作。

4.7.6 长时间运行考核

对工业控制计算机基本平台进行连续 72 h 通电运行,工业控制计算机基本平台正常工作。

4.7.7 抗运输环境影响

4.7.7.1 抗运输高温影响

产品在运输包装条件下,高温为 40 ℃±3 ℃或 55 ℃±3 ℃的运输环境下进行温度试验后,工业控制计算机基本平台正常工作。

4.7.7.2 抗运输低温影响

产品在运输包装条件下,低温为 5 ℃±3 ℃、−25 ℃±3 ℃或−40 ℃±3 ℃的运输环境下进行温度试验后,工业控制计算机基本平台正常工作。

4.7.7.3 抗运输湿热影响

产品在运输包装条件下,高温为 40 ℃±3 ℃或 55 ℃±3 ℃和相对湿度为 93%±3%的运输环境下进行交变湿热试验后,工业控制计算机基本平台正常工作。

4.7.7.4 抗运输碰撞影响

产品在运输包装条件下,选择加速度:100 m/s²±10 m/s²;相应脉冲持续时间:11 ms±2 ms;脉冲重复频率:60 次/min～100 次/min;采用近似半正弦波的脉冲波形,进行 1 000 次±10 次的运输冲击试验。试验后,工业控制计算机基本平台性能仍应符合产品标准要求。

4.8 抗腐蚀性气体影响检查

应用于腐蚀性气体环境的工业控制计算机基本平台,应具有在腐蚀性气体环境条件下工作、贮存、运输的能力。其硬件应具有防腐蚀性能,应根据防腐蚀要求进行处理。

4.9 运行可靠性要求

工业控制计算机基本平台运行可靠性满足 GB/T 26802.1—2011 中 6.2.16.2 的要求,具体数值见表 1。

表 1 可靠性 MTBF 指标

可靠性特征量	指　标			
	可靠性等级			
	A2	B2	C2	D2
MTBF/h	1.5×10^4	4.5×10^4	7.5×10^4	$>7.5\times10^4$

根据实际情况,也可采用统计方法进行可靠性验证。

本部分规定工业控制计算机基本平台硬件系统的平均修复时间(MTTR)不应大于 30 min。

4.10 噪声

工业控制计算机基本平台的噪声要求分为四级,见表 2。但对于部分用于特殊场合的产品,其噪声要求在产品标准中另行规定。

表 2　工业控制计算机基本平台噪声值

等　级	1	2	3	4
噪声值/dB	≤45	46～50	51～55	56～60

5　标志、使用说明书、包装和贮存

5.1　标志

产品的适当位置上应固定有铭牌,铭牌上应标明:

　　a)　标记、产品型号、名称;

　　b)　制造商名称、商标;

　　c)　制造编号;

　　d)　制造年月;

　　e)　由产品标准确定的其他项目。

5.2　使用说明书

工业控制计算机基本平台的使用说明书编写应符合 GB/T 9969 的规定。

5.3　包装

产品包装应符合 GB/T 13384 的规定。

5.4　贮存

产品应贮存在环境温度为 0 ℃～40 ℃,相对湿度为 30%～85% 的通风室内,室内不允许有各种有害气体、易燃、易爆的产品及有腐蚀性的化学物品,并且应无强烈的机械振动、冲击和磁场作用。若无其他规定时,贮存期一般不应超过六个月。若在生产厂存放超过六个月时,则应重新进行交收检验。

ICS 25.040.40
N 18

中华人民共和国国家标准

GB/T 26806.2—2011

工业控制计算机系统 工业控制计算机
基本平台 第2部分：性能评定方法

Industrial control computer system—
Industry control computer system basic platform—
Part 2：Methods of evaluating the performance

2011-07-29 发布
2011-12-01 实施

中华人民共和国国家质量监督检验检疫总局
中国国家标准化管理委员会 发布

前　言

GB/T 26806《工业控制计算机系统　工业控制计算机基本平台》分为以下几部分：

——第 1 部分：通用技术条件；

——第 2 部分：性能评定方法。

本部分是 GB/T 26806 的第 2 部分。

本部分由中国机械工业联合会提出。

本部分由全国工业过程测量和控制标准化技术委员会(SAC/TC 124)归口。

本部分负责起草单位：研祥智能科技股份有限公司。

本部分参加起草单位：北京研华兴业电子科技有限公司、菲尼克斯电气有限公司、西门子(中国)有限公司、北京康拓科技开发总公司、西南大学、中国计算机学会工业控制计算机专业委员会。

本部分主要起草人：陈志列、廖宇晖。

本部分参加起草人：刘学东、刘永池、刘朝晖、杜品圣、顾京明、窦连旺、刘鑫、张伟艳、黄巧莉、李涛、祁虔、钟秀蓉、杨孟飞。

工业控制计算机系统 工业控制计算机
基本平台 第2部分:性能评定方法

1 范围

GB/T 26806 的本部分规定了工业控制计算机基本平台产品的性能评定方法和检验规则等。

本部分适用于工业控制计算机基本平台产品,可作为制定工业控制计算机基本平台产品评定的依据。

2 规范性引用文件

下列文件中的条款通过 GB/T 26806 的本部分的引用而成为本部分的条款。凡是注日期的引用文件,其随后所有的修改单(不包括勘误的内容)或修订版均不适用于本部分,然而,鼓励根据本部分达成协议的各方研究是否可使用这些文件的最新版本。凡是不注日期的引用文件,其最新版本适用于本部分。

GB 4208 外壳防护等级(IP 代码)(GB 4208—2008,IEC 60529:2001,IDT)

GB/T 6882 声学 声压法测定噪声源声功率级 消声室和半消声室精密法(GB/T 6882—2008,ISO 3745:2003,IDT)

GB 9254 信息技术设备的无线电骚扰限值和测量方法(GB 9254—2008,IEC/CISPR 22:2006,IDT)

GB/T 15479—1995 工业自动化仪表绝缘电阻、绝缘强度技术要求和试验方法

GB/T 17214.1—1998 工业过程测量和控制装置工作条件 第 1 部分:气候条件(idt IEC 60654-1:1993)

GB/T 17214.4—2005 工业过程测量和控制装置的工作条件 第 4 部分:腐蚀和侵蚀影响(IEC 60654-4:1987,IDT)

GB/T 17626.2—2006 电磁兼容 试验和测量技术 静电放电抗扰度试验(IEC 61000-4-2:2001,IDT)

GB/T 17626.3—2006 电磁兼容 试验和测量技术 射频电磁场辐射抗扰度试验(IEC 61000-4-3:2002,IDT)

GB/T 17626.4—2008 电磁兼容 试验和测量技术 电快速瞬变脉冲群抗扰度试验(IEC 61000-4-4:2004,IDT)

GB/T 17626.5—2008 电磁兼容 试验和测量技术 浪涌(冲击)抗扰度试(IEC 61000-4-5:2005,IDT)

GB/T 17626.6—2008 电磁兼容 试验和测量技术 射频场感应的传导骚扰抗扰度(IEC 61000-4-6:2006,IDT)

GB/T 17626.8—2006 电磁兼容 试验和测量技术 工频磁场抗扰度试验(IEC 61000-4-8:2001,IDT)

GB/T 17626.11—2008 电磁兼容 试验和测量技术 电压暂降、短时中断和电压变化的抗扰度试验(IEC 61000-11-4:2004,IDT)

GB/T 18271.1—2000 过程测量和控制装置 通用性能评定方法和程序 第 1 部分:总则(idt IEC 61298-1:1995)

GB/T 18271.3—2000 过程测量和控制装置 通用性能评定方法和程序 第 3 部分 影响量影响的试验(idt IEC 61298-3:1998)

GB/T 26806.1—2011 工业控制计算机系统 工业控制计算机基本平台 第 1 部分:通用技术条件

JB/T 9329 仪器仪表运输、运输贮存基本环境条件及试验方法

3 试验条件与试验方法

3.1 试验条件

3.1.1 试验环境条件

试验环境条件按 GB/T 18271.1—2000 的规定。

3.1.2 供电电源条件

供电电源条件按 GB/T 18271.1—2000 的规定。

3.2 试验方法

3.2.1 基本功能检查

基本功能检查应参考具体系统功能设计要求,按产品标准中规定的各项功能、性能、软件配置和文档逐项进行检查,应符合产品标准的要求。

3.2.2 外观检查

用目测法和有关检测工具进行外观和结构检查,应符合 GB/T 26806.1—2011 中 4.3 的要求。

3.2.3 电气安全检查

3.2.3.1 绝缘电阻

按 GB/T 15479—1995 规定的方法和 GB/T 26806.1—2011 中 4.4.2 的要求进行检验。

3.2.3.2 绝缘强度

按 GB/T 15479—1995 规定的方法和 GB/T 26806.1—2011 中 4.4.3 的要求进行检验。

3.2.3.3 外壳防护检查

按 GB/T 4208 的要求进行检验。

3.2.4 电源适应能力试验

3.2.4.1 电源电压暂降影响试验

按 GB/T 17626.11—2008 规定的方法和 GB/T 26806.1—2011 中 4.5.1 的要求进行试验。

3.2.4.2 电源电压短时中断影响试验

按 GB/T 17626.11—2008 规定的方法和 GB/T 26806.1—2011 中 4.5.2 的要求进行试验。

3.2.4.3 电源电压变化影响试验

按 GB/T 17626.11—2008 规定的方法和 GB/T 26806.1—2011 中 4.5.3 的要求进行试验。

3.2.5 电磁兼容性检查

3.2.5.1 无线电骚扰限值和测量方法

按 GB 9254 的规定和 GB/T 26806.1—2011 中 4.6.1 的要求进行。

3.2.5.2 电磁抗扰度试验

3.2.5.2.1 射频电磁场辐射抗扰度影响试验

按 GB/T 17626.3—2006 规定的方法和 GB/T 26806.1—2011 中 4.6.2.1 的要求进行试验。

3.2.5.2.2 工频磁场抗扰度试验

按 GB/T 17626.8—2006 规定的方法和 GB/T 26806.1—2011 中 4.6.2.2 的要求进行试验。

3.2.5.2.3 静电放电抗扰度试验

按 GB/T 17626.2—2006 规定的方法和 GB/T 26806.1—2011 中 4.6.2.3 的要求进行试验。

3.2.5.2.4 电快速瞬变脉冲群抗扰度试验

按 GB/T 17626.4—2008 规定的方法和 GB/T 26806.1—2011 中 4.6.2.4 的要求进行试验。

3.2.5.2.5 浪涌(冲击)抗扰度试验

按 GB/T 17626.5—2008 规定的方法和 GB/T 26806.1—2011 中 4.6.2.5 的要求进行试验。

3.2.5.2.6 射频场感应的传导骚扰抗扰度试验

按 GB/T 17626.6—2008 规定的方法和 GB/T 26806.1—2011 中 4.6.2.6 的要求进行试验。

3.2.6 环境适应性检查

3.2.6.1 环境温度影响试验

按 GB/T 18271.3—2000 规定的方法和 GB/T 26806.1—2011 中 4.7.1 的要求进行试验。严酷程度取 GB/T 17214.1—1998 中表 1 规定的温度限值,试验后,受试样品应正常工作。

3.2.6.2 相对湿度影响试验

按 GB/T 18271.3—2000 规定的方法和 GB/T 26806.1—2011 中 4.7.2 的要求进行试验。严酷程度取 GB/T 17214.1—1998 中表 1 规定的湿度限值,试验后,受试样品应正常。

3.2.6.3 倾跌影响试验

按 GB/T 18271.3—2000 规定的方法和 GB/T 26806.1—2011 中 4.7.3 的要求进行试验。试验后,受试样品应正常。

3.2.6.4 振动影响试验

按 GB/T 18271.3—2000 规定的方法和 GB/T 26806.1—2011 中 4.7.4 的要求进行试验。试验后,受试样品应正常。

3.2.6.5 冲击影响试验

按 GB/T 18271.3—2000 规定的方法和 GB/T 26806.1—2011 中 4.7.5 的要求进行试验。试验后,受试样品应正常。

3.2.6.6 长时间运行考核试验

按 GB/T 26806.1—2011 中 4.7.6 的要求,运行考核程序,试验后,受试样品应正常。

3.2.6.7 抗运输环境性能试验

3.2.6.7.1 抗运输高温性能试验

按 JB/T 9329 规定的方法和 GB/T 26806.1—2011 中 4.7.7.1 的要求进行试验。试验后,受试样品应正常。

3.2.6.7.2 抗运输低温性能试验

按 JB/T 9329 规定的方法,根据产品应用环境,在 GB/T 26806.1—2011 的 4.7.7.2 中选取相应严酷等级进行试验。试验后,受试样品应正常。

3.2.6.7.3 抗运输湿热性能试验

按 JB/T 9329 规定的方法和 GB/T 26806.1—2011 中 4.7.7.3 的要求进行试验。试验后,受试样品应正常。

3.2.6.7.4 抗运输碰撞性能试验

按 JB/T 9329 规定的方法和 GB/T 26806.1—2011 中 4.7.7.4 的要求进行试验。试验后,受试样品应正常。

3.2.6.8 抗腐蚀性气体影响检查

按 GB/T 26806.1—2011 中 4.8 的要求,由制造商和用户根据应用环境按照 GB/T 17214.4—2005 选择腐蚀环境的分类和环境条件严酷等级,制定检验方法,进行检验。

3.2.7 运行可靠性试验

按 GB/T 26806.1—2011 中 4.9 的要求,由国家或行业授权的可靠性试验机构进行试验与评定。

3.2.8 噪声试验

按 GB 6882 的方法和 GB/T 26806.1—2011 中 4.10 的要求进行试验。

4 检验规则

4.1 检验分类

检验分为:型式检验、出厂检验、随机抽样检验。

4.2 型式检验

4.2.1 总则

有下列情况之一的应进行型式检验:

a) 新试制的产品定型时;

b) 正常生产的产品,当结构、材料、工艺有较大改变,可能影响产品性能时;

c) 连续生产的产品,定期型式检验;

d) 国家有关部门提出型式检验要求时。

4.2.2 检验样品数

同一型号同一批次任意抽取 2 台~3 台。

4.2.3 型式检验项目

型式检验项目规定如下:

a) 除非另有规定,产品的型式检验应按本部分规定中,除特殊要求情况下进行检验的项目以外的项目进行检验。

b) 产品型式检验项目见表 1 中的"型式检验"。

c) 可靠性试验,在批量生产阶段另行单独进行。

4.3 出厂检验

每台工业控制计算机基本平台须经过制造商质量检验部门检验合格后,附产品合格证方能出厂。出厂检验项目见表 1 中的"出厂检验"。

4.4 随机抽样检验

根据需要可对生产的产品进行随机抽样检验,除非另有规定,随机抽样检验项目按"型式检验"项目进行。抽样台数由制造商与提出抽样检验方协商确定,但不应少于型式检验台数。

表 1 试验项目

检 验 项 目	出厂检验	型式检验	技术要求条文号	检验方法条文号
基本功能	○	○	GB/T 26806.1—2011 中 4.1	3.2.1
外观	○	○	GB/T 26806.1—2011 中 4.3	3.2.2
绝缘电阻	○	○	GB/T 26806.1—2011 中 4.4.2	3.2.3.1
绝缘强度	○	○	GB/T 26806.1—2011 中 4.4.3	3.2.3.2
电源电压暂降影响试验		○	GB/T 26806.1—2011 中 4.5.1	3.2.4.1
电源短时中断影响试验		○	GB/T 26806.1—2011 中 4.5.2	3.2.4.2
电源电压变化影响试验	△	○	GB/T 26806.1—2011 中 4.5.3	3.2.4.3
射频电磁场辐射抗扰度影响试验		○	GB/T 26806.1—2011 中 4.6.2.1	3.2.5.2.1
工频磁场抗扰度试验		○	GB/T 26806.1—2011 中 4.6.2.2	3.2.5.2.2
静电放电抗扰度试验		○	GB/T 26806.1—2011 中 4.6.2.3	3.2.5.2.3
电快速瞬变脉冲群抗扰度试验		○	GB/T 26806.1—2011 中 4.6.2.4	3.2.5.2.4

表 1（续）

检验项目	出厂检验	型式检验	技术要求条文号	检验方法条文号
浪涌（冲击）抗扰度试验		○	GB/T 26806.1—2011 中 4.6.2.5	3.2.5.2.5
射频感应的传导骚扰抗扰度试验		○	GB/T 26806.1—2011 中 4.6.2.6	3.2.5.2.6
环境温度影响试验		○	GB/T 26806.1—2011 中 4.7.1	3.2.6.1
相对湿度影响试验		○	GB/T 26806.1—2011 中 4.7.2	3.2.6.2
振动影响试验		○	GB/T 26806.1—2011 中 4.7.4	3.2.6.4
冲击影响试验		○	GB/T26806.1—2011 中 4.7.5	3.2.6.5
倾跌影响试验		○	GB/T 26806.1—2011 中 4.7.3	3.2.6.3
抗运输环境性能试验		○	GB/T 26806.1—2011 中 4.7.7	3.2.6.7
抗腐蚀性气体影响检查		△	GB/T 26806.1—2011 中 4.8	3.2.6.8
噪声试验		△	GB/T 26806.1—2011 中 4.10	3.2.8
长时间运行考核试验		○	GB/T 26806.1—2011 中 4.7.6	3.2.6.6
可靠性试验		△	GB/T 26806.1—2011 中 4.9	3.2.7

注：表中"○"为需要检验的项目；"△"为特殊要求情况下进行检验的项目。

4.5 缺陷及其处理

在检验中出现缺陷时应停止检验，经制造商查明原因（如果是型式检验，提出分析报告），并修复后重新进行该项目检验。

4.6 判定准则

按照表 1 规定的检验项目，采用表 1 中"检验项目"对应的"检验方法条文号"规定的方法，对表 1 中"检验项目"对应的"技术要求条文号"的要求进行的各项检验，检验结果全部符合要求后，判定产品为合格。

ICS 25.040
N 18

中华人民共和国国家标准

GB/T 28470—2012

工业过程测量和控制系统用
电动和气动模拟计算器性能评定方法

Methods of evaluating the performance of electrical and
pneumatic analogue computing unit for use in industrial process
measurement and control systems

2012-06-29 发布

2012-11-01 实施

中华人民共和国国家质量监督检验检疫总局
中国国家标准化管理委员会 发布

前　言

本标准按照 GB/T 1.1—2009 给出的规则起草。

本标准附录 A 为规范性附录。

本标准由中国机械工业联合会提出。

本标准由全国工业过程测量和控制标准化技术委员会(SAC/TC 124)归口。

本部分负责起草单位:西南大学。

本部分参加起草单位:中国四联仪器仪表集团、机械工业仪器仪表综合技术经济研究所。

本部分主要起草人:周雪莲、祝培军、钟秀蓉、黄巧莉。

本部分参加起草人:刘进、冯晓升、张新国。

工业过程测量和控制系统用
电动和气动模拟计算器性能评定方法

1 范围

本标准规定了模拟计算器性能评定的统一的试验方法。

本标准适用于符合下列规定的计算器：

a) 工业过程测量和控制系统用；

b) 输入输出信号符合 GB/T 777 或 GB/T 3369.1 或 GB/T 3369.2 的规定；

c) 运算方式为加减、乘除或开方；

d) 一般工作条件下使用。

对输入输出为其他模拟信号的计算器或其他运算方式（如比值运算）的计算器，也可参照采用。

对特殊工作条件下使用以及其他型式的计算器，可根据计算器的具体情况，选用标准中适用的试验以及补充所需要的附加试验。

2 规范性引用文件

下列文件对于本文件的应用是必不可少的。凡是注日期的引用文件，仅注日期的版本适用于本文件。凡是不注日期的引用文件，其最新版本（包括所有的修改单）适用于本文件。

GB/T 2828.1 计数抽样检验程序 第 1 部分：按接收质量限（AQL）检索的逐批检验抽样计划（GB/T 2828.1—2003，ISO 2859-1：1999，IDT）

GB 4208 外壳防护等级（IP 代码）（GB 4208—2008，IEC 60529：2001，IDT）

GB 4793.1 测量、控制和实验室用电气设备的安全要求 第 1 部分：通用要求（GB 4793.1—2007，IEC 61010-1：2001，IDT）

GB/T 16511 电气和电子测量设备随机文件（GB/T 16511—1996，idt IEC 61187：1993）

GB/T 16842 外壳对人和设备的防护 检验用试具（GB/T 16842—2008，IEC 61032：1997，IDT）

GB/T 17626.2 电磁兼容 试验和测量技术 静电放电抗扰度试验（GB/T 17626.2—2006，IEC 61000-4-2：2001，IDT）

GB/T 17626.3 电磁兼容 试验和测量技术 射频电磁场辐射抗扰度试验（GB/T 17626.3—2006，IEC 61000-4-3：2002，IDT）

GB/T 17626.4 电磁兼容 试验和测量技术 电快速瞬变脉冲群抗扰度试验（GB/T 17626.4—2008，IEC 61000-4-4：2004，IDT）

GB/T 17626.5 电磁兼容 试验和测量技术 浪涌（冲击）抗扰度试验（GB/T 17626.5—2008，IEC 61000-4-5：2005，IDT）

GB/T 17626.8 电磁兼容 试验和测量技术 工频磁场抗扰度试验（GB/T 17626.8—2006，IEC 61000-4-8：2001，IDT）

GB/T 18271.1 过程测量和控制装置 通用性能评定方法和程序 第 1 部分：总则（GB/T 18271.1—2000，idt IEC 61298-1：1995）

GB/T 18271.2—2000 过程测量和控制装置 通用性能评定方法和程序 第 2 部分：参比条件下的试验（idt IEC 61298-2：1995）

GB/T 18271.3—2000　过程测量和控制装置　通用性能评定方法和程序　第 3 部分：影响量影响的试验（idt IEC 61298-3：1998）

GB/T 18271.4　过程测量和控制装置　通用性能评定方法和程序　第 4 部分：评定报告的内容（GB/T 18271.4—2000，idt IEC 61298-4：1995）

GB/T 20819.1　工业过程控制系统用模拟信号控制器　第 1 部分：性能评定方法（GB/T 20819.1—2007，IEC 60546-1：1987，MOD）

JB/T 9329　仪器仪表运输存贮基本环境条件及试验方法

JB/T 50187—1999　过程控制仪表的可靠性要求与考核方法

3　术语和定义

GB/T 18271 和 GB/T 20819.1 确立的以及下列术语和定义适用于本标准。

3.1

加减系数　modified factor

K_a

加减器中，用来确定输入信号参与运算有效程序的预置系数。

注："K_{ai}"表示第 i 通道的加减系数，"K_{ai} 为 100%"表示第 i 通道的输入信号不被衰减。

3.2

乘除系数　multiplication factor

K_m

乘除器中，用来确定运算结果与输出之间比例关系的预置系数。

3.3

开方系数　evolution factor

K_e

开方器中，用来确定运算结果与输出之间比例关系的预置系数。

3.4

偏置值　bias value

C

用来对计算器输出进行偏置的常数。

4　基本关系式

a)　加减运算式：

$$Y = \left[\sum_{i=1}^{n} \pm K_{ai}X_1 \right] \pm C \qquad \cdots\cdots（1）$$

b)　乘除运算式：

$$Y = K_m \frac{X_1 X_2}{X_3} \pm C \qquad \cdots\cdots（2）$$

c)　开方运算式：

$$Y = K_e \sqrt{X} \pm C \qquad \cdots\cdots（3）$$

式中：

Y —— 输出信号；

X, X_1, X_2, X_3 —— 输入信号；

K_{ai} ——加减系数$(i=1,2,3,\cdots n)$；

C ——偏置值；

n ——通道数；

K_m ——乘除系数；

K_e ——开方系数。

注：基本关系式均为典型示例，其中参数均以各参数量程的百分数表示。

5 试验的抽样

如果用户和生产厂商达成了协议，只进行抽样试验，推荐选择 GB/T 2828.1 提出的抽样方法。抽样时，可由用户选定被测试的变送器。

6 试验方法及检验规则

6.1 试验条件

除按 GB/T 18271.1 中有关规定外，补充下述条件和规定：

a) 为便于检查，通常以输出电流在负载电阻 250 Ω 两端的电压降作为计算器输出信号；对采用数字信号传输的计算器，可采用能忽略本身示值误差的计算机监控软件采集的读数作为计算器的输出信号；

b) 每项试验可以调整零点和量程，零点误差不得超过基本误差限之半；

c) 计算器在接通电源后，应按制造厂规定的时间进行预热，制造厂未规定时，预热不低于 30 min；

d) 影响量试验除非另有说明，一般测定一个影响量变化对输出的影响时，其他影响量应保持在参比工作条件范围内；

e) 例行试验（验收试验或修理后的试验）应对用户与生产厂商协商确定的范围下限值、上限值作调整后进行；

f) 除非另有规定，计算器的偏置值均置于 0%；

g) 当规定有性能指标时，应将指标与试验结果列入同一表格内。

6.2 与准确度有关的试验

6.2.1 总则

为便于本标准的应用，将使用 GB/T 18271.1 和 GB/T 18271.2—2000 中规定的通用试验程序和有关事项，并补充和强调下列事项：

a) 计算器不精确度、回差及不重复性的测试均从计算器输入输出特性试验中进行，输入输出特性试验的选择应从最能反映计算器基本性能为原则。各种计算器输入输出特性试验的规定见附录 A；

b) 测试时，应使测试设备充分稳定，所有影响测试的条件应随时观察并记录；

c) 试验点应包括上、下限值在内的至少五个点（不包括能使输出信号超过量程范围以及不计准确度的输入信号值），各试验点所对应的输出信号值应尽量均匀分布于整个量程范围内；

d) 试验时，输入信号应按初始输入信号变化的同一个方向缓慢地逼近试验点，不允许有过冲现象；

e) 在各试验点上，输入信号应保持稳定，直到被试计算器输出稳定为止；

  f) 试验时不允许有敲打或振动计算器的现象。

6.2.2 不精确度

  本试验按 GB/T 18271.2—2000 的要求进行,并根据 GB/T 18271.2—2000 的 4.1.7.1 确定数据并列入试验报告。

6.2.3 回差

  本试验按 GB/T 18271.2—2000 的要求进行,并根据 GB/T 18271.2—2000 的 4.1.7.5 确定数据并列入试验报告。

6.2.4 不重复性

  本试验按 GB/T 18271.2—2000 的要求进行,并根据 GB/T 18271.2—2000 的 4.1.7.6 确定数据并列入试验报告。

6.2.5 死区

  计算器的死区应在输出量程的上限值附近(如 90%)和中点上进行。

  测量步骤如下:

  a) 缓慢增大(或减小)输入信号,记下当输出有可以测出的微小变化时所对应的输入信号值;

  b) 缓慢减小(或增大)输入信号,记下当输出又有可以测出的微小变化时所对应输入信号值。

  两次记下的输入信号值之差,即为死区。

  上述试验重复进行 3 次,以最大死区列入报告。

  对有数个输入通道的计算器,通常仅选择主通道(即第一通道)进行试验。

  对死区小于 0.1% 的计算器,可免去本条试验。

6.2.6 小信号切除性能(仅对电动开方器)

  本试验仅对电动计算器进行。

  将输入信号从 0% 缓慢增大。当输出从 0% 突变到某值时,记录对应的输入信号值。

  再将输入信号缓慢减小。当输出突变到 0% 时,记录对应的输入信号值。

  两次记录的输入信号值均称为小信号切除点,其值应在制造厂规定的范围内。

6.2.7 加减系数标度误差

  本试验仅对电动计算器进行。

  先取任一输入通道,将其系数置于最大标度值。运算方式为"加",加入输入信号,使输出稳定在量程的 100%。

  缓慢改变该通道的系数标度示值,以上、下行程为一循环,至少作三个循环试验,每行程中选择包括极限值在内的不少于五个固定试验点。试验点应均匀分布于全量程,测量每个试验点对应的输出值。

  系数标度误差以输出量程的百分数表示,并以理想输出值大于实际输出定义为正误差,反之为负误差。

  对各输入通道的系数标度,重复上述试验。

  计算各试验点的平均误差,以最大平均误差列入报告。

6.2.8 偏置值范围

  本试验仅对偏置值可调的计算器进行。

调整输入信号,将计算器输出信号稳定在量程的 0%,调整正向偏置值,测量输出最大变化值。

再调整输入信号将计算器输出稳定在量程的 100%,调整反向偏置值,再次测量输出最大变化值。

输出信号的变化范围均应满足偏置可调范围的要求。

6.3 影响量试验

6.3.1 总则

除非另有规定,影响量对计算器的影响均以变化量来确定,并且对各输入通道均输入适当的输入信号,使输出值稳定在量程的 50%,然后进行各项影响量试验。

如果希望评定开方器小信号切除性能受影响量的影响,经制造厂同意也可进行。

6.3.2 环境温度影响

本试验按 GB/T 18271.3—2000 的要求进行连续两个温度循环的试验,两个循环中对计算器不作任何调整。

在每次保温临近结束时,测出计算器的输出值。计算相邻两档温度之间平均每变化 10 ℃时输出的变化量。

以两次循环中,对应变温区间测出平均变化量来表示温度影响。

6.3.3 相对湿度影响

本试验按 GB/T 18271.3—2000 的要求,仅对电动计算器进行试验。

6.3.4 安装位置影响

本试验按 GB/T 18271.3—2000 的要求进行。

6.3.5 倾跌影响

本试验按 GB/T 18271.3—2000 的要求进行。

6.3.6 机械振动影响

本试验按 GB/T 18271.3—2000 的要求进行。

6.3.7 动力源变化影响

本试验按 GB/T 18271.3—2000 的要求进行。

6.3.8 电源短时中断影响

本试验按 GB/T 18271.3—2000 的要求,仅对电动计算器进行试验。

6.3.9 电源低降影响

本试验按 GB/T 18271.3—2000 的要求,仅对电动计算器进行试验。

6.3.10 电源瞬时过压影响

本试验按 GB/T 18271.3—2000 的要求,仅对电动计算器进行试验。

6.3.11 电源方向保护

本试验按 GB/T 18271.3—2000 的要求,仅对电动计算器进行试验。

6.3.12 共模干扰影响

本试验按 GB/T 18271.3—2000 的要求进行。本试验仅适用于输入输出端对地绝缘的电动计算器。

6.3.13 串模干扰影响

本试验按 GB/T 18271.3—2000 的要求进行。本试验仅适用于输入输出端对地绝缘的电动计算器。

6.3.14 电快速瞬变脉冲群抗扰度

本试验按 GB/T 17626.4 和 GB/T 18271.3—2000 的要求进行,严酷度等级采用试验等级 3,即试验电压峰值为 2 kV。

6.3.15 浪涌抗扰度

本试验按 GB/T 17626.5 和 GB/T 18271.3—2000 的要求进行,使用电压最大值为 2 kV 峰值(线对地)和 1 kV 峰值(线对线)。

6.3.16 静电放电抗扰度

本试验按 GB/T 17626.2 和 GB/T 18271.3—2000 的要求进行,严酷度等级采用试验等级 3。

6.3.17 工频磁场抗扰度

本试验按 GB/T 17626.8 和 GB/T 18271.3—2000 的要求进行,严酷度等级采用试验等级 4。

6.3.18 射频电磁场抗扰度

本试验按 GB/T 17626.3 和 GB/T 18271.3—2000 的要求进行,严酷度等级采用试验等级 3。

6.3.19 接地影响

本试验按 GB/T 18271.3—2000 的要求进行。本试验仅适用于输入、输出端对地绝缘的电动计算器。

6.3.20 负载阻抗变化影响

本试验按 GB/T 18271.3—2000 的要求,仅对电动计算器进行试验。

6.3.21 加速工作寿命试验

对计算器施加交变信号,使输入值以量程的 50% 为中点,峰峰值约为量程的 50%,频率为 0.5 Hz 作正弦交变变化。

试验连续运行 7 d,每 8 h~12 h 中断一次交变信号,以便测量输出变化量。

6.3.22 输入过范围影响

将计算器的可调系数均置于 100%,调整各通道输入信号,使输出稳定在量程的 50%。

再将计算器一个输入通道信号调整到量程的 150%,维持 1 min,然后恢复到原来值,稳定 5 min 后,测量输出变化量。

输入信号范围下限值不为零(系指实际值为零,而不是指 0%)的计算器,则还应将输入信号调整到零,维持 1 min,然后恢复到原来值,稳定 5 min 后,测量输出变化量。

每个输入通道均应进行上述试验。

6.4 始动漂移

本试验按 GB/T 18271.2—2000 的要求进行。

6.5 长期漂移

本试验按 GB/T 18271.2—2000 的要求进行。

6.6 输、排气量

本试验仅对气动计算器进行。试验按图 1 所示方法接线。

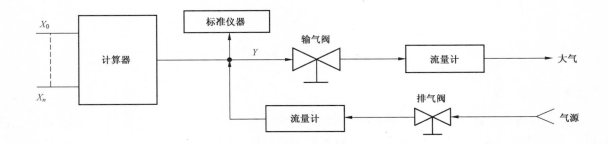

图 1 输排气量试验接线示意图

对计算器在规定负载条件下,分别加入使输出稳定在量程的 10%,50% 及 90% 的输入信号(对开方器可免做其中输出稳压量程的 10% 的输入信号的试验)。

首先缓慢打开输气阀,测量每个输气量下对应的输出压力;然后关闭输气阀,缓慢打开排气阀,测量每个排气量对应的输出压力。

根据测试数据,画出如图 2 所示的压力-流量曲线,根据曲线确定:

a) 最大输气量(输出压力为 20 kPa);

b) 最大排气量(输出压力为 100 kPa);

c) 输气量从 0.2 m³/h 变为 0.4 m³/h(标准大气条件)时输出压力的变化;

d) 排气量从 0.2 m³/h 变为 0.4 m³/h(标准大气条件)时输出压力的变化;

e) 突变(即输出继动死区)阶跃高度(以输出量程的百分数表示)和相应的输排气量。

对不带放大器的气动计算器,不做本条试验。

注: 试验时,气源压力应保持为公称值。

6.7 稳态耗气量

本试验仅对气动计算器进行。计算器输出与密封气容相连,并确保输出接头与气容无泄漏,将输出分别稳定在量程的 10%,50% 及 90%,测出最大稳态耗气量。

6.8 耗电量

本试验仅对电动计算器进行。将计算器输出稳定在 100%,测量计算器耗电量。

再在电源电压为上限值及电源频率为下限值条件下重复上述试验,最后取最大值列入报告。

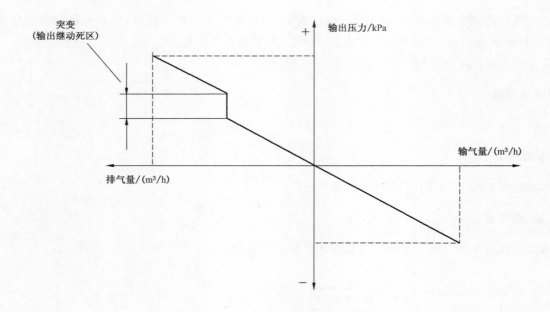

图 2 压力-流量曲线

6.9 输出交流分量

本试验仅对电动计算器进行。使计算器输出分别稳定在量程的 10%,50% 及 90%,测出输出交流分量中的峰峰值、有效值及电网频率含量,均以输出量程的百分数表示。

当有脉冲信号叠加在输出端时,可在输出端并联 500 pF 电容,并规定测试仪器的通频带。

6.10 绝缘电阻

本试验按 GB/T 18271.2—2000 的要求进行。本试验适用于电源对地绝缘的电动计算器。

试验应用试验电压为直流 500 V 的兆欧表进行测量。

应该测试的接线端子不少于如下规定:

a) 供源端子短接——接地端;

b) 其余端子短接——接地端;

c) 输入端子短接——输出端子短接(此项适用于输入或输出绝缘的计算器)。

6.11 绝缘强度

本试验按 GB/T 18271.2—2000 的要求进行。本试验适用于电源对地绝缘的电动计算器。试验电压应加到下列端子之间:

a) 供源端子短接——接地端;

b) 其余端子短接——接地端;

c) 输入端子短接——输出端子短接(此项适用于输入或输出绝缘的计算器)。

6.12 阶跃响应

本试验按 GB/T 18271.2—2000 的要求进行。

6.13 频率响应

本试验按 GB/T 18271.2—2000 的要求进行。

注:对有数个输入通道的计算器,则交变信号通常加入主通道(即第一通道)。

6.14 抗运输环境性能试验

计算器在运输包装条件下,应能符合 JB/T 9329 的要求,其中高温选+55 ℃,低温选－40 ℃,相对湿度为 95％(25 ℃),包装件重量小于 100 kg 时,自由跌落高度取 250 mm。试验后在参比工作条件下自然回温不少于 24 h,然后拆除包装,允许调整零点和量程,检查 6.2.2、6.2.3、6.2.4、6.2.5、6.10、6.11 及 6.15 要求。

6.15 外观

目测进行检查。

6.16 可靠性试验

按 JB/T 50187—1999 规定方法进行考核。

7 检验规则

7.1 出厂试验及验收试验

每台计算器须经技术检验部门检验合格后方能出厂。计算器出厂试验应按表 1 规定进行。

若用户同意按 GB/T 2828.1 进行抽样验收时,验收检验可按出厂试验规定进行,否则由制造厂与用户协商确定。

7.2 型式试验

计算器型式试验应根据本标准进行全部试验。

注:当制造厂认为某些质量指标能够得到保证时,制造厂内部型式试验的内容允许适当简化。

表 1 出厂试验项目

序号	项目名称	试验方法条文号
1	不精确度	GB/T 18271.2—2000 中第 4 章
2	回差	GB/T 18271.2—2000 中第 4 章
3	小信号切除性能	6.2.3
4	动力源变化影响(免做变频试验)	GB/T 18271.3—2000 中第 12 章
5	输出交流分量(仅测试输出稳定在量程的 50％的交流分量有效值)	6.9
6	绝缘电阻	6.10 GB/T 18271.2—2000 中 6.3.2
7	绝缘强度	6.11 GB/T 18271.2—2000 中 6.3.3
8	外观	6.14
注:出厂试验项目中,不精确度试验可简化为一个循环的测试。		

8 其他考虑事项

8.1 总则

为了检验计算器的一些其他特性,应进行附加试验,例如由密封提供的安全和防护等级。

为了准备试验报告、试验程序所需的通用信息,包含下述几个方面:

- 安装;
- 例行维护和调试;
- 维修和大修。

应根据实际运行要求和制造厂的说明书来进行性能检查,以便能同时对说明书作出评价。

8.2 安全

应检查电动计算器,以确定它的设计对意外电击的防护程度。

详细检查方法见 GB 4793.1。

8.3 外壳防护

如果需要的话,应根据 GB 4208 和 GB/T 16842 进行试验。

8.4 文献资料

制造厂主动提供的以及实验室要求提供的全部有关文件应列出清单。

如果这些文件没有附带用来清楚描述计算器操作的完善图表,或没有完整的元件清单和规范,则应指出其不足。

详细规定见 GB/T 16511。

8.5 安装

计算器应根据制造厂的说明书安装和投入使用,同时要考虑在实际中可能遇到的和要求不同程序的各种应用。

制造厂规定的安装方法应列入报告。任何由于此种安装方法所造成的对计算器的使用限制都应予以指出并加以说明。

8.6 例行维护和调试

应根据制造厂的说明书进行必要的例行维护和调试操作。

任何有关执行这些操作的难易程度都应予以指出,并说明原因。

8.7 设计特征

应列出所有可能造成使用困难的有关设计或结构方面的情况,并说明原因。同时还要列出可能具有特殊意义的任何特征,例如工作部件的密封等级、备件的互换性和气候防护等。

8.8 可调整参数

报告中应指出厂商列出的重要的变型和选件。

8.9 工具和设备

应列出安装、维护和修理所必须的工具和设备。

9 试验报告和文档

试验完成以后,应根据 GB/T 18271.4 准备完整的评定试验报告。

报告发表之后,所有试验期间与测试有关的原始文档应在试验室至少储存 2 年。

附　录　A
（规范性附录）
各种计算器输入输出特性试验的规定

A.1　加减器

对于各通道加减系数可调的计算器,应任选其中一个输入通道为"减"(对五通道加减器可选 2 个),其余的均为"加",先将各输入通道预置于 30％左右,并同时加入 100％信号,再调整各通道加减系数(均不得小于 10％),使计算器输出为 100％,然后进行试验。

对于加减系数不可调的计算器,应使各输入通道的运算方式为"二加一减"(对三通道计算器)或"三加二减"(对五通道计算器),然后进行试验。

试验时,在各输入通道加入相同信号(有可能时可加同一信号),按 6.1.2～6.6 规定进行。

A.2　乘除器

A.2.1　对计算式为"$Y=\dfrac{X_1 X_2}{X_3}$"的计算器,至少应进行下述三项试验:

a)　$X_1=X_3=100\%$,改变输入信号 X_2,按 6.2.2～6.2.4 规定进行试验;

b)　$X_2=X_3=100\%$,改变输入信号 X_1,按 6.2.2～6.2.4 规定进行试验;

c)　$X_1=X_0$;$X_2=100\%$。

X_0 为计算器进行除法运算时制造厂规定有准确度要求的"除数"输入信号范围中的最小值,并规定应大于 0％;

改变输入信号 X_3,按 6.2.2～6.2.4 规定进行试验。

A.2.2　对计算式为"$Y=\dfrac{X_1 X_2}{100\%}$"的计算器应进行下列试验:

a)　$X_2=12.5\%$,改变输入信号 X_1,按 6.2.2～6.2.4 规定进行试验;

b)　$X_2=100\%$,改变输入信号 X_1,按 6.2.2～6.2.4 规定进行试验。

A.2.3　对计算式"$Y=100\%\dfrac{X_1}{X_2}$"的计算器应进行下列试验:

a)　$X_2=100\%$,改变输入信号 X_1,按 6.2.2～6.2.4 规定进行试验;

b)　$X_1=X_0$,改变输入信号 X_2,按 6.2.2～6.2.4 规定进行试验;

X_0 同 A.2.1 有关规定。

A.2.4　对计算式为"$Y=\sqrt{X_1 X_2}$"的计算器,应进行下列试验:

a)　$X_2=100\%$,改变输入信号 X_1,按 6.2.2～6.2.4 规定进行试验;

b)　$X_1=100\%$,改变输入信号 X_2,按 6.2.2～6.2.4 规定进行试验。

A.3　开方器

按 6.2.2～6.2.4 规定进行试验。

参 考 文 献

[1] GB/T 777 工业自动化仪表用模拟气动信号(GB/T 777—2008,IEC 60382:1991,IDT)

[2] GB/T 3369.1 过程控制系统用模拟信号 第 1 部分:直流电流信号(GB/T 3369.1—2008,IEC 60381-1:1982,IDT)

[3] GB/T 3369.2 过程控制系统用模拟信号 第 2 部分:直流电压信号(GB/T 3369.2—2008,IEC 60381-2:1978,IDT)

ICS 35.100
N 18

中华人民共和国国家标准

GB/T 30245.1—2013

工业过程测量和控制系统用远程输入
输出设备 第1部分：通用技术条件

Remote input and output instruments for industrial process measurement
and control systems—Part 1: General technical conditions

2013-12-31 发布

2014-07-01 实施

中华人民共和国国家质量监督检验检疫总局
中国国家标准化管理委员会 发布

前　言

GB/T 30245《工业过程测量和控制系统用远程输入输出设备》分为两部分：
——第1部分：通用技术条件；
——第2部分：性能评定方法。

本部分是 GB/T 30245 的第1部分。

本部分按照 GB/T 1.1—2009 给出的规则起草。

本部分由中国机械工业联合会提出。

本部分由全国工业过程测量和控制标准化技术委员会(SAC/TC 124)归口。

本部分负责起草单位：西南大学。

本部分参加起草单位：西门子(中国)有限公司、上海自动化仪表股份有限公司、深圳市华邦德科技有限公司、福建上润精密仪器有限公司、北京金立石仪表科技有限公司。

本部分主要起草人：张渝、刘枫。

本部分参加起草人：窦连旺、许斌、包伟华、段梦生、邹崇、戈剑、宫晓东。

工业过程测量和控制系统用远程输入
输出设备　第1部分:通用技术条件

1　范围

GB/T 30245 的本部分规定了工业过程测量和控制系统用远程输入输出设备(以下简称"远程I/O")的通用技术条件,包括术语与定义、基本要求、正常工作条件和要求、功能要求、电磁兼容性(EMC)要求、制造厂提供信息要求等。

本部分适用于不含传感器和执行部件的工业过程测量和控制系统用远程输入输出设备。

2　规范性引用文件

下列文件对于本文件的应用是必不可少的。凡是注日期的引用文件,仅注日期的版本适用于本文件。凡是不注日期的引用文件,其最新版本(包括所有的修改单)适用于本文件。

GB/T 156—2007　标准电压

GB 3836.1　爆炸性环境　第1部分:设备　通用要求

GB 3836.2　爆炸性环境　第2部分:由隔爆外壳"d"保护的设备

GB 3836.4　爆炸性环境　第4部分:由本质安全型"i"保护的设备

GB 4793.1—2007　测量、控制和实验室用电气设备的安全要求　第1部分:通用要求

GB/T 5465.1—2009　电气设备用图形符号　第1部分:概述与分类

GB 14048.5—2008　低压开关设备和控制设备　第5-1部分:控制电路电器和开关元件　机电式控制电路电器

GB/T 15969.1　可编程序控制器　第1部分:通用信息

GB/T 16935.1—2008　低压系统内设备的绝缘配合　第1部分:原理、要求和试验

GB/T 17799.1—1999　电磁兼容　通用标准　居住、商业和轻工业环境中的抗扰度试验

GB/T 17799.2—2003　电磁兼容　通用标准　工业环境中的抗扰度试验

GB 17799.4—2012　电磁兼容　通用标准　工业环境中的发射

GB/T 30245.2—2013　工业过程测量和控制系统用远程输入输出设备　第2部分:性能评定方法

IEC 61000-4-18:2006　电磁兼容　第4-18部分　试验和测量技术　衰减振荡波抗扰度试验[Electromagnetic compatibility(EMC)—Part 4-18:Testing and measurement techniques—Damped oscillatory waves immunity test]

3　术语和定义、缩略语

3.1　术语和定义

GB/T 15969.1 中界定的以及下列术语和定义适用于本文件。

3.1.1

模拟输入　analogue input

把一种连续信号转换成供远程 I/O 使用的离散量的一个多比特二进制数的远程 I/O。

3.1.2

模拟输出　analogue output

把来自远程 I/O 的一个多比特二进制数转换成一种连续信号的远程 I/O。

3.1.3

电流阱　current sinking

接收电流的作用。

3.1.4

一类数字输入　digital input，type 1

用于检测机械式接触开关元件(如继电器触点，按钮，开关等)信号的器件，它把一个两态信号转换成一个单比特二进制数。

3.1.5

二类数字输入　digital input，type 2

用于检测固态开关元件(如两线接近开关)信号的器件，它把一个两态信号转换成一个单比特二进制数。

3.1.6

三类数字输入　digital input，type 3

用于检测固态开关元件(如两线接近开关)信号的器件，它把一个两态信号转换成一个单比特二进制数。

3.1.7

数字输出　digital output

把一个单比特二进制数字转换成一种数字信号的器件。

3.1.8

电磁兼容性　electromagnetic compatibility；EMC

一个远程 I/O 或系统在其所处的电磁环境下能够令人满意地正常工作的能力，而对此环境中的其他事物不产生不可容许的电磁干扰。

3.1.9

手持设备　hand-held equipment

一种可用一手提携而另一手操作的设备。

3.1.10

封闭式远程 I/O　enclosed equipment

为了防止操作人员意外触及远程 I/O 中的带电部件或运动部件，防止大于或等于 φ12.5 mm 的固体外物进入远程 I/O，并满足机械强度、易燃性和稳定性(可用场合)的要求，除其安装表面外，其他所有表面都封闭的远程 I/O。

3.1.11

模块　module

包含确定功能(MPU，模拟输入等)可以插入底板或基板的远程 I/O 的组成部件。

注：模块在 GB/T 15969.1 中有定义，此处为针对本标准的改写。

3.1.12

多信道模块　multi-channel module

包含多个输入和/或输出信号接口的模块。这些信号接口彼此之间可以被隔离，也可以不被隔离。

3.1.13

正常使用　normal use

根据使用的指令或所期望的明确目的所进行的操作,包括后备(stand by)。

3.1.14

正常条件　normal condition

所有防范危险的保护措施均完善的条件,即无故障条件。

3.1.15

开放式设备　open equipment

一种含有可接触带电部件的设备,如主处理器单元。应将开放式设备装入到其他具有安全性的组装件内。

3.1.16

过电压类别(线路或在电气系统内的)　overvoltage category(of a circuit or within an electrical system)

以限制(或控制)线路中(或一个具有不同标称电压的电气系统内)可能出现的瞬时过电压为基础,并依据用来影响过电压所采用的措施而进行的分类。

按照 GB/T 16935.1—2008 的具体条款。

注1:在一个电气系统中,从一个过电压类别降至另一个较低等级的过电压类别,其间的转换是通过适当的符合接口要求的措施来实施的。这些接口要求可以是过电压保护器件或串并联阻抗,它们能够耗散、吸收或转换有关浪涌电流的能量,以使瞬时过电压值降低到所期望的较低过电压类别的值。

注2:本部分涉及的远程 I/O 将用于过电压类别 Ⅱ。

3.1.17

远程输入/输出　Remote Input and Output

远程 I/O 是工业过程测量和控制系统用远程输入/输出。

3.1.18

微环境　micro-environment

在所考察的电气间隙或爬电距离周围的环境条件。

3.2　缩略语

下列缩略语适用于本文件。

CRT:阴级射线管(Cathode Ray Tube)

EUT:被测设备(Equipment Under Test)

HMI:人机界面(Human Machine Interface)

MPU:主处理单元(Main Processing Unit)

MTBF:平均失效间隔工作时间(Mean Time Between Failures)

PFVP:功能验证规程(Proper Functional Verification Procedures)

RFI:射频干扰(Radio Frequency Interference)

RTD:电阻温度计(Resistance Thermometer Detector)

4　基本要求

远程 I/O 在工作过程和型式试验期间不应发生:

——硬件损坏,除非是试验所要求的;

——操作系统和测试程序和交替的修改;

——系统和被存储或交换的应用数据的非期望的修改;

——EUT 的无规律或非期望的行为;

——模拟输入/输出的偏差超出表 22 的第 4)项和表 26 的第 3)项中所规定的限值。

5 正常工作条件和要求

用户的责任是保证不超出远程 I/O 的工作条件。用户必须保证安装条件符合本部分中给出的环境条件。

5.1 气候环境条件和要求

5.1.1 环境温度

远程 I/O 应适用于表 1 中给出的工作温度范围。

表 1 工作环境温度

	限值类别	封闭式远程 I/O	开放式远程 I/O
温度范围	T_{max}	40 ℃	55 ℃
	T_{min}	5 ℃	5 ℃

对于通过自然通风进行冷却的无通风的远程 I/O,远程 I/O 周围的环境气温是在机壳中心点垂线上方距离该远程 I/O 不超过 50mm 处的水平面上测得的室温。

对于有通风的远程 I/O,远程 I/O 周围的环境温度是距离该远程 I/O 的气流进入点的平面不超过 50 mm 处进入空气的温度。

某些型式的远程 I/O(如 HMI 触摸屏等)可使用开放式和封闭式特性的组合。

远程 I/O 耐高温、低温和温度变化特性应满足第 4 章的规定,试验方法详见 GB/T 30245.2—2013 的 6.1.2 和 6.1.3。

5.1.2 相对湿度

远程 I/O 应适用于相对湿度范围从 10％～95％,无凝露。

远程 I/O 耐交变湿热性能应满足第 4 章的规定,试验方法详见 GB/T 30245.2—2013 的 6.1.4。

5.1.3 海拔高度

远程 I/O 安装地点的海拔高度应不超过 3 000 m。

不要求试验。

5.1.4 污染等级

除非制造厂另有规定,远程 I/O 应适用于污染等级 2。

5.2 机械环境条件和要求

5.2.1 概述

机械环境(振动、冲击和自由跌落)条件随安装和环境的不同差异很大,因此很难对此作出规定。

本部分中,工作条件由下列适用于固定装置、无包装的便携和手持装置的试验要求来间接规定。(5.2.3 中的例外)经验表明,满足这些试验要求的装置适用于固定安装的工业应用。

固定装置是永久性设施的一部分。

5.2.2 振动

抗振性要求见表2。

表 2 远程 I/O 的正弦振动工作条件

频率范围[b]/Hz	连续的[a]	随机的[a]
5≤f＜8.4	1.75 mm 位移,恒定振幅	3.5 mm 位移,恒定振幅
8.4≤f≤150	0.5g 加速度,恒定振幅	1.0g 加速度,恒定振幅
[a] 所有振幅均为峰值。		
[b] 应将跨越频率(约 8.4 Hz)调整为从恒定振幅位移要求到恒定振幅加速度要求的连续平滑跨越。		

振动作用于 3 个相互垂直的每个轴上。

制造厂应规定在试验远程 I/O 上安装便携和手持外围远程 I/O 的方法。

远程 I/O 抗振性特性应满足第 4 章的规定,试验方法详见 GB/T 30245.2—2013 的 6.2.1。

5.2.3 冲击

抗冲击要求是在三个相互垂直的每一个轴上,随机振幅为 11 ms 的半正弦波。

包含 CRT 的远程 I/O 不在本要求之内。

机电式继电器可短时承受 15g 的冲击。在试验期间,允许有暂时的误动作,但在试验后,远程 I/O 应完全满足第 4 章的规定,试验方法详见 GB/T 30245.2—2013 的 6.2.2。

5.2.4 自由跌落(便携远程 I/O 和手持远程 I/O)

抗自由跌落的要求见表3。

表 3 便携远程 I/O 和手持远程 I/O 自由跌落在水泥地面上

	便携和手持(任意重量)(耐)	手持(任意重量)(抗)	注
随机跌落		1 000 mm,2 次	a,b,d
平直跌落	100 mm,2 次		a,d
受支撑跌落	30°或 100 mm,2 次		a,c,d
[a] 着地时允许有暂时的误动作,但在试验后远程 I/O 应完全恢复正常工作。因此,如果跌落时远程 I/O 正在工作,则因撞击可能引起误操作,这就需要操作者纠正。			
[b] 从预定的高度(使用中的正常位置)跌落,按 GB/T 30245.2—2013 中表 7。			
[c] GB/T 30245.2—2013 中表 7。			
[d] 随机跌落指跌落在任意边沿、表面或角落。平直跌落仅指跌落在表面上。受支撑跌落指仅跌落在边沿上。			

远程 I/O 耐/抗自由跌落性能应满足第 4 章的规定,试验方法详见 GB/T 30245.2—2013 的 6.2.3。

5.3 运输和贮存条件及要求

5.3.1 概述

以下要求适用于放置在制造厂原包装内的远程 I/O 单元。

无包装的便携远程 I/O 的运输和贮存不得超出 5.2 规定的要求。

5.3.2 温度

允许的温度范围是—40 ℃~+70 ℃。但不推荐用于将来的设计。

远程 I/O 抗运输和贮存温度性能应满足第 4 章的规定,试验方法详见 GB/T 30245.2—2013 的 6.1.2。

5.3.3 相对湿度

相对湿度范围是 10%~95%,无凝露。

远程 I/O 抗运输和贮存交变湿热性能应满足第 4 章的规定,试验方法详见 GB/T 30245.2—2013 的 6.1.4。

5.3.4 海拔高度

运输的设计大气压应相当于 0 m~3 000 m 海拔高度(不低于 70 kPa)。

不要求试验。

5.3.5 自由跌落

表 4 对原包装内的远程 I/O 部件给出了耐自由跌落要求。试验后,这些部件应完全满足第 4 章的要求,试验方法详见 GB/T 30245.2—2013 的 6.2.4。

表 4 在制造厂原包装内的远程 I/O 部件自由跌落于水泥地面

带包装的发运质量/kg	自由跌落,下落高度/mm		跌落次数
	带发运包装	带远程 I/O 包装	
<10	1 000	300	5
10 ~ 40	500	300	5
>40	250	250	5

5.3.6 其他条件

对于本部分中未规定的机械条件,用户应与制造厂进行协商。这包括如超低温贮存,更高海拔高度的运输等方面。

5.4 电气工作条件和要求

5.4.1 交流远程 I/O 电源和直流远程 I/O 电源

详见 6.1.1。

5.4.2 过电压类别,瞬时过电压的控制

远程 I/O 应具备不超过过电压类别 Ⅱ 的条件特性。

在与远程 I/O 电源连接点上的瞬时过电压应控制在过电压类别 Ⅱ 以内,即不能高于与基本绝缘的额定电压相对应的脉冲电压。远程 I/O 或瞬时抑制器件应能吸收瞬时能量。

5.4.3 非周期性过电压

在工业环境中,由于大功率远程 I/O 的断路,可能在远程 I/O 电源上出现非周期性过电压峰值(例如,三相线路中一相的熔断器烧断)。这就会在比较低的电压电平上引起大电流脉冲(接近 2 倍的峰值

电压）。用户应采取必要的措施，以防止远程 I/O 遭受损坏（例如，添加变压器）。

5.5 特殊工作条件和要求

当工作条件比 5.1、5.2、5.3 和 5.4 给出的条件更为恶劣，或存在其他不利环境条件时（例如，由灰尘、烟雾、腐蚀性或放射性颗粒、水蒸气或盐分造成的空气污染，霉变的侵蚀，昆虫或小动物的叮咬），用户应向制造厂咨询以决定远程 I/O 的适用性或应采取的措施。

6 功能要求

6.1 工作电源和后备存储器要求

6.1.1 交流电源和直流电源

6.1.1.1 额定值和工作范围

远程 I/O 以及由外部供电的 I/O 模块的输入电源的额定值和工作范围应如表 5 所示。

表 5 输入电源的额定值及工作范围

电 压		频 率		推荐使用（R）		规范的条款和注[c]
额定 U_e	容差 min/max	额定 F_n	容差 min/max	电源	I/O 信号[e]	
DC 24V	−15%/+20%			R	R	[a]
DC 48V				R	R	[a,b]
DC 125V						
AC 24V 均方根值	−15%/+10%	50 Hz 或 60 Hz	−6%/+4%			（注）
AC 48V 均方根值						（注）
AC 100V 均方根值				R	R	
AC 110V 均方根值				R	R	
AC 120V 均方根值				R	R	（注）
AC 200V 均方根值				R	R	
AC 230V 均方根值				R	R	（注）
AC 240V 均方根值				R	R	
AC 400V 均方根值				R		[d],（注）
注：这些额定电压可参考 GB/T 156—2007 确定。						
[a] 除电压容差外，还允许存在一个峰值是额定电压 5% 的交流成分。绝对限值如下：对于 DC 24 V 是 DC 30/19.2 V；对于 DC 48 V 是 DC 60 V～38.4 V。						
[b] 如果有可能使用二类数字输入，则见表 7 中脚注 e。						
[c] 对于那些在本表中没有给出的输入电压如 DC 110 V 等，本表内给出的容差及其注也适用。这些电压容差应被用来计算表 7 中输入限值，运用附录 A 中的等式计算。						
[d] 三相供电。						
[e] 关于模拟 I/O 的电源，见表 23 中的第 5)项和表 27 中的第 3)项。						

6.1.1.2 电压谐波

交流电压是指在远程 I/O 接入点处测得的总均方根电压值。

小于 10 倍标称频率的真谐波（标称频率的整数倍）的总均方根值可能达到总电压的 10%。更高频率的谐波和其他频率含量可能达到总电压的 2%。但为了取得恒定的比较结果，只应在 3 次谐波上对远程 I/O 进行试验（10%，在相位角 0°和 180°）。

当供电电源的输出阻抗比远程 I/O 电源的输入阻抗高时，远程 I/O 供电电源的总谐波含量可能受到影响；因此，远程 I/O 的专用电源（如变换器）要求用户与制造厂所使用的电源必须完全一致，并应考虑采用线性调节器。

远程 I/O 的抗电源谐波特性应满足第 4 章的规定，试验方法详见 GB/T 30245.2—2013 的 6.3.1.2。

远程 I/O 的抗电压纹波和频率变化特性应满足第 4 章的规定，试验方法详见 GB/T 30245.2—2013 的 6.3.1.1。

6.1.1.3 电压中断

对于短时电源扰动（如表 6 中规定的），远程 I/O 应保持正常工作。

对于较长时间的电源扰动，远程 I/O 或者维持正常工作，或者进入预先规定的状态，并且在恢复正常工作之前具有一个明确规定的行为。

注：由同一个电源供电的输出和快速响应输入将会对电源的这些变化作出响应。

表 6 电压中断（功能要求）

电源型式[e]	严酷等级[c,d]	最大中断时间	低压，$U_{e\,min}$ 至%U_e[b]
DC	PS1	1 ms	0%
DC	PS2	10 ms	0%
AC	PS2	0.5 周期[a]	0%

[a] 任意相角，$F_n = 50\ Hz$ 或 60 Hz。

[b] $U_{e\,min}$ 是表 5 中最小容差时的 U_e。

[c] PS1 适用于由电池供电的远程 I/O 系统。

[d] PS2 适用于由交流电源、整流的交流电源以及直流电源供电的远程 I/O。

[e] 电压中断是来自 $U_{e\,min}$。

远程 I/O 的抗电压中断能力应满足第 4 章的规定，试验方法详见 GB/T 30245.2—2013 的 6.3.2.3。

6.1.2 后备存储器

在正常工作条件下当能源在额定容量时，易失存储器的后备电源能保持所存储信息的时间应至少为 300 h，在温度不高于 25 ℃时，应至少为 1 000 h（对于需要更换的后备电源，额定容量是指示更换电源的过程和时间间隔的值）。

如与所述持续时间有异，则制造厂应规定与易失存储器相关的存储时间信息。

在更换后备电源或向其充电时，应不丢失后备存储器部分中的数据。

如果置有后备存储器电池，则应有"电池电压低"的警示。

对后备存储器要求的试验详见 GB/T 30245.2—2013 的 6.3.1。

6.2 数字输入/输出要求

6.2.1 概述

图 1 示出了一些输入/输出参数的定义。

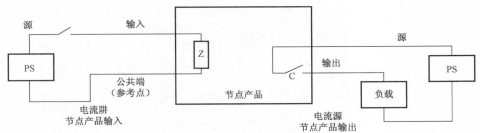

说明：

C ——输出：机械或固态触点（如继电器干触点，双向晶体管，晶体管或类似器件）；

Z ——输入：输入阻抗；

PS——外部电源。

注：某些应用中输入、输出和节点产品系统可以仅用一个电源共用端。

图 1 输入/输出参数

数字输入/输出应符合下列要求。

远程 I/O 至少应设有一种输入接口和/或一种输出接口，对这些接口在 6.2.2、6.2.3 和 6.2.4 中分别作了规定。

数字输入应符合 6.2.2 中给出的标准额定电压的要求。非标准电压数字输入应与附录 A 中给出设计公式的计算结果一致。

数字输出，交流应符合 6.2.3.1 中给出的标准额定电压的要求，直流应符合 6.2.4.1 给出的标准额定电压的要求。

通过正确选择上述数字输入/输出，应能使输入和输出互连，使远程 I/O 系统正确运行（必要时附加的外部负载应由制造厂规定）。

隔离的多信道交流输入模块应能由不同的相位馈电，因此这些模块应符合相与相之间可能出现的最大电压差的要求，否则，用户手册中应加以说明，所有信道都必须由同一相位馈电。

如果把多信道交流线路作多相使用，则线路应符合电气间隙和爬电距离的要求，并使相间电压对应于介电试验。

远程 I/O 系统可以提供本部分中未包括的接口，如 TTL 和 CMOS 线路的接口等。在此情况下，制造厂的资料中应给出与用户有关的全部资料。

注：本部分中没有涉及某些应用需要的电流源输入和电流阱输出，在使用时应特别注意。在使用正逻辑电流阱输入和电流源输出的场合，任何对参考电位的短路和断路都被输入和负载解释为"断开状态"；在使用负逻辑电流阱输入和电流源输出的场合，接地故障被理解为"导通状态"。

6.2.2 数字输入（电流阱）

数字输入要求依据 GB/T 30245.2—2013 中的 6.4.2 进行验证。

6.2.2.1 数字输入工作区定义

图 2 用图示法表示了本部分中用以说明电流阱数字输入电路特性的各种限制和工作范围。

工作区由"导通区""过渡区"和"关断区"组成。脱离"关断区"必须使电流大于 $I_{T\,min}$，同时电压大于

$U_{T\,min}$；在进入"导通区"之前，必须使电流大于 $I_{H\,min}$，同时电压大于 $U_{H\,min}$。所有输入 $U\text{-}I$ 曲线应保持在这些边界条件内。低于零电压的区是直流输入"关断区"的有效部分。

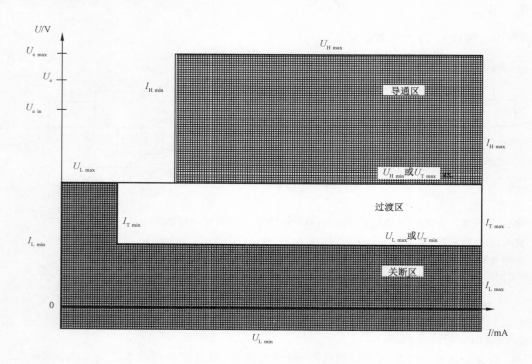

说明：

$U_{H\,max}$ 和 $U_{H\,min}$ 是导通状态（"1"状态）的电压极限值；

$I_{H\,max}$ 和 $I_{H\,min}$ 是导通状态（"1"状态）的电流极限值；

$U_{T\,max}$ 和 $U_{T\,min}$ 是过渡状态（通或断）的电压极限值；

$I_{T\,max}$ 和 $I_{T\,min}$ 是过渡状态（通或断）的电流极限值；

$U_{L\,max}$ 和 $U_{L\,min}$ 是关断状态（"0"状态）的电压极限值；

$I_{L\,max}$ 和 $I_{L\,min}$ 是关断状态（"0"状态）的电流极限值；

$U_{L\,max}$ 是电流大于/等于 $I_{T\,min}$ 的 $U_{H\,min}$；

U_e、$U_{e\,max}$ 及 $U_{e\,min}$ 是外部电源的额定电压及其上、下极限值。

图 2　电流阱输入的 $U\text{-}I$ 工作区

6.2.2.2　数字输入（电流阱）的标准工作范围

电流阱数字输入应在表 7 给出的限值之内工作。

6.2.2.3　补充要求

每一输入信道都应设有一个指示灯或相应的器件，当指示器通电时表示输入为"1"状态。

6.2.3　交流电流（电流源）的数字输出

6.2.3.1　额定值及工作范围（交流）

数字交流输出应符合表 8 给出的额定值，输出电压由制造厂根据 6.1.1.1 指明。

表7 数字输入(电流阱)的标准工作范围

额定电压 U_e	额定频率 F_n/Hz	限值形式	第一类限值[g]						第二类限值[g](注)						第三类限值[g]						注
			状态"0"		过渡状态		状态"1"		状态"0"		过渡状态		状态"1"		状态"0"		过渡状态		状态"1"		
			U_L V	I_L mA	U_T V	I_T mA	U_H V	I_H mA	U_L V	I_L mA	U_T V	I_T mA	U_H V	I_H mA	U_L V	I_L mA	U_T V	I_T mA	U_H V	I_H mA	
DC24V		max	15/5	15	15	15	30	15	11/5	30	11	30	30	30	11/5	15	11	15	30	15	a.b.d.e
		min	−3	ND	5	0.5	15	2	−3	ND	5	2	11	6	−3	ND	5	1.5	11	2	
DC48V		max	34/10	15	34	15	60	15	30/10	30	30	30	60	30	30/10	15	30	15	60	15	a.b.d
		min	−6	ND	10	0.5	34	2	−6	ND	10	2	30	6	−6	ND	10	1.5	30	2	
AC24V 均方根值	50/60	max	14/5	15	14	15	27	15	10/5	30	10	30	27	30	10/5	15	10	15	27	15	a.c
		min	0	0	5	1	14	2	0	0	5	4	10	2	0	0	5	2	10	5	
AC48V 均方根值	50/60	max	34/10	15	34	15	53	15	29/10	30	29	30	53	30	30/10	15	30	15	53	15	a.c
		min	0	0	10	1	34	2	0	0	10	4	29		0	0	10	2	30	5	
AC100V AC 110V AC 120V 均方根值	50/60	max	79/20	15	79	15	1.1U_e	15	74/20	30	74	30	1.1U_e	30	74/20	15	74	15	1.1U_e	15	a.c.d.f
		min	0	0	20	1	79	2	0	0	20	4	74	6	0	0	20	2.5	74	5	
AC200V AC230V AC240V 均方根值	50/60	max	164/40	15	164	15	1.1U_e	15	159/40	30	159	30	1.1U_e	30	159/40	15	159	15	1.1U_e	15	a.c.d.f
		min	0	0	40	2	164	3	0	0	40	5	159	7	0	0	40	2.5	159	5	

注：依据 GB/T 14048.10—2008 与二线接近开关的兼容性能够与二类兼容。见脚注 c。

[a] 所有逻辑信号都是正逻辑。开路输入应被理解为"0"状态信号。求本表中各值所使用的公式、假设及附注见附录 A。

[b] 给出的各电压极限值包括所有的交流电压分量。

[c] 静止开关可能影响输入信号的真谐波的总均方根值,因而影响输入接口与接近开关的兼容性,特别是第二类的交流 24 V 均方根值。具体要求见 6.1.1.1。

[d] 建议作一般用途和供今后设计使用。

[e] 连接到 2 线接近开关的第二类 DC 24 V 输入,其最小外部电源电压应高于 DC 20 V,或 $U_{H min}$ 低于直流 DC 11 V,以保证有足够的安全余量。

[f] 随着当前技术的进步以及鼓励设计出与所有常用额定电压兼容的单一输入模块,极限值是绝对的并与额定电压无关($U_{H max}$除外),根据附录 A 中的公式,分别为 AC 100 V 均方根值和 AC 200 V 均方根值。

[g] 见 3.1.4、3.1.5、3.1.6 的定义。

ND＝未定义。

表 8　交流电流源数字输出的额定值和工作范围

额定电流（"1"状态）		I_e/A	0.25	0.5	1	2	注
"1"状态的电流范围 （在最大电压处连续）	min　mA		10 [5]	20	100	100	a b
	max　A		0.28	0.55	1.1	2.2	a
"1"状态的电压降 U_d	无保护输出	max　V	3	3	3	3	a
	保护和耐短路	max　V	5	5	5	5	a
"0"状态的漏电流	固态输出	max　mA	5 [3]	10	10	10	a, b, c
	机电式输出	max　mA	2.5	2.5	2.5	2.5	a, c
瞬时过载的工作 周期时间重复率	固态输出	max　s	1	2	2	2	
	继电器输出	max　s	10	10	10	10	
a　电流和电压的均方根值。							
b　[ ]内的数字适用于没有 RC 网络或等效浪涌抑制器的模块。所有的其他值适用于带抑制器的模块。							
c　固态输出的漏电流大于 3 mA,意味着要使用附加外部负载来驱动第二类数字输入。							

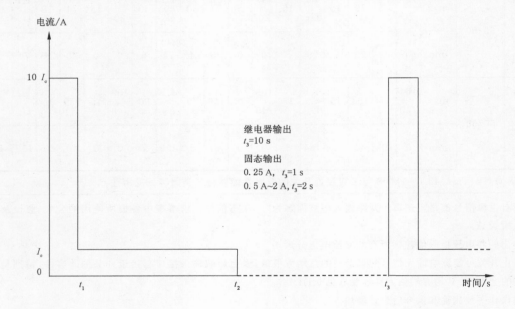

说明：

t_1　——在 F_n 时的 2 个周期（F_n = 额定电网频率）；

t_2　——"导通"时间；

$t_3 - t_2$　——"关断"时间（"关断"时间="导通"时间）；

t_3　——工作时间。

图 3　交流数字输出的瞬时过载波形图

6.2.3.2　补充要求

6.2.3.2.1　输出指示器

每一个输出信道都应设有一个指示灯或类似器件,当指示器通电时表示输出为"1"状态。

6.2.3.2.2 保护输出

制造厂指定的需受保护的输出：

a) 该输出应能承受所有输出电流稳态值大于 1.1 倍额定值的输出，和/或有关的保护器件应能正常工作，以保护这样的输出；

b) 在复原或单独更换保护器件后，远程 I/O 系统应恢复正常工作；

c) 可在以下 3 种类型中选择重启功能选项：

- 自动重启保护输出：在消除过载后自动恢复的保护输出；
- 受控重启保护输出：通过信号（例如，远程控制）重新复原的保护输出；
- 手动重启保护输出：靠人为动作恢复的保护输出（保护可以是熔断器，电子联锁等）。

对本条的要求依据 GB/T 30245.2—2013 中的 6.4.3.2 进行验证。

注 1：在过载状态下持续工作会影响模块的工作寿命。

注 2：保护输出不一定保护外部接线。需要时，用户自己负责提供保护。

6.2.3.2.3 耐短路输出

制造厂指定的需耐短路的输出：

a) 对于所有大于 $I_{e\,max}$ 和高达 2 倍额定值 I_e 的输出电流，输出应能工作并耐瞬时过载。这种瞬时过载的量值应由制造厂规定。

b) 对于所有可能超过 20 倍额定值的输出电流，保护器件应能工作。在复原或单独更换保护器件后，远程 I/O 系统应恢复正常工作。

c) 对于在 2 倍～20 倍 I_e 范围内的输出电流，或瞬时过载超出制造厂所规定的限值［如 a)］的输出电流，模块可能需要修理或更换。

对本条的要求依据 GB/T 30245.2—2013 中的 6.4.3.2 进行验证。

6.2.3.2.4 无保护输出

制造厂指定的无保护输出，如果制造厂建议采用外部保护器件，则输出应满足对耐短路输出所规定的所有要求。

6.2.3.2.5 机电式继电器输出

根据 GB 14048.5—2008，在 AC-15 使用类别（耐久性等级 0.3）规定的负载条件下，机电式继电器输出应能完成至少 3×10^5 次动作。

如果继电器部件已被证明符合 GB 14048.5—2008 的要求，就不需要做型式试验。

6.2.4 直流电源（电流源）的数字输出

对本条的要求依据 GB/T 30245.2—2013 中 6.4.3 进行验证。

6.2.4.1 额定值及工作范围（直流）

数字输出应符合表 9 给出的额定值，输出电压由制造厂根据 6.1.1.1 指明。

表 9　直流电流源数字输出的额定值及工作范围(直流)

"1"状态的额定电流		I_e/A	0.1	0.25	0.5	1	2	注
最大(连续)电压下 "1"状态的电流范围		max A	0.12	0.3	0.6	1.2	2.4	
电压降 U_d	无保护输出	max V	3	3	3	3	3	
	保护和耐短路	max V	3	3	3	3	3	a
"0"状态的漏电流		max mA	0.1	0.5	0.5	1	1	b,c
瞬时过载		max A	见图 4 或按制造厂规定					

a　对 1 A 和 2 A 额定电流,如果具有相反极性的保护,则允许电压下降 5 V。这使输出与相同的额定电压的一
　　类输入不相容。
b　如果没有附加的外部负载,得出的直流输入与直流输出之间的相容性如表 10。
c　加上适当的外部负载,所有直流输出可成为与所有一类直流输入、二类直流输入和三类直流输入相容。

表 10　直流输入与直流输出之间的相容性

额定输出电流 I_e/A	0.1	0.25	0.5	1	2
一类	是	是	是	否	否
二类	是	是	是	是	是
三类	是	是	是	是	是

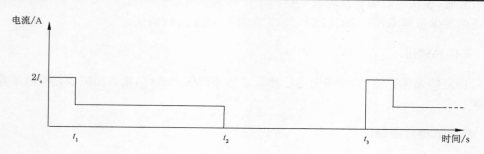

说明:
t_1　——浪涌时间 = 10 ms;
t_2　——"导通"时间;
$t_3 - t_2$　——"关断"时间("关断"时间="导通"时间);
t_3　——运行时间=1 s。

图 4　直流数字输出的瞬时过载波形图

6.2.4.2　补充要求

除了以下方面以外,其他要求与 6.2.3.2 中对交流电流源输出规定的要求相同:
a)　保护输出:限值是 $1.2 I_e$ 而不是 $1.1 I_e$;
b)　机电式继电器输出:以 DC-13 替代 AC-15 。

6.3 模拟输入/输出要求

6.3.1 概述

可以给远程 I/O 提供本部分中未包括的接口,即特殊电路或器件等的接口。在此情况下,制造厂的资料中应给用户提供相关的全部资料。

对本条的要求按照 GB/T 30245.2—2013 中的 6.4.4 模拟输入/输出试验的验证步骤进行验证。

6.3.2 模拟输入要求

远程 I/O 的模拟输入的信号范围及阻抗的额定值应符合表 11 的规定。

表 11 模拟输入的额定值及阻抗限值

信号范围	输入阻抗限值
±10 V	≥10 kΩ
0 V ～10 V	≥10 kΩ
1 V ～5 V	≥5 kΩ
4 mA ～20 mA	≤300 Ω
0 mA ～20 mA(不推荐在今后的设计中使用)	≤300 Ω

模拟输入可以设计成与标准热电偶或标准电阻温度计(RTD)(如 Pt100 传感器)相容。热电偶模拟输入应提供冷端补偿方法。

6.3.3 模拟输出要求

远程 I/O 的模拟输出的信号范围及负载阻抗的额定值应符合表 12 的规定。

表 12 模拟输出的额定值及阻抗限值

信号范围	负载阻抗限值/Ω	注
±10 V	≥1 000	a
0～10 V	≥1 000	a
1～5 V	≥500	a
4～20 mA	≤600	b
0～20 mA	≤600	b, c
a 电压模拟输出应能承受直至短路时的任何过载。		
b 电流模拟输出应能承受直至开路时的任何过载。		
c 不推荐在今后的设计中使用。		

6.4 通信接口要求

根据远程 I/O 使用说明书进行试验的配置,应装有适用的通信接口模块和由制造厂规定的通信链路。

对本条的要求按照 GB/T 30245.2—2013 中的 6.5 进行验证。

6.5 远程输入/输出站(RIOS)的要求

远程输入/输出站(RIOS)是主处理单元(MPU)永久性设施的组成部分,因此必须对它们进行相应的试验。但为了试验方便,在合适场合可对隔离的远程输入/输出站(RIOS)分开试验。

电源的电压跌落和电源中断的各项要求完全适用于远程输入/输出站(RIOS)。这些要求在 6.1.1 中说明。

当与主处理单元(MPU)的应用程序失去通信时,远程输入/输出站(RIOS)应能够在规定的延迟时间内,而且不通过未作规定的状态,将其输出状态固定在规定的值上,并应能提供故障指示信号。

主处理单元(MPU)系统应把有关远程输入/输出站(RIOS)当前状态的相关信息提供给用户的应用程序。

对本条的要求依据 GB/T 30245.2—2013 中 6.6 进行验证。

6.6 外围远程 I/O(PADT,TE,HMI)的要求

不属主处理单元(MPU)的永久性部件的外围远程 I/O,当其与操作系统进行通信或中断通信时,应不引起系统的误动作。

对本条的要求依据 GB/T 30245.2—2013 中的 6.2.5 进行验证。

用于外围远程 I/O 的连接器应具有防止极性误接的定位措施,或远程 I/O 应在设计上保证在极性误接的情况下也不产生误动作。

由外围远程 I/O 和主处理单元(MPU)组成的系统,应在设计上保证主处理单元(MPU)中执行的编辑程序与外围远程 I/O 上显示的编辑程序在功能上是相同的。

如果能通过外围远程 I/O 在线修改主处理单元(MPU)的应用程序和/或工作模式[即当主处理单元(MPU)正在控制一种机械或一个工业过程时],则

    a) 外围远程 I/O 应自动地给出类似于"正处于在线修改,程序显示可能与应用程序不同;在某一时段(ms)内机械/过程的控制会被中断,等等"的明确警示;

    b) 外围远程 I/O 应询问操作者"你确实要执行该动作吗?"或某些类似问话,并只在操作者给出肯定的回答后才执行这一命令;

    c) 应能将新的应用程序加载到制造厂提供的数据媒介上,并能在线验证这些记录在功能上的确与应用程序相同;

    d) 应提供相应的手段来防止非授权使用这些功能(硬件或软件)。

对本条的要求依据 GB/T 30245.2—2013 中的 6.7 进行验证。

6.7 自检和诊断要求

制造厂应提供远程 I/O 实现自检和诊断的手段。这种手段应是远程 I/O 的内置服务,和/或为实现预期应用而推荐的方法。

应提供下列手段:

    a) 监控用户应用程序的手段[如监视(看门狗)定时器等];

    b) 检验存储器完整性的硬件或软件手段;

    c) 检验存储器、处理单元和输入/输出模块之间所交换的数据正确性的手段(如应用程序回送检查);

    d) 检验电源单元不超过硬件设计所允许的电流限值和电压限值的手段;

    e) 监控主处理单元(MPU)状态的手段。

永久性安装的远程 I/O 应能在报警输出上给出报警信号。当检测到系统"功能正常"时,该报警输出端应处于预先确定的状态。在其他情况下,则应处于相反的状态。制造厂应规定"功能正确状态"的

条件,以及为驱动该报警输出而执行的自检的条件。

远程输入/输出站(RIOS)在掉电或者不能与主处理单元(MPU)正常通信的情况下,应能在报警输出上(例如,通过一个数字输出模块)给出报警信号,并进入预先规定的状态(见6.5)。

对本条的要求依据 GB/T 30245.2—2013 的 6.8 进行验证。

6.8 安全常规要求

6.8.1 耐介电强度要求

在隔离的电输出/输入端子之间、以及所有电输出/输入端子与保护接地端子之间施加表13所列试验电压,试验期间应没有意外的"飞弧"闪烁或绝缘击穿现象。

表 13 常规耐介电强度试验[e]

线路的工作电压[a] 交流电压均方根值或直流电压/V	0~2 000 m 的试验电压/V		
	1.2/50 μs 脉冲峰值[b]	交流 2 s	直流 2 s
$U_e \leqslant 30$	无需试验	无需试验	无需试验
$30 < U_e \leqslant 50$[c]	500	350	500
$50 < U_e \leqslant 100$[d]	800	490	700
$100 < U_e \leqslant 150$	1 500	820	1 150
$150 < U_e \leqslant 300$	2 500	1 350	1 900
$300 < U_e \leqslant 600$	4 000	2 200	3 100
$600 < U_e \leqslant 1 000$	6 000	3 250	4 600

[a] 在线路端子上的工作电压。

[b] 三个正脉冲和三个负脉冲,每个之间至少相隔 1 s。

[c] 对于直流远程 I/O,此范围至 60 V。

[d] 对于直流远程 I/O,此范围开始于 60 V。

[e] 对于 SELV/PELV 线路/单元,不需要试验。

6.8.2 保护接地要求

6.8.2.1 封闭式远程 I/O 的保护接地要求

Ⅰ类装置远程 I/O 的可接触部件(例如,机箱、框架和金属外壳的固定金属部分),除那些不会构成危险的以外,在电气上都应互相连接,并连接到保护接地端子上,以与外部保护导体相连。此要求可通过具有足够电连续性的结构部件来满足,该要求既适用于单独使用的远程 I/O,也适用于配套使用的远程 I/O。

给Ⅰ类装置便携式外围远程 I/O 供电的导线或电缆,应配备保护接地导体。

保护接地导体的绝缘材料(若提供)的颜色应是绿色,并有黄色条纹。

如果可接触的隔离导电部件的位置不与任何带电部件接触,并能承受表 12 中相当于远程 I/O 最高额定工作电压的加强绝缘的介电试验电压,则就不认为它们构成危险。

Ⅱ类装置远程 I/O 可以有内部功能性连接导线,但在远程 I/O 电源输入线中应不配备保护接地端子或保护接地导体。

若远程 I/O 有保护接地端子(Ⅰ类装置远程 I/O),则除了前述一般性连接规范外,还应满足如下要求:

a) 保护接地端子应使用方便,并应设计成在卸去外盖或任何可拆卸部件时仍保持远程 I/O 与保护接地导体的连接。

b) 拟用电线连接的远程 I/O 应配备有一个与插头和插座组成一体的保护接地端子(如可拆卸的导线束)。

c) 保护接地端子应是螺钉、螺栓或压接型的,并且应由合适的耐腐蚀材料制成。

d) 保护接地端子的夹紧远程 I/O 应充分锁紧以防意外松动,而且只能借助工具才能将其松开。

e) 保护接地端子和接地触点不应直接与远程 I/O 内的中性线端子连接。这不能防止在保护接地端子与中性线之间接入适当的标定容量的远程 I/O(如电容器或浪涌抑制器)。

f) 远程 I/O 的保护接地端子应符合 GB/T 30245.2—2013 中 8.2 的试验。

注:Ⅰ类装置、Ⅱ类装置见 GB/T 15969.2—2008。

6.8.2.2 开放式远程 I/O 的保护接地要求

开放式远程 I/O 应符合 6.8.2.1 的要求,所不同的是其保护措施不是通过与外部保护导体连接,而是通过与最外层外壳连接。

6.9 功能接地要求

功能接地端子,设有如抗干扰控制、射频干扰(RFI)保护等结构上的要求。

6.10 安装要求

应对远程 I/O 与支撑表面之间的紧固安装作出规定。

不同的安装方法(如安装 DIN 轨)也应提供远程 I/O 的紧固安装。

用来安装远程 I/O 部件的螺栓、螺钉或其他零件等,不得被用来紧固远程 I/O 与支撑表面、DIN 轨等。

6.11 一般标记要求

6.11.1 概述

对于所有远程 I/O,远程 I/O 上标出的信息至少应标明制造厂(向市场投放远程 I/O 的公司)和远程 I/O 型号。其他信息应在远程 I/O 的数据单中提供。见第 8 章。

以下信息应由制造厂提供:

a) 制造厂名称,商标或其他标识;

b) 型式/系列号,型号或名称;

c) 软件系列号和/或版本等级;

d) 硬件系列号(或系列)和/或版本等级,以及日期代码或类似数据。

对本条的要求依据 GB/T 30245.2—2013 的 6.9 进行验证。

6.11.2 功能标识

每个输入/输出模块在插入其工作位置运行时,借助制造厂的标记应能方便无误地辨认。

所有操作开关、指示灯和接插件应能被辨认,或具有识别措施。

6.11.3 模块位置和模块标识

在模块上或模块附近,应留出标注每个模块和输入/输出信道的标识符号的空间。

6.11.4 功能接地端子标记

对功能接地端子(即用于非安全目的,如改善抗干扰性),应使用图5的符号作出标记:

注:正确的表示(尺寸大小)见 GB/T 5465.1—2009。

图 5 功能接地端子标记图

6.12 防爆要求

防爆型远程 I/O 应符合 GB 3836.1、GB 3836.2 和 GB 3836.4 等标准的要求。

6.13 电气安全要求

远程 I/O 应符合 GB 4793.1—2007 的要求。

6.14 外壳防护等级

远程 I/O 外壳防护等级不低于 IP43。

6.15 可靠性要求

远程 I/O 平均无故障工作时间 MTBF 最小值为 30 000 h。

6.16 外观要求

远程 I/O 表面不应有明显的凹痕、划伤、裂痕、变形和污渍等。表面涂镀层应均匀,不应起泡、龟裂、脱落和磨损。金属零部件不应有锈蚀及其他机械损伤。

6.17 正常工作和功能型式试验及验证的要求

正常工作和功能的试验及验证应由制造厂按 GB/T 30245.2—2013 的第 6 章要求完成。

6.18 关于正常工作和功能方面信息的要求

关于正常工作和功能方面的信息应由制造厂按第 8 章的要求提供。

7 电磁兼容性(EMC)要求

7.1 概述

本章规定远程输入/输出站(RIOS)、永久性/非永久性安装的外围远程 I/O 的电磁兼容性(EMC)要求。

作为潜在的发射远程 I/O,远程 I/O 可能发射传导的、辐射的电磁干扰。

作为潜在的接收远程 I/O,远程 I/O 可能受到外部产生的传导干扰、辐射电磁场及静电放电的影响。

7.2 和 7.3 中的要求规定了远程 I/O 的 EMC 性能特性,这些是对制造厂职责的要求。制造厂建议,用户负责所安装远程 I/O 的电磁兼容性。

由于远程 I/O 仅仅是整个控制系统中的一个部件,因此本部分不涉及整个自动化系统的 EMC 兼容性。

如果可选的 EMC 外壳(如机柜)或其他保护器件(如滤波器)是由制造厂指定的,则它应属被测远程 I/O(EUT)的组成部分。

EMC 外壳端口是远程 I/O 的物理边界,电磁场可通过它发射或接收。

7.2 辐射要求

7.2.1 概述

除非制造厂的资料另有规定,远程 I/O 设计为用于 GB 17799.4—2012 涵盖的工业环境。

7.2.2 辐射的一般要求

7.2.2.1 概述

对于辐射,表 14 中所列要求的目的是确保对无线电频谱的保护。

7.2.2.2 低频范围内的辐射限值

由于工业控制系统不与公共电网相连,因此频率低于 150 kHz 的不作要求。

7.2.2.3 高频范围内的辐射限值

高频范围内的辐射限值见表 14。

表 14 辐射限值

端口	频率范围	严酷等级(标准)	严酷等级(可选)	基本标准
外壳端口 (辐射)		在距离 10 m 处测得	在距离 30 m 处测得	GB 17799.4—2012
	30 MHz～230 MHz	40 dB(μV/m) 准峰值	30 dB(μV/m) 准峰值	
	230 MHz～1 000 MHz	47 dB(μV/m) 准峰值	37 dB(μV/m) 准峰值	
交流电源端口 (传导)[a]	0.15 MHz～0.5 MHz	79 dB(μV/m) 准峰值		GB 17799.4—2012
		66 dB(μV/m) 平均值		
	0.5 MHz～30 MHz	73 dB(μV/m) 准峰值		
		60 dB(μV/m) 平均值		

[a] 若每分钟出现脉冲干扰的次数少于 5 次,则不予考虑。若每分钟出现脉冲干扰的次数多于 30 次,则这些限值适用。若每分钟出现脉冲干扰次数的范围是 5～20 次,则允许限值的衰减为 20lg(30/N)(其中,N 是脉冲干扰的次数)。合格/不合格的准则可参阅 GB 4343.1。

对本条的要求依据 GB/T 30245.2—2013 中的 7.4 和 7.5 进行验证。

7.3 抗 EMC 要求

7.3.1 概述

除非制造厂的资料另有规定,远程 I/O 设计为用于 GB/T 17799.2 所覆盖的工业环境。

图 6 所示图形说明了在一个工厂环境中 EMC 与耦合干扰的机制。区域的划分由电源配电、安装的实际情况、输入/输出接线确定。

C 区:工厂电网(通过专用变压器与公共电网隔离),第 1 级浪涌保护和严酷的耦合干扰。该区的工业环境比 GB/T 17799.2 所覆盖的一般工业环境在一定程度上还要严酷。

B 区:专用配电,第 2 级浪涌保护和中等等级的耦合工业干扰。该区的工业环境相当于 GB/T

17799.2 所覆盖的一般工业环境。

A 区：本地配电，被保护的和低干扰耦合。该区的周围是一般工业环境（B 区）。通常采用的典型措施有：短接线、受到良好保护的电源（SELV/PELV）、I/O 阻抗限制、安装保护网络、交流/直流变换器、隔离变压器、浪涌抑制器等。A 区干扰环境类似于 GB/T 17799.1（轻工业环境）。

除非制造厂的资料另有规定，远程 I/O 设计为用于 B 区（GB/T 17799.2 所覆盖的工业环境）。B 区包括 A 区。

如果远程 I/O 将用于多个区域，则应按其所用区域的最严酷环境的综合要求对其进行设计和试验。

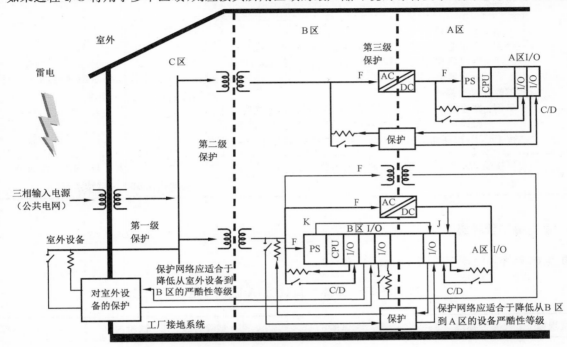

图 6　抗 EMC 区

图 6 中的虚线并不表示物理分隔或隔离。表 15 给出了抗 EMC 区关于浪涌的具体示例。

表 15　抗 EMC 区（关于浪涌的示例）

EMC 区	EMC 条件		
C 区	工厂电网配电 高额定电压	第 1 级浪涌保护	极高电压耦合浪涌 4 000 V
B 区	专用配电 额定电压≤300 V	第 2 级浪涌保护 I/O 阻抗限制	中等电压耦合浪涌 2 000 V
A 区	本地配电 额定电压≤120 V 额定电压≤100 V 额定电压≤50 V	I/O 阻抗限制	低压耦合浪涌 1 000 V 800 V 500 V

7.3.2　性能等级

抗 EMC 干扰的性能等级规定见表 16。

表 16 抗 EMC 干扰的性能等级

性能等级	操作	
	试验期间	试验后
A	EUT 应按预期要求继续运行。按 PFVP,没有功能或性能丧失	远程 I/O 应按预期要求继续运行
B	可接受的性能降低 **示例**:模拟值在制造厂规定的限值范围内变化,通信延迟时间在制造厂规定的限值范围内变化,HMI 显示器上出现闪烁等 不改变操作模式 **示例**:在通信中数据丢失或存在未纠正的错误,系统或试验远程 I/O 等看到非期望的数字 I/O 状态的改变 按 PFVP,被存储的数据没有不可挽回的数据丢失	远程 I/O 应按预期要求继续运行。暂时的性能降低必须能自行恢复
C	可接受的功能丧失,但没有硬件或软件(程序或数据)的破坏	在手动重启或电源关断/开启后,远程 I/O 应自动地按预期要求继续运行

7.3.3 抗电磁干扰等级

抗电磁干扰等级规定见表 17、表 18、表 19。

表 17 外壳端口试验,A 区和 B 区

环境现象	参考标准	试验		试验等级	试验内容	注	性能等级
静电放电	GB/T 17799.2		触点	±4 kV	GB/T 30245.2—2013 表 20	a	B
			空气	±8 kV			
射频电磁场调幅	GB/T 17799.2	80% AM,1 kHz 正弦波	2.0 GHz～2.7 GHz	1 V/m	GB/T 30245.2—2013 表 21	d	A
			1.4 GHz～2.0 GHz	3 V/m			
			80 MHz～1 000 MHz	10 V/m			
电源频率磁场	GB/T 17799.2		60 Hz	30 A/m	GB/T 30245.2—2013 表 22	b,c	A
			50 Hz	30 A/m			

a 应将 ESD(静电放电)试验施加于
　a) 操作员可接触的远程 I/O(例如,HMI、PADT 和 TE);
　b) 外壳端口;
　c) 没有安装意外接触保护的可接触工作部分(例如,开关、键盘、保护接地/功能接地、模块外壳、带连接器和金属连接器的通信端口)。
　对于不带连接器的通信端口、I/O 端口或电源端口,不进行 ESD 试验。

b 本试验是试验远程 I/O 对一般在工厂产生的磁场的灵敏度。本试验只适用于包含对磁场敏感器件的远程 I/O,例如,霍尔效应器件、CRT 显示器、软盘驱动器、磁性存储器,以及类似远程 I/O。基本远程 I/O 一般不包含这类器件;但其他远程 I/O(如 HMI)可能包含这类器件。本试验不模拟高强度磁场,例如,有关焊接和感应加热过程的磁场。此要求可通过在远程 I/O 制造厂对敏感器件施加的试验来满足。

c 偏差不得大于 3 A/m。若大于 3 A/m,制造厂应规定 CRT 显示接口的允许偏差。

d 此等级并不代表在紧靠远程 I/O 处由收发器所辐射的场强。

B区等级是最典型的工业环境等级。

B区抗传导性试验条件和方法见表18。

A区等级适用于安装保护措施使工业环境等级降低到低于B区的工业环境等级的场合。见图6，它们可能是保护网络的设施，交流/直流转换器，隔离变压器，浪涌抑制器，I/O阻抗限制，短接线，受良好保护的电源(SELV/PELV)等。

A区抗传导性试验条件和方法见表19。

表 18　抗传导性试验，B区

	环境现象	电快速瞬变脉冲群	高能量浪涌	射频干扰
	参考标准	GB/T 17799.2	GB/T 17799.2	GB/T 17799.2
	试验内容	GB/T 30245.2—2013 表23	GB/T 30245.2—2013 表24	GB/T 30245.2—2013 表25
	性能等级	B	B	A
接口/端口	特定接口/端口	试验等级	试验等级	试验等级
数据通信(用于I/O 机架的 Al，Ar；用于 外围远程I/O的 Be， Bi，E)	屏蔽电缆	1 kV[d]	1 kV CM[b]	10 V[d]
	非屏蔽电缆	1 kV[d]	1 kV CM[b]	10 V[d]
数字I/O和模拟I/O (C和D)	交流I/O(非屏蔽)	2 kV[d]	2 kV CM[b] 1 kV DM[b]	10 V[d]
	模拟I/O或直流I/O (非屏蔽)	1 kV[d]	1kV CM[b]	10 V[d]
	所有屏蔽线(对地)	1 kV[d]	1 kV CM[b]	10 V[d]
远程I/O电源(F)	交流电源	2 kV	2 kV CM 1 kV DM	10 V
	直流电源	2 kV[a]	0.5 kV CM[c] 0.5 kV DM[c]	10 V
I/O电源(J)和 辅助电源输出(K)	交流I/O和 交流辅助电源	2 kV[d]	2 kV CM[b] 1 kV DM[b]	10 V
	直流I/O和 直流辅助电源	2 kV[a,d]	0.5 kV CM[b] 0.5 kV DM[b]	10 V

[a] 不适合于使用电池或可充电电池的输入端口，因更换电池或充电的需要必须把它们从远程I/O上取出或断开连接。对于使用交-直流电源适配器的输入端口，应在制造厂所规定的交-直流电源适配器的交流电源输入上进行试验；如果制造厂未规定，则使用典型的交直流电源适配器。对于永久性连接的输入/输出端口，若电缆长度≤3 m，则不需要进行试验。

[b] 对于规定电缆长度≤30 m的端口，不需要进行试验。

[c] 不适合于使用电池或可充电电池的输入端口，因更换电池或充电的需要必须把它们从装置上取出或断开连接。对于使用交-直流电源适配器的输入端口，应在制造厂所规定的交直流电源适配器的交流电源输入上进行试验；如果制造厂未规定，则使用典型的交直流电源适配器。对于不会接在DC分布电源网络中而且线长总是小于30 m的输入输出端口，则不需要进行试验。

[d] 对于规定电缆长度≤3 m的端口，不需要进行试验。

表 19　抗传导性试验,A 区

	环境现象	电快速瞬变脉冲群	高能量浪涌	射频干扰
	参考标准	GB/T 17799.1	GB/T 17799.1	GB/T 17799.1
	试验内容	GB/T 30245.2—2013 表 23	GB/T 30245.2—2013 表 24	GB/T 30245.2—2013 表 25
	性能等级	B	B	A
接口/端口	特定接口/端口	试验等级	试验等级	试验等级
数据通信(用于 I/O 机架的 Al,Ar;用于外围远程 I/O 的 Be,Bi,E)	通信屏蔽电缆	— 0.5 kV^d	— 不试验	— 3 V^d
	非屏蔽电缆	— 0.5 kV^d	— 不试验	— 3 V^d
数字 I/O 和模拟 I/O（C 和 D）	交流 I/O（非屏蔽）	1 kV^d	2 kV CM^b 1 kV DM^b	3 V^d
	模拟 I/O 或直流 I/O（非屏蔽）	0.5 kV^d	不试验	3 V^d
	所有屏蔽线（对地）	0.5 kV^d	不试验	3 V^d
远程 I/O 电源（F）	交流电源	1 kV	2 kV CM 1 kV DM	3 V
	直流电源	0.5 kV^a	0.5 kV CM^c 0.5 kV DM^c	3 V
I/O 电源（J）和辅助电源输出（K）	交流 I/O 和交流辅助电源	1 kV^d	2 kV CM^b 1 kV DM^b	3 V
	直流 I/O 和直流辅助电源	0.5 kV^{a,d}	0.5 kV CM^b 0.5 kV DM^b	3 V

^{a}　不适合于使用电池或可充电电池的输入端口,因更换电池或充电的需要必须把它们从远程 I/O 上取出或断开连接。对于使用交-直流电源适配器的输入端口,应在制造厂所规定的交-直流电源适配器的交流电源输入上进行试验;如果制造厂未规定,则使用典型的交直流电源适配器。对于永久性连接的输入/输出端口,若电缆长度≤3 m,则不需要进行试验。

^{b}　对规定电缆长度≤30 m 的端口,不需要进行试验。

^{c}　不适合于使用电池或可充电电池的输入端口,因更换电池或充电的需要必须把它们从远程 I/O 上取出或断开连接。对于使用交-直流电源适配器的输入端口,应在制造厂所规定的交直流电源适配器的交流电源输入上进行试验;如果制造厂未规定,则使用典型的交直流电源适配器。对于与直流电源配电网络永久性连接的输入/输出端口,若电缆长度≤30 m,则不需要进行试验。

^{d}　对规定电缆长度≤3m 的端口,不需要进行试验。

使用条件可要求在 C 区中的设施。对本条的要求依据 GB/T 30245.2—2013 中的 7.6、7.7、7.8、7.9、7.10 和 7.11 进行验证。

7.3.4　电压跌落和中断电源端口

这些限制适用于电源接口/端口。

对于如表 20 中规定的电源的短时间扰动,EUT 应维持正常工作。

对于较长时间的电源中断,EUT 或者维持正常工作,或者进入预先规定的状态,并在恢复正常工作前有一个明确规定的行为。

注:由同一个电源供电的输出和快/慢速响应输入将会对电源的这些变化作出响应。

抗电压跌落和中断试验条件和方法见表 20。

表 20　电压跌落和中断(EMC 要求)

电源型式[d]	严酷等级[c]	最大跌落和中断时间	低电压,U_e 至 %U_e[b]	性能等级
交流电源	PS2	0.5 周期[a]	0	A
		250/300 周期[e]	0	C
		10/12 周期[e]	40	C
		20/50 周[e]	70	C

注:表中关于 EMC 电压中断的限制与 GB/T 17799.2 中的要求略有差别。理论根据:GB/T 17799.2 规定了性能等级 B,它并不适用于工业现场系统的应用。特殊应用要求性能等级 A,其电压中断的时间范围是 0.5～1 周期。长期安装现场系统的实际经验表明,上述要求满足工业环境的要求。

[a] 任意相角,F_n = 50/Hz(见 GB/T 30245.2—2013 中的 7.13)。
[b] U_e 是表 5 中的标称电压下的额定电压 U_e。
[c] PS2 适用于由交流电源供电的远程 I/O。
[d] 电压中断从 U_e 开始。
[e] F_n = 50/60 Hz。

对本条的要求依据 GB/T 30245.2—2013 中的 7.13 进行验证。

7.4　EMC 试验和验证的要求

对于 EMC 的试验和验证应由制造厂依据 GB/T 30245.2—2013 的第 7 章中的要求完成。

7.5　关于 EMC 信息的要求

制造厂应依据第 9 章的要求提供关于 EMC 的信息。

8　制造厂提供的资料

8.1　概述

制造厂应向用户提供关于远程 I/O 的应用、设计、安装、调试、操作和维护方面的资料。此外,制造厂还应对用户进行培训。

提供的资料除文本形式以外,也可以其他形式提供。

8.2　资料文件的类型和内容

规定了三种资料文件的类型:

a)　样本和数据单;

b)　用户手册;

c)　技术文件。

注:关于这些规章指南的准备,参见 GB/T 19678 和 GB/T 19898。

8.3 样本和数据单应提供的信息

8.3.1 用户手册应提供的信息

这些文件应为远程 I/O 的正确安装、接线、故障查询、用户编程和调试所必需的信息。它们至少应包括：

a) 安装和调试须知；

b) 编程和故障查询说明；

c) 运行和维护要求；

d) 附件和备件表（如熔断器）。

8.3.2 技术文件应提供的信息

制造厂可以（可选地）提供一套比在用户手册中所包含的更多信息的文件，如原理图、内部或外部数据协议、总线分配、物理尺寸要求、可用的电源、固件、内部测试程序或维修方法等。

8.4 关于与本部分符合性的信息

制造厂应提供关于与本部分符合性方面的信息，对此可从以下两个层面来说明：

a) 完全符合本部分中所有章节所提出的要求，例如，在无资质证明的情况下，指明与本部分的符合性；

b) 符合本部分中的某个部分，文件中明确说明远程 I/O 所符合的本部分中的具体特定条款。

8.5 关于可靠性的信息

如果制造厂提供了在正常工作条件下的平均无故障时间值（MTBF），制造厂还应说明用来确定这些值的方法。

8.6 关于其他条件的信息

对于本部分中未作出规定的任何机械条件，用户应与制造厂共同协商以达成一致意见。

8.7 关于运输和储存的信息

制造厂应提供运输和贮存须知。

8.8 关于交流电源和直流电源的信息

制造厂应提供以下信息：

a) 提供的数据可允许选择一个合适的配电网使之在每个用电点得到所规定的电压数值。该信息包括满负荷情况下的启动峰值（在冷启动和热重启）、重复峰值及静态输入电流的均方根值；

b) 电源接口的外部接线端子标志；

c) 电源系统的典型示例；

d) 若需要专用电源，则应说明通过多电源或使用 6.1.1.1 中未包括的电压和频率供电的专用电源的要求；

e) 以下不正确的电源连接导致的影响：

- 极性接反；

- 电压电平和/或频率不匹配；

- 引线连接错误。

f) 关于远程 I/O 性能受典型电源升降时序影响的全部信息；

g) 能估算不影响任一系统配置正常工作的最长中断时间值的数据；直流供电远程 I/O 的 PS 类别（PS-1 或 PS-2）；

h) 后备存储器时间与温度及维护要求的关系；

i) 推荐的电源更换的时间间隔和更换步骤，以及由此产生的对远程 I/O 的影响；

j) 启动电流峰值（在冷启动和热重启），或推荐的熔断器规格及熔点。

8.9 关于数字输入（电流阱）的信息

制造厂应提供以下信息：

a) 整个工作区的 U-I 特性曲线，容差或类似参数；

b) 从"0"状态转换到"1"状态和从"1"状态转换到"0"状态的数字输入延迟时间（TID）；

c) 信道之间存在的公共点；

d) 输入端连接错误导致的影响；

e) 在正常工作条件下，信道与其他线路（包括"地"）之间，信道与信道之间的隔离电位；

f) 输入类型（第一类、第二类或第三类）；

g) 直观指示器的监视点和二进制状态；

h) 插/拔带电输入模块时的影响；

i) 在互连输入与输出时附加的外部负载（若需要）；

j) 信号评定的说明（例如，静态/动态评定、中断释放等）；

k) 根据电缆型号和电磁兼容性而推荐的电缆和导线的长度；

l) 端子的排列；

m) 外部连接的典型示例。

8.10 关于交流数字输出（电流源）的信息

制造厂应提供交流数字输出方面的以下信息：

a) 保护类型（即保护输出、耐短路输出、无保护输出）：
  - 对保护输出：超过 $1.1 I_e$ 的工作特性，包括保护器件通电时的电平，电流的其他行为特性及其使用的时间；
  - 对耐短路输出：更换或重新安装保护器件所需要的信息；
  - 对无保护输出：如果需要，应说明由用户提供的保护器件。

b) 从"0"状态转换到"1"状态和从"1"状态转换到"0"状态的数字输出延迟时间（TQD）；

c) 换流特性及有关过零点电压的转换电压；

d) 信道之间存在的公共点；

e) 端子的排列；

f) 外部连接的典型示例；

g) 输出的数量及类型［例如，常开/常闭（NO/NC）触点、固态、独立的隔离信道等］；

h) 对于机电式继电器，额定电流和电压应符合 6.2.3.2.5；

i) 其他负载（如白炽灯）的输出额定值；

j) 多信道模块的总输出电流（见 3.1.18）；

k) 为防止因电感逆转产生的电压峰值而接入输出电路的阻尼网络的特性；

l) 外部保护网络的类型（若需要）；

m) 输出端不正确连接导致的影响；

n) 在正常工作条件下，信道与其他线路（包括"地"）之间，信道与信道之间的隔离电位；

o) 信道内直观指示器的监视点（例如，MPU 一侧或负载一侧）；

p) 更换输出模块的推荐步骤；

q) 主处理单元（MPU）控制的中断、电压跌落和中断期间的输出特性，以及电源升/降时序（见 6.5）；

r) 工作方式（即闩锁/非闩锁方式）；

s) 多路过载对隔离的多信道模块的影响。

8.11 关于直流数字输出（电流源）的信息

关于制造厂提供的直流数字输出的信息应与 8.10 中所规定的关于交流数字输出的信息相同。但是，过零点电压的转换规范不适用。对于机电式继电器输出，用 DC-13 代替 6.2.3.2.5 中的 AC-15。

8.12 关于模拟输入的信息

8.12.1 概述

除类型和标准范围外，制造厂还应提供以下信息。

8.12.2 关于模拟输入静态特性的信息

关于模拟输入静态特性的信息见表 21。

表 21 模拟输入静态特性的信息

静态特性		单位及示例
1) 信号范围内的输入阻抗（制造厂应规定是处于"导通"状态，还是处于"关断"状态）		Ω
2) 模拟输入误差：	温度系数	全量程的± ‰
	25 ℃ 时的最大误差	全量程/ K 的± ‰
3) 温度范围的最大误差		全量程的± ‰
4) 数字分辨率		二进制位数
5) 返回应用程序的数据格式		二进制、BCD 码等
6) 最低有效位（LSB）的值		mV、mA
7) 允许的永久性最大过载（无损害）		V、mA
8) 过载情况下读得的数字输出		例如，标志
9) 输入类型		例如，差动
10) 共模特性（DC,AC 50～60 Hz），如果适用		CMRR-dB、CMV-V
11) 对于其他输入（热电偶，RTD 等）	传感器类型	J、K、T 等；Pt 100 等
	测量范围	最小℃ 至最大℃
	线性化方法	内部提供或用户提供

8.12.3 关于模拟输入动态特性的信息

关于模拟输入动态特性的信息见表 22。

表 22 模拟输入动态特性的信息

动态特性		单位及示例
1) 采样持续时间（包括设定时间）		ms
2) 采样重复时间		ms
3) 输入滤波器特性	阶次	一阶、二阶等
	过渡频率	Hz
4) 在每个规定的电噪声试验期间的最大瞬时偏差		全量程的± %

8.12.4 关于模拟输入通用特性的信息

关于模拟输入通用特性的信息见表 23。

表 23 模拟输入通用特性的信息

通用特性	单位及示例
1) 转换方式	双斜坡,S.A 等
2) 工作模式	触发,自扫描等
3) 保护类型	RC(阻容网络)、光电隔离、MOV(金属氧化物压敏电阻)等
4) 正常工作条件下,信道与 a)其他线路(包括"地");b)信道间;c)电源之间;d)接口之间的隔离电位	V
5) 如果需要,提供外部电源数据	
6) 如果有各信道之间的公共点,提供该信息	技术数据
7) 为抗干扰提供保证而推荐的电缆型号、长度及安装规则	双绞线,最长 50 m
8) 为保持设计精度的校准或验证	月,年
9) 端子的排列	
10) 外部连接的典型示例	
11) 输入端连接错误导致的影响	

8.12.5 关于模拟输入其他特性的信息

关于模拟输入其他特性的信息见表 24。

表 24 模拟输入其他特性的信息

其他特性	单位及示例
1) 无遗失码的单一性	是,否
2) 在 DC、AC 50 Hz 和 AC 60 Hz 时信道间的串扰	dB
3) 非线性	全量程的%
4) 在规定的稳定时间后,在固定温度点的重复性	全量程的%
5) 电磁继电器多路复用开关的寿命	动作次数,小时数

8.13 关于模拟输出的信息

8.13.1 概述

除类型和标准范围外,制造厂还应提供以下信息。

8.13.2 关于模拟输出静态特性的信息

关于模拟输出静态特性的信息见表25。

表 25　模拟输出静态特性的信息

静态特性		单位及示例
1) 信号范围内的输出阻抗(制造厂应规定是处于"导通"状态,还是处于"关断"状态)		Ω
2) 模拟输出误差	25 ℃时的最大误差	全量程的± %
	温度系数	全量程/K 的± %
3) 整个温度范围的最大误差		全量程的± %
4) 数字分辨率		二进制位数
5) 返回应用程序的数据格式		二进制、BCD 码等
6) 最低有效位(LSB)的值		mV、mA

8.13.3 关于模拟输出动态特性的信息

关于模拟输出动态特性的信息见表26。

表 26　模拟输出动态特性的信息

动态特性	单位及示例
1) 全量程变化的设定时间	ms
2) 超调量	全量程的%
3) 在每个规定的电噪声试验期间的最大瞬时偏差	全量程的± %

8.13.4 关于模拟输出通用特性的信息

关于模拟输出通用特性的信息见表27。

表 27　模拟输出通用特性的信息

通用特性	单位及示例
1) 保护类型	光电隔离等
2) 在正常工作条件下信道与其他线路(包括"地")之间以及信道之间的隔离电位	V
3) 若需要,提供外部电源数据	技术数据

表 27（续）

通用特性	单位及示例
4） 对于使用外部供电的电流输出,在整个输出范围内输出端的最大和最小电压降	V
5） 为抗干扰提供保证而推荐的电缆型号、长度及安装规则	双绞线,最长 50m
6） 为保持设计精度的校准或验证	月,年
7） 端子的排列	
8） 如果有各信道之间的公共点,提供该信息	
9） 允许的负载形式	无接地、接地
10） 最大容性负载(对电压输出)	pF
11） 最大感性负载(对电流输出)	mH
12） 外部连接的典型示例	
13） 电源升/降时的输出响应	
14） 输入端连接错误导致的影响	

8.13.5 关于模拟输出其他特性的信息

关于模拟输出其他特性的信息见表 28。

表 28 模拟输出其他特性的信息

其他特性	单位及示例
1） 单一性	是,否
2） 在 DC、AC 50 Hz 和 AC 60 Hz 时信道间的串扰	dB
3） 非线性	全量程的%
4） 在规定的稳定时间后,在固定温度点的重复性	全量程的%
5） 输出波纹	全量程的%

8.14 通信接口方面的信息

如果制造厂给其他厂家的远程 I/O 提供通信接口,则应提供正确操作所必须的信息。要做到这一点,可以参考某个特定的标准或规范,以及选项的详细情况如波特率、所用的电缆类型等。

8.15 关于主处理单元和存储器的信息

制造厂应提供的主处理单元和存储器方面的信息是:

    a） 程序存储器的结构、容量;

    b） 数据存储器的结构、容量,以及每个字的位数;

    c） 可用的存储器类型(如 CMOS-EPROM,等等);

    d） 如果有后备存储器,则提供其功能及工作条件方面的信息;

    e） 确定一个所要求的配置(机架、电缆、总线扩展器、电源单元、每个类型的最大 I/O 数、最多的 I/O 模块数等)的数据、各种制约条件及步骤;

f)　所支持的编程语言的描述;

g)　确定每个存储器利用率的计算方法(用户的应用程序和数据,可用的固件程序和数据),以及每个相关时间(扫描时间、系统响应时间、传递时间、执行时间)的平均值;

h)　处理输入/输出的三种机制,即使用由系统进行周期刷新的输入/输出映像寄存器,使用立即"GET/PUT"型指令,使用中断和事件驱动程序等。这些机制对以下方面的影响:

　　●　响应时间;

　　●　重新启动能力(即冷重启、暖重启、热重启);

　　●　用于输入、输出、处理等的具体时间。

i)　在把非永久性安装的远程I/O在接口上插入/拔出、连接/拆除时,它们对每种相关时间的影响〔见本条的g)〕;

j)　有关冷重启、暖重启、热重启的状态信息(若适用)。可用来确定暖重启与热重启之间有关过程差别的可编程定时器的说明和用途;

k)　执行的自检和诊断功能(见6.7)。

8.16　关于远程输入/输出站(RIOS)的信息

制造厂应提供以下信息:

a)　选择用于通信链路所需合适电缆和其他器件用的规范;

b)　用于正确安装整个系统的规范(包括选择合适的电源);

c)　输入/输出通信网络的类型(点对点、星型、多分支、环型等);

d)　通信链路上所使用的原理、规程和传输速率;从/向远程输入/输出站(RIOS)传递关于检测差错/差错编码的数据的能力,以及在最佳、最可能、最坏情况下传输延迟的能力;

e)　采用将远程输入信息及远程输入/输出站(RIOS)状态提供给用户应用程序,并将其逻辑判断传送给远程输出的方式时,对传输时间的影响;

f)　按6.5规定的值和延迟时间;

g)　提供终端器件的信息(若需要);

h)　通信接口的物理特性,包括隔离特性、可接受的最高共模电压、内置短路保护等;

i)　标准链路接口的类型(即RS 232、RS 422、RS 485、RS 511等);

j)　功能接地和安全接地的规范;

k)　接通/关断逻辑连接和物理连接的步骤(例如"在线")。

8.17　关于外围远程I/O(PADT,TE,HMI)的信息

制造厂应通过适当的文件和标记提供如下信息:

a)　当使用能改变控制条件的功能时,例如,状态修改、更改存储器中的数据或程序、强制输入或输出信号等,应提供能看到的醒目警示和预防措施;

b)　外围远程I/O在远程输入/输出站(RIOS)的可用性;

c)　其所处的预期工作环境比第5章中所述严酷环境较佳的外围远程I/O的工作条件;

d)　用于选择通信链路所需合适电缆和其他器件的规范;

e)　用于正确安装整个系统的规范(包括选择合适的电源);

f)　通信网络的类型(点对点、星型、多分支、环型等);

g)　通信链路上所使用的原理、规程和传输速率;从/向远程输入/输出站(RIOS)传递关于检测差错/差错编码的数据的能力,以及在最佳、最可能、最坏情况下传输延迟的能力;

h)　提供终端器件的信息(若需要);

i)　通信接口的物理特性,包括隔离特性、可接受的最大共模电压、内置短路保护等;

j)　标准链路接口的类型（即 RS 232、RS 422、RS 485 等）；

k)　功能接地和安全接地的规范。

8.18　关于自检和诊断的信息

制造厂应通过适当的文件和标记提供以下信息：

a)　实现自检和诊断的说明，以及其执行时间的说明（即永久性、周期性、按用户应用程序的要求、在启动过程期间等）；

b)　正确的功能状态和驱动报警输出的条件（见 6.7）。

9　制造厂提供的电磁兼容性（EMC）信息

信息可以通过非文本的形式来提供。

制造厂应说明其远程 I/O 是用于正常工作环境还是用于不太严酷的工作环境（如办公环境）。如果远程 I/O 除用于 B 区（含 A 区）以外的环境，则制造厂应说明远程 I/O 的预期应用区域。

试验报告应说明所有试验和 EUT 的（具代表性的典型）配置的选择原则，以及试验结果。

应将试验期间所使用的 EUT 软件编入文档。

10　制造厂提供的安全信息

10.1　概述

制造厂的资料至少应包括以下信息：

a)　保护接地要求和有关防触电的人身安全方面的建议；

b)　保护器件如保护接地线路、过流保护器件和用于后备存储器的电池等的维护要求；

c)　如果远程 I/O 系统作为"开放式远程 I/O"提供，则要求外壳能提供必要的安全等级、环境保护、安装及所需空间，和/或内部隔离或屏蔽（若出于安全的需要）等方面的指南；

d)　预防措施说明，例如，如果在远程 I/O 运行时拆卸模块，则可能导致与电击、火灾有关的安全和电气损坏；

e)　与过压类别有关的远程 I/O 系统的使用说明；

f)　在正常工作条件下信道与其他线路（包括接地）之间，以及信道之间的隔离电位。

所有信息都可以以非文本格式提供。

10.2　关于评估开放式远程 I/O 外壳的信息（功耗）

制造厂的文件应提供评估每个远程 I/O 配置、部件和模块的功耗方面的信息，并提供为保证正常工作条件下的充分冷却而需要的最小空间方面的信息。

10.3　关于机械端子连接的信息

制造厂应通过合适的文本和/或标记提供以下信息：

a)　可以与远程 I/O 系统连接的导线的类型、截面积和材料；

b)　推荐使用的屏蔽电缆，以及如何连接和接地的建议。

附 录 A
（资料性附录）
数字输入标准工作范围公式

以下公式被用来生成表7（对于某些例外，在注中予以解释）

直流公式

$U_{H\,max} = 1.25\,U_e$

$U_{H\,min} = 0.8\,U_e - U_d - 1V$

$U_{T\,max} = U_{H\,min}$

$U_{L\,max} = U_{H\,min}(I \leqslant I_{T\,min})$

$U_{T\,min} = 0.2\,U_e$

$U_{L\,max} = U_{T\,min}(I > I_{T\,min})$

$U_{L\,min} = -3\,V$（直流 24 V）

$U_{L\,min} = -6\,V$（直流 48 V）

$I_{L\,min} = ND$（未规定）

交流公式

$U_{H\,max} = 1.1\,U_e$

$U_{H\,min} = 0.85\,U_e - U_d - 1V$ （注1、注2）

$U_{T\,max} = U_{H\,min}$

$U_{L\,max} = U_{H\,min}(I \leqslant I_{T\,min})$

$U_{T\,min} = 0.2\,U_e$ （注1）

$U_{L\,max} = U_{T\,min}(I > I_{T\,min})$

$U_{L\,min} = 0$

$I_{L\,min} = 0$

一类输入：

$I_{H\,max} = I_{T\,max} = I_{L\,max} = 15\,mA$

$I_{H\,min} \approx I_{T\,min} + 1\,mA$

$I_{T\,min} \approx U_{H\,max}/Z$

$U_d = 3\,V$（表9）

一类输入：

$I_{H\,max} = I_{T\,max} = I_{L\,max} = 15\,mA$

$I_{H\,min} \approx I_{T\,min} + 1\,mA$（$U_e \leqslant 120\,V$ 均方根值）或

$I_{H\,min} \approx I_{T\,min} + 2\,mA$（$U_e > 120\,V$ 均方根值）

$I_{T\,min} \approx U_{H\,max}/Z$ （注5）

$U_d = 5\,V$（表8） （注3）

二类输入：

$I_{H\,max} = I_{T\,max} = I_{L\,max} = 30\,mA$

$I_{H\,min} = I_m + 1mA = 6\,mA$

$I_{T\,min} = I_r = 1.5\,mA$

$U_d = $ 直流 8 V

二类输入：

$I_{H\,max} = I_{T\,max} = I_{L\,max} = 30\,mA$

$I_{H\,min} \approx I_m + 1mA = 6\,mA$

$I_{T\,min} \approx I_r = 3\,mA$ （注4）

$U_d = $ 交流 10 V 均方根值 （注4）

三类输入：

$I_{H\,max} = I_{T\,max} = I_{L\,max} = 15\,mA$

$U_{H\,max}/Z \leqslant I_{H\,min} \leqslant I_m = 5\,mA$

$I_{T\,min} = I_r = 1.5\,mA$

$U_d = $ 直流 8 V

三类输入：

$I_{H\,max} = I_{T\,max} = I_{L\,max} = 15\,mA$

$I_{H\,min} = I_m = 5\,mA$

$I_{T\,min} \approx I_r = 3\,mA$ （注4）

$U_d = $ 交流 10 V 均方根值 （注4）

注1：为使单个模块能与各种电源电压相容，对所有的交流 100/110/120 V 均方根值和所有的交流 200/220/230/
240 V 均方根值输入，已选择 U_e 分别为交流 100 V 均方根值和交流 200 V 均方根值。

注2：假定连接线有 1 V 电压降（交流电压均方根值或直流电压）。

注3：U_d、交流和直流数字输出的最大电压降。

注4：I_r、U_d 和 I_m 的值符合在 IEC 60947-5-2 中所采用的相应值。

注5：Z＝经验的最坏情况继电器触点，开路触点阻抗 ＝ 100 kΩ。

附　录　B

（资料性附录）

C 区——EMC 抗干扰等级

当处于干扰等级高于 B 区的环境时，可使用表 B.1 和表 B.2 所列试验（与 C 区相关）。

表 B.1　外壳端口试验，C 区

环境现象	参考标准	试验		试验等级	试验内容	注	性能等级
静电放电	GB/T 17799.2	触点		± 4 kV	GB/T 30245.2 —2013 表 20	a	B
		大气		± 8 kV			
射频 电磁场 调幅	GB/T 17799.2	80 % AM， 1 kHz 正弦	(2.0～2.7)GHz	1 V/m	GB/T 30245.2 —2013 表 21	d	A
			(1.4～2.0)GHz	3 V/m			
			(80～1 000)MHz	10 V/m			
电源频率磁场	GB/T 17799.2	60 Hz		30 A/m	GB/T 30245.2 —2013 表 22	b，c	A
		50 Hz		30 A/m			

a　应将 ESD（静电放电）试验施加于：
　　a)　操作员可接触的远程 I/O（例如，HMI、PADT 和 TE）；
　　b)　外壳端口；
　　c)　没有安装意外接触保护的工作的可接触工作部分（例如，开关、键盘、保护接地/功能接地、模块外壳、带连接器和金属连接器的通信端口）。
　　对于不带连接器的通信端口、I/O 端口或电源端口，不进行 ESD 试验。

b　本试验是试验远程 I/O 对一般在工厂级产生的电磁场的灵敏度。本试验只适用于包含对电磁场敏感器件的远程 I/O，例如，霍尔效应器件、CRT 显示器、软盘驱动器、磁性存储器，以及类似远程 I/O。本试验不模拟高强度磁场，例如，有关焊接和感应加热过程的磁场。此要求可通过在远程 I/O 制造厂对敏感器件施加的试验来满足。

c　偏差不得大于 3 A/m。若大于 3 A/m，制造厂应规定 CRT 显示接口的允许偏差。

d　此等级并不代表在紧靠远程 I/O 处由收发器所辐射的场强。

表 B.2　抗传导噪声，C 区

	环境现象	快速瞬态脉冲串	高能量浪涌	射频干扰	衰减振荡波
	参考标准	GB/T 17799.2	GB/T 17799.2	GB/T 17799.2	IEC 61000-4-18：2006
	试验内容	GB/T 30245.2 —2013 表 23	GB/T 30245.2 —2013 表 24	GB/T 30245.2 —2013 表 25	GB/T 30245.2 —2013 表 26
	性能等级	B	B	A	B
接口/端口（图 2 表示）	特定接口/端口	试验等级	试验等级	试验等级	试验等级
数据通信（用于 I/O 机架的 Al 和 Ar；用于外围远程 I/O 的 Be、Bi 和 E）	通信屏蔽电缆	1 kV d	2 kV CM[b]	10V[d]	0.5 kV CM
	非屏蔽电缆	1 kV[d]	2 kV CM[b]	10V[d]	不试验 —

表 B.2（续）

接口/端口(图2表示)	环境现象	快速瞬态脉冲串	高能量浪涌	射频干扰	衰减振荡波
	参考标准	GB/T 17799.2	GB/T 17799.2	GB/T 17799.2	IEC 61000-4-18:2006
	试验内容	GB/T 30245.2—2013 表23	GB/T 30245.2—2013 表24	GB/T 30245.2—2013 表25	GB/T 30245.2—2013 表26
	性能等级	B	B	A	B
	特定接口/端口	试验等级	试验等级	试验等级	试验等级
数字 I/O 和模拟 I/O (C 和 D)	交流 I/O（非屏蔽）	$2\ kV^d$	$2\ kV\ CM^b$ $1\ kV\ DM^b$	$10V^d$	2.5 kV CM 1 kV DM
	模拟 I/O 或直流 I/O(非屏蔽)	$2\ kV^d$	$1\ kV\ CM^b$	$10V^d$	1 kV CM 0.5 kV DM
	所有屏蔽线（屏蔽）	$2\ kV^d$	$2\ kV\ CM^b$	$10V^d$	0.5 kV DM
远程 I/O 电源(F)	交流电源	4 kV	4 kV CM 2 kV DM	10V	2.5 kV CM 1 kV DM
	直流电源	$2\ kV^a$	$1\ kV\ CM^c$ $1\ kV\ DM^c$	10 V	2.5 kV CM 1 kV DM
I/O 电源(J) 和辅助电源输出(K)	交流 I/O 和交流辅助电源	$4\ kV^d$	$4\ kV\ CM^b$ $2\ kV\ DM^b$	10V	2.5 kV CM 1 kV DM
	直流 I/O 和直流辅助电源	$2\ kV^{a,d}$	$1\ kV\ CM^b$ $1\ kV\ DM^b$	10V	$2.5kV\ CM^a$ $1\ kV\ DM^a$

[a] 不适合于使用电池或可充电电池的输入端口,因更换电池或充电的需要必须把它们从远程 I/O 上取出或断开连接。对于使用交-直流电源适配器的输入端口,应在制造厂所规定的交-直流电源适配器的交流电源输入上进行试验;若制造厂未规定,则使用典型的交-直流电源适配器。对于使用永久性连接的输入/输出端口,若电缆长度≤3 m,则不需要进行试验。

[b] 对于规定电缆长度≤30 m 的端口,不需要进行试验。

[c] 不适合于使用电池或可充电电池的输入端口,因更换电池或充电的需要必须把它们从远程 I/O 上取出或断开连接。对于使用交-直流电源适配器的输入端口,应在制造厂所规定的交-直流电源适配器的交流电源输入上进行试验;若制造厂未规定,则使用典型的交-直流电源适配器。对于不会接在 DC 分布电源网络中而且线长总是小于 30m 的输入/输出端口,则不需要进行试验。

[d] 对于规定电缆长度≤3 m 的端口,不需要进行试验。

对本附录的要求依据 GB/T 30245.2—2013 中的 7.6、7.7、7.8、7.9、7.10、7.11 和 7.12 进行验证。

参 考 文 献

[1]　GB 4343.1—2009　家用电器、电动工具和类似器具的电磁兼容要求　第 1 部分:发射

[2]　GB/T 156—2007　标准电压

[3]　GB/T 6113.203—2008　无线电骚扰和抗扰度测量设备和测量方法规范　第 2-3 部分:无线电骚扰和抗扰度测量方法　辐射骚扰测量

[4]　GB/T 13384—2008　机电产品包装通用技术条件

[5]　GB/T 14048.7—2006　低压开关设备和控制设备　第 7-1 部分:辅助器件　铜导体的接线端子排

[6]　GB/T 14048.10—2008　低压开关设备和控制设备　第 5-2 部分:控制电路电器和开关元件　接近开关

[7]　GB/T 15969.2—2008　可编程序控制器　第 2 部分:设备要求和测试

[8]　GB/T 19678　说明书的编制　构成、内容和表示方法

[9]　GB/T 19898—2005　工业过程测量和控制　应用软件文档集

[10]　IEC 60947-5-2　Low-voltage switchgear and controlgear—Part 5-2:Control circuit devices and switching element—Proximtiy switches

[11]　IEC 61000-4-18:2006　Electromagnetic compatibility(EMC)—Part 4-18:Testing and measurement techniques—Damped oscillatory wave immunity tese

ICS 35.100
N 18

中华人民共和国国家标准

GB/T 30245.2—2013

工业过程测量和控制系统用远程输入输出设备 第2部分：性能评定方法

Remote input and output instruments for industrial process measurement
and control systems—Part 2：Performance evaluating methods

2013-12-31 发布

2014-07-01 实施

中华人民共和国国家质量监督检验检疫总局
中国国家标准化管理委员会 发布

前　言

GB/T 30245《工业过程测量和控制系统用远程输入输出设备》分为两部分：

——第 1 部分：通用技术条件；

——第 2 部分：性能评定方法。

本部分是 GB/T 30245 的第 2 部分。

本部分按照 GB/T 1.1—2009 给出的规则起草。

本部分由中国机械工业联合会提出。

本部分由全国工业过程测量和控制标准化技术委员会(SAC/TC 124)归口。

本部分负责起草单位：西南大学。

本部分参加起草单位：西门子(中国)有限公司、上海自动化仪表股份有限公司、深圳市华邦德科技有限公司、福建上润精密仪器有限公司。

本部分主要起草人：张渝、刘枫。

本部分参加起草人：窦连旺、许斌、包伟华、段梦生、邹崇、戈剑。

工业过程测量和控制系统用远程输入输出设备 第2部分:性能评定方法

1 范围

GB/T 30245 的本部分规定了工业过程测量和控制系统用远程输入输出设备的性能评定方法和检验规则,包括试验条件、试验的抽样、正常工作和功能型式试验、电磁兼容性(EMC)型式试验和验证、安全常规试验、检验规则和其他考虑事项。

本部分适用于不含传感器和执行部件的工业过程测量和控制系统用远程输入输出设备。

2 规范性引用文件

下列文件对于本文件的应用是必不可少的。凡是注日期的引用文件,仅注日期的版本适用于本文件。凡是不注日期的引用文件,其最新版本(包括所有的修改单)适用于本文件。

GB/T 2423.1—2008 电工电子产品环境试验 第2部分:试验方法 试验A:低温

GB/T 2423.2—2008 电工电子产品环境试验 第2部分:试验方法 试验B:高温

GB/T 2423.4—2008 电工电子产品环境试验 第2部分:试验方法 试验Db:交变湿热(12 h+12 h循环)

GB/T 2423.5—1995 电工电子产品环境试验 第2部分:试验方法 试验Ea和导则:冲击

GB/T 2423.7—1995 电工电子产品环境试验 第2部分:试验方法 试验Ec和导则:倾跌与翻倒(主要用于设备型样品)

GB/T 2423.8—1995 电工电子产品环境试验 第2部分:试验方法 试验Ed:自由跌落

GB/T 2423.10—2008 电工电子产品环境试验 第2部分:试验方法 试验Fc:振动(正弦)

GB/T 2828.1—2012 计数抽样检验程序 第1部分:按接收质量限(AQL)检索的逐批检验抽样计划

GB 4208—2008 外壳防护等级(IP代码)

GB 4793.1—2007 测量、控制和实验室用电气设备的安全要求 第1部分:通用要求

GB 4824—2004 工业、科学和医疗(ISM)射频设备 电磁骚扰特性 限值和测量方法

GB/T 4857.5 包装 运输包件 跌落试验方法

GB/T 14048.10—2008 低压开关设备和控制设备 第5-2部分:控制电路电器和开关元件 接近开关

GB/T 16842—2008 外壳对人和设备的防护 检验用试具

GB/T 17626.2—2006 电磁兼容 试验和测量技术 静电放电抗扰度试验

GB/T 17626.3—2006 电磁兼容 试验和测量技术 射频电磁场辐射抗扰度试验

GB/T 17626.4—2008 电磁兼容 试验和测量技术 电快速瞬变脉冲群抗扰度试验

GB/T 17626.5—2008 电磁兼容 试验和测量技术 浪涌(冲击)抗扰度试验

GB/T 17626.6—2008 电磁兼容 试验和测量技术 射频场感应的传导骚扰抗扰度

GB/T 17626.8—2006 电磁兼容 试验和测量技术 工频磁场抗扰度试验

GB/T 17626.11—2008 电磁兼容 试验和测量技术 电压暂降、短时中断和电压变化的抗扰度试验

GB/T 17626.29—2006 电磁兼容 试验和测量技术 直流电源输入端口电压暂降、短时中断和电压变化的抗扰度试验

GB/T 18271.4—2000 过程测量和控制装置 通用性能评定方法和程序 第 4 部分:评定报告的内容

GB/T 30245.1—2013 工业过程测量和控制系统用远程输入输出设备 第 1 部分:通用技术条件

CISPR 16-1-2:2003 无线电干扰和抗干扰测量仪器和方法的规范 第 1-2 部分:无线电干扰和抗干扰测量仪器 辅助装置 传导干扰(Specification for radio disturbance and immunity measuring apparatus and methods—Part 1-2:Radio disturbance and immunity measuring apparatus—Ancillary equipment—Conducted disturbances)

CISPR 16-2-1:2005 无线电干扰和抗干扰测量仪器和方法的规范 第 2-1 部分:干扰和抗干扰的测量方法 传导干扰测量(Specification for radio disturbance and immunity measuring apparatus and methods—Part 2-1:Methods of measurement of disturbances and immunity—Conducted disturbance measurements)

CISPR 16-2-3:2006 无线电干扰和抗干扰测量仪器和方法的规范 第 2-1 部分:干扰和抗干扰的测量方法 辐射干扰测量(Specification for radio disturbance and immunity measuring apparatus and methods—Part 2-3:Methods of measurement of disturbances and immunity—Radiated disturbance measurements)

IEC 61000-4-18:2011 电磁兼容性(EMC) 第 4-18 部分:试验和测量技术 阻尼振荡波免疫测试[Electromagnetic compatibility (EMC)—Part 4-18:Testing and measurement techniques—Damped oscillatory wave immunity test]

3 缩略语

下列缩略语适用于本文件。

EUT 被测设备(Equipment Under Test)

PADT 编程和调试工具(Program and Debug Tool)

PFVP 功能验证规程(Proper Functional Verification Procedures)

RIOS 远程输入/输出站(Remote Input-Output Station)

4 试验条件

4.1 制造厂提供条件

对于每种试验,制造厂应提供如下条件:

——规定必须如何安装和外部接线;

——提供在试验期间必须运行的合适测试程序;

——提供正确的运行验证程序,包括测量模拟输入/输出的精度和瞬态偏差的方法。

由制造厂提供的合适测试程序和正确的功能验证规程(PFVP)应符合 4.2 中给出的要求。

4.2 对制造厂提供的试验程序和正确的功能验证规程(PFVP)的要求

在型式试验期间不应发生:

——硬件损坏,除非是试验所要求的;

——操作系统和测试程序执行交替的修改;

——系统和被存储或交换的应用数据的非期望的修改;

——EUT 的无规律或非期望的行为；

——模拟输入/输出的偏差超出 GB/T 30245.1—2013 表 22 的第 4)项和表 26 的第 3)项中所规定的限值。

EUT 的所有相关功能和部件(即单元和模块)的工作方式,应能演示与这些功能和部件的信息路径。

应演示 EUT 的所有输入/输出和通信信道。

注:对于数量大的输入/输出而言(例如大于 100 个),允许采用基于样品的统计准则。

应演示所有外部和内部产品状况信息的报告方式,例如显示、指示灯、报警信号、自检结果寄存器。测试程序应包括验证有关动作的条件。

对于所有对用户实现重要的各种远程 I/O 操作方式,例如启动和停机、冷重启/暖重启/热重启、"正常运行""正常停机""用 PADT 编程/监视"等,应验证其性能和行为。

对于受控的启动和停止,应检验远程 I/O 的初始化和复位条件。对于"运行""编程""监视"等各种方式,应验证其性能和行为。

对于在本部分中虽然没有包括但是它们对远程 I/O 的正常工作又是必不可少的任何特性/性能,也应进行演示和测试。

4.3 通用试验条件

按照指定的试验程序进行。

除非另有规定,试验应在表 1 给出的通用试验条件下进行。

除非另有规定,对于型式试验没有顺序要求。

表 1 通用试验条件

	测 试 条 件
设备电源	额定电压和频率
温度	15 ℃ ～ 35 ℃
相对湿度	≤75 %
气压	86 kPa ～ 106 kPa
输出负载	输出加载到额定负载
污染	污染等级 ≤2

5 试验的抽样

如果用户和生产厂商达成了协议,只进行抽样试验,推荐选择 GB/T 2828.1—2012 提出的抽样方法。抽样时,可由用户选定被测试的远程 I/O。

6 正常工作和功能型式试验

6.1 气候环境试验

6.1.1 总则

远程 I/O 气候环境试验在无包装的状态下进行。

通常使用的易拆卸的温度传感器,在制造厂允许的条件下,可由用户自行拆除。

6.1.2 耐高温和低温试验

远程 I/O 耐高温和低温试验条件和方法见表2。

表 2 耐高温和低温试验

	高 温	低 温
参考试验	GB/T 2423.2—2008	GB/T 2423.1—2008
预处理	按制造厂的规范	
初始测量	按 PFVP,见 4.2	
检验	不连接电源	
温度c	+70 ℃ ± 2 ℃	−40 ℃ ± 3 ℃b
试验持续时间	16 h ± 1 h	16 h ± 1 h
检验时的测量和/或加载	无	
恢复步骤		
时间	最少 1 h	
气候条件	见 6.1.1 和 4.3a	
特别注意	无凝露a	
电源	不连接电源	
最终测量	按 PFVP,见 4.2	

a 在 EUT 再次与电源连接之前,应通风除去内外部的所有凝露。
b −25 ℃ ± 3 ℃ 是可接受的,但不推荐在将来的设计中使用。
c 对于有通风的装置,其环境温度是距离该装置的气流进入点的平面不超过 50 mm 处测得的温度;对于无通风的装置,其环境气温是在机壳中垂线上方距离该装置不超过 50 mm 处测得的室温。

6.1.3 温度变化试验

远程 I/O 温度变化试验条件和方法见表3。

表 3 耐/抗温度变化试验

		耐温度变化试验	抗温度变化试验
参考试验		GB/T 2423.2—2008b	
预处理		按制造厂的规范	
初始测量		按 PFVP,见 4.2	
工作状态		不连接电源	连接电源
检测时测量和/或加载		无	c
低温f		−40 ℃ ± 3 ℃e	+5 ℃ ± 2 ℃
高温f	开放式装置	+70 ℃ ± 2 ℃	+55 ℃ ± 2 ℃
	封闭式装置	+70 ℃ ± 2 ℃	+40 ℃ ± 2 ℃
每一温度的试验时间		3 h ± 30 min	

表 3（续）

	耐温度变化试验	抗温度变化试验
转换时间	小于 3 min	不规定
温度变化率	不规定	3 ℃/min ± 0.6 ℃/min
循环次数	5	2
恢复步骤		
时间	小于 2 h	不规定
气候条件	见 6.1.1 和 4.3[d]	不规定
电源		不规定
最终测量	[a]	[b]

[a] 恢复后按照 PFVP(4.2)进行验证。

[b] 试验期间按照 PFVP(4.2)进行验证。

[c] 多信道输出模块的额定值应按制造厂的规定降低。

[d] 在基本远程 I/O 再次与电源连接之前,应通风除去内外部的所有凝露。

[e] —25 ℃ ±3 ℃ 是可接受的,但不推荐在将来的设计中使用。

[f] 对于有通风的装置,其环境温度是距离该装置的气流进入点的平面不超过 50 mm 处测得的温度;对于无通风的装置,其环境气温是在机壳中垂线上方距离该装置不超过 50 mm 处测得的室温。

6.1.4 耐交变湿热试验

远程 I/O 交变湿热试验条件和方法见表 4。

表 4 耐交变(12 h＋12 h)湿热试验

参考试验	GB/T 2423.4—2008
预处理	按制造厂的规范
初始测量	按 PFVP,见 4.2
检验	无
检验时测量和/或加载	无
安装/支撑的细则	无
变化形式	2
特别注意	不连接电源
温度[b]	＋55 ℃
循环次数	2
恢复步骤时间	
气候条件	在 GB/T 2423.4—2008 所述的受控条件下[a]
电源	不连接电源[a]
最终测量	恢复后按 PFVP(4.2)进行试验

[a] 在 EUT 再次与电源连接之前,应通风除去内外部的所有凝露。

[b] 对于有通风的装置,其环境温度是距离该装置的气流进入点的平面不超过 50 mm 处测得的温度;对于无通风的装置,其环境气温是在机壳中垂线上方距离该装置不超过 50 mm 处测得的室温。

6.2 机械环境试验

6.2.1 振动（正常工作条件下的型式试验）

远程 I/O 抗振试验条件和方法见表5。

表 5 抗振试验

参考试验	GB/T 2423.10—2008
预处理	按制造厂的规范
初始测量	按 PFVP，见 4.2
安装/支撑的细则	便携式和手持式装置，按制造厂的规范
振动类型	正弦
振幅/加速度	
5 Hz $\leqslant f <$ 8.4 Hz	3.5 mm_{peak} 位移，恒定振幅
8.4Hz $\leqslant f \leqslant$ 150 Hz	1.0 g_{peak} 加速度，恒定振幅
扫描速率	以每分钟一倍频程（±10%）的速率扫描
振动持续时间	在三个相互垂直轴的每个轴上，分别扫描 10 次
加载时的测量和验证	按 PFVP，见 4.2
试验后的验证	按 PFVP，见 4.2

注：应将跨越频率（约 8.4 Hz）调整为从恒定振幅位移要求到恒定振幅加速度要求的连续平滑跨越。

6.2.2 冲击（正常工作条件下的型式试验）

远程 I/O 抗冲击试验条件和方法见表6。

表 6 抗冲击试验

参考试验	GB/T 2423.5—1995
预处理	按制造厂的规范
初始测量	按 PFVP，见 4.2
安装/支撑的细则	便携式和手持式装置，按制造厂的规范
冲击类型	半正弦
冲击强度	15 g_{peak}，持续时间 11 ms
施加	在三个相互垂直轴的每个轴上，每轴向分别冲击 3 次（共冲击 18 次）
加载时的测量和验证	按 PFVP，见 4.2
试验后的验证	按 PFVP，见 4.2

6.2.3 自由跌落（正常工作条件下的型式试验）

远程 I/O 抗/耐自由跌落试验条件和方法见表7。

表 7　抗/耐自由跌落试验（便携装置和手持装置）

参考试验	随机跌落和平台跌落	GB/T 2423.8—1995
	有支撑的跌落	GB/T 2423.7—1995
预处理		按制造厂的规范
初始测量		按 PFVP，见 4.2
安装/支撑的细则		（如有的话）使用制造厂的标准电缆装备的被试装置（EUT）
加载时的测量和验证		按 PFVP，见 4.2
试验后的验证		按 PFVP，见 4.2

6.2.4　自由跌落（与运输和贮存条件相关的型式试验）

远程 I/O 在运输和贮存条件下的耐自由跌落试验条件和方法见表 8。

表 8　耐自由跌落试验（在制造厂原始包装内的单元）

参考试验	GB/T 4857.5
样品选择	每种类型用制造厂的原始包装中的最重单元
初始测量	按 PFVP，见 4.2
安装/支撑的细则	（如有的话）使用制造厂的标准电缆装备的被试装置（EUT）
加载时的测量和验证	无
试验后的验证	按 PFVP，见 4.2

6.2.5　可插/拔式单元的插/拔

可插/拔式单元的插/拔试验方法见表 9。

表 9　可插/拔式单元的插/拔

参考试验	无
永久性安装单元的试验说明	在不带电的条件下插/拔 50 次，然后装置应通过 PFVP（见 4.2）验证程序
非永久性安装单元的试验说明	在基本远程 I/O 中执行如 PFVP（见 4.2）所要求的功能试验程序时，插/拔 500 次； 插/拔应不影响基本远程 I/O 的正常工作； 不要求在试验期间有物理链路上的通信

6.3　电源端口和后备存储器的特殊功能要求的验证——电源端口的特殊抗扰性限制

6.3.1　装置电源输入端口的验证（交流或直流）

6.3.1.1　电压范围、电压纹波和频率范围试验

远程 I/O 抗电压纹波和频率变化试验条件和方法见表 10。

表 10 抗电压纹波和频率范围试验

参考试验	无	
EUT 配置	按制造厂的规范	
初始测量	按 PFEP，见 4.2	
试验说明	最小工作电压	最大工作电压
交流电压($k \times U_e$)[a]	$k = 0.85$	$k = 1.10$
交流频率($k \times F_n$)[a]	$k = 0.94$	$k = 1.04$
直流电压($k \times U_e$)[a]	$k = 0.85$	$k = 1.20$
纹波连续($k \times U_e$)[a]	$k = 0.05$	$k = 0.05$
试验持续时间	30 min	30 min
加载期间的测量和验证	按 PFEP，见 4.2	
试验后的验证	按 PFEP，见 4.2	
合格/不合格准则	A	
[a] 详见 GB/T 30245.1—2013 中表 5 的规定。		

6.3.1.2 抗 3 次谐波试验

远程 I/O 抗谐波试验条件和方法见表 11。

表 11 抗 3 次谐波试验

参考试验	无
EUT 配置	按制造厂的规范
初始测量	按 PFVP，见 4.2
试验说明	把调整到额定电网电压的 10% 的 3 次谐波电压(150 Hz 或 180 Hz)迭加到 0° 和 180° 相位的交流装置电源上(见图 1)
每个相位的持续时间	5 min
加载期间的测量和验证	按 PFVP，见 4.2
试验后的验证	按 PFVP，见 4.2

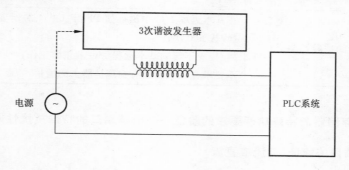

图 1 抗 3 次谐波的试验

6.3.1.3 启动试验

当加上外部电源的一定时间后(时间的长短由制造厂规定),远程 I/O 应按制造厂的技术要求重新启动(自动再启动或手动再启动、初始化顺序等)。在启动期间,应没有操作系统错误或任何意想不到的错误。

6.3.2 外部电源变化试验(抗扰性试验)

6.3.2.1 概述

当电压低于正常工作条件的最小限值和/或频率超过正常工作条件的范围时,远程 I/O 应"维持正常工作,或转入预先规定的状态,而且有明确规定的行为特性,直到恢复正常工作为止"。

合格/不合格准则:在试验期间,PFVP(见 4.2)应确保远程 I/O 的基本行为特性与制造厂所规定的一样,而且应没有由非正常 PFVP 试验程序所引起的变化,也没有操作系统错误或任何意想不到的错误。

6.3.2.2 平缓停机/启动试验

远程 I/O 平缓停机/启动试验条件和方法见表 12。

表 12 平缓停机/启动试验

参考试验	无
EUT 配置	按制造厂的规范
初始测量	按 PFVP,见 4.2
试验说明	平缓停机/启动(见图 2)
初始/最终条件	电源在额定值(U_e、F_n),无纹波
最低电压/V	0 V
在最低电压时的等待时间/s	$10(1\pm20\%)$s
试验次数	3
两次试验的时间间隔	$1\text{ s}<$ 时间间隔 $\leqslant 10\text{ s}$
加载时的测量和验证	按 PFVP,见 4.2
停机电压限值(SDL)	在逐渐降低电压期间,远程 I/O 执行制造厂规定的停机顺序,或不按照 PFVP 启动一种行为特性时的电压
平均停机极限电压 SDL(SDL_{av})	3 次测得的 SDL 的平均值
合格/不合格准则	按 6.3.2.1

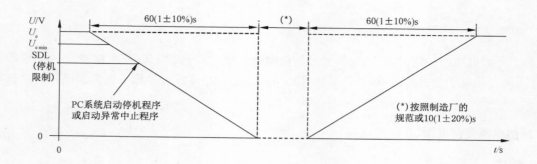

图 2　平缓停机/启动试验

6.3.2.3　电源电压变化试验

远程 I/O 电源电压变化试验条件和方法见表13。

表 13　电源电压变化试验

参考试验	无	
EUT 配置	按制造厂的规范	
初始测量	按 PFVP，见 4.2	
试验说明	电源电压快变化（见图 3）	电源电压慢变化（见图 4）
初始/最终条件	电源在额定值（$U_{e\,min}$、F_n），无纹波	
最低电压（U）	0	0.9 SDL$_{av}$（1±10 ％）[a]
在最低电压时的等待时间/s	0	0
试验次数	3	3
两次试验的时间间隔	1 s＜ 时间间隔 ≤5 s	
加载时的测量和验证	按 PFVP，见 4.2	
合格/不合格准则	按 6.3.2.1	
[a]　SDL$_{av}$是平缓停机试验的结果（6.3.2.2）。		

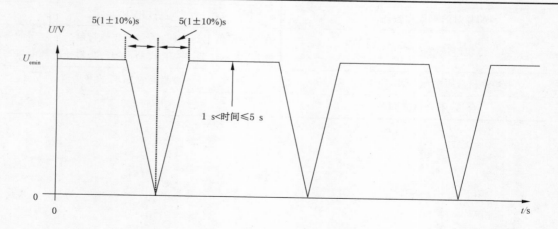

图 3　电源电压快变化试验

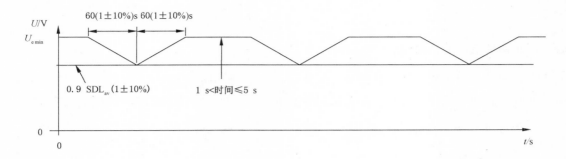

图 4　电源电压慢变化试验

6.3.2.4　电压中断

远程 I/O 电源中断试验条件和方法见表 14。

在试验期间执行 PFVP(见 4.2)。

表 14　抗电压中断试验(功能试验)

参考试验	GB/T 17626.11—2008	GB/T 17626.29—2006	
EUT 配置	按制造厂的规范		
初始测量	按 PFVP,见 4.2		
电源电压和频率	$U_{e\,min}$、F_ne	$U_{e\,min}$e	
	交流电源中断	直流电源中断	
持续时间	0.5 周期,跨零点开始a,b	PS1:≥1 msb	PS2:≥10 msb
$U_{e\,min}$ 至%$U_{e\,min}$e	0%	0%	0%
执行准则	EUT 应继续按预期规定运行; 无功能或性能丢失d		
试验次数	20		
两次试验间的时间间隔	1 s < 时间间隔 ≤ 10 s		
试验期间的测量和验证	应保持正常工作c; 按 PFVP,见 4.2		
试验后的验证	EUT 应继续按预期规定运行; 按 PFVP,见 4.2		

a　可选地,制造厂可选择在任意相位角中断供电。

b　制造厂可规定较长时间的中断。

c　由同一电源供电的输出和快速响应输入可能在干扰期间暂时受到影响,但在干扰结束后应恢复正常工作。

d　这些标准与 GB/T 30245.1—2013 表 16 中性能等级 A 相同。

e　$U_{e\,min}$ 是 GB/T 30245.1—2013 中表 5 的最小容差时的 U_e。

6.3.3　电源反向试验

6.3.3.1　耐直流电源反向试验

应施加额定极性反向电压,时间长达 10 s。试验结果应与制造厂指定的情况相符(如熔断器烧断)。在试验之后,EUT 应能通过正常的验证程序(见 4.2)。可以在验证之前重新安装保护器件,如熔断器。

6.3.3.2 不正确的电压电平和/或频率试验

对于电压电平超过正常工作条件的最大限值($U_{e\,max}$,它是 GB/T 30245.1—2013 规定的工作电压范围)和/或频率超过正常工作条件的限值范围($F_{n\,max}$ 和 $F_{n\,min}$)的试验,应由用户与制造厂进行协商。

6.3.4 后备存储器要求的验证

6.3.4.1 存储器数据保存时间试验

EUT 存储器数据保存时间试验条件和方法见表15。

表 15 存储器数据保存时间试验

参考试验	无	
EUT 配置	按 PFVP,见 4.2	
准备工作时间	按制造厂的规范(电源需要时间以进行充分充电)	
要完成的试验	试验 A 或试验 B	
试验说明	试验 A	试验 B
初始条件	电源完全充电;外部电源断开	
温度	开放式装置 55 ℃; 封闭式装置 40 ℃	通用条件 (见 4.3)
持续时间	300 h	1 000 h
试验后的验证	按 PFVP,见 4.2。远程 I/O 应完全能正常工作,不应丢失保持的数据	

6.3.4.2 制造厂更换电源方法的验证

制造厂更换电源试验方法见表16。

表 16 更换电源试验

参考试验	无
EUT 配置	按 PFVP,见 4.2
电源更换	按制造厂的规定(电源需要时间以进行充分充电)
试验后的验证	按 PFVP,见 4.2。EUT 应完全能正常工作,不应丢失保持的信息

6.3.4.3 其他要求的验证

应检查所要求的电池"电池电压低"的警示(见 GB/T 30245.1—2013 的 6.2 中的要求)(拆下电源,用合适的可控电压来替换电源)。

6.4 输入/输出要求的验证

6.4.1 概述

从此往后对试验程序不作详细规定。详细步骤应由用户与制造厂协商规定。

虽然对试验程序没有作出详细规定,但应完成所提及的所有试验。

除非本条中另有规定,所有试验均应在同一个输入/输出信道上进行两次:

——第一次试验:在最低工作温度(T_{min}),即 5 ℃ 或 GB/T 30245.1—2013 表 1 中给出的 T_{min};

——第二次试验:在最高工作温度(T_{max}),即 40 ℃/55 ℃ 或 GB/T 30245.1—2013 表 1 中给出的 T_{max}。

只需对每种类型的一个模拟输入信道和一个数字输入信道进行试验,但对基本远程 I/O 配置的所有不同类型的信道都应进行试验。

对多信道输出模块的所有信道都应进行试验。

6.4.2 数字输入的验证

6.4.2.1 工作范围试验

应进行满足所有要求的验证。

试验程序:

按制造厂与用户共同协商的程序。

6.4.2.2 耐信号极性反向试验

试验程序:

应在数字输入端施加反极性信号,时间长达 10 s。

验证:

试验结果应与制造厂规定的相同。器件应通过 PFVP(见 4.2)。保护器件(如熔断器)可以在验证前重新安装。

6.4.2.3 其他要求的验证

数字输入/输出应满足 GB/T 30245.1—2013 中 6.2.2.2 的一般要求和 6.2.2.3 要求的验证。

6.4.3 数字输出的验证

6.4.3.1 工作范围试验

应进行满足所有要求的验证。

试验程序:

——电流范围:按用户与制造厂的协商。

——电压跌落:按用户与制造厂的协商。

——漏电流:不得拆除用于输出保护的器件/电路。

——温度过载:按 GB/T 14048.10—2008(AC-15 或 DC-13)。对于耐短路保护输出,电流值应为 2 倍 I_e 至 20 倍 I_e(按 GB/T 30245.1—2013 中 6.2.3.2.3 的要求)。

6.4.3.2 保护输出、无保护输出和耐短路输出的试验

EUT 的数字输出的过载试验和短路试验见表 17。

表 17　数字输出的过载试验和短路试验

参考试验	无				
EUT 配置	按制造厂的规范				
安装/支撑的细则	按制造厂的规范				
加载	试验中只需对每一类型中的一个 I/O 信道进行检查				
初始测量	按 PFVP,见 4.2				
试验说明	A	B	C	D	E
预期电流($k \times I_e$)	1.2/1.3[a]	1.5	2	5	21
试验持续时间/min	5	5	5	5	5
试验次序					
第一批(在 T_{min} 处)	1	2	3	4	5
第二批(在 T_{max} 处)	6	7	8	9	10
两次试验的时间间隔	10 min≤时间间隔≤60 min				
施加保护输出试验	是	是	是	是	是
耐短路输出	否	否	是[b]	否	是[d]
无保护输出[c]	否	否	是[b]	否	是[d]
测量和验证	见 GB/T 30245.1—2013 的 6.2.3.2.2 和 6.2.4.2 中的要求				
在过载期间	按 PFVP,见 4.2				
紧接在过载后	按 PFVP,见 4.2				
在过载后的正确重新设置	按 PFVP,见 4.2				
[a] 1.2 用于交流输出,1.3 用于直流输出					
[b] 电流范围在 $2I_e \sim 20I_e$ 时,模块可能需要修复或更换					
[c] 应安装由制造厂提供的或指定的保护器件					
[d] 保护器件应动作。若用于下面的试验,则应重新设置或更换保护器件					

6.4.3.3　耐信号极性反向试验

如果装置设计有防止信号极性反向的措施,则可以不做本试验,而用合适的外观检查来代替。

试验程序:

应在数字直流输出端施加反极性信号,时间长达 10 s。

验证:

试验结果应与制造厂规定的相同。

器件应通过 PFVP(见 4.2)。保护器件(如熔断器)可以在验证前重新安装。

6.4.3.4　其他要求的验证

应进行如下验证,即数字输入/输出满足 GB/T 30245.1—2013 中 6.2.3.1 或 6.2.4.1 的一般要求和 6.2.3.2 或 6.2.4.2 的其他要求(输出指示器和机电式继电器输出)。

6.4.4 模拟输入/输出的验证

6.4.4.1 工作范围试验

应进行满足所有要求的验证。

试验程序：

按制造厂与用户共同协商的程序。

6.4.4.2 模拟输入的耐过载试验

试验程序：

按用户与制造厂共同的协商。

测量和验证：

在加载期间：在施加所规定的最大过载期间，应没有物理损坏或异常现象。

在试验后：应按 PFVP（见 4.2）验证输入范围最小值和最大值的准确度。

6.4.4.3 短路试验（电压输出）和开路试验（电流输出）

在进行短路（电压输出）试验或开路（电流输出）试验时，应没有物理损坏或异常现象。在试验后，执行 PFVP（见 4.2）。

6.4.4.4 电源电压变化试验

本试验应在模拟输入/输出模块由外部独立电源供电时进行。

电源用一个供电电压可变的电源代替。电压调整到所规定的电压范围的极限值。这时，该模块应通过 PFVP，输出的变化应在所规定的范围之内（见 4.2）。

6.4.4.5 耐信号极性反向试验

如果装置设计有防止信号极性反向措施，则可以不做本试验，而用合适的外观检查来代替。

试验程序：

应在单极性模拟输入端施加反极性信号，时间长达 10s。

验证：

试验结果应与制造厂规定的相同。器件应通过 PFVP（见 4.2）。保护器件（如熔断器）可以在验证前重新安装。

6.4.4.6 其他要求的验证

不需要进行型式试验。未经试验的所有要求应按制造厂与用户共同协商的程序进行验证。

6.5 通信接口要求的验证

不需要进行型式试验。未经试验的所有要求应按制造厂与用户共同协商的程序进行验证。

6.6 远程输入/输出站的验证

6.6.1 响应时间试验

本试验验证对传输时间的影响，传输时间是指把远程输入信息和远程输入/输出站（RIOS）的状态提供给应用程序并将其逻辑判断传送到远程输出端所用的时间。

验证程序：

运行由输入状态复制到输出构成的应用试验程序,有如下四种相似的配置:

a)　本地输入到本地输出;

b)　远程输入到本地输出;

c)　本地输入到远程输出;

d)　远程输入到远程输出。

合格/不合格准则:

系统总响应时间和其后的传递时间的变化,应符合制造厂制定的技术规范。

6.6.2　通信丢失试验

当取消通信时,输出应在制造厂规定的时间间隔内呈现制造厂所规定的状态,而且没有错误的或意想不到的行为动作;同时应给用户发送通信出错的信号。

验证程序:

本试验通过断开 a)链路、b)远程输入/输出站(RIOS)外部电源,并观察基本远程 I/O(即主处理单元、远程输入/输出站和它们的输出)的行为特性来完成。

合格/不合格准则:

按要求决定。

6.7　外围设备(PADT,TE,HMI)要求的验证

所有不进行试验的要求应按制造厂与用户共同协商的程序进行验证。

6.8　自检和诊断的验证

未经试验的所有要求应按制造厂与用户共同协商的程序进行验证。

6.9　标记和制造厂技术文件的验证

通过外观检查来验证 GB/T 30245.1—2013 中的 6.11 的要求。

7　电磁兼容性(EMC)型式试验和验证

7.1　概述

关于 EMC 型式试验,合格/不合格准则详见 GB/T 30245.1—2013 中的表15。

7.2　有关电磁兼容性的试验

对于远程 I/O 的传导和辐射噪声及抗扰性,应按照制造厂的安装导则进行试验。

所有 EMC 试验都应以明确规定的、可重复的方式进行。

所有 EMC 试验都是型式试验。

可从电气特性和特定电器用法的角度考虑,以决定进行试验的项目,对不进行试验的项目及不做试验的原因记录在试验报告中。

7.3　试验环境

被试装置(EUT)位于指定的试验场所,而且任何辅助装置都应位于试验环境的影响范围之外。对于某些环境,希望至少将潜在的受干扰物安置在离辐射器的最小距离处。在工业环境中,此距离是30 m。

一般可将所有输入/输出电缆构成环路以供监视和试验,和/或用一个具代表性的负载将它们端接。

一般来说,对于多信道I/O,可用1个信道代表所有信道进行试验。必须试验on/off(导通/关断)状态,和/或代表允许的负载范围的那些点。

7.4 辐射干扰的测量

辐射干扰的测量条件和方法见表18。

表 18 辐射干扰的测量

参考试验	CISPR 16-2-3:2006
试验配置	CISPR 16-2-3:2006
距离和方法[a]	见表10
安装/支撑的细则	按制造厂的规范安装
频率范围	见表10
限制	见表10

[a] 测量距离是 EUT(或其外壳)与用于试验现场测量的接收天线之间的距离。或者是装置所在建筑物的外墙与用于现场测量的接收天线之间的距离。

7.5 传导干扰的测量

传导干扰的测量条件和方法见表19。

表 19 传导干扰的测量

参考试验	GB 4824—2004
试验配置和方法	按 CISPR 16-2-1:2005 中 7.4.1 和 CISPR 16-1-2:2003 中 4.3
施加端口	交流装置电源端口（F）
安装/支撑的细则	按制造厂的规范安装
频率范围	见表10
限制	见表12

7.6 静电放电

抗静电放电试验条件和方法见表20。

表 20　抗静电放电试验

参考试验	GB/T 17626.2—2006
EUT 配置	按制造厂的规范
初始测量	按 PFVP,见 4.2
安装/支撑的细则	按制造厂的规范和 GB/T 17626.2—2006
施加点的选择	应将 ESD 试验施加于: a)　操作员可接触到的器件(例如,HMI、PADT 和 TE); b)　外壳端口; c)　不提供意外接触保护的可接触到的工作部分(例如,开关、键盘、保护接地/功能接地、模块外壳、带连接器和金属连接器的通信端口)。 对于不带连接器的通信端口、I/O 端口或电源端口,不进行 ESD 试验
试验方法	
接触放电	EUT、水平和垂直耦合面
空气放电	EUT
试验等级	见 GB/T 30245.1—2013 的表 16
两次放电的时间间隔	≥1 s
在每一被选点上的放电次数	在装置对大地放电后放电 10 次
在加载期间的测量和验证	按 PFVP,见 4.2
性能等级	见 GB/T 30245.1—2013 的表 16

7.7　射频电磁场——调幅

抗射频电磁场试验条件和方法见表 21。

表 21　抗射频电磁场试验

参考试验	GB/T 17626.3—2006
EUT 配置	按制造厂的规范
初始测量	按 PFVP,见 4.2
安装/支撑的细则	EUT 被放置在标定的试验场中
扫描的频率范围	150 kHz～80 MHz
调制	见 GB/T 30245.1—2013 的表 16 或表 B.1
试验场强	见 GB/T 30245.1—2013 的表 16 或表 B.1[a]
在加载期间的测量和验证	按 PFVP,见 4.2
性能等级	见 GB/T 30245.1—2013 的表 16 或表 B.1[a]

[a]　除 ITU 广播调频波段外,87 MHz～108 MHz、174 MHz～230 MHz 和 470 MHz～790 MHz 这些频段等级应是 3 V/m。

7.8 工频磁场

抗工频磁场试验条件和方法见表22。

表 22 抗工频磁场试验

参考试验	GB/T 17626.8—2006
EUT 配置	按制造厂的规范
初始测量	按 PFVP,见 4.2
安装/支撑的细则	EUT 被投放在一个 1 m×1 m 感应线圈的磁场中
频率(电源线)	见 GB/T 30245.1—2013 的表 16 或表 B.1
试验条件	在连续磁场中的安放方法
试验场强	见 GB/T 30245.1—2013 的表 16 或表 B.1
加载期间的测量和验证	按 PFVP,见 4.2
性能等级	见 GB/T 30245.1—2013 的表 16 或表 B.1

7.9 电快速瞬变脉冲群

抗电快速瞬变脉冲群试验条件和方法见表23。

表 23 抗电快速瞬变脉冲群试验

参考试验	GB/T 17626.4—2008
EUT 配置	按制造厂的规范
初始测量	按 PFVP,见 4.2
安装/支撑的细则	EUT 的配置必须达到,通过规定的电容耦合以消除 I/O 线接收到辐射的电磁干扰
额定电压下的严酷等级	见 GB/T 30245.1—2013 的表 17、表 18 或表 B.2
持续时间	最少 1 min
施加端口	施加方法
通信（Al、Ar、Be、Bi 和 E）、I/O（C 和 D）、I/O 电源（J）和辅助电源输出（K）	50 pF~200 pF 电容耦合夹
装置电源(F)	33 nF 直接耦合
在加载期间的测量和验证	按 PFVP,见 4.2
性能等级	见 GB/T 30245.1—2013 的表 17、表 18 或表 B.2

注:本试验的重复性与在电容耦合夹内导线的数量和相对位置密切相关。

7.10 抗高能量浪涌

抗高能量浪涌试验条件和方法见表24。

表 24　抗高能量浪涌试验

参考试验	GB/T 17626.5—2008
EUT 配置	按制造厂的规范
初始测量	按 PFVP，见 4.2
安装/支撑的细则	按制造厂的规范
额定电压下的严酷等级	见 GB/T 30245.1—2013 的表 17、表 18
放电次数	正负极性各放电 5 次
重复率	最大 1/min
施加端口	施加方法
屏蔽的通信(Al、Ar、Be、Bi、E)和屏蔽的 I/O(C 和 D)	在屏蔽接地与参考接地之间接入电容 2 Ω/10nF
非屏蔽的通信(Al、Ar、Be、Bi、E)、非屏蔽的 I/O (C 和 D)、I/O 电源(J)和辅助电源输出(K)	42 Ω/0.5 μF CM、42 Ω/0.5 μF DM
装置电源(F)	12 Ω/9 μF CM、2 Ω/18 μF DM
在加载期间的测量和验证	按 PFVP，见 4.2
性能等级	见 GB/T 30245.1—2013 的表 17、表 18

7.11　抗传导性射频干扰

抗传导性射频干扰试验条件和方法见表 25。

表 25　抗传导性射频干扰试验

参考试验	GB/T 17626.6—2008
EUT 配置	按制造厂的规范
初始测量	按 PFVP，见 4.2
安装/支撑的细则	EUT 的配置必须达到,通过规定的磁场耦合以消除 I/O 线接收到辐射的电磁干扰
额定电压下的严酷等级	见 GB/T 30245.1—2013 的表 17、表 18 或表 B.2
扫描的频率范围	150 kHz～80 MHz
调制	通过一个 1 kHz 正弦波的 80% 幅度调制
试验等级(未调制的)	见 GB/T 30245.1—2013 的表 17、表 18 或表 B.2
施加端口	施加方法 (在 EUT 与耦合钳或 CDN 之间的所有电缆应尽可能短)
通信(Al、Ar、Be、Bi 和 E)、I/O(C 和 D)、装置电源 (F)、功能接地(H)、I/O 电源(J)和辅助电源输出(K)	CDN(耦合去耦网络)、EM(电磁钳)或电流耦合夹
在加载期间的测量和验证	按 PFVP，见 4.2
性能等级	见 GB/T 30245.1—2013 的表 17、表 18 或表 B.2

7.12　抗衰减震荡波(仅用于 C 区)

抗衰减震荡波试验条件和方法见表 26。

表 26 抗衰减震荡波试验

参考试验	IEC 61000-4-18:2011
EUT 配置	按制造厂的规范
初始测量	按 PFVP，见 4.2
安装/支撑的细则	按制造厂的规范
波形	衰减震荡波，在 3～6 个周期后，其包络线达到初始峰值的 50%（验证波的正弦形状）
频率	1 MHz（1± 10%）
源阻抗	200 Ω（1±10%）非屏蔽
重复率	400/s
试验持续时间	最小 2 s
接线长度	最长 2 m
额定电压下的严酷等级	见 GB/T 30245.1—2013 的表 B.2
施加点	施加方法
I/O（C 和 D）、装置电源（F）、I/O 电源（J）和辅助电源输出（K）	CM、DM
在加载期间的测量和验证	按 PFVP，见 4.2
性能等级	见 GB/T 30245.1—2013 的表 B.2

7.13 电压跌落和中断

电压跌落和中断抗扰度试验条件和方法见表 27。

表 27 电压跌落和中断抗扰度

参考试验	GB/T 17626.11—2008			
EUT 配置	按制造厂的规范			
初始测量	按 PFVP，见 4.2			
供电电压和频率	U_e、F_n[e]			
试验持续时间	0.5 周期，从过零点开始[a,b]	250/300 周期[d]	10/12 周期[d]	25/30 周期[d]
U_e 至%U_e[e]	0%	0%	40%	70%
性能准则	见表 19			
试验次数	20			
两次试验间的时间间隔	1 s ＜时间间隔＜ 10 s			
试验期间的测量和验证	按 PFVP，见 4.2 应维持正常运行[c]			
试验后的验证	按 PFVP，见 4.2			

[a] 制造厂可选择在任意相位角中断供电。

[b] 制造厂可规定较长时间的中断。

[c] 由同一电源供电的输出和快/慢速响应输入可能在干扰期间暂时受到影响，但在干扰结束后应恢复正常工作。

[d] F_n = 50/60 Hz。

[e] GB/T 30245.1—2013 的表 5 中标称电压下的 U_e。

8 安全常规试验

8.1 耐介电强度试验

将 GB/T 30245.1—2013 表12 中规定的试验电压施加在隔离的电输出/输入端子之间、以及所有电输出/输入端子与保护接地端子之间进行试验。

8.2 保护接地试验

在接地端子(或触点)与每个需接地的可接触金属部件之间注入恒定电流 30 A,持续时间至少 2 min。在试验期间,应将电流维持在或相应地调整到 30 A。可使用不超过 12 V 的任何合适的低电压。应在电流通过的两点之间测量电压降,测量时要注意到测量探头的尖端与其下面的金属部件之间的接触电阻不应影响试验结果。

合格/不合格准则:计算的电阻应不超过 0.1 Ω。

9 检验规则

9.1 出厂试验及验收试验

每一远程 I/O 须经技术检验部门检验合格后方能出厂。远程 I/O 出厂试验应按表28 中的规定进行。

若用户同意按 GB/T 2828.1—2012 进行抽样验收时,验收检验可按出厂试验规定进行,否则由制造厂与用户协商确定。

表 28　出厂试验项目

序号	项目名称	技术要求条号	试验方法条号
1	温度变化试验	GB/T 30245.1—2013 中 5.1.1	GB/T 30245.2—2013 中 6.1.3
2	相对湿度影响试验	GB/T 30245.1—2013 中 5.1.2	GB/T 30245.2—2013 中 6.1.4
3	振动试验	GB/T 30245.1—2013 中 5.2.2	GB/T 30245.2—2013 中 6.2.1
4	冲击试验	GB/T 30245.1—2013 中 5.2.3	GB/T 30245.2—2013 中 6.2.2
5	倾跌试验	GB/T 30245.1—2013 中 5.2.4	GB/T 30245.2—2013 中 6.2.3
6	运输和贮存条件实验	GB/T 30245.1—2013 中 5.3	GB/T 30245.2—2013 中 6.2.4
7	射频电磁场辐射干扰影响试验	GB/T 30245.1—2013 中 7.3.3	GB/T 30245.2—2013 中 7.7
8	外界磁场干扰影响试验	GB/T 30245.1—2013 中 7.3.3	GB/T 30245.2—2013 中 7.8
9	静电放电影响试验	GB/T 30245.1—2013 中 7.3.3	GB/T 30245.2—2013 中 7.6
10	电快速瞬变脉冲群影响试验	GB/T 30245.1—2013 中 7.3.3	GB/T 30245.2—2013 中 7.9
11	电压范围、电压纹波和频率范围试验	GB/T 30245.1—2013 中 6.1.1.1	GB/T 30245.2—2013 中 6.3.1.1
12	电压谐波试验	GB/T 30245.1—2013 中 6.1.1.2	GB/T 30245.2—2013 中 6.3.1.1
13	电压中断电源端口试验	GB/T 30245.1—2013 中 6.1.1.3	GB/T 30245.2—2013 中 6.3.2.3
14	标记和制造厂技术文件的验证	GB/T 30245.1—2013 中 6.11	GB/T 30245.2—2013 中 6.9

9.2 型式试验

远程 I/O 型式试验应根据本部分对 GB/T 30245 的第 1 部分规定的技术要求进行全部试验。

注：当制造厂认为某些质量指标能够得到保证时，制造厂内部型式试验的内容允许适当简化。一般型产品不进行
GB 3836.1—2010《爆炸性环境　第 1 部分：设备　通用要求》所要求的试验。

10　其他考虑事项

10.1　总则

为了检验远程 I/O 的一些其他特性，应进行附加试验，例如由密封提供的安全和防护等级。

为了准备试验报告、试验程序所需的通用信息，包含下述几个方面：

- 安装；
- 例行维护和调试；
- 维修和大修。

应根据实际运行要求和制造厂的说明书来进行性能检查，以便能同时对说明书做出评价。

10.2　安全

按 GB 4793.1—2007 检查远程 I/O。

10.3　外壳防护

如果需要的话，应根据 GB 4208—2008 和 GB/T 16842—2008 进行试验。

10.4　文献资料

制造厂主动提供的以及试验室要求提供的全部有关文件应列出清单。

如果这些文件没有附带用来清楚描述远程 I/O 操作的完善图表，或没有完整的元件清单和规范，则应指出其不足。

此外，还应列出表明远程 I/O 本质安全和隔爆等级的证书。

应给出具体的证书号码和防护等级等信息。

10.5　安装

远程 I/O 应根据制造厂的说明书安装和投入使用，同时要考虑在实际中可能遇到的和要求不同程序的各种应用。

制造厂规定的安装方法应列入报告。任何由于此种安装方法所造成的对远程 I/O 的使用限制都应予以指出并加以说明。

另外，有关安装的难易程度也应指出并加以说明。

10.6　例行维护和调试

应根据制造厂的说明书进行必要的例行维护和调试操作（建议每年应该至少进行 4 次这种操作）。

任何有关执行这些操作的难易程度都应予以指出，并说明原因。

10.7　修理

通常远程 I/O 都能分解成若干组件，制造厂也应详细说明有关这些组件的拆换修理程序，这些组件有的可由用户进一步拆卸，有的则不能进一步拆卸。为了评估修理的方便程度，每次应拆卸一个组

件,每一组件都应拆卸到不能再拆开为止,并将任何损坏的或其他需要更换的零件换成新的。

任何有关这些修理的难易程度都应予以指出,并说明原因。

10.8 表面防护处理

应列出制造厂规定的外部零件的表面防护处理完成情况,并附有关评价意见。

10.9 设计特征

应列出所有可能造成使用困难的有关设计或结构方面的情况,并说明原因。同时还要列出可能具有特殊意义的任何特征,例如工作部件的密封等级、备件的互换性和气候防护等。

10.10 可调整参数

报告中应指出厂商列出的重要的变型和选件。

10.11 工具和设备

应列出安装、维护和修理所必须的工具和设备。

11 试验报告和文档

试验完成以后,应根据 GB/T 18271.4—2000 准备完整的评定试验报告。

报告发表之后,所有试验期间与测试有关的原始文档应在试验室至少储存两年。

参 考 文 献

[1] GB/T 2423.22—2012 环境试验 第2部分:试验方法 试验N:温度变化

[2] GB 3836.1—2010 爆炸性环境 第1部分:设备 通用要求

[3] GB/T 6113.201—2008 无线电骚扰和抗扰度测量设备和测量方法规范 第2-1部分:无线电骚扰和抗扰度测量方法 传导骚扰测量

[4] GB/T 6113.203—2008 无线电骚扰和抗扰度测量设备和测量方法规范 第2-3部分:无线电骚扰和抗扰度测量方法 辐射骚扰测量

[5] GB/T 15969.2—2008 可编程序控制器 第2部分:设备要求和测试

[6] GB/T 17214.1—1998 工业过程测量和控制装置工作条件 第1部分:气候条件

[7] JB/T 9329—1999 仪器仪表运输、运输贮存 基本环境条件及试验方法

ICS 25.040.40
N 18

中华人民共和国国家标准

GB/T 36413.1—2018

自动化系统　嵌入式智能控制器
第1部分:通用要求

Automation system—Embedded smart controller—
Part 1:General requirements

2018-06-07 发布

2019-01-01 实施

国家市场监督管理总局
中国国家标准化管理委员会　发　布

前　言

GB/T 36413《自动化系统　嵌入式智能控制器》由以下部分组成：
——第 1 部分：通用要求；
——第 2 部分：测试评估规范；
——第 3 部分：良好实践。

本部分是 GB/T 36413 的第 1 部分。

本部分按照 GB/T 1.1—2009 给出的规则起草。

请注意本文件的某些内容可能涉及专利。本文件的发布机构不承担识别这些专利的责任。

本部分由中国机械工业联合会提出。

本部分由全国工业过程测量控制和自动化标准化技术委员会(SAC/TC 124)归口。

本部分起草单位：研祥智能科技股份有限公司、北京金立石仪表科技有限公司、厦门宇电自动化科技有限公司、西南大学、厦门安东电子有限公司、安徽蓝润自动化仪表有限公司、绵阳市维博电子有限责任公司、重庆宇通系统软件有限公司、西安东风机电股份有限公司、北京瑞普三元仪表有限公司、苏州市山博自动化系统工程有限公司、罗克韦尔自动化(中国)有限公司、杭州盘古自动化系统有限公司、深圳万讯自控股份有限公司、重庆两江新区市场和质量监督管理局、北京昆仑海岸传感技术有限公司、上海模数仪表有限公司、重庆市伟岸测器制造股份有限公司、西安优控科技发展有限责任公司、福建顺昌虹润精密仪器有限公司、江苏杰克仪表有限公司、北京京仪仪器仪表研究总院有限公司、厦门市计量检定测试院、南京优倍电气有限公司、深圳市尔泰科技有限公司、广州南控自动化设备有限公司、浙江盾安禾田金属有限公司、上海凡宜科技电子有限公司、上海万迅仪表有限公司、上海盖林自动化科技有限公司、成都阿普奇科技股份有限公司、安徽蓝德集团股份有限公司、重庆理工大学、中国烟草总公司职工进修学院、中国仪器仪表学会。

本部分主要起草人：庞观士、任军民、薛英仪、曾霆、宫晓东、周宇、张新国、钟秀蓉、黄巧莉、李涛、肖国专、陈万林、阮赐元、岳周、任卫东、李振中、姜凤军、华镕、徐志华、郑维强、陈一兰、刘伯林、明代都、韩恒超、唐田、欧文辉、胡明、陈志扬、邹凌、王悦、蒋淑恋、董健、郑彦哲、官荣涛、汪向荣、王圣斌、郝建庆、赵俊虎、陈坚松、李正祥、余成波、王德吉、张建。

自动化系统 嵌入式智能控制器
第1部分:通用要求

1 范围

GB/T 36413 的本部分规定了自动化系统嵌入式智能控制器的术语和定义以及通用要求。

本部分适用于嵌入式智能控制器的设计、测试和使用,是制定产品标准的依据。

2 规范性引用文件

下列文件对于本文件的应用是必不可少的。凡是注日期的引用文件,仅注日期的版本适用于本文件。凡是不注日期的引用文件,其最新版本(包括所有的修改单)适用于本文件。

GB/T 191 包装储运图示标志

GB 4943.1 信息技术设备 安全 第1部分:通用要求

GB/T 9254 信息技术设备的无线电骚扰限值和测量方法

GB/T 9969 工业产品使用说明书 总则

GB/T 17214.1 工业过程测量和控制装置工作条件 第1部分:气候条件

GB/T 17214.3 工业过程测量和控制装置的工作条件 第3部分:机械影响

GB/T 17618 信息技术设备 抗扰度 限值和测量方法

GB/T 17626.2 电磁兼容 试验和测量技术 静电放电抗扰度试验

GB/T 17626.3 电磁兼容 试验和测量技术 射频电磁场辐射抗扰度试验

GB/T 17626.4 电磁兼容 试验和测量技术 电快速瞬变脉冲群抗扰度试验

GB/T 17626.5 电磁兼容 试验和测量技术 浪涌(冲击)抗扰度试验

GB/T 17626.6 电磁兼容 试验和测量技术 射频场感应的传导骚扰抗扰度

GB/T 17626.8 电磁兼容 试验和测量技术 工频磁场抗扰度试验

GB/T 17626.11 电磁兼容 试验和测量技术 电压暂降、短时中断和电压变化的抗扰度试验

GB/T 20438.2 电气/电子/可编程电子安全相关系统的功能安全 第2部分:电气/电子/可编程电子安全相关系统的要求

GB/T 26802.1 工业控制计算机系统 通用规范 第1部分:通用要求

GB/T 26806.1 工业控制计算机系统 工业控制计算机基本平台 第1部分:通用技术条件

GB/T 29832.1 系统与软件可靠性 第1部分:指标体系

GB/T 29832.2 系统与软件可靠性 第2部分:度量方法

3 术语和定义

下列术语和定义适用于本文件。

3.1

嵌入式智能控制器 embedded smart controller

嵌入在智能仪器仪表和智能设备中的一种专用计算机,通过输入接口、输出接口和通讯接口获取被控对象工作状态、工作参数、命令执行结果以及环境数据等信息,执行其内部存储的控制程序,按照预定

的控制算法和要求,输出控制信号或者命令,驱动执行结构,实现自动化或智能化控制目标。

> 注:嵌入式智能控制器一般由微处理器、存储器、输入/输出接口、通信接口、控制功能模块和显示功能模块,以及运行在这些硬件平台上的系统软件和应用软件组成。

3.2

智能设备　intelligent equipment

一种高度自动化的机电一体化设备,是传统电气设备与计算机技术、数据处理技术、控制理论、传感器技术、网络通信技术、电力电子技术等相结合的产物。

> 注:功能完备的智能设备具备自我检测和自我诊断能力,具有灵敏准确的感知功能,知识推理和学习能力,能自主决策并独立执行任务。

3.3

智能仪器　intelligent instrument

有微型计算机或者微型处理器的测量仪器,具有操作自动化、自动测试、数据分析处理、友好人机交互界面、可编程操作等传统仪器没有的功能。智能仪器是计算机技术和测量仪器相结合的产物。

3.4

应用程序　application program

为用户设计的,可完成一组协同功能、任务或者活动的计算机程序。

> 注:有些应用程序只完成单一任务,有些应用程序集成了多个不同应用。根据任务或者活动的不同,应用程序可处理文本、数字、图形或者这些元素的组合。应用程序处在计算机系统中最高层,离计算机硬件最远。

3.5

组态配置　configuration

嵌入式智能控制器及其外围设备的部件或模块的设计组合信息。

3.6

编程语言　programming language

用来定义计算机程序的形式语言。

> 注:编程语言通常由计算机指令组成,由计算机系统解析执行。编程语言的描述一般可以分为语法及语义。语法规定哪些符号或文字的组合方式是正确的,语义则是对于编程的解释。有些编程语言通过规范文件定义,例如C语言的规格文件也是ISO标准中一部份;而有些编程语言(像Perl)有一份主要的编程语言实现文件作为参考实现。

3.7

系统扩展总线　system extension bus

用来连接计算机处理器模块与外围模块,扩展计算机处理器模块功能的信号互联机构。

> 注:每一种系统扩展总线都需定义以下四个特性:
> a)　物理特性　指总线的物理连接方式,包括总线的根数,总线的插头、插座的形状,引脚线的排列方式等;
> b)　功能特性　描述总线中每一根信号线的功能;
> c)　电气特性　定义每一根线上信号的传递方向及有效电平范围;
> d)　时间特性:规定总线上各信号有效的时序关系。

3.8

功能模块　function module

具有独立结构和标准总线接口,通过系统扩展总线与处理器模块相连,与系统其他功能协同工作,完成特定的功能,起到扩展原有系统功能的作用。例如:存储功能模块,显示功能模块。

3.9

处理器模块　processor module

嵌入式智能控制器的核心,核心部件是中央处理单元(Central Processor Unit,简称CPU),具有能存储数据和程序的存储器,能执行控制程序,处理来自输入接口或存储器的数据,将运算处理结果暂存在存储器或者输出到外部接口。

3.10

接口 interface

明确定义了物理结构、电气特性、通信协议、信号排列以及时序关系,用于连接另一个功能模块、功能部件或整机设备的信号连接器。

注:本部分的接口特指硬件接口(hardware interface),也有软件接口。

4 基本要求

4.1 结构要求

根据实际应用需求,嵌入式智能控制器可采取单板式、模块式和箱式等不同结构形式。

单板式嵌入式智能控制器是仪器仪表和智能设备的核心部件,安装在仪器仪表或者智能设备中,在一块单板上集成了仪器仪表或智能设备所需的主要功能,可通过仪器仪表或者智能设备专用功能模块实现功能扩展,图1为单板式智能控制器功能框图。根据不同的技术和应用要求,单板式智能控制器可有不同的形式,例如:单片系统 SoC(System on Chip),单板系统 Single Board System 等。

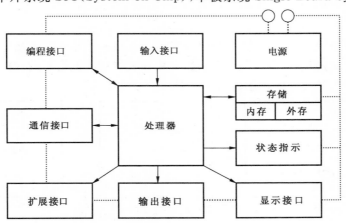

图 1 单板式智能控制器功能框图

模块式智能控制器各个模块具有独立的结构,各模块之间通过系统扩展总线相连接。系统扩展总线采用统一的标准定义,根据系统扩展总线的性质可采取不同的拓扑结构,例如:PCI 总线采用总线拓扑结构,以太网总线采用星型拓扑结构等。图 2 为模块式智能控制器功能框图。

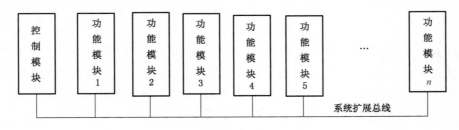

a) 总线拓扑结构

图 2 模块式智能控制器功能框图

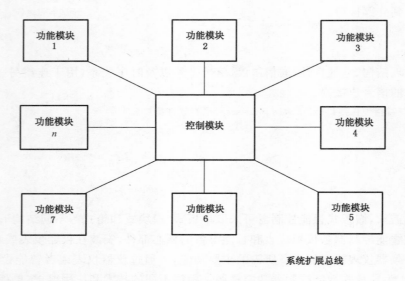

b) 星型拓扑结构

图 2（续）

　　箱式智能控制器具有独立的结构,控制器由主控制单元和一个或者多个功能扩展单元组成,主控制单元与功能扩展单元之间通过系统扩展总线连接,与模块式智能控制器不同,箱式智能控制器扩展单元没有独立的结构。图 3 为箱式智能控制器功能框图。

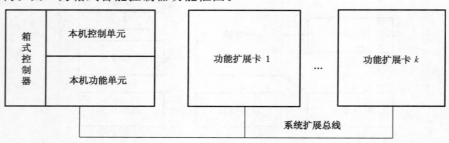

图 3　箱式智能控制器功能框图

4.2　基本功能要求

4.2.1　运算功能

　　运算功能由算术逻辑单元(ALU)、累加器、状态寄存器、通用寄存器组等组成。运算的操作和操作种类由控制器决定。运算器处理的数据来自存储器;处理后的结果数据通常送回存储器,或暂时寄存在运算器中。运算功能是嵌入式智能控制器的核心功能,通常由中央处理单元(CPU)负责在性能满足应用要求的前提下,嵌入式处理器应优先采用自主 CPU,宜采用 16 位以上的处理器。

4.2.2　通信功能

　　嵌入式智能控制器应提供至少一个工业标准通信接口,用来与被控对象或其他智能系统实现数据、命令、状态等信息交换。通信接口应符合工业通信网络现场总线相关标准要求。

4.2.3 操作功能

嵌入式智能控制器操作系统应在实时性、可靠性、安全性、可扩展性等方面满足工业控制应用的要求。

4.2.4 编程功能

嵌入式智能控制器应具有可编程功能。可编程功能的实现形式可以有以下几种：直接对控制器的控制程序或相关配置进行变更，或者是利用控制器的编程语言进行二次开发，以实现某种特定的功能，对嵌入式智能控制器程序进行升级。

已经有编程规范的应符合编程规范要求。例如：PLC 编程应符合 IEC 61131-3 要求。

4.2.5 输入/输出功能

输入/输出功能是嵌入式控制器与工业生产设备或工业生产过程装置连接的接口。现场的输入信号，如按钮开关，行程开关、限位开关以及传感输出的开关量或模拟量（压力、流量、温度、电压、电流）等，都要通过输入功能送到嵌入式控制器。输出功能的作用是接收处理器模块处理过的数字信号，并把它转换成现场执行部件所能接受的控制信号，以驱动如电磁阀、灯光显示、电机等执行机构。

对不提供系统功能扩展总线的嵌入式控制器，应根据控制目标要求提供足够数量和合适类型的输入和输出信号通道，且输入/输出接口应满足行业标准要求。

对提供系统功能扩展总线的嵌入式控制器，其输入/输出功能可以根据应用需求扩展相应数量和类型的输入功能模块和输出功能模块。

输入/输出接口应有信号隔离电路，以满足电磁干扰环境下的使用要求。

输入/输出接口信号主要分两类：一类是数字量，另一类是模拟量。

输入/输出接口信号模数转换精度，信号频率，信号电压范围等应符合控制目标的要求。

4.2.6 自诊断功能

嵌入式智能控制器应具有自诊断功能，做到系统上电即进行自诊断，确保处理器、存储器、输入/输出接口、通信接口等功能正常，确保嵌入式智能控制器固件执行代码、系统软件代码的完整性。对发现的问题或者故障应以声音、文字等方便故障定位的方式报告。

4.2.7 存储功能

嵌入式智能控制器应具有数据存储功能和程序存储功能。

4.2.8 操作系统

嵌入式控制器应具有操作系统，操作系统应采用开放系统架构，其实时性、稳定性和安全性应符合实际应用需求，宜采用自主操作系统。

4.2.9 安全功能

控制器应提供安全控制功能以满足受控设备或系统的风险控制要求。具体依据 GB/T 20438.2 要求。

4.2.10 系统扩展功能

控制器应提供符合工业标准的系统扩展总线，通过系统扩展总线增加系统功能扩展模块，实现控制器功能的扩展,满足不同应用需求。

4.2.11 电源要求

依据 GB/T 26806.1,电源应满足:

a) 对于交流供电的嵌入式智能控制器,应能在 220 V±22 V,50 Hz±1 Hz 条件下正常工作;

b) 对于直流供电的嵌入式智能控制器,直流电压允差±5%,电压标称值在产品说明书中规定;

c) 备用电源为可充电电池时,失去主电源后应自动切换到备用电池供电,对必要数据(如卫星定位信息或紧急报警信息、现场信息等)进行保存,持续时间不少于 10 min;

d) 对于电源有特殊要求的应在嵌入式智能控制器说明书中加以说明。

4.2.12 接地要求

嵌入式智能控制器应有接地端子,将外部电缆、信号电缆或连接 I/O 模块的电缆所生成的干扰释放到接地系统。

4.3 可选功能要求

4.3.1 实时时钟

具备实时时钟功能的,要求实时时钟的精度 48 h 误差不超过 5 s。

支持卫星定位系统的,可通过卫星定位系统实时校准。

支持网络对时系统的,可通过网络实时校准。

4.3.2 显示功能

通过显示设备,将嵌入式智能控制器需要输出的信息以指示灯、文字、图形或符号的形式明显地表示出来以供操作人员查看和阅读。

支持的接口包括但不限于 VGA、LVDS、HDMI、DVI、DP、eDP 等。

4.3.3 控制功能

根据与控制对象相关的各种输入信息、结合设定的控制参数,按照既定的算法和目标,实施对被控对象的控制。

4.3.4 状态指示

嵌入式智能控制器应能实时收集系统的运行状态信息,如电源、风扇、温度、电压、报警等信息,并应提供运行状态的声、光等指示功能。嵌入式智能控制器的运行状态也可通过通讯接口上传到上位机接受监控。

4.3.5 系统扩展功能

嵌入式智能控制器可预留一定类型和数量的扩展接口,适应功能的扩展和升级需要,提高系统应用的灵活性,扩展的接口应符合工业应用标准,如:PCI、PCIe、PC/104、SRIO、MiniPCIe 等。

4.3.6 功能冗余

嵌入式智能控制器的电源、风扇、存储等部件可支持冗余,当其中某个部件出现故障时,能通过指示灯、声音等形式向系统管理员发出报警信息。

4.3.7 系统自恢复功能

嵌入式智能控制器在发生故障时,应根据应用需求选择实现以下其中一级的自恢复能力:

——一级:系统出现异常时,系统具备重新运行的能力;

——二级:在第一级基础上,能保存现场关键数据;

——三级:在第二级基础上,系统能恢复正常,并以断点接续运行。

4.3.8 系统升级功能

嵌入式智能控制器应提供系统软件升级功能,应支持现场升级,可选择支持远程升级。

4.3.9 系统信息安全防护功能

嵌入式智能控制器系统应具备一定的系统保护能力,防止未经授权的用户和程序修改系统软件、使用系统、非法获取数据等。

4.4 性能要求

4.4.1 运算速度

运算速度是衡量嵌入式智能控制器性能的一项重要指标。嵌入式智能控制器应能满足系统实时性要求。

4.4.2 数据通信带宽及误码率

嵌入式智能控制器系统的通信网络中,通信接口带宽和误码率应满足相关总线标准的要求。

4.4.3 数据交换标准

嵌入式智能控制器与其他智能设备进行数据交换时,以及在设计和使用通信编程接口时,宜采用最新发布的数据交换标准。

4.4.4 数据存储容量及存取速度

数据存储容量及存取速度应满足具体系统性能要求。

4.4.5 显示性能

嵌入式智能控制器的分辨率应能够表达显示的文字、符号和图形信息;

嵌入式智能控制器的亮度应能够在相应工作环境中清晰展现显示内容;

嵌入式智能控制器应具备一定的对比度指标,能够明显分辨所显示的文字、符号和图形的边界;

嵌入式智能控制器的显示装置应根据需要具备一定的可视角度,具体指标可为大于某一范围或小于某一范围。

5 环境适应性要求

5.1 气候环境

依据 GB/T 17214.1,气候环境适应性分为 3 个级别,见表1。

表 1　气候环境适应性

条件		级别		
		1	2	3
温度/℃	工作	10～35	0～40	−10～60
	贮存运输	−40～55		
相对湿度	工作	35%～80%	30%～90%	20%～93%(40 ℃)
	贮存运输	20%～93%(40 ℃)		
大气压/kPa		86～106		

5.2　机械环境

5.2.1　振动适应性

依据 GB/T 17214.3,振动适应性分为 3 个级别,见表 2。

表 2　振动适应性

试验项目	试验内容	级别			
		1	2	3	
初始和最后振动响应检查	频率范围/Hz	5～35	10～55	10～58	58～150
	扫频速度/(oct/min)	≤1			
	驱动振幅/mm	0.15			—
	加速度/(m/s²)	—			20
定频耐久试验	驱动振幅/mm	0.15	0.75(10 Hz～25 Hz)		—
			0.15 (25 Hz～55 Hz)	0.15 (25 Hz～58 Hz)	
	加速度/(m/s²)	—			20
	持续时间/min	10±0.5	30±1		
扫描耐久试验	频率范围/Hz	5～35～5	10～55～10	10～58～10	58～150～58
	驱动振幅/mm	0.15			—
	加速度/(m/s²)	—			20
	扫频速度/(oct/min)	≤1			
	循环次数	2	5		
注:"—"表示驱动振幅与加速度不能同时选用。					

5.2.2　冲击适应性

依据 GB/T 17214.3,冲击适用性分为 3 个级别,见表 3。

表 3 冲击适应性

级别	峰值加速度 m/s²	脉冲持续时间 ms	冲击波形
1	150		半正弦波
2	300	11	或后峰锯齿波
3	500		或梯形波

5.2.3 跌落适应性

依据 GB/T 17214.3,经包装的嵌入式智能控制器应符合表 4 的要求。

表 4 运输包装件跌落适应性

包装件质量 kg	跌落高度 mm
≤15	1 000
15～30	800
30～40	600
40～45	500
45～50	400
>50	200

6 电磁兼容要求

6.1 无线电骚扰

6.1.1 传导骚扰限值

依据 GB/T 9254,应符合传导 A 级限值。

6.1.2 辐射骚扰限值

依据 GB/T 9254,应符合辐射 A 级限值。

6.2 无线电抗扰度

6.2.1 评估方法

按照表 5 评估等级评估,无线电抗扰度试验评估等级依据 GB/T 17618。

表 5 抗扰度试验评估等级

评估等级	评估依据
A	在制造商、委托方或购买方的限制内性能正常
B	功能或性能暂时丧失或降低,但在骚扰停止后能自行恢复,不需要操作者干预

表 5（续）

评估等级	评估依据
C	功能或性能暂时丧失或降低,但需操作者干预才能恢复
D	因设备硬件或软件损坏,或数据丢失而造成不能恢复的功能丧失或性能降低

6.2.2 静电放电抗扰度

依据 GB/T 17626.2 试验等级,接触放电按照 2 级要求,空气放电按照 3 级要求,判据 B。

6.2.3 射频电磁场辐射抗扰度

依据 GB/T 17626.3 试验等级,按照 2 级要求,判据 A。

6.2.4 电快速瞬变脉冲群抗扰度

依据 GB/T 17626.4 试验等级,电源端按照 2 级要求,信号端按照 2 级要求,判据 B。

6.2.5 浪涌（冲击）抗扰度

依据 GB/T 17626.5 试验等级,线-线按照 3 级要求,线-地按照 3 级要求,判据 B。

6.2.6 射频场感应的传导骚扰抗扰度

依据 GB/T 17626.6 试验等级,按照 2 级要求,判据 A。

6.2.7 工频磁场抗扰度

依据 GB/T 17626.8 试验等级,按照 1 级要求,判据 A。

6.2.8 电压暂降、短时中断和电压变化的抗扰度

a) 对于直流供电的情况,不做要求;

b) 对于交流供电的情况,应满足 GB/T 17626.11 规定的试验等级中 2 类设备要求,判据 C。

7 设备安全要求

嵌入式智能控制器的安全要求应符合 GB 4943.1 的规定。

8 可靠性要求

嵌入式智能控制器可靠性特征量采用:平均失效间隔工作时间(MTBF)和平均修复时间(MTTR)来衡量。

依据 GB/T 26802.1,MTBF 应不低于 10 000 h,MTTR 在现场维修应不大于 30 min。

软件可靠性按照 GB/T 29832.1 和 GB/T 29832.2 执行。

9 标志、包装、运输及贮存要求

9.1 标志

包装箱外应注明嵌入式智能控制器型号、数量、质量、制造单位名称、地址、制造日期、嵌入式智能控制器执行标准编号。

包装箱外应印刷或贴有"易碎物品""向上""怕雨""堆码层数极限"或"堆码重量极限"等储运标志。储运标志应符合 GB/T 191 的规定。

嵌入式智能控制器的外壳或包装箱的适当位置上应有固定的标志、标志上应至少标明：

a) 嵌入式智能控制器名称与型号；

b) 额定电压或额定电压范围、额定电源频率和额定电流；

c) 制造厂名称或商标或识别标记。

标志耐久性应需满足 GB 4943.1 的规定。

其他标志应符合国家标准有关规定。

9.2 包装

包装箱应符合防潮、防尘、防震的要求,包装箱内应有装箱清单、检验合格证、备件、附件及有关的随机文件。

包装箱内应配有操作安装使用手册或使用说明书、驱动程序等,使用说明书的编写应符合 GB/T 9969的规定。

9.3 运输

包装后的嵌入式智能控制器在长途运输时不应装在敞开的船舱和车厢,中途转运时不应存放在露天仓库中,在运输过程中不应和易燃、易爆、易腐蚀的物品同车(或其他运输工具)装运,并且嵌入式智能控制器不允许受雨、雪或液体物质的淋湿与机械损伤。

9.4 贮存

嵌入式智能控制器贮存时应存放在原包装盒(箱)内,存放嵌入式智能控制器的仓库环境温度为 0 ℃～40 ℃,相对湿度为 30%～85%。仓库内不允许有各种有害气体、易燃、易爆的嵌入式智能控制器及有腐蚀性的化学物品,并且应无强烈的机械振动、冲击和磁场作用。包装箱应垫离地面至少 15 cm,距墙壁、热源、冷源、窗口或空气入口至少 50 cm。

若在制造单位存放超过 6 个月,则应在出厂前重新进行逐批检验。

ICS 25.040.40；35.240.50
N 18

中华人民共和国国家标准

GB/T 37391—2019

可编程序控制器的成套控制设备规范

Specification for complete sets of control equipment for PLC

2019-05-10 发布
2019-12-01 实施

国家市场监督管理总局
中国国家标准化管理委员会
发布

前　言

本标准按照 GB/T 1.1—2009 给出的规则起草。

本标准由中国机械工业联合会提出。

本标准由全国工业过程测量控制和自动化标准化技术委员会(SAC/TC 124)归口。

本标准起草单位:中冶南方(武汉)自动化有限公司、北京机械工业自动化研究所有限公司、湖北省标准化与质量研究院、中国工程物理研究院动力部、大唐广电科技(武汉)有限公司。

本标准主要起草人:王胜勇、卢家斌、李阳、周海瑞、叶刚桥、袁喜荣、王军、李莹、秦思、郑刚、孙洁香、杨秋影、张雪嫣、杨明、李宁、李云、朱志平、谢秋琪、李婳婧、鲍雁坤、程伟、王标。

可编程序控制器的成套控制设备规范

1 范围

本标准规定了可编程序控制器的成套控制设备的使用条件、功能要求、外观要求、检验规则、标志、配套文件、包装、运输及贮存。

本标准适用于可编程序控制器的成套控制设备的柜、台及箱。

2 规范性引用文件

下列文件对于本文件的应用是必不可少的。凡是注日期的引用文件,仅注日期的版本适用于本文件。凡是不注日期的引用文件,其最新版本(包括所有的修改单)适用于本文件。

GB/T 191—2008 包装储运图示标志

GB/T 1184—1996 形状和位置公差 未注公差值

GB/T 1804—2000 一般公差 未注公差的线性和角度尺寸的公差

GB/T 3797—2016 电气控制设备

GB/T 4208—2017 外壳防护等级(IP 代码)

GB/T 7251.1—2013 低压成套开关设备和控制设备 第 1 部分:总则

GB/T 13384—2008 机电产品包装通用技术条件

GB/T 15969.1—2007 可编程序控制器 第 1 部分:通用信息

GB/T 15969.2—2008 可编程序控制器 第 2 部分:设备要求和测试

GB/T 15969.5—2002 可编程序控制器 第 5 部分:通信

GB/T 17626.2—2018 电磁兼容 试验和测量技术 静电放电抗扰度试验

GB/T 17799.2—2003 电磁兼容 通用标准 工业环境中的抗扰度试验

GB 17799.4—2012 电磁兼容 通用标准 工业环境中的发射

GB/T 20641—2014 低压成套开关设备和控制设备 空壳体的一般要求

YD/T 1258.2—2009 室内光缆系列 第 2 部分:终端光缆组件用单芯和双芯光缆

YD/T 1258.4—2005 室内光缆系列 第 4 部分:多芯光缆

IEC 61784 工业通信网络协议集(Industrial communication networks—Profiles)

3 术语和定义

下列术语和定义适用于本文件。

3.1

可编程序控制器 programmable logic controller;PLC

一种用于工业环境的数字式操作的电子系统。这种系统用可编程的存储器作面向用户指令的内部寄存器,完成规定的功能,如逻辑、顺序、定时、计数、运算等,通过数字或模拟的输入/输出,控制各种类型的机械或过程。可编程序控制器及其相关外围设备的设计,使它能够非常方便地集成到工业控制系统中,并能很容易地达到所期望的所有功能。

注:在本标准中使用缩写词 PLC 代表可编程序控制器(programmable controllers),这在自动化行业中已形成共

识。原来曾用 PC 作为可编程序控制器的缩略语,它容易与个人计算机所使用的缩略语 PC 相混淆。

[GB/T 15969.1—2007,定义 3.5]

3.2

成套设备系统　ASSEMBLY system

把一系列电气设备通过一定的规范(图纸、技术要求、工艺要求等)组合在一起,形成有机整体,且具备可靠的、抗干扰的、功能完善的、实用性强的完整成套设备。

注:成套设备包括:控制柜外壳、PLC 模块、电源模块、断路器等。

3.3

可编程序控制器系统　programmable controller system

PLC 系统　PLC-system

用户根据所要完成的自动化系统要求而建立的由可编程序控制器及其相关外围设备组成的配置。其组成是一些由连接永久设施的电缆或插入部件,以及由连接便携式或可搬运外围设备的电缆或其他连接方式互连的单元。

[GB/T 15969.1—2007,定义 3.6]

3.4

PLC 机架　PLC rack

一种用于安装各种 PLC 设备的导轨或槽架,槽架式机架提供模块间的机械及电气连接。

3.5

PLC 模块　PLC module

一种可实现数字运算操作的电子装置,采用可编制程序的存储器,用来在其内部存储执行逻辑运算、顺序运算、计时、计数和算术运算等操作的指令,并能通过数字式或模拟式的输入和输出,控制各种类型的机械或生产过程的模块。

注:PLC 模块种类一般包括:电源模块 CPU 模块、数字量输入 DI 模块、数字量输出 DO 模块、模拟量输入 AI 模块、模拟量输出 AO 模块、计数模块、通讯模块等。

3.6

人机接口　human machine interface;HMI

系统和用户之间进行交互和信息交换的媒介,它实现信息的内部形式与人类可以接受形式之间的转换。

3.7

主回路(一次回路,成套设备的)　main circuit(of an ASSEMBLY)

在成套设备中,一条用来传输电能的电路上的所有导电部分。

注:改写 IEC 60050-441:1984,441-13-02。

3.8

辅助电路(成套设备的)　auxiliary circuit(of an ASSEMBLY)

在成套设备中,一条用于控制、测量、信号、调节、处理数据等电路(除了主电路以外的)中的所有导电部分。

[IEC 60050-441:1984,441-13-03]

3.9

低压电器　low-voltage apparatus

用于交流 50 Hz(或 60 Hz)、额定电压为 1 000 V 及以下、直流额定电压为 1 500 V 及以下的电路中起通断、保护、控制或调节作用的电器。

[GB/T 2900.18—2008,定义 3.1.1]

3.10

保护接地导体 protective earthing conductor；PE

用于保护接地的保护导体。

注1：改写 GB/T 2900.71—2008，定义 826-13-22。

注2：例如保护导体能与下列部件进行电气连接：

——外露可导电部分；

——外界可导电部分；

——主接地端子；

——接地极；

——电源的接地点或人为的中性接点。

3.11

功能接地 functional earthing

信号接地 signal earthing

PLC 机架或各 PLC 模块电源参考点 M 的接地。

3.12

屏蔽接地 shield earthing

用于连接外部电缆屏蔽层的接地导体，或用于按用户要求的屏蔽功能而设置的接地导体。

3.13

污染等级 pollution degree

根据导电的或吸湿的尘埃、游离气体或盐类，和由于吸湿或凝露导致表明介电强度或电阻率下降事件发生的频度而对环境条件做出的分级。

3.14

电气间隙 clearance

两个导电部分之间的最短直线距离。

［IEC 60050-441：1984，441-17-31］

3.15

爬电距离 creepage distance

两个导电部分之间沿固体绝缘材料表面的最短距离。

注：两个绝缘材料之间的接合处亦被视为上述表面。

［GB/T 7251.1—2013，定义 3.6.2］

3.16

电磁干扰 electromagnetic interference

电磁骚扰引起装置、设备或系统性能的下降。

注1：改写 GB/T 4365—2003，定义 161-01-06。

注2：术语"电磁骚扰"和"电磁干扰"分别表示"起因"及"后果"。

3.17

电磁兼容性 electromagnetic compatibility

设备或系统在其电磁环境中能正常工作且不对该环境中任何事物构成不能承受的电磁骚扰的能力。

［GB/T 4365—2003，定义 161-01-07］

3.18

编程和调试工具 programming and debugging tool

支持 PLC 系统应用的编程、试验、调试、故障查询、程序记录和储存的外围设备，它还可被用作

HMI。如果 PADT 是可插入的,在任何时候可插入到有关的接口,亦可拔出,而对操作者和应用都没有任何危险。在其他情况下,PADT 是固定的。

[GB/T 15969.1—2007,定义 3.7]

4 符号和缩略语

4.1 符号

下列符号适用于本文件。

f_n:频率。

U_e:设备标称电压下的额定电压。

U_i:设备额定绝缘电压。

4.2 缩略语

下列缩略语适用于本文件。

EMC:电磁兼容性(electromagnetic compatibility)

FE/SE:功能/信号接地(functional/signal earthing)

PADT:编程和调试工具(programming and debugging tool)

PLC:可编程序控制器(programmable logic controller)

SE:屏蔽接地(shield earthing)

5 使用条件

5.1 环境正常使用条件

5.1.1 概述

符合本标准的成套设备适用于下述的正常使用条件。

注:如果使用的元件,例如继电器、电子设备等不是按这些条件设计的,那么宜采用适当的措施以保证其可以正常工作。

5.1.2 周围空气温度

成套设备柜内工作环境温度范围应同时满足柜体和主要元器件的正常工作温度范围,温度过高或过低时应考虑柜内通风散热和加热等措施,例如安装风扇,空调等使柜内整体工作环境满足设备工作温度。应满足下列要求:

a) 户内成套设备:成套设备的周围空气温度不得超过+40 ℃,且在 24 h 内平均温度不得超过+35 ℃;周围空气温度的下限为+5 ℃;

b) 户外成套设备:成套设备的周围空气温度不得超过+40 ℃,且在 24 h 内平均温度不得超过+35 ℃;周围空气温度的下限为:温带地区为−25 ℃,严寒地区为−50 ℃;

c) 户内户外成套设备内的 PLC 系统正常工作条件和要求,按 GB/T 15969.2—2008 的规定;

d) 户内户外空壳体的正常使用条件,按 GB/T 20641—2014 的规定。

注:柜、台及箱体通风散热方式可参考附录 A。

5.1.3 大气条件

成套设备应满足下列要求:

a) 户内成套设备:空气清洁,相对湿度范围为 10%～95%(无凝露),一般宜控制在 45%左右;在最高温度为+40 ℃时,其相对湿度不得超过 50%;在较低温度时,允许有较大的相对湿度;例如+20 ℃时相对湿度可为 90%。但应考虑到由于温度的变化,有可能会偶尔地产生适度的凝露。

b) 户外成套设备:相对湿度范围为 10%～95%,一般应不高于 75%;最高温度为+25 ℃时,相对湿度短时可为 95%。

注:户内和户外柜,由于温度变化,有可能会偶尔地产生适度的凝露。成套柜正常运行时宜采取措施确保凝露不发生。

5.1.4 污染等级

为了确定电气间隙和爬电距离,将污染等级从优到差分为等级 1、等级 2、等级 3、等级 4 四种等级,各级应满足下列要求:

a) 污染等级 1:无污染或仅有干燥的非导电性污染;

b) 污染等级 2:一般情况下,只有非导电性污染,但是,也应考虑到偶然由于凝露造成的暂时的导电性;

c) 污染等级 3:存在导电性污染,或由于凝露使干燥的非导电性污染变成导电性污染;

d) 污染等级 4:造成持久的导电性污染,如由于导电尘埃或雨雪造成的污染;

e) 如果没有其他规定,PLC 污染等级一般按污染等级 2 考虑;工业用途的污染等级按污染等级 3 考虑,而其他污染等级可以考虑根据特殊用途或微观环境采用。

5.1.5 海拔

安装场地的海拔不得超过 2 000 m。

注:对于在海拔高于 2 000 m 处使用的成套设备,存在介电强度降低和空气冷却效果减弱的情况。打算在这些条件下使用的成套设备,建议按照制造商与用户之间的协议进行设计和使用。

5.2 电气基本使用条件

5.2.1 频率变化

工频电压频率为 50 Hz 或 60 Hz,频率变化应在−6%～+4%范围内。一般情况下,PLC 以及输入模块、智能模块等的供电电源不采用一火一零的供电方式,而宜采用火-火经变压、稳压、净化后的电源。

5.2.2 电压变化

设备在稳定的电源下工作,当设备电源输入的变化为±10%额定电压时,短时(小于 0.5 s)电源电压变化为额定的−15%～+10%的情况下,对被试设备不应造成任何损坏和有害影响(按GB/T 3797—2016 规定)。

5.3 特殊使用条件

不符合以上正常使用条件的特殊使用条件举例见 GB/T 7251.1—2013 中的 7.2。如果成套设备存在这类特殊使用条件,制造商应遵守适用的特殊要求或与用户签订专门的协议。

6 功能要求

6.1 成套设备壳体要求

6.1.1 成套设备壳体分类

成套设备壳体一般分为控制柜、台、箱。

6.1.2 成套设备壳体材料一般要求

控制柜、台及箱体结构表面层以外的结构材料一般宜为非绝缘材料,特殊情况下可采用绝缘材料。

6.1.3 结构一般要求

控制柜、台及箱体结构应有足够的强度和刚度,坚固耐用;所有的结构件材料及安装金属零件,除非它本身具有防腐蚀能力,都应采取防腐蚀措施,防腐蚀措施包括:镀锌、喷塑或其他方法。柜、台及箱体表面应平整光滑,无明显凹凸不平、焊接缺陷、裂痕和锈蚀。如作表面被覆处理,涂层应均匀,色泽应一致,无透底、漏喷、积粉、流痕、起泡、划伤等现象。钢板板厚要求如表1所示。

注:控制柜、台及箱体颜色,一般由客户指定。无要求时,可参考 RAL 标准色卡,常用 RAL 7035(Light grey 浅灰色)或 RAL 7032(Pebble grey 卵石灰)。

表 1 钢板板厚要求

尺寸范围(最大边) mm	钢板厚度 mm
120～400	≥1
400～1 000	≥1.5
1 000～2 000	≥2
2 000～4 000	≥2.5

6.2 布置与安装

6.2.1 一般原则

柜内元器件布置,一般是从上到下,从左向右。便于操作与维护,经常操作或维护的元器件应安装在较容易触及到的位置,根据设备的大小应安装在离地面300 mm～1 800 mm的高度范围内。如果元器件较多,底部元件下边缘位置不能低于离地面200 mm,否则现场无法接线。

注:元件布置与安装可参考附录 B。

6.2.2 PLC 设备主要元件布置的一般要求

主要元件布置的一般要求如下:
a) 强弱电控制元件应分开布置并注意屏蔽,减少电磁干扰;
b) 元件布置要整齐美观,外形尺寸和结构类似的元件宜安装在一起;
c) 体积大、重量大的元件要布置在柜内下部,而发热元件应布置在柜内上部;
d) 要经常维护、检修、调整的元件布置位置不宜过高或过低;
e) 每个元件的安装尺寸及其公差范围应严格按照元件的产品手册标准,以保证元件的安装。

6.2.3　辅助设施布置

辅助设施布置应满足以下要求：

a)　强弱电端子板应分开布置，当有困难时，其间应设有绝缘隔离部件及标志；

b)　用于外部电缆连接用的端子板宜布置在柜、台及箱体下部或上部区域（离设备基础面至少200 mm 处），并且保证接线方便及易于调整更换；

c)　端子应能与外接导线进行连接，如采用线鼻、连接片等，并保证维持适合于电器元件和电路的额定电流和短路所需要的接触压力；

d)　线槽应平整、无扭曲变形，内壁应光滑、无毛刺，接口应平直、严密，槽盖应齐全、平整、无翘角；

e)　柜、台及箱内各线槽的连接应连续无间断，每节线槽的固定点不应少于两个，在转角、分支处和端部均应有固定点，并紧贴安装板和支架面固定；

f)　应根据内外线布线需要配置合适规格及数量的接线架；

g)　必要时，应设置柜内照明，且照明灯具的选择应满足柜内使用条件；

h)　柜内应设置合适数量的插座，以用于调试、检修等。

注：插座数量、规格、类型、电压等级、电源来源等，取决于用户要求。一般宜采用卡规式两眼、三眼插座，便于成套设备内安装；电源等级 AC380 V、AC220 V、DC24 V。

6.2.4　安装

安装时应满足如下要求：

a)　如无特别规定，柜、台及箱内所有 PLC 设备、低压电器元件及辅助设施均应垂直或水平安装，其倾斜度不应大于 5°；

b)　柜内立柱、条板、支架、安装板等表面应无绝缘涂层，应保证各结构件互连的导电性能良好；

c)　在不影响柜、台及箱的结构和性能下，允许将少数条板及安装板制作成旋转板或可移动板，以提高柜、台及箱内设备可安装空间及可维护性；

d)　柜、台及箱内 PLC 设备及低压电器元件的安装与接线应使其本身的功能不致于在正常工作中出现相互作用，如因热、电弧、振动、能量场而受到破坏。

6.2.5　可接近性及可维护性

可接近性及可维护性要求如下：

a)　安装在同一支架（安装板、安装框架）上的电器元件、单元和外接导线的端子等的布置应使其在安装、接线、维修和更换时易于接近，与外接导线相连的电器元件及端子的布置位置及安装方法应使外接电缆易于与其连接；

b)　PLC 设备及低压电器的安装紧固件应优先做成能在正面紧固及松托，各 PLC 设备及低压电器应能单独拆装更换，而不影响其他设备元件及导线束的固定；

c)　调试和检修过程中经常需要查线或调整的接口板单元及操作元器件应布置在人容易接近及观察的位置。

6.3　绝缘导线

6.3.1　主回路（一次回路）配线选择

6.3.1.1　导线截面

主回路（一次回路）导线最小截面为软铜线 1.5 mm²，硬铜线 2.5 mm²。

6.3.1.2 导线颜色

导线颜色应满足如下要求：

a) 交流 L1、L2、L3 三相分别用黄、绿、红三色来表示，或均用黑色导线配黄、绿、红三色护套或配其他类似部件标识；

b) 中性线用淡蓝色护套或其他类似部件标识；

c) 安全用接地线：黄和绿双色线；

d) 建议直流电路的正极用棕色线，负极用蓝色线，接地中线用淡蓝色线；或按用户需求确定。

6.3.2 辅助回路配线选择

辅助回路配线选择应满足如下要求：

a) 辅助回路导线选择

——一般 PLC 模块配线根据设备厂家要求选用 $0.5\ mm^2 \sim 1\ mm^2$ 导线，导线宜采用多股软芯线；

——对电子元件数字量类弱电回路，在满足载流量及有足够机械强度的情况下，可采用略小于 $0.5\ mm^2$ 截面的导线；

——对于模拟量或脉冲等敏感信号的电子元件等弱电回路，应采用屏蔽导线或屏蔽电缆进行连接。

注：以上均以铜线为例说明。

b) 成套设备内数据通讯的连接应采用配套的屏蔽通讯电缆或其他标准通讯电缆。

c) 控制回路线的颜色标准为：L1、L2、L3 三相分别为黄、绿、红三色，零线或中性线为淡蓝色，正极线为棕色，负极线为蓝色；建议直流回路接地中线为淡蓝色或按用户需求确定，接地线为黄绿双色线，其他用黑色。

6.3.3 安装及布线

安装及布线应满足如下要求：

a) 各配电微型断路器的进线电源电缆或导线不宜互相链接，根据断路器容量大小，不应链接太多，宜采用母排连接。

b) 一个端子最多连接两根导线；设计成只能接一根导线的端子，严禁接两根导线。

c) 两个端子间的接线不应有中间接头。

d) 绝缘电缆或导线穿越金属板上的穿线孔时，应在孔上加装光滑的绝缘衬套。

e) 交流电路电缆或导线与直流电路电缆或导线宜分开布置。

f) 对可移动部件的连接线应采用套管加以保护，并要留有一定长度的余量，避免在移动中对电缆或导线产生任何机械损伤。

g) 绝缘电缆或导线的固定方式不应使得导线连接处承受额外的应力。

h) 用于连接门上的电器等可动部位的导线应符合下列要求：

——应采用多股软导线，敷设长度应有适当裕度；

——线束应有外套塑料管等加强绝缘层；

——与电器连接时，端部应绞紧，并应加终端附件或搪锡，不得松散、断股等；

——在可动部位两端应用卡子固定。

i) 布线应整齐、清晰、美观，布线路径应短而优。

1) 端子应能适用于连接随额定电流而定的最小至最大截面积的导线,每个端子上连接一根导线,接线端子排的额定截面积和额定连接能力之间的关系见表2;

表 2　接线端子排的额定截面积和额定连接能力之间的关系

额定截面积 mm²	额定连接能力(对应导线规格) mm²
0.5	0.2～0.34～0.5
0.75	0.34～0.5～0.75
1	0.5～0.75～1
1.5	0.75～1～1.5
2.5	1～1.5～2.5
4	1.5～2.5～4

2) 应按照各种规格导线连接的力矩要求,来控制接线用工具的使用力度,以保证导线连接处部件不受损坏且连接牢固;

3) 所有的接线都应有对应的接线端头,以保证电缆与元件的电气连接可靠性。

j) 绝对不应将 PLC 模块信号线与高压线及动力线扎成线束,也不应接近或平行布置,更不应布置在同一线槽中。如因空间原因只能接近,可用导管进行分离或用其他的电线管进行布线。此时,导管和电线管应接地,以防止电磁干扰。

k) 输入输出信号线过长时,应将输入和输出信号线分开布置。

l) 应按规范进行电器设备的接地连接,详见 7.9。

m) 布线应符合电磁兼容性(EMC)规则,详见 7.5。

6.4　防电击保护

在正常工作条件下和单一故障条件下,PLC 系统应具备防电击保护能力。装置的可接触部分不得带电,或不得在单一故障条件下变为危险的带电体。以下电路也不存在触电的危险,因此不需要对触电危险作附加评估:

a) 2 类电路;

b) 限压/限流电路;

c) 限电压电路;

d) 开路电压不大于 30 V 或峰值 42.4 V 的限流电路;

e) 限阻抗电路。

注:普遍可接受的防护措施可参照 GB/T 17045 和 GB 16895.21。

6.5　接地

6.5.1　基本要求

不同型号及规格的 PLC 设备对接地的要求可能不同,应按具体的 PLC 设备设置接地。

应参考整个工厂的接地系统来设置 PLC 成套设备内的接地方案。

6.5.2 接地的种类

PLC成套设备内的接地可分为保护接地（PE）、功能/信号接地（FE/SE）以及屏蔽接地（SE），可根据需要设一个接地排或几个接地排。每个接地排截面积应大于 60 mm²。

保护接地：对于外露的导电部件，除非它们不构成威胁，都应在电气上相互连接并连接到接地排上，以便连接到接地极或外部保护导体。

功能/信号接地：PLC机架或各PLC模块电源参考点的接地，分为浮地方式和直接接地方式两种。

屏蔽接地：外部电缆屏蔽层的接地，或用于按用户要求的屏蔽功能而设置的接地。

6.6 通信接口

基于可编程序控制器的控制设备的通信接口用于连接网络、HMI、设备等，PLC对控制系统的其他部分提供某些特殊的应用功能，也可能向其他的PLC请求某些功能。本标准中定义的通信功能基于一个通信子系统，按照GB/T 15969.5—2002第5章要求，定义一个标准PLC通信参考模型，详见图1。

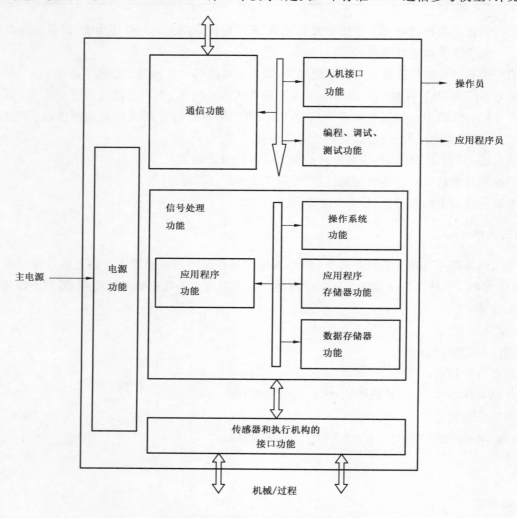

图 1　标准PLC通信参考模型

基于可编程序控制器的控制设备的通信接口主要包括以下部分：

a)　传感器和执行机构的接口功能；

b) 通信功能；

c) 人机对话接口功能。

在无特殊设计要求的情况下,接口基本功能按照 GB/T 15969.1—2007 第 4 章要求定义。接口基本功能详见图 2。

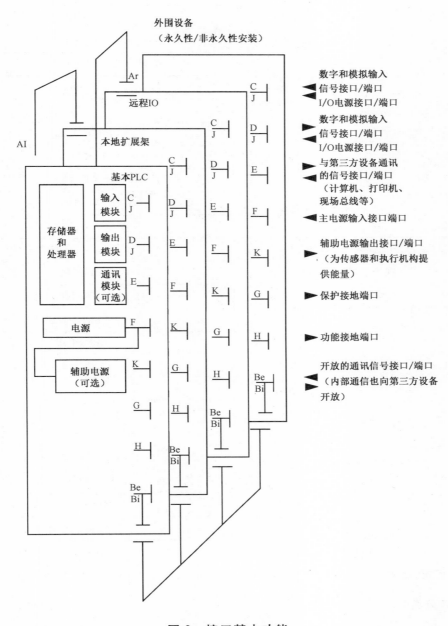

图 2 接口基本功能

6.7 通信协议

基于可编程序控制器的控制设备的通讯协议包括但不限于 IEC 61784 的相关定义,IEC 61784 定义的网络类型与总线、以太网协议见表 3。

表 3 网络类型与总线、以太网协议列表

网络类型	总线、以太网协议
现场总线	Foundation Fieldbus
	CIP
	PROFIBUS
	P-NET
	WorldFIP
	INTERBUS
	CC_Link
	HART
	Modbus
	SERCOS
	MECHATROLINK
无线现场总线	WirelessHART
	WIA-PA
	ISA100
工业以太网	EtherNet/IP
	PROFINET
	P-NET on IP
	CC-Link IE
	Vnet/IP
	EtherCAT
	Ethernet POWERLINK
	EPA
	Modbus/TCP
	SERCOS III

6.8 通信总线布线、压接

6.8.1 通信总线分类

6.8.1.1 串行通信

串行通信中的每帧数据(7位或8位)都包含一个低电平的起始位,一个高电平的停止位和一个校验位,数据的传输波特率可从 300 bit/s～115 200 bit/s。设备间通信的前提是应首先对通信串口设置相同的数据位、起始位、停止位、波特率和奇偶校验。串行通信一般包括 RS232、RS485、RS422 三种常用方式。

6.8.1.2　以太网通信

以太网是目前应用最广泛的局域网通讯方式,同时也是一种协议。以太网协议定义了一系列软件和硬件标准,从而将不同的设备连接在一起。以太网(设备组网的基本元素有交换机、路由器、集线器、光纤和普通网线以及以太网协议和通讯规则)中网络数据连接的端口就是以太网接口。利用在光纤上运行以太网 LAN 数据包接入 SP 网络或在 SP 网络中进行接入,一般叫光纤以太网。光纤以太网在本规范中仅适用于柜外通讯使用。

6.8.2　通信总线布线规范

6.8.2.1　RS232 通信总线

6.8.2.1.1　布线规范

RS232 通信总线的布线应满足如下要求:

a)　RS232 通信线路的拓扑结构为 1 对 1 方式;

b)　RS232 通信电缆宜采用专用屏蔽双绞线;

c)　可编程序控制器的成套控制柜、箱体外部的通信电缆应铺设在专用电缆通道内,距离高电压(大于 48 V)、大电流(大于 10 A)电缆垂直距离大于 1 m,且不能与之平行。在不可避免的强干扰环境(距离高压、大电流设备和线路过近)下,通信线路应在专用钢管内走线,且钢管可靠接地。布放线缆应有冗余。通信端口接线两端应预留 0.3 m～0.6 m;

d)　可编程序控制器的成套控制柜、箱体内部的通信电缆应铺设在线槽内,不与高电压(大于48 V)、大电流(大于 10 A)电缆同槽;

e)　布放的线缆应平直,不得产生扭绞、打圈等现象,不能受到外力挤压和损伤;

f)　通信电缆长度不超过 15 m;

g)　通信线路 TXD、RXD 应使用同一对双绞线的 2 芯,这里规定使用橙白、橙这一对双绞线,GND线规定使用棕色线。线芯剥取长度 15 cm 左右,待通信测试完成后,确定能够正常通信后将多余的线芯减掉,然后反拉通讯线外皮,应使多余的线芯包裹在外皮中;

h)　若是 RS232 通信接口是端子型,应采用 0.5 mm² 针形压接头(线鼻子)冷压后接入端子;若设备通信接口是标准 DB9 公(母)头接口,应使用 DB9 母(公)头焊接通讯线并用塑料外壳封装好后安装接入;

i)　通信线缆两端应贴有标签,标明起始和终端设备位置以及信息点等信息,标签应使用记号笔书写,应清晰、端正和正确,以便于查找维护;

j)　若是总线要接到 TD 端子排,每个网线剥头处应与所接入的 TD 端子平齐,端子接入后标签贴在其线芯上,若线芯长度有预留,应将整个线芯向后凹起。多根通信总线应排置整齐后使用扎带可靠的固定在其接入端附近,不得吊挂,接入端子处不能直接受力,所有标签方向标识方向保持一致,水平总线排列整齐;

k)　通信线路的屏蔽层应该在可编程序控制器的成套控制箱、柜内良好接地。

6.8.2.1.2　通信接线

RS232 通信接线方式见图 3。

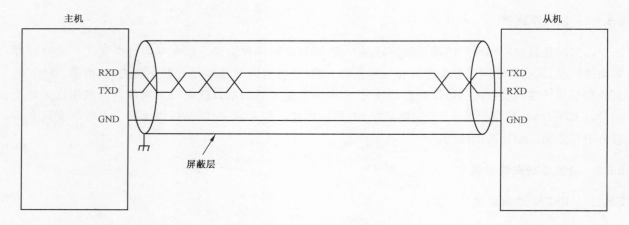

图 3　RS232 通信接线方式

6.8.2.2　RS485 通信

6.8.2.2.1　布线规范

RS485 通信线路的布线应满足如下要求：

a) RS485 通信线路的拓扑结构为 1 主多从方式。RS485 通信线路的设备数量要根据 485 转化器内芯片负载能力和现场环境来确定。

b) RS485 通信电缆宜采用专用的屏蔽双绞线。

c) 可编程序控制器的成套控制柜、箱体外部的通信电缆应铺设在专用电缆通道内，距离高电压（大于 48 V）、大电流（大于 10A）电缆垂直距离大于 1 m，且不能与之平行。在不可避免的强干扰环境（距离高电压、大电流设备和线路过近）下，通信线路应在专用钢管内走线，且钢管可靠接地。布放线缆应有冗余。通信端口接线两端应预留 0.3 m～0.6 m。

d) 可编程序控制器的成套控制柜、箱体内部的通信电缆应铺设在线槽内，不与高电压（大于 48 V）、大电流（大于 10 A）电缆同槽。

e) 布放的线缆应平直，不得产生扭绞、打圈等现象，不能受到外力挤压和损伤。

f) 通信电缆长度不超过 1 200 m。具体长度按照现场实际情况和信号的衰减程度决定。

g) 通信线路 485A、485B 应使用同一对双绞线的 2 芯，这里规定使用橙白、橙这一对双绞线；线芯剥取长度 15 cm 左右，待通信测试完成后，确定能够正常通信后将多余的线芯减掉，然后反拉通讯线外皮，使多余的线芯应包裹在外皮中。

h) 若 RS485 通信接口是端子型，应采用 0.5 mm² 针形压接头（线鼻子）冷压后接入端子；若设备通信接口是标准 DB9 公（母）头接口，应使用 DB9 母（公）头焊接通讯线并用塑料外壳封装好后安装接入。

i) 通信线缆两端应贴有标签，标明起始和终端设备位置以及信息点等信息，标签应使用记号笔书写，应清晰、端正和正确，以便于查找维护。

j) 若是总线要接到 TD 端子排，每个网线剥头处应与所接入的 TD 端子平齐，端子接入后标签贴在其线芯上，若线芯长度有预留，应将整个线芯向后凹起。多根通信总线应排置整齐后使用扎带可靠的固定在其接入端附近，不得吊挂，接入端子处不能直接受力，所有标签方向标识方向保持一致，水平总线排列整齐。

k) 通信线路的屏蔽层应该在可编程序控制器的成套控制箱、柜内良好接地。

6.8.2.2.2 通信接线

本标准采用 RS485 总线式拓扑结构。

RS485 网络拓扑宜采用串联总线型拓扑,即通信主机(主节点)位于总线的起始端,每套通信设备(从节点)根据安装位置依次串联。RS485 总线宜设置接地,接地方式可专门设置 GND 地线或用屏蔽双绞线屏蔽层接地。通信设备的连接如图 4 所示。

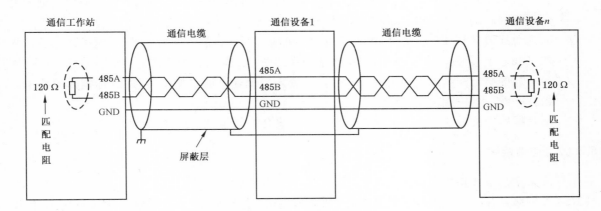

图 4　RS485 通信接线方式

6.8.2.2.3 终端匹配

为了避免反射波的影响,在长距离连接或现场干扰较大时,传输线路两末端节点应各跨接与传输电缆匹配的终端电阻。当 RS485 通用双绞线的典型特性阻抗为 100 Ω~150 Ω 时,可以选用通用 120 Ω 终端电阻。

为确保通信的可靠性,当终端电阻接入时,应检查 A/B 线上闲置时压查应大于 200 mV。若主站无提供上下拉终端电阻配置时,应在主站接点处加接外部有源上下拉终端电阻。

每路通信网络上只能有 2 个终端电阻且分别位于总线的两个最远端,中间不得再有任何匹配电阻。

6.8.2.3 RS422 通信

6.8.2.3.1 布线规范

RS422 通信线路的布线应满足如下要求:

a) RS422 通信线路的拓扑结构为 1 主多从方式。RS422 通信线路的设备数量要根据 422 转化器内芯片负载能力和现场环境来确定。

b) RS422 通信电缆宜采用专用的屏蔽双绞线。

c) 可编程序控制器的成套控制柜、箱体外部的通信电缆应铺设在专用电缆通道内,距离高电压(大于 48 V)、大电流(大于 10 A)电缆垂直距离大于 1 m,且不能与之平行。在不可避免的强干扰环境(距离高压、大电流设备和线路过近)下,通信线路应在专用钢管内走线,且钢管可靠接地。布放线缆应有冗余。通信端口接线两端应预留 0.3 m~0.6 m。

d) 可编程序控制器的成套控制柜、箱体内部的通信电缆应铺设在线槽内,不与高电压(大于 48 V)、大电流(大于 10 A)电缆同槽。

e) 布放的线缆应平直,不得产生扭绞、打圈等现象,不能受到外力挤压和损伤。

f) 通信电缆长度不超过 1 200 m。具体长度按照现场实际情况和信号的衰减程度决定。

g) 通信线路 TXD＋、TXD－应使用同一对双绞线的 2 芯;RXD＋、RXD－应使用同一对双绞线

的 2 芯。这里规定 TXD+、TXD- 使用橙白、橙这一对双绞线,RXD+、RXD- 使用绿白、绿
这一对双绞线。线芯剥取长度 15 cm 左右,待通信测试完成后,确定能够正常通信后将多余的
线芯减掉,然后反拉通讯线外皮,使多余的线芯应包裹在外皮中。

h) 若 RS422 通信接口是端子型,应采用 0.5 mm² 针形压接头(线鼻子)冷压后接入端子;若设备
通信接口是标准 DB9 公(母)头接口,应使用 DB9 母(公)头焊接通讯线并用塑料外壳封装好后
安装接入。

i) 通信线缆两端应贴有标签,标明起始和终端设备位置以及信息点等信息,标签应使用记号笔书
写,应清晰、端正和正确,以便于查找维护。

j) 若是总线要接到 TD 端子排,每个网线剥头处应与所接入的 TD 端子平齐,端子接入后标签贴
在其线芯上,若线芯长度有预留,应将整个线芯向后凹起。多根通信总线应排置整齐后使用扎
带可靠的固定在其接入端附近,不得吊挂,接入端子处不能直接受力,所有标签方向标识方向
保持一致,水平总线排列整齐。

k) 通信线路的屏蔽层应该在可编程序控制器的成套控制箱、柜内良好接地。

6.8.2.3.2 通信接线

本标准采用总线式拓扑结构。

RS422 网络拓扑宜采用串联总线型拓扑,即通信主机(主节点)位于总线的起始端,每套通信设备
(从节点)根据安装位置依次串联。RS422 总线宜设置接地,接地方式可专门设置 GND 地线或用屏蔽
层接地通信设备的连接如图 5 所示。

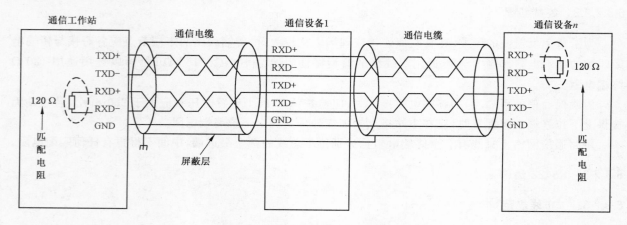

图 5 RS422 通信接线方式

6.8.2.3.3 终端匹配

为了避免反射波的影响,在长距离连接或现场干扰较大时,传输线路两末端节点应各跨接与传输电
缆匹配的终端电阻。当 RS422 通用双绞线的典型特性阻抗为 100 Ω～150 Ω 时,可以选用通用 120 Ω
终端电阻。终端电阻一般接在传输电缆的最远端。

6.8.2.4 以太网通信

6.8.2.4.1 布线规范

6.8.2.4.1.1 非光纤以太网

非光纤以太网的布线应满足如下要求:

a) 可编程序控制器的成套控制柜、箱体外部的通信电缆应铺设在专用电缆通道内,距离高电压(大于 48 V)、大电流(大于 10 A)电缆垂直距离大于 1 m,且不能与之平行。在不可避免的强干扰环境(距离高压、大电流设备和线路过近)下,通信线路应在专用钢管内走线,且钢管可靠接地。布放线缆应有冗余。通信端口接线两端应预留 0.3 m～0.6 m。

b) 可编程序控制器的成套控制柜、箱体内部的通信电缆应铺设在线槽内,不与高电压(大于 48 V)、大电流(大于 10 A)电缆同槽。

c) 布放的线缆应平直,不得产生扭绞、打圈等现象,不能受到外力挤压和损伤。

d) 通信电缆长度不超过 100 m。具体长度按照现场实际情况和信号的衰减程度决定。

e) 通信线缆两端应贴有标签,标明起始和终端设备位置以及信息点等信息,标签应使用记号笔书写,应清晰、端正和正确,以便于查找维护。

f) 根据装置以太网接口电路设计选择标准直通以太网线或标准交叉以太网线。

g) 以太网直通线定义:以太网通信线两端均采用 568B 线序接线方式。568B 线序说明见表 4,以太网直通线定义如图 6 所示。

表 4　568B 线序说明

PIN1	PIN2	PIN3	PIN4	PIN5	PIN6	PIN7	PIN8
橙白	橙	绿白	蓝	蓝白	绿	棕白	棕

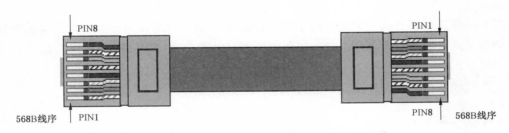

图 6　以太网直通线定义

h) 以太网交叉线定义:以太网通信线一端采用 568B 线序接线、另一端采用 568A 线序的接线方式。568B 线序说明见表 5,以太网交叉线定义见图 7。

表 5　568B 线序说明

PIN1	PIN2	PIN3	PIN4	PIN5	PIN6	PIN7	PIN8
绿白	绿	橙白	蓝	蓝白	橙	棕白	棕

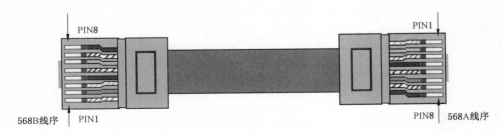

图 7　以太网交叉线定义

i) 以太网通信线接头应采用带屏蔽外壳的 RJ45 接头。以太网通信线路的屏蔽层应可靠压接在 RJ45 接头的屏蔽外壳内,以保证以太网通信线路的屏蔽外壳在交换机和通信设备处均能够通过接口良好接地。通信线路中不允许使用桥式分接头。

j) 多根通信总线应排置整齐后使用扎带可靠的固定在其接入端附近,不得吊挂,接入端子处不能直接受力。

6.8.2.4.1.2 光纤以太网

光纤以太网的布线应满足如下要求:

a) 可编程序控制器的成套控制柜、箱体尾纤、跳纤的光纤接口类型应与对接设备保持一致,站控层、间隔层、过程层二次设备通信的多模尾纤、跳纤的光纤接口类型宜采用 ST、LC、SC 型;保护通道的单模尾纤、跳纤的光纤接口类型宜采用 FC 型。

b) 尾纤、跳纤应选用多模 A1b(62.5/125 μm)、A1a(50/125 μm)或单模 B1(9/125 μm)型光纤,并与其所在的光纤链路保持一致,应符合 YD/T 1258.2—2009 的规定。

c) 可编程序控制器的成套控制柜、箱体应根据需要配置光纤配线架。光纤配线架的束状尾纤应符合 YD/T 1258.4—2005 的规定。

d) 引入成套控制柜、箱体的光纤线缆应预留一定长度,余长弧形盘绕于屏柜的下方进行收纳;光纤线缆与电缆宜从柜底部不同的进出孔引入柜;应控制光纤线缆进入柜的长度,保持合理的线缆容量。

e) 光纤线缆宜从柜底部左侧或中间预留开孔处引入,并合理分配各开孔进柜的线缆数量;应合理考虑光纤线缆的穿入顺序、位置,避免在引入口出现交叉、扭曲现象;在穿入口处应弧度自然、一致。

f) 光纤线缆在柜内应可靠固定,不扭曲变形,防止损伤。

6.8.2.4.2 通信接线

非光纤以太网接线方式见图8。

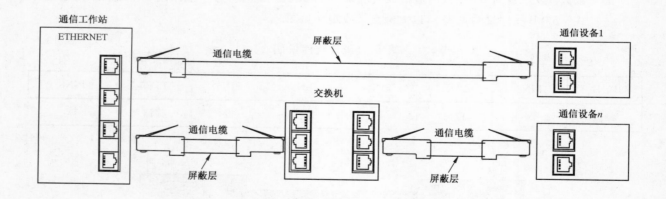

图8 非以太网接线方式

光纤以太网接线方式见图9。

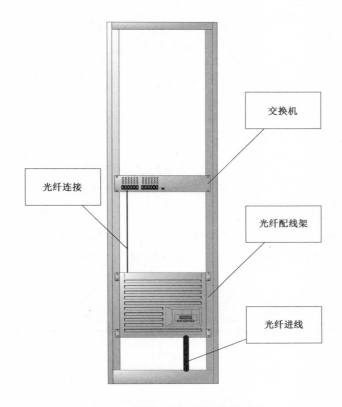

图9　光纤以太网接线方式

7　外观要求

7.1　外观要求

7.1.1　柜、台及箱体外形尺寸偏差及各结构件尺寸偏差

柜、台及箱体外形尺寸偏差及各结构件尺寸偏差应在规定的范围内,根据加工方法和装配精度要求选择合适的IT公差等级值进行尺寸标注,图纸中未标注公差的尺寸应按照GB/T 1804—2000要求,指明公差等级,本标准选择中等级(GB/T 1804—m)。图纸中未标注形位公差的结构,应按照GB/T 1184—1996中的等级进行标注k级。柜体在组装前及组装后均应符合表6的技术要求。在设计时,考虑去尖锐棱角,所有加工制品应去毛刺。外形尺寸的允许偏差见表6。

表6　外形尺寸的允许偏差表

尺寸范围 mm	偏差值 mm		
	高	宽	深
>120~400	±0.5	±0.5	+0.5
>400~1 000	±0.8	±0.8	+0.8
>1 000~2 000	±1.2	±1.2	+1.2
>2 000~4 000	±2	±2	+2
注:高宽为负,外形尺寸为正,内尺寸为负,深为正。			

为保证柜、台、箱体及门盖的外型的平直、垂直,各大平面对角线的差值应符合表7的技术要求。

表7 对角线的差值

尺寸范围 L(构件长边) mm	对角线偏差 mm
L≤400	≤0.5
400＜L≤1 000	≤0.8
1 000＜L≤2 000	≤1
2 000＜L≤4 000	≤1.5

结构外表的结构要素之间(如门与门、门与其他结构要素之间)形成的同一间隙或平行间隙(指间隙尺寸相同的平行间隙)应均匀,其间隙差不得超过表8所示。门与门表面、门与其他结构表面平整平面度见表9。

表8 结构间隙差

尺寸范围(长边) mm	部位	
	同一间隙均匀差 mm	平行间隙均匀差 mm
≤1 000	0.5	0.8
＞1 000	1	1.5

表9 门与门表面、门与其他结构表面平整平面度

尺寸范围 L_0(长边长度) mm	平面度 mm
L_0≤400	0.6
400＜L_0≤1 000	1
1 000＜L_0≤2 000	1.5

7.1.2 柜、台及箱体框架结构及安装要求

柜、台及箱体框架结构在高、深及宽三个方向都应符合设计的安装孔模数;柜、台及箱体内立柱、条板、支架、安装板等应能任意安装于其内任何空间位置,而且安装位置可调整,框架结构经组装→拆散→调换→再组装后仍应满足规范技术要求。

为便于柜体(及部分台箱体)的运输,应设计安全可靠的起吊环或活动轮;柜体起吊环不是按单个柜体而是按单个柜体吊装单元设置;柜体吊运或通过活动轮运输后,各结构件无影响形态、配合或功能的零部件变形或损坏,柜体外形形位公差仍应符合技术指标要求。

7.1.3 门技术要求

门的技术要求如下:

a) 门与门、门与框之间的缝隙应不大于 2 mm。门与门、门与其他结构要素之间应有间隙,其间

隙如表 10 所示；

b) 缝隙应均匀,门应开、关灵活,门开启角度应不小于 150°；

c) 门与框之间不能有摩擦及损坏涂层的现象,门与门框之间应装有减震材料；

d) 门应有足够的刚度,在全开及转动时,下垂及变形应符合技术要求。

表 10 门与门、门与其他结构间隙

尺寸范围 L_1(门开启方向长度) mm	结构间隙单边 mm
$L_1 \leqslant 400$	0.5
$400 < L_1 \leqslant 1\,000$	1
$1\,000 < L_1 \leqslant 2\,000$	1.5

7.1.4 柜、台及箱体电缆进出线孔

柜、台及箱体电缆进出通道应与工程项目相符合,做好密封。应根据设备的发热量及防护等级计算确定通风口的位置和数量。

7.2 防护等级

7.2.1 防护等级一般说明

根据 GB/T 4208—2017,由成套设备提供的防止触及带电部件、外来固体的侵入和液体的溅入的防护等级用符号 IPXX 来标明。

注：第一个特征数值 X(数字 0～6 或字母 X)表示防尘级别,第二个特征数值 X(数字 0～8 或字母 X)表示防水级别,其中特征数值 X 在不要求特征数字防护等级的情况下由字母 X 代替。

7.2.2 户内成套设备 IP 参考值

对于户内使用的成套设备,下列 IP 值为优选参考值:IP21、IP32、IP42、IP43、IP53;户内使用的成套设备的外壳防护等级一般不宜低于 IP21。

7.2.3 户外成套设备 IP 参考值

户外成套设备的 IP 优选参考值为 IP54;对于无附加防护设施的户外成套设备,IP 值中第二位防水特征数值至少应为 4。

7.2.4 特殊说明

如果成套设备的某个部分(如工作面)的防护等级与主体部分的防护等级不同,制造商则应单独标出该部位的防护等级。如:IP21—工作面 IP44。

7.3 电气间隙及爬电距离

7.3.1 概述

电气间隙值主要针对应用场所的过电压情况。爬电距离值主要针对应用场所的污染情况。

7.3.2 接线端子的电气间隙

在成套设备内接线端子(设备内接线端子除外)处,端子与端子之间、端子与外壳之间的电气间隙应

符合表 11 的要求。

表 11 接线端子处大气中的最小电气间隙

工作电压 U_e c / V	空气中的最小电气间隙 mm		
	一般用途	限制的额定 a,b	到可能挠曲的金属外壳壁
$U_e \leqslant 50$	1.6	1.6	12
$50 < U_e \leqslant 300$	3.2	1.6	12
$300 < U_e \leqslant 600$	6.44	4.8	12

a 适用于其额定值不大于 15 A/51 V～150 V、10 A/151 V～300 V 或 5 A/301 V～600 V。
b 适用于控制不止一个负载的装置,只要在同一时刻所连接的总负载不超过 30 A/51 V～150 V、20 A/151 V～300 V 或 10 A/301 V～600 V。
c 工作电压 U_e:交流电压均方根值或直流电压。

7.3.3 电压已知并受控制的微环境的电气间隙

在峰值电压已知并受控的情况下,根据其在微观环境的污染等级(分 3 级),应满足在表 12 中给出了这些峰值电压的最小电气间隙值。

表 12 空气中的最小电气间隙

峰值电压(包括所有暂态的和脉冲的) kV	最小电气间隙 mm					
	情况 A 非均匀电场条件			情况 B 均匀电场(理想条件下)		
	污染等级			污染等级		
	1	2	3	1	2	3
0.33	0.01	0.2	0.8	0.01	0.2	0.8
0.5	0.04			0.04		
0.8	0.1	0.5	0.8	0.1	0.3	0.8
1.5	0.5	1.5	1.5	0.3	0.6	
2.5	1.5			0.6		
4	3	3	3	1.2	1.2	1.2
6	5.5	5.5	5.5	2	2	2
8	8	8	8	3	3	3

注:最小的电气间隙值以大气压为 80 kPa 时(它相当于海拔 2 000 m 处的正常大气压)的 1.25/50 μs 冲击电压为基准。

7.3.4 最小爬电距离

成套设备内,裸露的带电导体和端子等应满足表 13 中给出的爬电距离的最小值。

表 13　爬电距离的最小值

设备额定绝缘电压 U_i [a] V	最小爬电距离 mm						
	污染等级						
	1	2			3		
	材料组别 [b]	材料组别 [b]			材料组别 [b]		
	I	I	II	IIIa、IIIb	I	II	IIIa、IIIb
32	1.5	1.5	1.5	1.5	1.5	1.5	1.5
40	1.5	1.5	1.5	1.5	1.5	1.6	1.8
50	1.5	1.5	1.5	1.5	1.5	1.7	1.9
63	1.5	1.5	1.5	1.5	1.6	1.8	2
80	1.5	1.5	1.5	1.5	1.7	1.9	2.1
100	1.5	1.5	1.5	1.5	1.8	2	2.2
125	1.5	1.5	1.5	1.5	1.9	2.1	2.4
160	1.5	1.5	1.5	1.6	2	2.2	2.5
200	1.5	1.5	1.5	2	2.5	2.8	3.2
250	1.5	1.5	1.8	2.5	3.2	3.6	4
320	1.5	1.6	2.2	3.2	4	4.5	5
400	1.5	2	2.8	4	5	5.6	6.3
500	1.5	2.5	3.6	5	6.3	7.1	8
630	1.8	3.2	4.5	6.3	8	9	10

注：对于采用的绝缘材料,CTI值参照了从 IEC 60112 方法 A 中获得的值。

[a]　例外,对额定绝缘电压 127 V、208 V、415 V、440 V,相应的爬电距离可以使用低值为 125 V、200 V、400 V 的对应值。

[b]　按照相比漏电起痕指数 CTI 的数值范围,材料组别分类如下：

——材料组别 I 　　　　　　600≤CTI

——材料组别 II 　　　　　　400≤CTI＜600

——材料组别 IIIa 　　　　　175≤CTI＜400

——材料组别 IIIb 　　　　　100≤CTI＜175

7.3.5　其他有关规定

成套设备内电器元件的电气间隙和爬电距离还应符合各自标准中规定的距离,并在正常使用条件下也应保持此距离。

对于裸露的带电导体和端子(例如电器之间的连接、电缆接头),其电气间隙和爬电距离或冲击耐受电压至少应符合与其相连接的电器元件的有关规定。另外,异常情况(例如短路)不应永久性地将连接线之间的电气间隙或介电强度减小到小于与其直接相连的电气元件所规定的值。

电气间隙选取时,应考虑成套设备零部件加工误差及装配等因素。

7.4 介电性能

7.4.1 概述

介电性能反映成套设备的绝缘强度,成套设备要求在正常使用中能承受预期工作环境下可能遇到的异常高电压,以保证成套设备的可靠运行和人身安全。

7.4.2 绝缘电阻

设备中带电回路之间,以及带电部件与裸露导电部件之间,应用相应绝缘电压(至少500 V)的绝缘测量仪器进行绝缘测量,测得的绝缘电阻按标称电压至少应为1 000 Ω/V。

7.4.3 冲击耐受电压

对于给定的额定工作电压,额定冲击耐受电压不应低于GB/T 15969.2—2008中12.2.1给出的耐介电电压试验值。

7.4.4 工频耐受电压

试验电压施加于:
a) 设备的所有带电部件与相互连接的裸露导电部件之间;
b) 在每个极和为此试验被连接到成套设备相互连接的裸露导电部件上的所有其他极之间。

对主电路及与主电路直接连接的辅助电路,按表14的规定;制造商已指明不适于由主电路直接供电的辅助电路,按表15的规定。

表 14 适用于由主电路直接供电的辅助电路

额定绝缘电压 U_i V	工频耐受电压(交流方均根值) V
$U_i \leqslant 60$	1 000
$60 < U_i \leqslant 300$	2 000
$300 < U_i \leqslant 690$	2 500

表 15 不适用于由主电路直接供电的辅助电路

额定绝缘电压 U_i V	工频耐受电压(交流方均根值) V
$U_i \leqslant 12$	250
$12 < U_i \leqslant 60$	500
$U_i > 60$	$2U_i + 1\ 000$ 其最小值为1 500

7.5 电磁兼容性要求

7.5.1 概述

本条规定基于PLC成套控制设备的电磁兼容性要求。

试验应在清洁和完整的条件下,在有代表性的成套设备样机上进行。

成套设备的性能可能会受验证试验(例如短路试验)的影响。这些试验不能在打算使用的成套设备上进行。

作为潜在的发射装置,PLC成套控制设备可能发射传导的、辐射的电磁干扰。

作为潜在的接收装置,PLC成套控制设备可能受到外部产生的传导干扰、辐射电磁场及静电放电的影响。

7.5.2 辐射要求

7.5.2.1 辐射的一般要求

对于辐射,表16中所列要求的目的是确保对无线电频谱的保护。

7.5.2.2 低频范围内的辐射限制

PLC成套控制设备不与公共电网相连,因此低频范围内的辐射限制不需要。

7.5.2.3 高频范围内的辐射限制

PLC成套控制设备的外壳端口和交流电源端口的电磁发射限值应符合表16的要求。

表16 辐射限值

端口	频率范围	严酷等级(标准)	严酷等级(可选)	基本标准
外壳端口 (辐射)		在距离10 m处测得	在距离30 m处测得	GB 17799.4—2012
	30 MHz～230 MHz	40 dB(μV/m)准峰值	30 dB(μV/m)准峰值	
	230 MHz～1 000 MHz	47 dB(μV/m)准峰值	37 dB(μV/m)准峰值	
交流电源端口 (传导)[a]	0.15 MHz～0.5 MHz	79 dB(μV)准峰值		GB 17799.4—2012
		66 dB(μV)平均值		
	0.5 MHz～30 MHz	73 dB(μV)准峰值		
		60 dB(μV)平均值		

[a] 若每分钟出现脉冲干扰的次数少于5次,则不予考虑。若每分钟出现脉冲干扰次数多于30次,则这些限值适用。若每分钟出现脉冲干扰次数的范围是5次～20次,则允许限值的衰减为20 lg(30/N)(其中,N是脉冲干扰的次数)。合格/不合格的准则可参阅CISPR 14-1。

7.5.3 EMC抗干扰要求

7.5.3.1 性能等级

在试验过程中按照表17的性能等级进行评定。

表 17 验证 PLC 成套控制设备抗 EMC 干扰的性能等级

性能等级	操作	
	试验期间	试验后
A	PLC 成套控制设备应按预期要求继续运行。没有功能或性能丧失	PLC 成套控制设备应按预期要求继续运行
B	a) 可接受的性能降低,如模拟值在制造厂规定的限值范围内变化,通信延迟时间在制造厂规定的限值范围内变化,HMI 显示器上出现闪烁; b) 不改变操作模式,如在通信中数据丢失或存在未纠正的错误,系统或试验装置等看到非期望的数字 I/O 状态的改变; c) 被存储的数据没有丢失	PLC 成套控制设备应按预期要求继续运行。暂时的性能降低应能自行恢复
C	可接受的功能丧失,但没有硬件或软件(程序或数据)的破坏	在手动重启或电源断/开后,PLC 成套控制设备应自动地按预期要求继续运行

7.5.3.2 抗辐射等级

外壳端口是设备的物理边界,电磁场干扰通过端口进入。

表 18 中规定了对外壳端口静电放电、射频电磁场调幅、电源频率磁场的试验等级。

表 18 外壳端口试验

环境现象	参考标准	试验		试验等级	试验内容	性能等级
静电放电[a]	GB/T 17799.2—2003	接触放电		±4 kV	表 23	B
		空气		±8 kV		
射频电磁场调幅[d]	GB/T 17799.2—2003	80% AM,1 kHz 正弦波	2.0 GHz～2.7 GHz	1 V/m	表 24	A
			1.4 GHz～2.0 GHz	3 V/m		
			80 MHz～1 000 MHz	10 V/m		
电源频率磁场[b,c]	GB/T 17799.2—2003	60 Hz		30 A/m	表 25	A
		50 Hz		30 A/m		

[a] 应将 ESD(静电放电)试验施加于:
a) 操作员可接触的装置(例如 HMI、PADT 和 TE);
b) 外壳端口;
c) 没有安装意外接触保护的可接触工作部分(例如开关、键盘、保护接地/功能接地、模块外壳、带连接器和金属连接器的通信端口)。

[b] 本试验是试验设备对一般在工厂产生的磁场的灵敏度。本试验只适用于设备中包含对磁场敏感元件的装置,例如霍尔效应器件、CRT 显示器、磁性存储器、以及类似装置。本试验不模拟高强度磁场,例如有关焊接和感应加热过程的磁场。此要求可通过在设备制造厂对敏感器件施加的试验来满足。

[c] 偏差不得大于 3 A/m。若大于 3 A/m,制造厂应规定 CRT 显示接口的允许偏差。

[d] 此等级并不代表在紧靠成套设备处由收发器所辐射的场强。

表19 中规定了对各类端口电快速瞬变脉冲群、高能量浪涌、射频干扰的试验等级。

表 19 传导性试验

接口/端口 (按图 2 表示方法)	环境现象	电快速瞬变脉冲群	高能量浪涌	射频干扰	值来自
	参考标准	GB/T 17799.2—2003	GB/T 17799.2—2003	GB/T 17799.2—2003	
	试验内容	表 26	表 27	表 28	
	性能等级	B	B	A	
	特定 接口/端口	试验等级	试验等级	试验等级	
数据通信 (用于 I/O 机架的 AI,Ar;用于外围 设备的 Be,Bi,E)	屏蔽电缆	1 kV^d	1 kV CM^b	10 V^d	GB/T 17799.2—2003 表 2
	非屏蔽电缆	1 kV^d	1 kV CM^b	10 V^d	
数字 I/O 和模拟 I/O (C 和 D)	交流 I/O (非屏蔽)	2 kV^d	2 kV CM^b 1 kV DM^b	10 V^d	GB/T 17799.2—2003 表 4
	模拟 I/O 或 直流 I/O (非屏蔽)	1 kV^d	1 kV CM^b	10 V^d	GB/T 17799.2—2003 表 2
	所有屏蔽线 (对地)	1 kV^d	1 kV CM^b	10 V^d	GB/T 17799.2—2003 表 2
PLC 系统电源 (F)	交流电源	2 kV	2 kV CM 1 kV DM	10 V	GB/T 17799.2—2003 表 4
	直流电源	2 kV^a	0.5 kV CM^c 0.5 kV DM^c	10 V	GB/T 17799.2—2003 表 3
I/O 电源(J)和 辅助电源输出 (K)	交流 I/O 和 交流辅助 电源	2 kV^d	2 kV CM^b 1 kV DM^b	10 V	GB/T 17799.2—2003 表 4
	直流 I/O 和 直流辅助 电源	2 kV^{a,d}	0.5 kV CM^b 0.5 kV DM^b	10 V	GB/T 17799.2—2003 表 3

^a 不适合于使用电池或可充电电池的输入端口,因更换电池或充电的需要应把它们从装置上取出或断开连接。对于使用交-直流电源适配器的输入端口,应在制造厂所规定的交-直流电源适配器的交流电源输入上进行试验;如果制造厂未规定,则使用典型的交直流电源适配器。对于永久性连接的输入/输出端口,若电缆长度≤3 m,则不需要进行试验。

^b 对于规定电缆长度≤30 m 的端口,不需要进行试验。

^c 不适合于使用电池或可充电电池的输入端口,因更换电池或充电的需要应把它们从装置上取出或断开连接。对于使用交-直流电源适配器的输入端口,应在制造厂所规定的交-直流电源适配器的交流电源输入上进行试验;如果制造厂未规定,则使用典型的交直流电源适配器。对于不会接在 DC 分布电源网络中而且线长总是小于 30 m 的输入输出端口,则不需要进行试验。

^d 对于规定电缆长度≤3 m 的端口,不需要进行试验。

7.5.3.3 电压跌落和中断电源端口

对于如表 20 中规定的电源的短时间扰动,成套设备应维持正常工作。

对于较长时间的电源中断,成套设备或维持正常工作,或者进入预先规定的状态,并在恢复正常工作前有一个明确规定的行为。

注:由同一个电源供电的输出和快/慢速响应输入将会对电源的这些变化做出响应。

表 20 电压跌落和中断(EMC 要求)

电源型式[d]	严酷等级[c]	最大跌落和中断时间	低电压,U_e 至%U_e[b]	性能等级
交流电源	PS2	0.5 周期[a]	0	A
		250/300 周期[e]	0	C
		10/12 周期[e]	40	C
		20/50 周[e]	70	C

[a] 任意相角,f_n=50 Hz 或 60 Hz。

[b] U_e 是设备标称电压下的额定电压。

[c] PS2 适用于由交流电源供电的设备。

[d] 电压中断从 U_e 开始。

[e] f_n=50/60 Hz。

8 试验方法

8.1 外观检查

外观检查应使用目测检验,以确认规定的材料、工艺的缺陷和用来确认制造完工的成套设备的良好功能。每一台成套设备都要进行外观检查。成套设备制造商应确定外观检查是在制造过程中和/或制造后进行,在合适的时候,它还用来确认设计验证的有效性。

8.2 柜、台及箱体结构偏差的验证

8.2.1 尺寸公差

尺寸公差的检验工具应选用精度不低于 0.02% 的 2 000 mm、3 000 mm、5 000 mm、10 000 mm 的钢卷尺及 150 mm、200 mm、500 mm 的游标卡尺。检验方法可参见 GB/T 7353—1999 中 7.1.2。

8.2.2 形位公差

形位公差的检验工具应选用精度不低于 0.02% 的 2 000 mm、3 000 mm、5 000 mm 钢卷尺及 1 600 mm 刀口尺或万能角度尺、塞尺和直角尺等。检验方法可参见 GB/T 7353—1999 中 7.2.2。

8.3 对防护等级提出验证

对防护等级的验证参见 GB/T 4208—2017 中相关内容。

8.4 电气间隙及爬电距离的验证

验证电气间隙和爬电距离应符合 GB/T 7251.1—2013 中 8.3 的要求。

测量电气间隙和爬电距离的方法参见 GB/T 7251.1—2013 中的附录 F。

8.5 介电性能的验证

对介电性能的验证参见 GB/T 3797—2016 中 5.2.5。

8.6 电磁兼容性型式试验和验证

8.6.1 概述

关于 EMC 型式试验,试验过程中按照表 17 的性能等级评定。

8.6.2 有关电磁兼容性的试验

对于成套设备的传导和辐射噪声及抗扰性,应按照制造厂的安装导则进行试验。

所有 EMC 试验都应以明确规定的、可重复的方式进行。

所有 EMC 试验都是型式试验。

可从电气特性和特定电器用法的角度考虑,以决定某些试验是不合适的,因此是不必要的。在这种情况下,应将不进行某些试验的决定及其理由记录在试验报告中。

8.6.3 辐射干扰的测量

表 16 给出了辐射限值,按表 21 进行测量。

表 21 射频辐射测量

参考试验	GB/T 6113.203
试验配置	GB/T 6113.203[b]
距离和方法[a]	见表 16
安装/支撑的细则	按制造厂的规范安装
频率范围	见表 16
限值	见表 16

[a] 测量距离是成套设备外壳与用于试验现场测量的接收天线之间的距离。或者是设备所在建筑物的外墙与用于现场测量的接收天线之间的距离。

[b] 试验可在不具备户外试验场的物理特点的辐射试验场进行。如果按 GB/T 6113.104 测得的水平和垂直场强衰减测量值处于 GB/T 6113.104 中给出的理论场强衰减±4 dB 之内,则频率范围在 30 MHz～1 GHz 的辐射试验场应是可接受并有效的。这些辐射试验场地应该考虑到并验证在 30 MHz～1 GHz 频率范围内的测试距离。应有证据证明这些场地能得到有效的测试结果。

8.6.4 传导干扰的测量

表 16 给出的传导干扰限值,按表 22 进行测量。

表 22　传导辐射测量

参考试验	GB/T 6113.201 和 GB/T 6113.102
试验配置和方法	按 GB/T 6113.201—2008 中 7.4.1 和 GB/T 6113.102—2008 中 4.3
施加端口	交流装置电源端口
安装/支撑的细则	按制造厂的规范安装
频率范围	见表 16
限值	见表 16

8.6.5　静电放电

表 18 给出了静电放电试验等级,按照表 23 试验方法进行测量。

表 23　抗静电放电测量

参考试验	GB/T 17626.2—2018
成套设备配置	按制造厂的规范
初始测量	成套设备各项功能(按制造厂规范)
安装/支撑的细则	按制造厂的规范和 GB/T 17626.2—2018
施加点的选择	应将 ESD 试验施加于: a)　操作员可解除到的器件(例如 HMI、PADT 和 TE); b)　外壳端口; c)　不提供意外接触保护的可接触到的工作部分(例如开关、键盘、保护接地/功能接地、模块外壳、带连接器和金属连接器的通信端口)。 对于不带连接器的通信端口、I/O 端口或电源端口,不进行 ESD 试验
试验方法	
接触放电	水平和垂直耦合面
空气放电	成套设备
试验等级	见表 18
两次放电的时间间隔	≥1 s
在每一被选点上的放电次数	在设备对大地放电后放电 10 次
在加载期间的测量和验证	成套设备运行正常
性能等级	见表 18[a]
[a]　如果在试验期间设备仅一次发生偏差,则第二轮试验应做 10 次放电;若再次观察到不允许的偏差,则 ESD 试验应为不合格。	

8.6.6 射频电磁场——调幅

表18给出了射频电磁场调幅试验等级,按照表24试验方法进行测量。

表 24　抗射频电磁场试验

参考试验	GB/T 17626.3
成套设备配置	按制造厂的规范
初始测量	成套设备各项功能(按制造厂规范)
安装/支撑的细则	设备被放置在标定的试验场中
扫描的频率范围	见表18
调制	见表18
试验场强	见表18
在加载期间的测量和验证	成套设备各项功能(按制造厂规范)
性能等级	见表18

8.6.7 电源频率磁场

表18给出了抗电源频率磁场试验等级,按照表25试验方法进行测量。

表 25　抗电源频率磁场试验

参考试验	GB/T 17626.8
成套设备配置	按制造厂的规范
初始测量	成套设备各项功能(按制造厂规范)
安装/支撑的细则	设备被投放在一个1 m×1 m感应线圈的磁场中
频率(电源线)	见表18
试验条件	在连续磁场中的安放方法
试验场强	见表18
在加载期间的测量和验证	成套设备各项功能(按制造厂规范)
性能等级	见表18

8.6.8 电快速瞬变脉冲群

表19给出了抗电快速瞬变脉冲群试验等级,按照表26试验方法进行测量。

表 26 抗电快速瞬变脉冲群试验

参考试验	GB/T 17626.4
成套设备配置	按制造厂的规范
初始测量	成套设备各项功能（按制造厂规范）
安装/支撑的细则	成套设备的配置应达到，通过规定的电容耦合以消除 I/O 线接收到辐射的电磁干扰
额定电压下的严酷等级	见表 19
持续时间	最小 1 min
施加端口	施加方法
通信，I/O	50 pF～200 pF 电容耦合夹
装置电源	33 nF 直接耦合
在加载期间的测量和验证	成套设备各项功能（按制造厂规范）
性能等级	见表 19

注：本试验的重复性与在电容耦合夹内导线的数量和相对位置密切相关。

8.6.9 抗高能量浪涌

表 19 给出了抗高能量浪涌试验等级，按照表 27 试验方法进行测量。

表 27 抗高能量浪涌试验

参考试验	GB/T 17626.5
成套设备配置	按制造厂的规范
初始测量	成套设备各项功能（按制造厂规范）
安装/支撑的细则	成套设备的配置应达到，通过规定的电容耦合以消除 I/O 线接收到辐射的电磁干扰
额定电压下的严酷等级	见表 19
放电次数	正负极性各放电 5 次
重复率	最大 1/min
施加端口	施加方法
屏蔽的通信和屏蔽的 I/O	在屏蔽接地与参考接地之间接入电容 2 Ω/10 nF
非屏蔽的通信和非屏蔽的 I/O	42 Ω/0.5 μF CM，42 Ω/0.5 μF DM
装置电源	12 Ω/9 μF CM，2 Ω/18 μF DM
在加载期间的测量和验证	成套设备各项功能（按制造厂规范）
性能等级	见表 19

8.6.10 抗传导性射频干扰

表 19 给出的抗传导性射频干扰试验等级，按照表 28 试验方法进行测量。

表28 传导性射频抗扰度试验

参考试验	GB/T 17626.6
成套设备配置	按制造厂的规范
初始测量	成套设备各项功能(按制造厂规范)
安装/支撑的细则	成套设备的配置应达到,通过规定的电容耦合以消除 I/O线接收到辐射的电磁干扰
额定电压下的严酷等级	见表19
扫描的频率范围	150 kHz～80 MHz
调制	通过一个1 kHz正弦波的80 %幅度调制
试验等级(未调制的)	见表19
施加端口	施加方法 (在设备与耦合钳或CDN之间的所有电缆应尽可能短)
通信,I/O,装置电源,功能接地	CDN(耦合去耦网络),EM(电磁钳)或电流耦合夹
在加载期间的测量和验证	成套设备功能(按制造厂规范)
性能等级	见表19

8.6.11 电压跌落和中断

电压端口是成套设备电源输入端口。在试验期间根据制造厂规定的功能规程验证。表20给出了电压跌落和中断抗扰度试验等级,按照29试验方法进行测量。

表29 电压跌落和中断抗扰度

参考试验	GB/T 17626.11			
成套设备配置	按制造厂的规范			
初始测量	成套设备各项功能(按制造厂规范)			
供电电压和频率	U_e, f_n[d]			
试验持续时间	0.5周期, 从过零点开始[a,b]	250/300周期[c]	10/12周期[c]	25/30周期[c]
U_e 至% U_e	0%	0%	40%	70%
性能准则	见表20			
试验次数	20			
两次试验间的时间间隔	1 s<时间间隔<10 s			
试验期间的测量和验证	设备应维持正常运行			
试验后的验证	成套设备各项功能(按制造厂规范)			

注:由同一电源供电的输出和快/慢速响应输入可能在干扰期间暂时受到影响,但在干扰结束后应恢复正常工作。

[a] 可选地,制造厂可选择在任意相位角中断供电。

[b] 制造厂可规定较长时间的中断。

[c] f_n=50/60 Hz。

[d] 设备标称电压的U_e。

9 标志、配套文件

9.1 成套设备铭牌

每个柜、台及箱均应配备一个至数个铭牌,铭牌应牢固地固定在不受维修影响的部件上,并处于明显位置,铭牌尺寸大小应与柜、台、箱体尺寸大小相协调。下列 a)~f)应在铭牌上给出:

a) 产品名称或型号;

b) 制造商名称或商标;

c) 标准编号;

d) 制造年月;

e) 出厂编号;

f) 防护等级。

9.2 项目代号标签

项目代号标签应满足如下要求:

a) 对成套设备内 PLC 设备和其他电器元件标签设置的原则是:能对成套设备内各 PLC 设备和其他电器元件在运行状态、检修状态以及被拆卸后仍能做到标志作用,但同时也不能使柜、台及箱内的标签看起来非常繁琐。注意不可遮挡元件指示灯,字体大小应适中,并选择粗宋或黑体等清晰的字体。

b) 成套设备内 PLC 设备或其他电器元件的识别标志为项目代号标签;根据电路图及设备表中各 PLC 设备或其他电器元件的高层代号(=)、位置代号(+)、种类代号及端子代号(:),对每个 PLC 设备和其他电器元件分别打印两个标签,一个标签粘贴在 PLC 设备或电器元件本体上,另一个标签粘贴在其附近的安装底板上;粘贴位置应易于发现,粘贴应牢固。

c) 项目代号标签尺寸大小应合适并标准化,端子板标签尺寸为标记端子标记窗口的大小;当不同电压等级的动力端子邻近且混合布置时,应用于 400 V(不含 400 V)以上的接线端子板应设置警告标志。

d) 项目代号标签内容应正确、清晰、简洁,易于识别,标签内容应与随同成套设备一起提供的电路图上的标记一致。其中标签纸应使用 PVE/PVC/合成纸等材料,应保证防水、防油、耐高温、耐摩擦等特性。标签胶应该采用热敏胶或其他材料,具有初粘力好,标签瞬间施压后不脱落,不滑移,不翘曲,固化后牢度大,韧性好,胶层不发脆,不脱落等特性。并要具有一定的防水性和耐热脱落性,满足在控制柜环境中使用的要求。

9.3 线号管

线号管应满足如下要求:

a) 对成套设备内各线号管标志内容确定的原则是:能对成套设备内各线号管在运行状态、检修状态以及被拆卸下后仍能起到标志作用,但同时也不能使成套设备内的线号管标志看起来非常烦琐。

b) 线号管内容应包含电路图中 PLC 设备和其他电器元件的端子编号,并应与电路图中的端子编号一致;线号管内容还应体现相连线的本端和远端 PLC 设备和其他电器元件的项目代号或编号。

c) 线号管标志内容不能太多,以免使得线号管太长。

d) 线号管内容的视读方向应符合制图标准线性尺寸的数字标注法,即从左到右、从下至上。

9.4 其他标志

其他标志应满足如下要求：

a) 根据用户需要，制造商还可提供标明单元用途的使用标牌。

b) 设备的接地点应有接地标志；对于安装在设备内各元件上的各接地标志，在元件安装完毕后予以去除或覆盖。

c) 一次回路 L1、L2、L3 三相布线应分别设有黄、绿、红标志。

d) "紧急"按钮应有明显标志，并设保护罩。

e) 在对成套设备中可能直接接触的带电部分采取的防护设施上应设置警告标志。

f) 制造商可以自行选择设或不设柜、台、箱壳体标志或识别码。

10 包装、运输及贮存

10.1 包装

10.1.1 成套设备包装一般要求

成套设备包装应符合 GB/T 13384—2008 的技术要求。

10.1.2 包装件表面标志要求

包装件表面的标志应包括发货标志和储运指示标志。应使用不褪色的颜（材）料，如油漆或油墨等，准确、清晰、牢固地将标志直接喷刷、书写在包装箱体两侧面上，或者采用其他达到同样功能效果的方式方法进行。

10.1.3 发货标志

发货标志应包含以下内容：

a) 产品型号、名称及数量；

b) 出厂编号及箱号（或合同号）；

c) 箱体尺寸（长×宽×高，单位 cm）；

d) 净重与毛重（单位 kg）；

e) 装箱日期；

f) 到站（港）及收货单位；

g) 发站（港）及发货单位。

10.1.4 包装储运指示标志要求

包装储运指示标志应符合 GB/T 191—2008 的规定。其中"向上"标志是必不可少的，毛重超过300 kg 的货物，应有"由此吊起"和"重心点"标志。

10.1.5 配套文件要求

10.1.5.1 概述

配套文件分为标配文件与随机文件，均应使用塑料袋包装，存放在包装箱内。

10.1.5.2 标配文件

标配文件一般应包括：

a) 一份详述的电气设备安装图纸；

b) 一份系统操作手册。

10.1.5.3 随机文件

随机文件一般应包括：

a) 需要的设备或程序检验的详细资料；

b) 系统程序或 I/O 注释表；

c) 一份详述调整、维护、预防性检查和修理的正确的维修手册；

d) 产品合格证；

e) 设备内元件的说明书、合格证、保修卡；

f) 装箱单。

10.2 运输要求

运输时应满足如下要求：

a) 包装产品在运输时应小心轻放，不得撞击和遭受强烈震动；

b) 运输中应按箱外标志的指示，保持上面朝上，不得翻倒和倒置；

c) 包装不符合要求时，不能入库，不能装车发运；

d) 在运输过程中应防止雨水侵入成套设备内部，应停放在干燥的场所。

10.3 贮存要求

未正常上电，存放于仓库时，应满足如下贮存要求：

a) 存放成套设备的贮存仓库应空气流通，相对湿度不超过 90%，温度不低于 -25 ℃，不高于 $+55$ ℃，且环境温度变化率不超过 5 ℃/h，相对湿度变化率不超过 5%/h；

b) 存放成套设备仓库的地面应无剧烈震动，包装件的垂直倾斜度应不超过 5 ℃；

c) 仓库应防止水和有害气体、蒸汽和雾气侵入，同时禁止化学药品、酸碱及蓄电池与包装产品存放在同一仓库内；

d) 存放在仓库内的成套设备，其包装箱与墙壁之间应保持一定距离，一般不小于 400 mm；

e) 存放在仓库内的成套设备应防雷击。

正常上电后长期未使用，存放于现场时，应满足如下贮存要求：

a) 已安装在现场的成套设备，长期不使用时，应断开成套设备的电源输入；

b) 清理成套设备内的灰尘、污垢，确保成套设备清洁存放；

c) 成套设备下边的电缆沟、电缆隧道、电缆孔洞应做防水密封，有自然通风排潮通道，保持空气干燥；

d) 对于环境较差、绝缘裕度不高的现场，应在成套设备上加装独立供电的除湿或防凝露装置，防止成套设备内相对湿度不超过 90%。

如果运输贮存无法满足以上条件，壳体制造商与用户之间应达成专门的协议。

附 录 A

（资料性附录）

柜、台及箱体通风散热方式

A.1 概述

根据柜、台及箱体内发热量及环境温度要求确定采用何种通风散热方式。一般有自然风冷和强迫风冷两种方式。

A.2 自然风冷

自然风冷式是一种依靠柜门上下安装百叶窗进行自然通风的方式。在柜内安装时，不使用风扇、空调等冷却设备，是一种外循环方式。

A.3 强迫风冷

A.3.1 概述

强迫风冷式是一种依靠外部设备，从而使柜内温度降低的方式。强迫风冷的方式有强制通风式、强制循化式、房间整体冷却式、热交换器式。

A.3.2 强制通风式

是一种依靠柜上部的风扇进行强制通风的方式。安装风扇是一种特别经济的排出高热负荷的方式。只有在柜内温度高于环境温度时，使用风扇才是有效的。因热空气比冷空气轻，柜内空气流向为由下至上。因此柜体前门或侧板的下方作为进气口，后门或侧板的上方、柜顶作为排气口。在进出气口安装塑料百叶窗（环境不理想时，要含过滤棉垫）；再在百叶窗上安装轴流风机。安装轴流风机时注意风扇的朝向。

A.3.3 强制循化式

是一种依靠密闭结构的柜内安装空调进行强制循环通风的方式，这是一种内循环方式。当柜内外空气循环要求隔绝时，可考虑使用工业空调；当环境温度高于柜内温度或环境温度高于柜门要求温度（一般为35℃时），也可考虑使用空调。空调采用压缩机制冷原理进行强力制冷，实现对控制柜内部温度的恒温控制，由于控制柜内外空气循环相互隔绝，故可以有效地防止有害、潮湿的气体及粉尘进入柜内。空调安装方式一般分为：壁挂式（侧装式、嵌入式及柜内架装饰）和顶装式。空调的选型也是根据柜内温度与环境温度的差值及柜内热损耗，从而确定空调所需要的制冷量来选取的。

A.3.4 房间整体冷却式

是一种用空调将放置控制柜的房间整体冷却的方式。当环境温度比较高，或者因为其他原因，不适合采用自然风冷、强迫风冷的散热方式时使用。在安装控制柜的房间中，安装空调，使控制室内保持一定的温度。此方法也适用于外部环境较为寒冷的地区对控制柜进行保暖时使用。

A.3.5 热交换器式

是一种利用交换器对控制柜内外进行热交换的方式。当柜内外空气循环要求隔绝时,采用此方式。根据冷却介质的不同,可分为空气/空气热交换器(冷却介质为空气)和空气/水热交换器(冷却介质为水)。当环境温度低于柜内温度时,外部空间与控制柜通过空气/空气热交换器进行热交换,将柜内的热空气吸入热交换器内,热量通过散热片由热管传到热交换器的另一端,通过外部空气的流动将热量排到大气外。从而达到降温的目的。当环境条件较差,多尘、多油及高热负载的时,可使用空气/水热交换器设备。通过调节进水温度和流量来改变热交换器的功率,从而达到降温的目的。使用此方式时,建议附近要有水源。

附　录　B
（资料性附录）
布置与安装

B.1　稳压电源布置

稳压电源不需要经常维护，且是发热器件，布置在柜内最上部，便于散热。接线少，线槽选用35 mm宽即可，线槽深度要整柜考虑，与走线量最大的线槽统一。稳压电源边缘与线槽之间的净距是 35 mm左右，便于散热和后期维护。

B.2　机架的安装

PLC机架可根据安装环境采取水平或垂直布置在柜内上部，便于散热，根据不同厂家的设备采用直接安装或绝缘安装。机架上端与线槽的净距在 30 mm 左右。下端与线槽的净距在 80 mm 左右，以便于模块接线和散热。

B.3　模块布置

模块是 PLC 系统的主要部件，要经常进行调试和维护，可安装在方便操作的位置，安装模块时宜自左向右，自上而下排布，便于后期扩展。由于模块上的信号线较多，通常选用 80 mm 宽的线槽。

B.4　断路器的布置

断路器安装时自左侧开始排布，便于扩展。安装高度以方便操作为宜，周围不要有妨碍操作的器件。通常选用 50 mm 宽的线槽，断路器的上下边缘与线槽的净距在 40 mm 左右，便于接线和后期维护。

B.5　继电器、端子排的布置

继电器和端子排一般布置在柜前下部或柜后，端子排优先采用纵向排列，内部线和外部线的线槽要尽量分开，考虑到接线习惯（左手持线，右手拿工具），一般端子左侧的线槽留给客户，便于外部线接入，右侧的线槽用于内部线管理。如果空间紧张，也可以两列端子共用一个线槽，尽量不要内外部共用一个线槽，否则不便管理维护。线槽的宽度根据继电器和端子的数量合理选择，对于外部进线，由于现场的进线一般含有备用芯、屏蔽层等，线径较粗，外部走线槽要选的尽量大。

B.6　交换机和光纤盒的布置

交换机和光纤盒一般布置在柜体下部，预留的走线空间，宜充分考虑网线和光纤的打弯半径，尽量大些，方便现场网线和光纤的接入。

B.7　变频器的布置

如果柜内还有变频器回路,为了防止变频回路对 PLC 模块的电磁干扰,要将变频器的安装位置尽量远离模块,单独布置,如果空间实在不够大,建议将 PLC 部分和变频部分用屏蔽板隔开,防止干扰。

B.8　操作显示元器件布置

操作显示元器件在柜门上的推荐安装高度如下:按钮宜为 1.0 m～1.7 m,信号灯宜为 1.5 m～2.0 m,电工仪表宜为 1.6 m～2.0 m,便于现场的操作维护。

B.9　低压电器与相邻线槽间的推荐距离

微型断路器与线槽距离为 35 mm～60 mm,小容量接触器、热继电器及其他载流元件与线槽距离为 35 mm～60 mm,控制端子与线槽距离为 30 mm～50 mm,小容量动力端子与线槽距离为 35 mm～60 mm,中间继电器和其他控制元件与线槽直线距离 30 mm～50 mm。

B.10　其他

建议尽可能减少不同电压等级低压电器之间的交错混合排列布置。

参 考 文 献

[1]　GB/T 2900.18—2008　电工术语　低压电器

[2]　GB/T 2900.71—2008　电工术语　电气装置

[3]　GB/T 4365—2003　电工术语　电磁兼容

[4]　GB/T 6113.102—2008　无线电骚扰和抗扰度测量设备和测量方法规范　第1-2部分:无线电骚扰和抗扰度测量设备　辅助设备　传导骚扰

[5]　GB/T 6113.104—2016　无线电骚扰和抗扰度测量设备和测量方法规范　第1-4部分:无线电骚扰和抗扰度测量设备　辐射骚扰测量用天线和试验场地

[6]　GB/T 6113.201—2008　无线电骚扰和抗扰度测量设备和测量方法规范

[7]　GB/T 7353—1999　工业自动化仪表盘、柜、台、箱

[8]　GB 16895.21—2012　低压电气装置　第4-41部分:安全防护 电击防护

[9]　GB/T 17045　电击防护装置和设备的通用部分

[10]　GB/T 17626.3—2016　电磁兼容　试验和测量技术　射频电磁场辐射抗扰度试验

[11]　GB/T 17626.4—2008　电磁兼容　试验和测量技术　电快速瞬变脉冲群抗扰度试验

[12]　GB/T 17626.5—2008　电磁兼容　试验和测量技术　浪涌(冲击)抗扰度试验

[13]　GB/T 17626.6—2017　电磁兼容　试验和测量技术　射频场感应的传导骚扰抗扰度

[14]　GB/T 17626.8—2006　电磁兼容　试验和测量技术　工频磁场抗扰度试验

[15]　GB/T 17626.11—2008　电磁兼容　试验和测量技术　电压暂降、短时中断和电压变化的抗扰度试验

[16]　IEC 60050-441:1984　International electrotechnical vocabulary—Part 441:Switchgear, controlgear and fuses

[17]　IEC 60112:2009　Method for the determination of the proof and the comparative tracking indices of solid insulating materials

[18]　CISPR 14-1　Electromagnetic compatibility—Requirements for household appliances, electric tools and similar apparatus—Part 1:Emission